21世纪BIM教育系列丛书

BIM建模技能与实务

王　琳　潘俊武◎主　编
娄琮味　褚江舟◎副主编

清华大学出版社
北京

图书在版编目(CIP)数据

BIM建模技能与实务/王琳，潘俊武主编. —北京：清华大学出版社，2017(2022.8重印)
(21世纪BIM教育系列丛书)
ISBN 978-7-302-48185-0

Ⅰ. ①B… Ⅱ. ①王… ②潘… Ⅲ. ①建筑设计—计算机辅助设计—应用软件 Ⅳ. ①TU201.4

中国版本图书馆CIP数据核字(2017)第208535号

责任编辑：秦 娜
封面设计：陈国熙
责任校对：赵丽敏
责任印制：杨 艳

出版发行：清华大学出版社
网 址：http://www.tup.com.cn，http://www.wqbook.com
地 址：北京清华大学学研大厦A座 邮 编：100084
社 总 机：010-83470000 邮 购：010-62786544
投稿与读者服务：010-62776969，c-service@tup.tsinghua.edu.cn
质量反馈：010-62772015，zhiliang@tup.tsinghua.edu.cn
印 刷 者：北京富博印刷有限公司
装 订 者：北京市密云县京文制本装订厂
经 销：全国新华书店
开 本：185mm×260mm 印 张：18 字 数：436千字
版 次：2017年8月第1版 印 次：2022年8月第6次印刷
定 价：49.80元

产品编号：076560-01

21世纪BIM教育系列丛书

编　委　会

本书编委会

主编：

王　琳　　潘俊武

副主编：

娄琮味　　褚江舟

参编：

王　琳　　潘俊武　　娄琮味　　褚江舟　　刘　彬

黄素清　　白智浩　　杨群芳　　林　章　　张　晓

前言

建筑信息模型技术(BIM技术)是建筑业现代化发展的核心技术之一,近年来在我国发展十分迅速。目前,国内有大量高职院校和应用类本科院校都已经或在筹备开设BIM建模类相关课程。从现状来说,符合高校教学规律且结合BIM工程实际的教材尚不多见,大量的课程不得不选用软件操作手册和培训讲义等资料来进行学习。为了满足高校BIM建模及实务类相关课程教学的需要,同时提升学生的实务操作能力,由国家骨干高职院校**浙江建设职业技术学院**和具有多年BIM咨询和教育业务基础的**北京谷雨时代教育科技有限公司**合作,编写开发了本书。

本书的最大特点是基于真实工程项目,而不是简单的BIM应用碎片化实例。教学背景项目由**建学建筑与工程设计所**从大量实际工程中筛选提供,具有典型性。教材的内容从BIM基本概念引入教学,以Revit 2017软件作为BIM建模基础工具,涵盖了建模准备、建筑模型建立、结构模型建立、场地模型处理、给排水及消防模型建立、电气模型建立、暖通模型建立、BIM成果输出等各个方面。在编写方式上采取了同一项目平行分专业编写的方法,各专业的章节没有先后顺序之分,符合BIM建模协同操作的基本规律。通过学习本书的内容,可以使学生掌握从BIM项目建模准备直至项目建模完成后成果输出的各个阶段的操作方法。同时,本书提供了大量的分节操作演示视频资源,与各个章节的学习内容相对应,使学生能够更好地进行课前预习和课后复习,提高学习效率。教材内部各章节位置均提供有二维码供扫描观看视频使用,使移动端学习也成为可能。

本书适用于高等职业院校及应用型本科院校BIM建模及实务操作类相关课程,也可作为培训教材供企业和教育机构进行BIM培训使用。

本书是"21世纪BIM教育系列丛书"中的一本教材,该丛书由北京谷雨时代BIM教育研究院组织高校共同编写完成。北京谷雨时代BIM教育研究院拥有BIM教育服务网站——中国BIM知网,并为本套丛书专门开设了微信公众号,以便为读者答疑解惑。

本书第1章由王琳、刘彬编写;第2章由王琳、黄素清编写;第3章由褚江舟编写;第4章由潘俊武、王琳编写;第5章由王琳编写;第6章由白智浩编写;第7、8章由杨群芳编写;第9章由林章编写;第10章由褚江舟编写。全书由王琳、潘俊武、张晓完成编写校对,由娄琮味主审。

BIM 建模技术及相关实务课程均属于高校目前新设的课程，本次的初版教材编写中难免出现疏漏或表达不当之处，希望在使用中获得高校师生和企业读者的宝贵意见，让我们能够更好地改进下一版教材内容。

编　者

2017 年 5 月

中国 BIM 知网

丛书微信公众号

目 录

第 1 章

BIM 技术准备

综合楼模型与图纸

1.1 BIM 的概念和基础

1.1.1 什么是 BIM

建筑业中我们通常说的 BIM 是 building information modeling 的简称，即建筑信息模型。BIM 是以三维数字技术为基础，集成了建筑工程项目各种相关信息的工程数据模型，是对工程项目设施实体与功能特性的数字化表达。一个完善的信息模型，能够连接建筑项目生命期不同阶段的数据、过程和资源，是对工程对象的完整描述，可被建设项目各参与方普遍使用。BIM 具有单一工程数据源，可解决分布式、异构工程数据之间的一致性和全局共享问题，支持建设项目生命期中动态的工程信息创建、管理和共享。建筑信息模型同时又是一种应用于设计、建造、管理的数字化方法，这种方法支持建筑工程的集成管理环境，可以使建筑工程在整个进程中显著提高效率和大量降低风险。

BIM 一般具有以下特征：

一是模型信息的完备性：除了对工程对象进行 3D 几何信息和拓扑关系的描述外，还包括完整的工程信息描述，如对象名称、结构类型、建筑材料、工程性能等设计信息；施工工序、进度、成本、质量以及人力、机械、材料资源等施工信息；工程安全性能、材料耐久性能等维护信息；对象之间的工程逻辑关系等。

二是模型信息的关联性：信息模型中的对象是可识别且相互关联的，系统能够对模型的信息进行统计和分析，并生成相应的图形和文档。如果模型中的某个对象发生变化，与之关联的所有对象都会随之更新，以保持模型的完整性和鲁棒性。

三是模型信息的一致性：在建筑生命期的不同阶段模型信息是一致的，同一信息无须重复输入，而且信息模型能够自动演化，模型对象在不同阶段可以简单地进行修改和扩展而无须重新创建，避免了信息不一致的错误。

从大数据的角度来看，我们发现 BIM 所完成的成果今后将大量转化成基础信息来为城市建设和物联网发展服务，某种意义上来说，我们可以把它当作城市大数据信息的一个底板(图 1-1)。

1.1.2 BIM 的发展趋势

建筑工程中 BIM 应用的目标是提高工程各阶段的效率，提供符合后续使用需求的各类

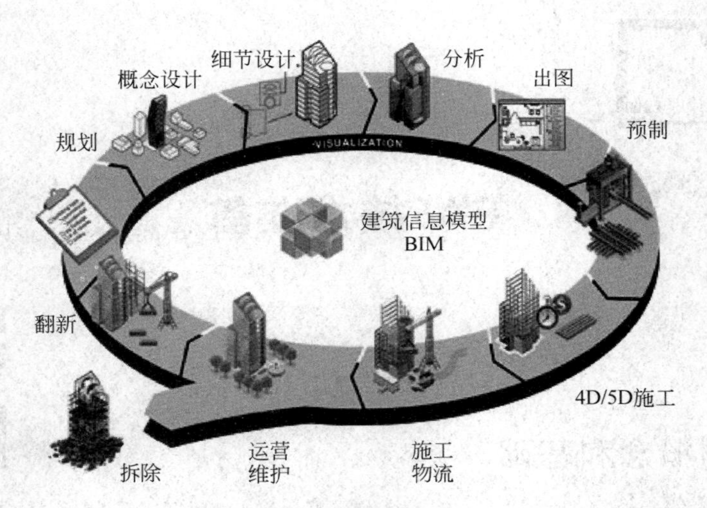

图 1-1 常见的 BIM 大数据应用

信息并与实际使用相结合。目前 BIM 在国内处于从推广到成熟的过渡阶段，应用范围日渐扩大，应用手段日趋多样。目前 BIM 技术的应用已经涵盖了民用建筑、工业建筑、大型市政工程（包括桥梁、隧道、设备管廊等）、地下工程等。在可预期的将来，设计阶段将完成从 2D 到 3D 的转化，施工阶段的 BIM 协同管控也将落到实处，同时更多运维阶段 BIM 综合应用案例将会出现，BIM 的应用将更多地提升到建筑全生命周期管理上来。

BIM 未来将有以下几种发展趋势：

第一，以移动技术来获取数据。随着互联网和移动智能终端的普及，人们现在可以在任何地点和任何时间来获取信息。而在建筑设计领域，将会看到很多承包商为自己的工作人员都配备这些移动设备，在工作现场就可以获取设计数据。

第二，数据的暴露。现在可以把监控器和传感器放置在建筑物的任何一个地方，针对建筑内的温度、空气质量、湿度进行监测。然后，再加上供热信息、通风信息、供水信息和其他的控制信息。这些信息汇总之后，设计师就可以对建筑的现状有一个全面充分的了解。

第三，未来还有一个最为重要的概念——云端技术，即无限计算。不管是能耗还是结构分析，针对一些信息的处理和分析都需要利用云强大的计算能力。甚至，我们渲染和分析过程可以达到实时计算，帮助设计师尽快地在不同设计和解决方案之间进行比较。

第四，数字化现实捕捉。这种技术是用激光对桥梁、道路、铁路等进行扫描，以获得早期的数据。我们也看到，现在不断有新的算法，把激光所产生的点集中成平面或者表面，然后放在一个建模的环境当中，可以利用这样的技术为客户建立可视化的效果。值得期待的是，未来设计师可以在一个 3D 空间中使用这种进入式的方式进行工作，直观地展示产品开发的未来。

第五，协作式项目交付。BIM 是一个工作流程，而且是基于改变设计方式的一种技术，改变了整个项目施工的方法，是一种设计师、承包商和业主之间合作的过程，每个人都有自己非常有价值的观点和想法。

1.1.3 BIM 的项目全生命周期应用

当前我们所指建筑项目全生命周期（building lifecycle），包含了建筑工程项目从规划设计到施工，再到运营维护，直至拆除为止的全过程。一般我们将建筑全生命周期划分为四个阶段，即规划阶段、设计阶段、施工阶段和运营阶段。

根据美国BSA(building SMART alliance)联盟对BIM在建筑全生命周期的应用现状做了归纳，BIM在工程项目全建筑生命周期各阶段的主要应用为：①规划阶段主要用于现状建模、成本预算、阶段规划、场地分析、空间规划等；②设计阶段主要用于对规划阶段设计方案进行论证，包括方案设计、工程分析、可持续性评估、规范验证等；③施工阶段则主要起到与设计阶段三维协调的作用，包括场地使用规划、雇工系统设计、数字化加工、材料场地跟踪、三维控制和计划等；④在运营阶段主要用于对施工阶段进行记录建模，具体包括制定维护计划、进行建筑系统分析、资产管理、空间管理/跟踪、灾害计划等。

1.1.4 BIM软件概述

目前市场上的BIM软件种类繁多，功能也各不相同。对于BIM软件的定义，目前尚未有特别权威的说法，从大类而言，当前我们接触到的BIM软件可以分为以下几类。

1. BIM建模软件(BIM制图软件)

这类软件以Revit为代表，也包括Bentley、ArchiCAD等国外商用软件和广联达、鲁班等国产软件。这些软件就像是一幢房子的基础，没有基本BIM模型的建立，也就没有后续的各方面应用。

2. BIM分析软件

分析类软件涵盖了传统的PKPM和盈建科等设计分析软件，同时也包含Ecotect、Radiance等国外环境分析软件。这类软件基于已建成的BIM模型进行各种功能的分析，如结构、声、光、能耗等，同时部分软件也自带了轻量级的BIM建模功能，是BIM在项目前期应用的重要工具。

3. BIM预算软件

BIM预算软件与传统的算量预算软件相比，主要的功能区别在于是否与BIM模型相结合。其优势主要在二次建模/调整的快捷性和计算的准确性上，如国产的广联达、品茗软件的算量功能模块都属于这个范畴。目前BIM算量软件的发展迅速，市场上新产品不断出现，与BIM建模软件的结合也越来越好。

4. BIM施工管理软件

这类软件主要为施工阶段提供模拟和BIM协同管理服务，如国产的广联达BIM5D、鲁班施工模拟以及Navisworks的施工模拟模块等都属于这类软件。施工管理软件的需求主要面向一线施工企业，当前仍有大量需求等待在新软件、新版本中实现。

5. BIM效果表现软件

传统的3Ds Max及Lumion等渲染软件，包括Navisworks软件的渲染模块等，现在都被划归入BIM效果表现软件的范畴。在BIM应用中他们的共同特点是能够导入BIM建模软件建立的模型，并通过材质设定和渲染等功能最终提供符合要求的建筑表现。

6. BIM运维管理软件

BIM应用的最终阶段是运维管理阶段，目前的BIM运维管理软件以Archibus为代表，通过 BIM 模型及信息库与建成建筑物的管理，对日常运行维护进行数据化和可视化的管理。当前，本土化运维软件的开发进度仍相对落后，不少样板项目仍然采用在国外软件基础上进行二次开发的模式来实现运维端应用。

1.1.5 Revit 概述

BIM 软件的种类繁多，对于在校学习的学生和 BIM 初学者来说，关键在于掌握建筑信息模型的基本原理。同时，建模软件是各个阶段工作的基础，考虑到市场占有率和模型通用性，我们选择 Revit 作为 BIM 建模学习的基础软件。

Revit 软件是 Autodesk 专为建筑信息模型设计的解决方案——运用建筑信息模型，可以为建筑项目创建和使用协调一致的、可靠的、可用于计算的信息。这些信息对有效率地制定设计决策、准确编制施工文件、预测施工状况、估算成本和制定施工计划、物业管理和运营都极为重要。Revit 软件的核心是功能强大的参数化变更引擎，能在设计、制图和分析中自动协调所有的设计变更。Revit 产品可以在一个集成的数字化环境中保持信息的协调一致、及时更新、易于访问，从而使得建筑师、工程师、施工人员和业主可以全面透彻地了解项目，并帮助他们更快更好地进行决策。

简单来说，Revit 就是一款以建筑设计工作环境为基础的 BIM 建模软件，其主要功能包括建筑、结构和设备专业的 BIM 模型建立；BIM 模型参数化自定义；BIM 模型检查和设计协同；3D/2D 出图及工程量统计等。学习阶段我们使用目前较新的 Revit 2017 版本，见图 1-2。

图 1-2　Revit 2017

Revit 对于计算机硬件的配置要求相对较高，完成基本工程建模操作需要的配置大致为 i5(3 代)级别以上 CPU，8GB 以上内存的台式计算机，并且建议使用固态硬盘。对有内部渲染需求的用户还建议配置 K600 级别以上的独立显卡(以专业卡渲染角度考虑)。

1.2 BIM 项目识图

1.2.1 认识项目

本书我们将以一幢 8 层的综合楼为例进行建模，这幢建筑将作为后面章节(建筑、结构、设备等)建模的对象与依据。

本幢建筑位于某科学研究区内，地上部分由南楼(主楼)和北楼(群房)组成，两部分由过厅联系为一个整体。南楼8层总高31.700m，包含展示厅、休息室、小报告厅、消防控制室、研究室、网络中心、电梯、卫生间、楼梯等功能房间；北楼1层高9.500m，为阶梯形报告厅。地下部分设甲类防空地下室，为1层汽车库。建筑外立面主要采用玻璃幕墙和干挂花岗岩两种形式。

综合楼采用框架-剪力墙结构形式：南楼框架抗震等级为四级，剪力墙抗震等级为三级；北楼框架及剪力墙抗震等级均为三级；地下室部分抗震等级与上部相同。基础采用承台下设预应力管桩的形式。

1.2.2 项目和图纸特点

本项目源于真实工程，有一系列配套的完整图纸可供读者学习借鉴，从而帮助读者更好地理解图纸和BIM模型之间的转换关系，体会BIM技术给设计、施工等诸多方面带来的便捷和高效。图纸所涵盖的专业包括建筑、结构、电气、给排水、暖通、幕墙、智能化等。建筑专业、结构专业图纸目录分别如图1-3和图1-4所示。

序号	图号	图 名	图幅	版次
01	JS通-01	建筑设计总说明	A1	
02	JS通-02	工程材料做法说明	A1	
03	JS通-03	人防地下室建筑施工设计说明，人防门窗表，人防土建防护功能转换表	A1	
04	JS-01	地下室平时平面图	A0	
05	JS-02	地下室战时平面图	A0	
06	JS-03	一层平面图	A0	
07	JS-04	二层平面图	A1	
08	JS-05	三层平面图	A1	
09	JS-06	四-五层平面图 六-七层平面图	A1	
10	JS-07	八层平面图 机房层平面图 屋面平面图	A1	
11	JS-08	南立面图 北立面图	A1	
12	JS-09	东立面图 西立面图	A1	
13	JS-10	1-1剖面图	A1	
14	JS-11	2-2剖面图	A1	
15	JS-12	3-3剖面图	A1	
16	JS-13	1#汽车坡道大样图(一) 防护单元(一)口部大样图	A1	
17	JS-14	1#汽车坡道大样图(二) 防爆电缆井大样图	A1	
18	JS-15	防护单元(二)排风口部大样图 平时连通口大样图	A1	
19	JS-16	防护单元(二)进风口部大样图 临战封堵大样图	A1	
20	JS-17	1#楼梯大样图	A1	
21	JS-18	2#楼梯大样图（一）	A1	
22	JS-19	2#楼梯大样图（二）	A1	
23	JS-20	3#楼梯大样图池座剖面大样图消防水箱大样图[illegible]室大样图	A1	
24	JS-21	轮椅坡道大样图2#汽车坡道剖面图	A1	
25	JS-22	节点图（一）	A1	
26	JS-23	节点图（二）	A1	

XX设计所有限公司 工程名称 XX建设工程 项目名称 综合楼 建筑 图纸目录 第1页 共2页

序号	图号	图 名	图幅	版次
27	JS-24	节点图（三）	A1	
28	JS-25	节点图（四）	A1	
29	JS-26	节点图（五）	A1	
30	JS-27	门窗表 门窗大样	A1	
31	JS-28	浙江省公共建筑节能设计专篇	A2	

XX设计所有限公司 工程名称 XX建设工程 项目名称 综合楼 建筑 图纸目录 第2页 共2页

图1-3 建筑专业图纸目录

序号	图号	图名	图幅	版次
01	GS通-01	结构设计总说明（一）	A1	
02	GS通-02	结构设计总说明（二）	A1	
03	GS-01	桩位布置图	A1	
04	GS-02	基础底板及承台平面布置图	A1	
05	GS-03	基础梁平面布置图	A1	
06	GS-04	地下室柱结构平面布置图	A1	
07	GS-05	地下室墙结构平面布置图	A1	
08	GS-06	一层墙、柱结构平面布置图	A1	
09	GS-07	二层以上墙、柱结构平面布置图	A1	
10	GS-08	地下室顶板结构平面布置及板配筋图	A1	
11	GS-09	地下室顶板梁配筋图	A1	
12	GS-10	人防结构详图	A1	
13	GS-11	地下坡道详图	A1	
14	GS-12	二层结构平面布置图	A1	
15	GS-13	二层梁横向配筋图	A1	
16	GS-14	二层梁纵向配筋图	A1	
17	GS-15	三层结构平面布置图	A1	
18	GS-16	三层梁横向配筋图	A1	
19	GS-17	三层梁纵向配筋图	A1	
20	GS-18	四、五、八层结构平面布置图	A1	
21	GS-19	六~七层结构平面布置图	A1	
22	GS-20	屋面结构平面布置图	A1	
23	GS-21	节点详图、3#楼梯详图	A1	
24	GS-22	1#楼梯详图	A1	
25	GS-23	2#楼梯详图	A1	

XX设计所有限公司		工程名称	XX建设工程	PROJECT NO.	
		项目名称	综合楼	DISCIPLINE	结构
APPROVED BY	CHECKED BY	图纸目录		REVISION	
DIRECTOR	DRAWN BY			DATE	
				第1页	共1页

图 1-4　结构专业图纸目录

下面我们主要针对项目识图中的常见问题，对建筑、结构专业在建模过程中较难理解的知识点进行讲解。

1. 防空地下室

人民防空（简称人防）是国防的组成部分，是指国家根据国防需要，动员和组织群众采取防护措施，防范和减轻空袭灾害。人民防空工程（亦称人防工程），是为保障战时人员与物资掩蔽、人防指挥、医疗救护等需要而修建的地下防护建筑，以及结合地面建筑修建的战时可用于防空的地下室。防空地下室建设，是指住宅、旅馆、招待所、商场、大专院校教学楼和办公、科研、医疗用房等民用建筑，应按照国家有关规定修建战时可用于防空的地下室。防空地下室设计必须贯彻"长期准备、重点建设、平战结合"的方针。

按战时防御的武器，防空地下室可划分为甲、乙两类。甲类工程：防核武器、常规武器、化学武器、生物武器袭击；乙类工程：防常规武器、化学武器、生物武器袭击。本项目地下部分设甲类防空地下室，为抵御核武器、常规武器等袭击，地下室外墙、顶板、底板、通道等需要根据武器爆炸荷载设置为钢筋混凝土构件；防空地下室内部相邻两个防护单元之间的隔墙以及防空地下室与普通地下室相邻的隔墙可不计入常规武器地面爆炸产生的荷载，但要抵御核武器的袭击，仍设置为钢筋混凝土墙；相关混凝土构件厚度和配筋均应符合相应的规范要求。因此，防空地下室空间内部会设有钢筋混凝土墙，如图1-5所示。防空地下室分为平时、战时两种布置状态，模型中以平时正常使用状态为依据建立。

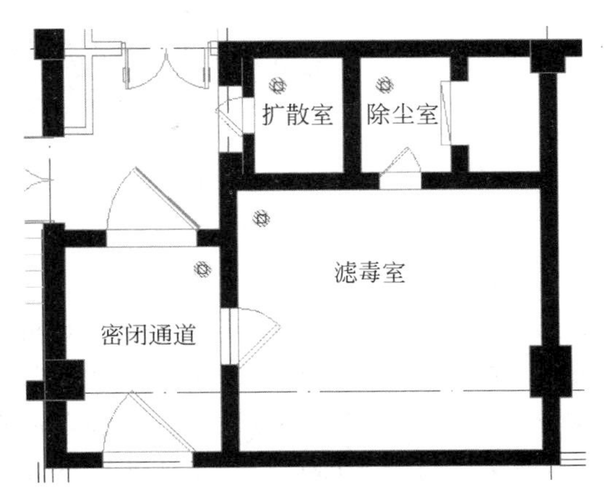

图1-5 人防地下室空间

2. 基础形式

本项目基础采用承台下设预应力管桩的形式，属于深基础的一种。当地基上部存在较厚软弱土层，无法通过地基处理进行加固或者上部结构对沉降要求较高时，适合采用深基础。深基础的基本原理——利用桩或墩等基础构件把上部荷载直接传递给埋深较深且具有较高承载性能的土层。桩（墩）的具体形式需根据土层情况、桩（墩）承载力、施工可行性、经济性等因素综合确定，如图1-6所示。

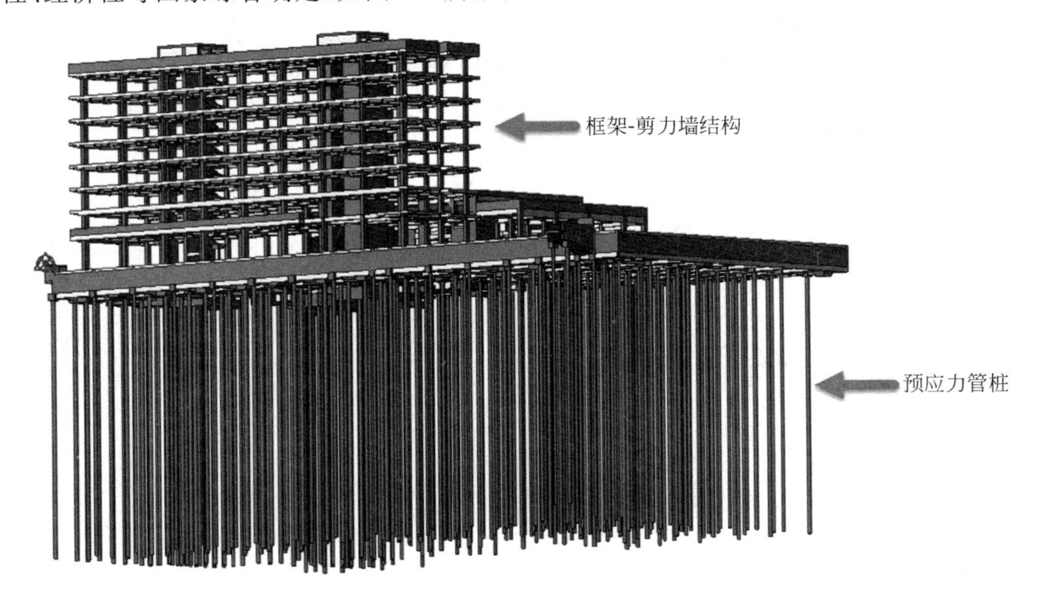

图1-6 结构形式分析

3. 结构墙

本项目采用框架-剪力墙结构形式。本节讲的结构墙是指建模所选择的墙体类型，如图1-6所示，剪力墙、地下室混凝土墙（外墙、人防墙等）均采用这种墙体类型。剪力墙是房屋或构筑物中主要承受风荷载或地震作用引起的水平荷载的墙体，防止结构发生剪切破坏，又称抗风墙或抗震墙。地下室混凝土墙是指只承受侧向水土压力、人防荷载的外墙、水池侧墙、人防墙等，区别于上部主体结构下落的剪力墙。框架-剪力墙结构的承重体系主要包括框架（梁、柱）、剪力墙，图1-6展示的是本项目的结构形式。按照受力情况，除结构墙外，在框架-剪力墙结构内需设置用于围护、分隔的非承重墙体（填充墙、幕墙等），这部分墙体不参与结构体的受力计算，可用砖、砌块等材料砌筑，模型中归为建筑类墙体，如图 1-7 所示。

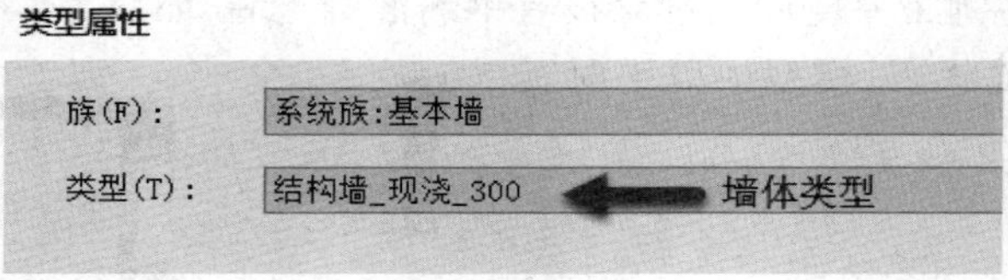

类型属性

族(F)： 系统族：基本墙

类型(T)： 结构墙_现浇_300 ← 墙体类型

图 1-7 类型属性

4. 女儿墙

女儿墙是建筑物屋顶四周的低墙，主要作用除维护安全外，也会在和屋顶交界处作防水收头，以避免防水层渗水，还能对建筑立面起装饰作用。本项目设上人屋顶，有两部楼梯可以到达，女儿墙作钢筋混凝土翻边，并在下部作垛头，便于防水卷材收头，结构做法如图 1-8 所示，模型如图 1-9 所示，结构主体外挂花岗岩。

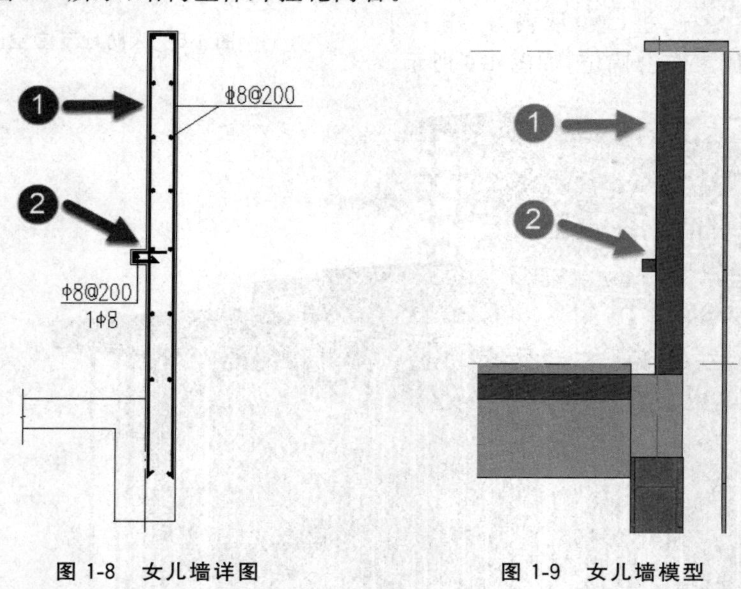

图 1-8 女儿墙详图　　图 1-9 女儿墙模型

5. 保护层厚度

从混凝土碳化、脱钝和钢筋锈蚀的耐久性角度考虑，不再以纵向受力钢筋的外缘计算混凝土保护层厚度，而以最外层钢筋(包括箍筋、构造筋、分布筋等)的外缘计算混凝土保护层厚度。本项目混凝土保护层最小厚度按照相应规范选取。混凝土保护层最小厚度与环境类别有关，本项目地下室底板、地梁、承台、地下室外墙及水池和其他与水、土直接接触的混凝土结构(如覆土的地下室顶板)为二 a 类，其他为一类。

第2章

Revit 入门

2.1 Revit 基础

2.1.1 Revit 2017 的基本功能特点

Revit 2017 的基本功能特性主要体现在以下几个方面。

1. 模型创建与平立剖面图纸的同步生成

作为三维参数化设计软件，Revit 2017 能够自动生成平立剖面图纸，并通过多种手段表达设计内容；能够快速生成剖切透视图，平面、立面真实阴影效果，平面颜色填充，室内外透视漫游动画等，如图 2-1 所示。

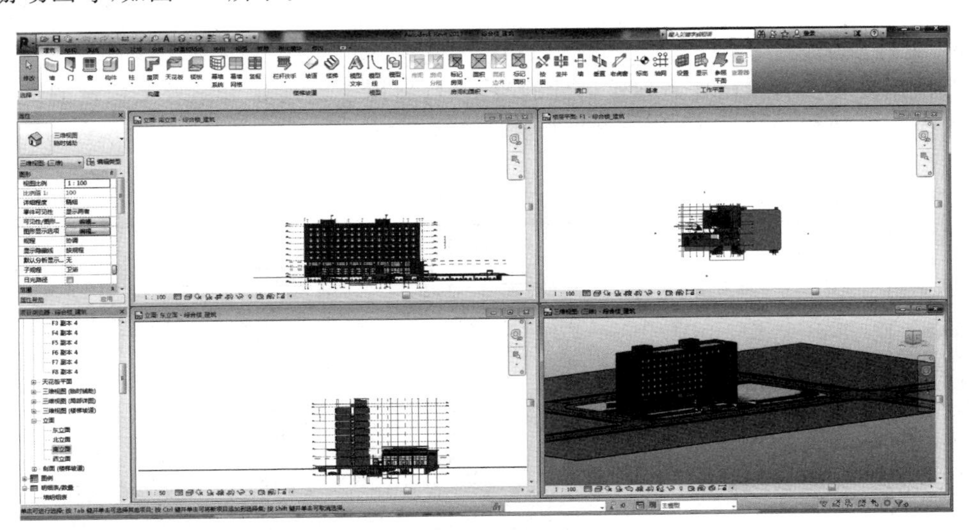

图 2-1 模型创建与平立剖面图纸的同步生成

2. 关联修改

对模型的任意修改，自动体现在建筑平立剖面图以及构件明细表等相关图纸上，避免图纸间不对应的低级错误。

3. 设计集成

从方案设计阶段到完成施工图设计，生成室内外透视效果图，直至三维漫游动画，能做到一步到位，避免了以往工作模式中的数据流失和重复工作，如图 2-2 所示。

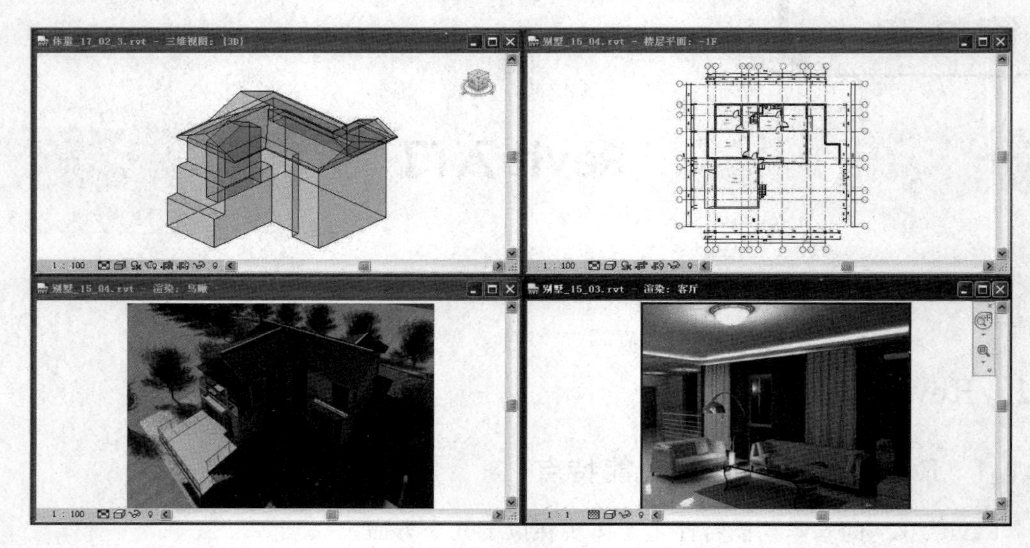

图 2-2 集成设计示意图

4. 专业协调与设计优化

通过 Revit 2017 建立的各专业模型可以在 Revit 2017 内部的协调功能下或导出至其他软件(如 Navisworks)进行碰撞检查，并完成设计优化，为工程施工提供更精确的指导。

5. 工程量统计

可根据需要实时输出任意建筑构件的明细表，适用于概预算工作时工程量的统计以及施工图设计时的各种统计表，如图 2-3 所示。

列 行 标题和页眉 外观

<管道明细表>

A	B	C	D	E	F	G	H
类型	尺寸	外径	直径	壁厚	长度	成本(元/米)	合价
PVC-U - 排水	150 mm	160 mm	150.0 mm	5.00 mm	7.050 m	¥10.00	70.50
PVC-U - 排水	150 mm	160 mm	150.0 mm	5.00 mm	4.200 m	¥10.00	42.00
PVC-U - 排水	150 mm	160 mm	150.0 mm	5.00 mm	7.200 m	¥10.00	72.00
PVC-U - 排水	150 mm	160 mm	150.0 mm	5.00 mm	4.200 m	¥10.00	42.00
PVC-U - 排水	150 mm	160 mm	150.0 mm	5.00 mm	5.350 m	¥10.00	53.50
标准	150 mm	159 mm	150.0 mm	4.50 mm	6.948 m	¥12.00	83.38
标准	150 mm	159 mm	150.0 mm	4.50 mm	4.596 m	¥12.00	55.15
标准	150 mm	159 mm	150.0 mm	4.50 mm	7.596 m	¥12.00	91.15
标准	150 mm	159 mm	150.0 mm	4.50 mm	4.596 m	¥12.00	55.15
标准	150 mm	159 mm	150.0 mm	4.50 mm	5.048 m	¥12.00	60.58
总计							625.41

图 2-3 明细表样例

6. 出图与调整

Revit 2017 系统自动管理图纸上的文字说明及标注尺寸的文字大小，使其与任意比例的图纸相匹配，并且系统能自动管理图纸的相关信息，同时也内置了调整修改的相关功能，能够根据出图要求进行修正。

7. Dynamo 参数化插件

Revit 2017 集成了 Dynamo(图 2-4)可视化参数设计插件，能够更便捷地设计复杂曲面物体和空间造型，为设计建模提供更多方便，其功能类似于 Grasshopper，并能够通过数据互换插件与 Rhino(犀牛)进行设计数据互换。

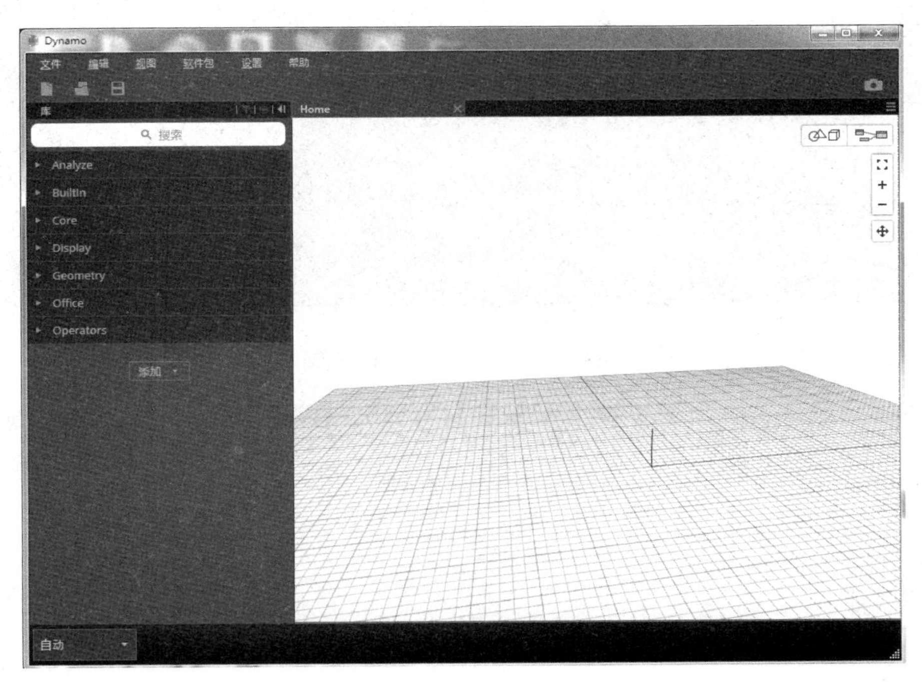

图 2-4 Dynamo 基本操作界面

2.1.2 Revit 2017 的界面认识

Revit 2017 的操作界面与前几代 Revit 版本相比并没有本质上的区别，开始菜单的项目新建仍保持模板式，建模界面依然是传统的操作界面、选项卡、项目浏览器和属性栏的风格(图 2-5～图 2-7)。

不同功能的选项卡通过单击调用下级操作菜单，对象属性栏和项目浏览器可以根据绘图习惯自行调整位置，操作界面中的底部功能菜单和较早的版本保持在相同位置，作用仍以调节比例、模型精度/显示以及可见性为主。

2.1.3 Revit 2017 的基本术语

项目：在 Revit 2017 中，项目是单个设计信息数据库-建筑信息模型。项目文件包含了建筑的所有设计信息(从几何图形到构造数据)。这些信息包括用于设计模型的构件、项目视图和设计图纸。

标高：标高是无限水平平面，用作屋顶、楼板和天花板等以层为主体的图元的参照。标高大多用于定义建筑内的垂直高度或楼层。可为每个已知楼层或建筑的其他必需参照(如第二层、墙顶或基础底端)创建标高。标高必须处于剖面或立面视图中。

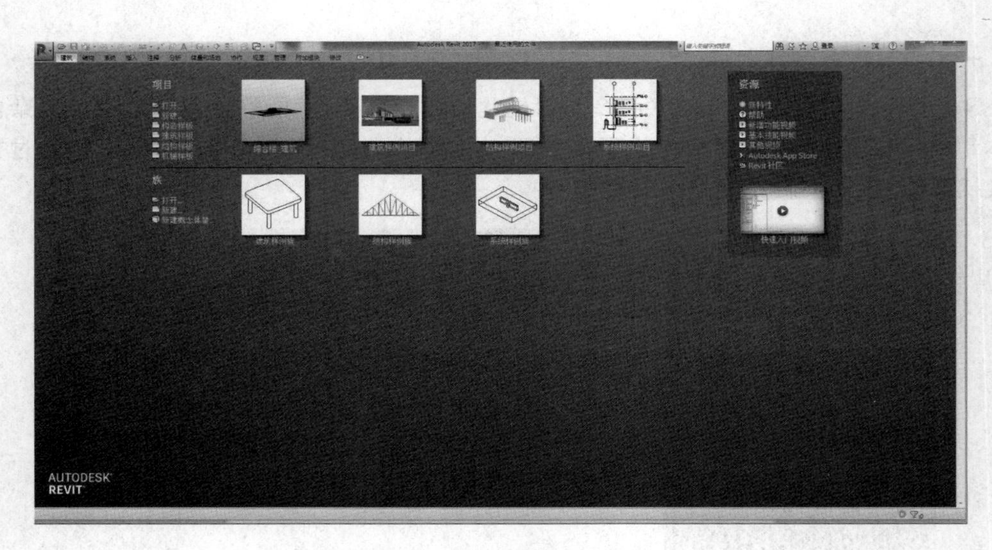

图 2-5　Revit 2017 初始界面

图 2-6　Revit 2017 操作界面

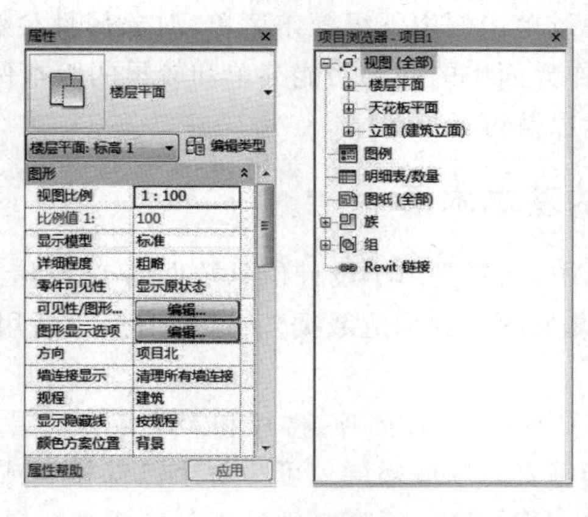

图 2-7　Revit 2017 属性及项目浏览器

图元：在创建项目时，可以向设计中添加 Revit 参数化建筑图元。Revit 按照类别、族和类型对图元进行分类。

类别：类别是一组用于对建筑设计进行建模或记录的图元。例如，模型图元类别包括墙和梁；注释图元类别包括标记和文字注释。

族：族是某一类别中图元的类，根据参数(属性)集的共用、使用上的相同和图形表示的相似来对图元进行分组。一个族中不同图元的部分或全部属性可能有不同的值，但是属性的设置(其名称与含义)是相同的。

类型：每一个族都可以拥有多个类型。类型可以是族的特定尺寸，也可以是样式。

实例：实例是放置在项目中的实际项(单个图元)，它们在建筑(模型实例)或图纸(注释实例)中都有特定的位置。

2.2 Revit 2017 基本操作

2.2.1 常用修改命令简介

Revit 2017 的修改命令选项卡是建模操作中使用频率最高的选项卡，其中最常用的命令是如图 2-8 所示的 8 个修改选项。

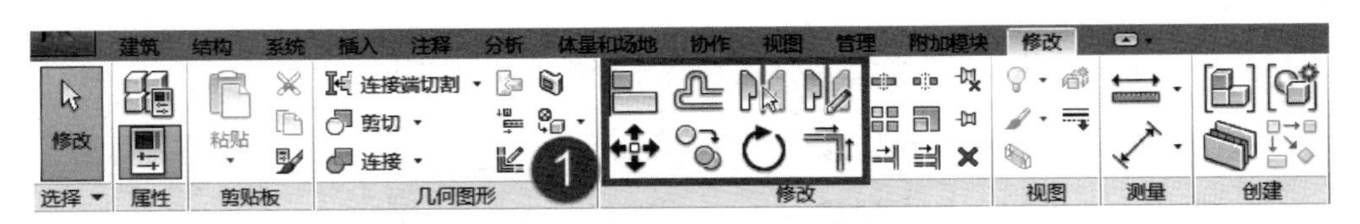

图 2-8　常用修改命令

对齐(AL)：将一个或多个图元与选定的图元对齐，常用于构件的精确定位。

移动(MV)：将选定的图元移动到当前视图中的指定位置，在对象不被锁定和隐藏的情况下完成操作。

偏移(OF)：将选定的图元复制或移动到长度垂直方向上的指定距离处。

复制(CO)：复制选定图元并将其放置在当期视图中的指定位置。

镜像-拾取轴(MM)：将现有的线或边作为镜像轴来反转图元位置。

镜像-绘制轴(DM)：绘制一条临时线作为镜像轴来反转图元的位置。

旋转(RO)：绕旋转轴旋转指定的图元。

修剪/延伸为角(TR)：修剪或延伸图元以形成一个角。

除此之外，修改选项卡中经常用到的命令还有拆分图元(SL)、阵列(AR)、修剪/延伸图元、锁定(PN)、解锁(UP)等。同时也包含对几何图形的切割、连接操作功能和距离测量功能等相对常用的功能选项。因此，修改选项卡是学习 Revit 建模必须熟悉和掌握的基本功能之一。

2.2.2 尺寸标注

Revit 2017 的尺寸标注功能位于注释选项卡，与 AutoCAD 中的尺寸标注类似，操作时应注意操作界面底部人机交互栏的提示，选项卡菜单见图 2-9。我们可以通过单击图 2-10 所示菜单位置打开标注类型设置。在进行实际工程项目标注时，应先设置好标注属性，下面以常见的线性尺寸标注类型来讨论标注属性，见图 2-11。

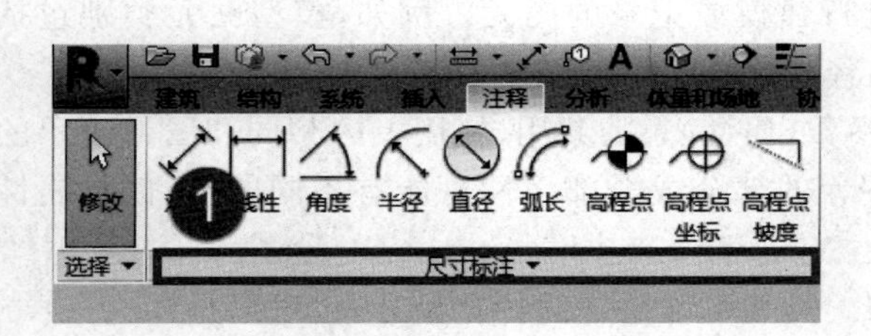

图 2-9　尺寸标注

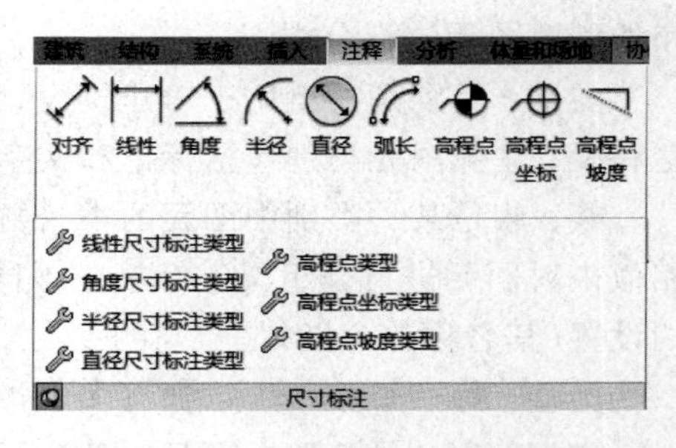

图 2-10　尺寸标注类型设置

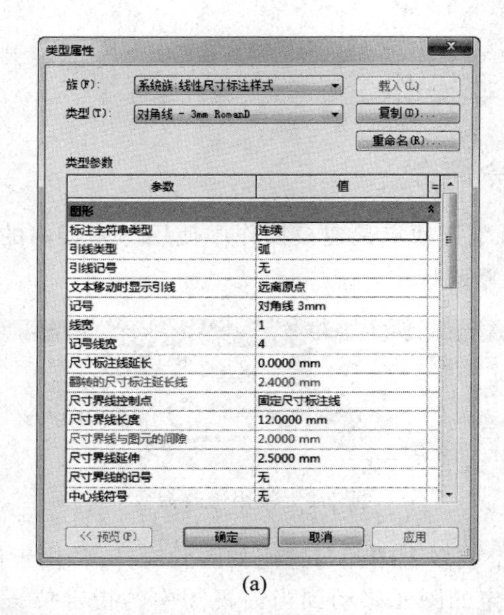

类型属性

族(F)：系统族：线性尺寸标注样式　载入(L)...

类型(T)：对角线 - 3mm RomanD　复制(D)...

重命名(R)...

类型参数

参数	值
图形	
标注字符串类型	连续
引线类型	弧
引线记号	无
文本移动时显示引线	远离原点
记号	对角线 3mm
线宽	1
记号线宽	4
尺寸标注线延长	0.0000 mm
翻转的尺寸标注延长线	2.4000 mm
尺寸界线控制点	固定尺寸标注线
尺寸界线长度	12.0000 mm
尺寸界线与图元的间隙	2.0000 mm
尺寸界线延伸	2.5000 mm
尺寸界线的记号	无
中心线符号	无

<< 预览(P)　确定　取消　应用

(a)

类型属性

族(F)：系统族：线性尺寸标注样式　载入(L)...

类型(T)：对角线 - 3mm RomanD　复制(D)...

重命名(R)...

类型参数

参数	值
中心线样式	实线
中心线记号	对角线 3mm
内部记号显示	动态
内部记号	对角线 3mm
同基准尺寸设置	编辑...
颜色	■ 黑色
尺寸标注线捕捉距离	8.0000 mm
文字	
宽度系数	0.700000
下划线	☐
斜体	☐
粗体	☐
文字大小	3.0000 mm
文字偏移	1.0000 mm
读取规则	向上，然后向左
文字字体	RomanD

<< 预览(P)　确定　取消　应用

(b)

类型属性

族(F)：系统族：线性尺寸标注样式　载入(L)...

类型(T)：对角线 - 3mm RomanD　复制(D)...

重命名(R)...

类型参数

参数	值
读取规则	向上，然后向左
文字字体	RomanD
文字背景	透明
单位格式	1235 [mm]
备用单位	无
备用单位格式	1235 [mm]
备用单位前缀	
备用单位后缀	
显示洞口高度	☐
消除空格	☐
其他	
等分文字	EQ
等分公式	总长度
等分尺寸界线	记号和线

<< 预览(P)　确定　取消　应用

(c)

图 2-11　线性尺寸标注类型

我们需要调整的尺寸标注的属性主要有图形属性和文字属性两种。

(1) 图形属性

主要图形属性的选项介绍如下。

标记字符串类型：有三个选项，连续、基线、纵坐标，不同样式显示效果不同；

记号：决定尺寸界限处标记类型，箭头、点或者对角线等；

线宽：用来设置尺寸标注线的宽度值；

记号线宽：用来设置记号标记的宽度，不同的记号标记类型对应不同的显示效果；

尺寸标注延长线：用来确定尺寸标注超出记号标记的长度，默认为0；

尺寸界限控制点：用来控制尺寸界限形式，有图元间隙和固定尺寸标注线两个选项，该设置与尺寸界限长度和尺寸界限与图元的间隙两个属性相关联；

尺寸界限长度：用来设置尺寸线长度，该设置仅当尺寸界限控制点设置为固定尺寸标注时可用；

尺寸界限与图元的间隙距离：该设置仅当尺寸界限控制点设置为图元间隙时可用；

尺寸界限延伸：用来设置尺寸界限超出文字标注线的长度；

中心线符号、中心线样式、中心线记号：如果尺寸标记的图元具有中心线参照，将中心线作为尺寸标记的参照时(墙等)上述属性设置其外观样式；

同基准尺寸设置属性：仅当将标记字符串类型设置为纵坐标时可用，用来控制纵坐标标记的外观样式，控制文字对齐位置或文字方向等；

颜色：用来控制标记尺寸线及标记文字的颜色。

(2) 文字属性

主要文字属性选项介绍如下。

宽度系数：指定文字字符串的缩放比率；

下划线、斜体、粗体：为单选框，用来控制文字相应外观；

文字大小：指定标注字体字号；

文字偏移：控制标注文字与尺寸标注线的距离；

读取规则：用来指定尺寸标注文字的读取规则，实际为控制标记文字与尺寸标注线的位置关系；

文字字体：指定尺寸标注字体；

文字背景：控制尺寸标注文字标签是否透明；

单位格式、备用单位、备用单位格式：指定输出文字的单位显示格式。

除此之外，尺寸属性中还包括其他属性，主要有等分文字符号(EQ)、等分公式和等分尺寸线等设置，一般不作修改，特殊情况下可以根据需求调整。

2.3 项目准备

2.3.1 图纸处理

目前在常规的BIM建模操作中，往往先有图纸后有模型。现在常用的BIM建模软件都为操作者提供了导入底图的功能，Revit也不例外。使用底图的根本目的是使建模操作更快捷，因此我们通常不将未经修改的设计图纸作为底图导入模型，而是需要对原始的图纸文件进行一定的处理。

目前我们导入的工程图纸大多为 AutoCAD 绘制的 dwg 格式，同时 Revit 也支持导入图片或其他相关格式作为底图。对底图的处理一般在绘制图纸的软件中进行，这里不详细描述样例，但图纸处理必须遵循下列基本原则：第一，完成处理后的底图必须包含充分的本专业建模信息；第二，作为底图的图纸中与所建专业模型无关的信息尽可能删除或简化；第三，根据个人建模习惯对图纸中初始设置的颜色和线性进行调整，以导入后显示清晰为准。

在完成底图所用图纸的处理后，可以将图纸导入模型建立的位置，导入菜单如图 2-12 所示。链接和导入的区别主要在于链接后的图纸修改能反映在项目中，而导入后的不能。导入时应保证定位的准确性，一般情况下，可以通过轴网对准项目基点的操作方式来完成。本内容后续章节有详细介绍，这里不作为重点讨论。

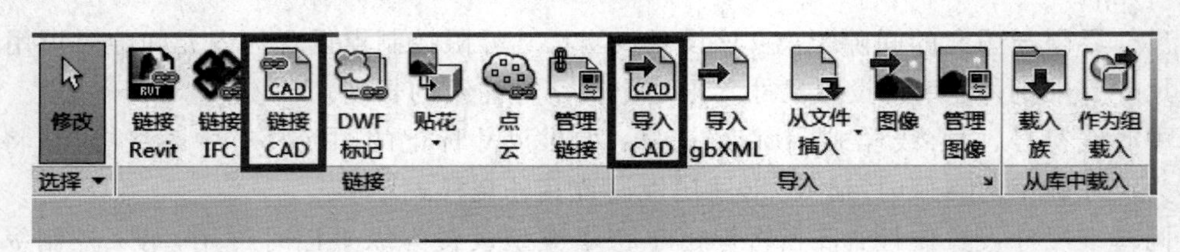

图 2-12　图纸导入菜单

2.3.2　项目规则和保存机制

1. 项目的规则

在前文对项目的认识中我们知道，本项目根据不同专业可以拆分为多个模型，而不同的模型则根据不同模板进行建模并保存，下文将以建筑为例介绍如何根据不同的专业进行建模和保存的。

2. 建立一个建筑模型

和其他软件一样，我们有多种方式开启 Revit 2017，打开 Revit 2017，进入到图 2-13 画面选择“建筑样板”，并单击“确定”按钮。

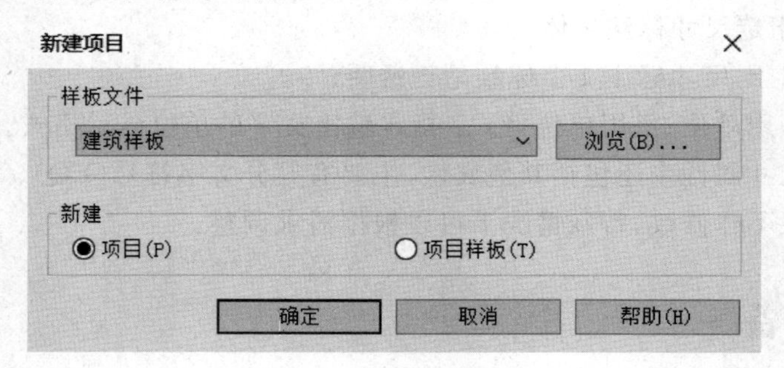

图 2-13　新建建筑样板

进入 Revit 绘图界面后，为了防止计算机在绘图过程中出现问题导致图形丢失，单击“程序功能”按钮进入图 2-14 的界面，单击“选项”按钮，进入图 2-15 界面。

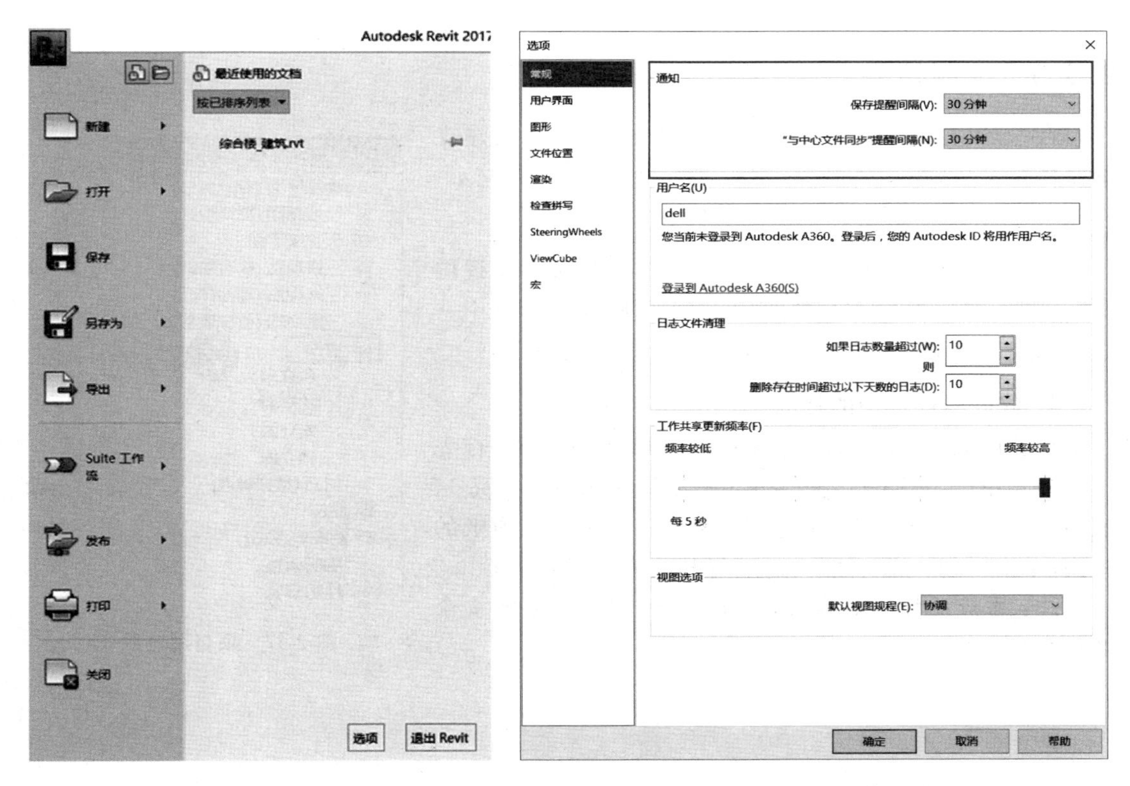

图 2-14　“程序功能”按钮　　　　图 2-15　自动保存设置

在图 2-15 界面中，选择常规选项，进行自动保存时间的设置以尽量减少计算机出错带来的损失。

3. 保存文件

新建模型建立后需要保存，可以如同其他软件一样通过快捷键保存，也可以通过进入图 2-14 的界面选择“另存为”项目，多种方式进行保存。进入保存界面后，如图 2-16 所示命名“综合楼_建筑”，格式为项目文件，其他专业也按照这个格式进行命名。

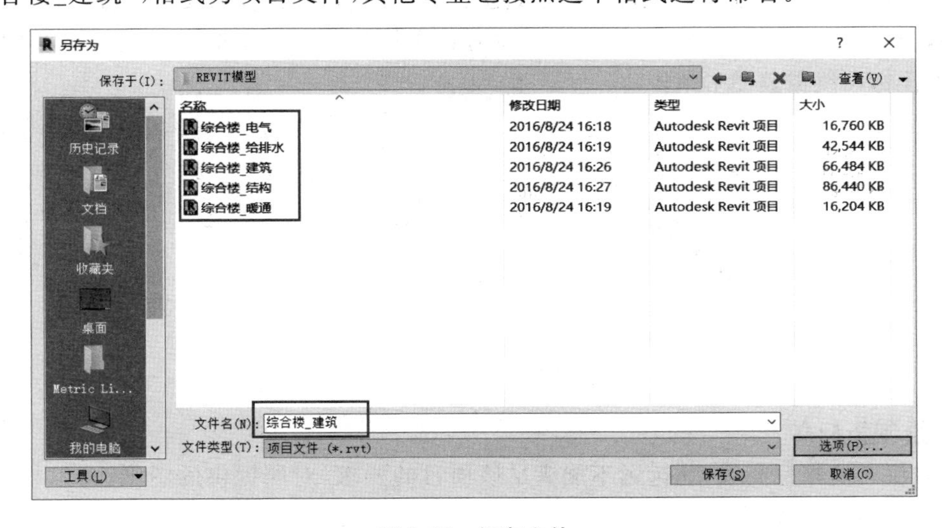

图 2-16　保存文件

2.3.3 绘制标高

在绘制模型之前应先根据图纸建立标高，后续建立的主体均会依附其上。

1. 打开立面视图

打开新建模型，首先打开项目浏览器中的立面视图（图 2-17），可以看到 4 个视图，我们可以随意打开其中一个立面视图绘制标高，下面将以南立面为例绘制标高。

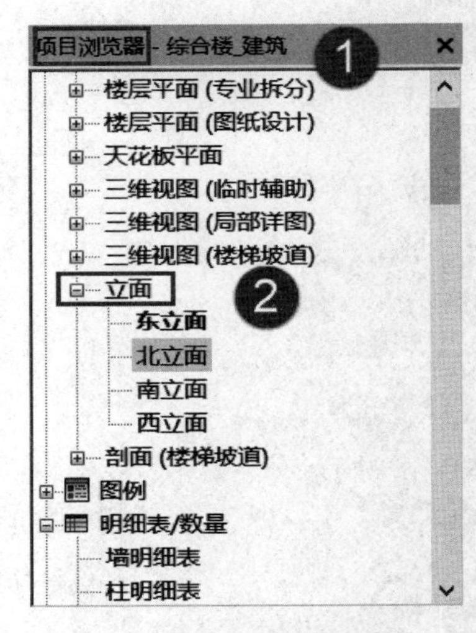

图 2-17　项目浏览器

2. 修改原模板中的标高

打开南立面的绘图区将看到图 2-18 所示界面，首先可以分别单击“标高 1”，使其处于可编辑状态，把“标高 1”改为“F1”，同样方法把“标高 2”改为“F2”，并根据图纸的标高，单击“标高 2”的值“4.000”将其改为“4.700”。

注：当修改标高名称时，会出现提示“是否希望重命名相应视图”，应选择“是”。

图 2-18　南立面视图初始图面

图 2-19 所示为图 2-18 两根标高线的放大图形，在这里我们要做两步修改：单击步骤①小方块，会出现编号，反向操作可以关闭其编号；单击步骤②的小圆点并按住鼠标往左边拉动，可以让标高线覆盖图形范围。

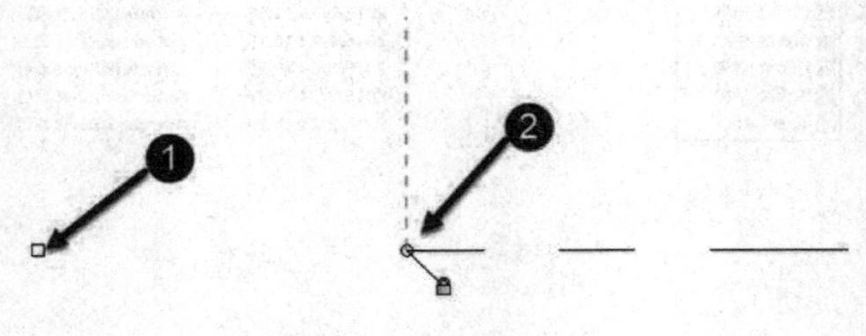

图 2-19　标高线放大图

3. 绘制新标高

此时仅有两根标高线，还远远不能满足该项目的要求，对照提供的图纸，可以根据以下方法绘制新的标高线（图 2-20）。

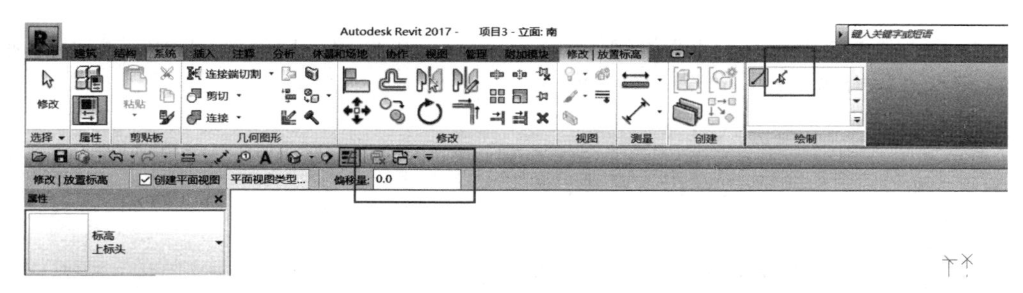

图 2-20　绘制标高

在这里首先进入“建筑”菜单，单击右下方“标高”命令后会出现两种绘制方法，选择有点的“拾取线”命令，即通过选择已有的标高线为参考线来绘制新的标高线。“选项区”中“偏移量”选项表示标高线与参考线之间的距离，如拾取 F2 标高线来绘制 F3 标高线，由于 F3 标高值为 8.600，这时偏移量输入 3900（此处单位为 mm），则绘制完成 F3。结合上一条所述的方法就可以完成所有标高线的绘制。而打开另 3 个立面图，则有同样的标高。

注： 绘制标高也可以直接用绘制“直线”的方式完成，大家不妨自己用此种方法试一次。如果遇到标准层的标高（相同层高）则可以利用阵列的编辑方法。大家可以在学习过程中尝试多种方法达到同一目的，并体会不同方法的区别。

2.3.4　绘制轴网

和标高一样，定位轴线也是建筑的定位标识，只不过标高是立面上的定位，而轴线是平面的定位，因此在绘制定位轴线时应该打开项目浏览器中任一楼层平面视图（打开方法参照 2.3.3 节）。以下我们将在 F1 平面图上绘制轴网。

1. 直接绘制轴网

当项目比较简单，轴线较少时可以根据要求直接绘制轴网。首先跟标高一样单击“建筑”菜单，在其下方的任务区里找到“轴网”命令，如图 2-21 所示。

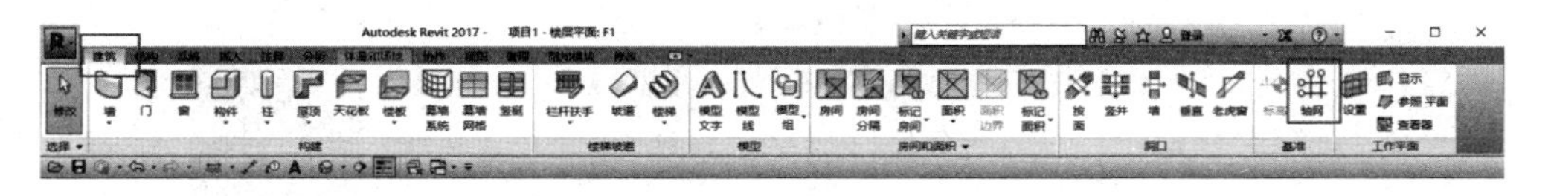

图 2-21　轴网命令

在此命令下可以拉一根水平线得到第一根轴线，如图 2-22 所示。但是我们知道轴向定位轴线的编号应该是大写字母，因此可以单击轴线编号“1”使其处于编辑状态，修改为“A”。和标高线一样我们可以通过勾选编号边上小方块隐藏或打开其编号，通过小圆点拉伸或缩短其长度。

图 2-22　第一根定位轴线

有了第一根纵向定位轴线，其他的定位轴线可以通过定位轴线的“拾取线”方法进行绘制，如图 2-23 所示，在选项区中输入两根轴线间距离（单位为 mm，本篇中如未特地提及，默认的长度单位均为 mm)。通过拾取线的方法完成所有纵向定位轴线绘制,然后再根据前述方法绘制完成所有横向定位轴线。F1 层的轴网画好了,其他层也会同样的出现。

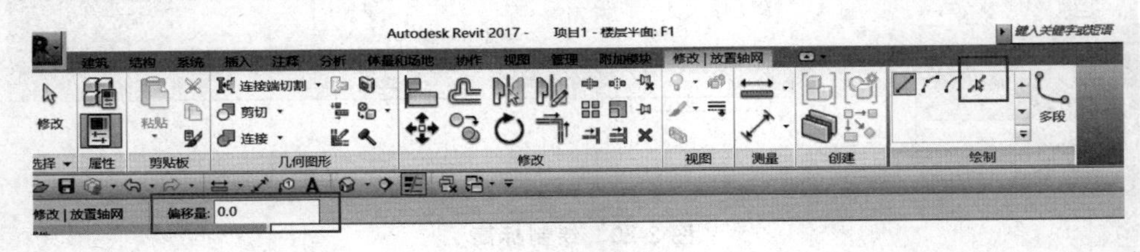

图 2-23 拾取线

2. 链接 CAD

由于本项目比较复杂,如果直接绘制轴网可能会出现繁重的修改工作,因此可以利用已经画好的 CAD 图来绘制轴网。

首先需要链接 CAD 图,如图 2-24 所示,单击“插入”菜单,然后单击“链接 CAD”命令。

图 2-24 链接 CAD

进入图 2-25 所示界面,找到 CAD 文件存放的位置,选中“建筑 F1”并打开即可。链接 CAD 后可能会出现一系列的问题,所以初学者注意图 2-25 中两处位置,第一要勾选“仅当

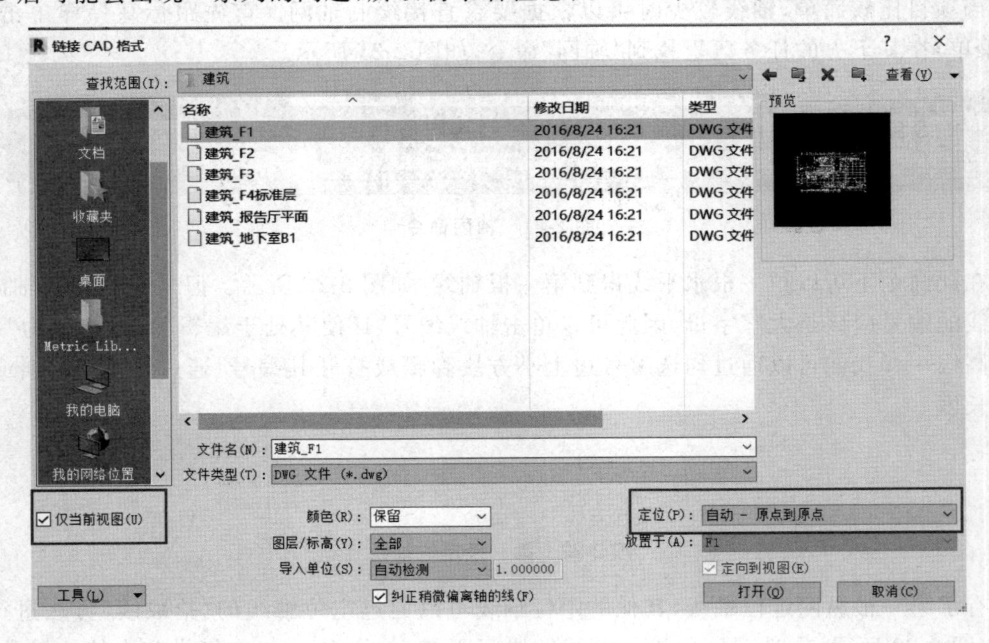

图 2-25 打开 CAD 文件

前视图”,第二在“定位”中选择“自动-原点到原点”选项。接下来则根据链接的 CAD 底图,通过前述轴线的“拾取线”方法,以底图中的轴线为参考线进行绘制以及编辑即可。

当画好轴线后,如果不再需要 CAD 底图了,则可以通过管理链接卸载,如图 2-26 所示,按照标记的顺序操作即可。

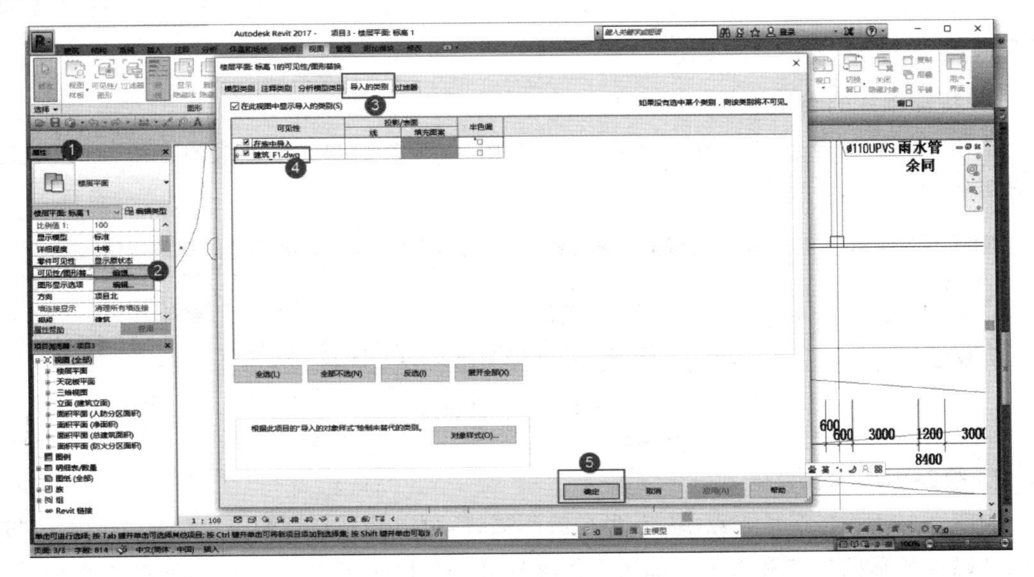

图 2-26　卸载 CAD 文件

如果暂时不想看到 CAD 底图,但是后面的步骤还要用到,则通过视图可见性来操作,即在步骤④中把该文件的勾选去掉然后单击“确定”即可。在需要的时候根据图 2-27 所示在步骤④重新勾选则重新打开其可见性。

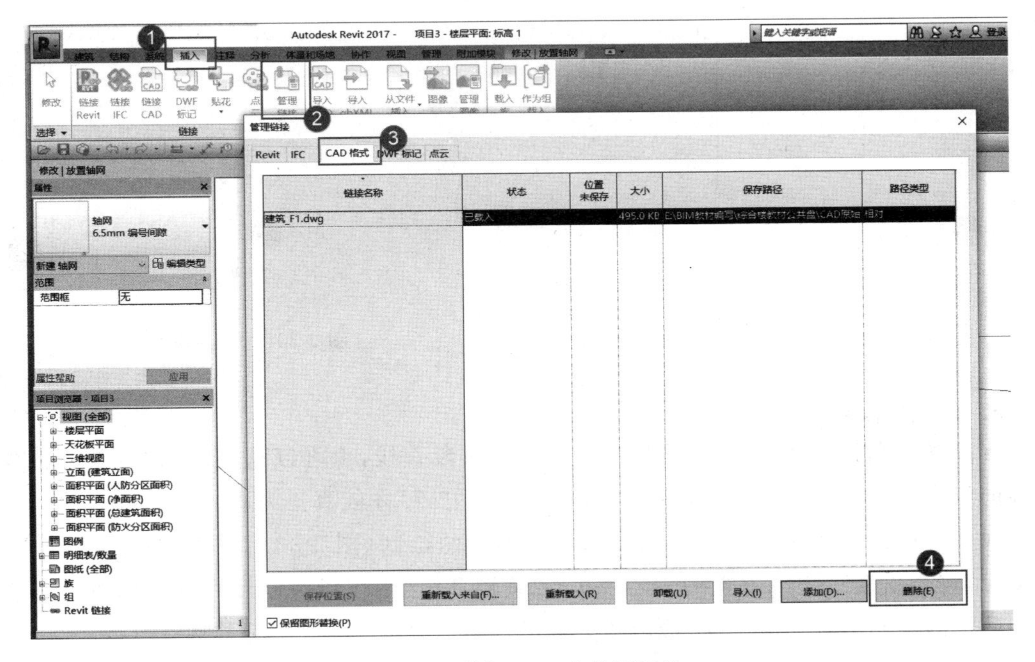

图 2-27　关闭 CAD 文件可见性

2.3.5 特殊轴网

一般情况下，建筑都相对比较方正，所以轴网也是横平竖直的。在某些特殊情况下，为了标注特殊的空间或者构件会用一些非直线的特殊轴线，以下简单介绍几种特殊轴线的绘制方法。

1. 特殊轴线的类型

单击“轴网”命令会出现图 2-28 中的①、②图标，均是绘制弧形轴线的方法，而③则是绘制多段线的方法。

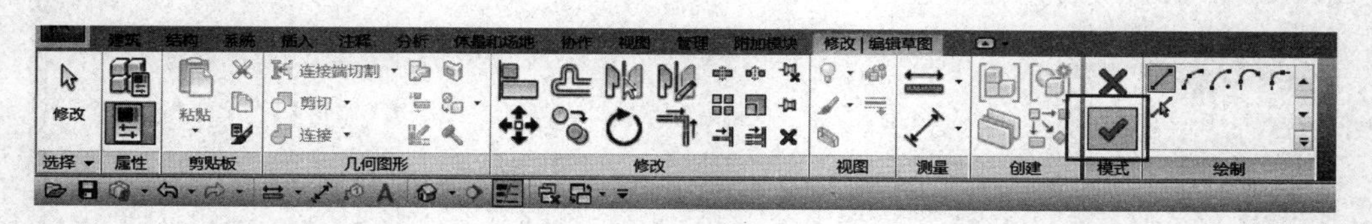

图 2-28 特殊轴线

2. 绘制弧形轴线

如图 2-29 所示，①是起点-终点-半径绘制弧线，可以分别点选起点、终点，然后通过拉动鼠标来确定弧形的形状和大小。如果半径不好确定可以单击图 2-29 所示的框内半径，直接编辑至所需半径。图 2-30 所示的则是第二种绘制弧形轴线的方法，首先确定圆心的位置，然后一次确定两个端点位置，同样也可以通过编辑半径来调整形状。

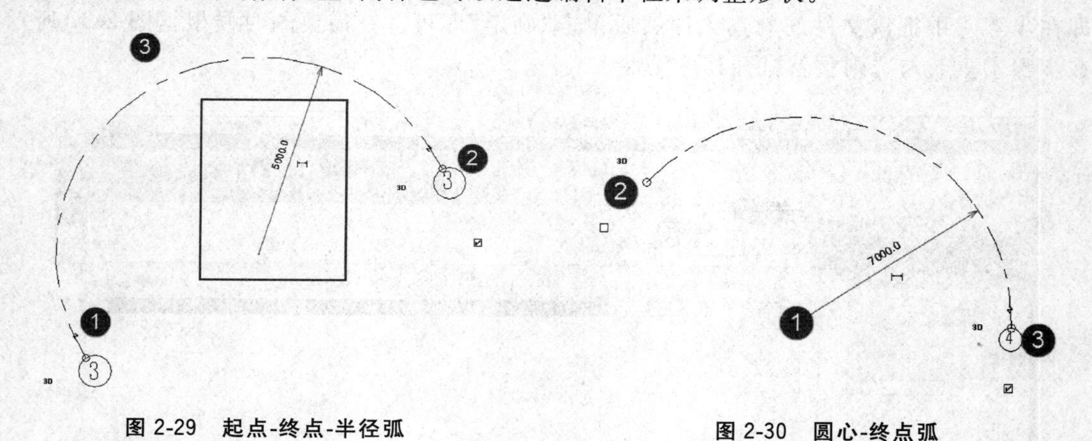

图 2-29 起点-终点-半径弧　　图 2-30 圆心-终点弧

3. 绘制多段轴线

多段轴线是指轴线可以由多段组成，可以是多段直线，也可以是多段弧线，或者直线与弧线的组合，图形绘制好后记得单击图 2-31 所示的“√”才能真正完成。

我们可以结合直线与圆弧完成一段特殊轴线的绘制(图 2-32)。在该多段轴线被选中的情况，将会出现图 2-33 的界面，此时单击“编辑草图”则可以对该轴线进行修改。修改方法和前述的绘制编辑方法一样，最后依旧是不要忘了单击“√”来完成修改。

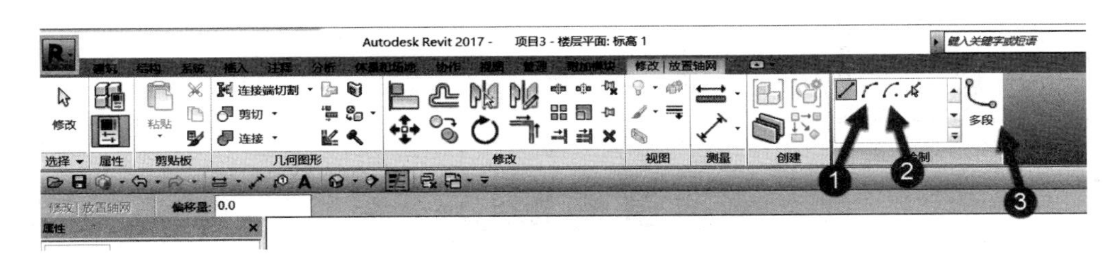

图 2-31　多段轴线

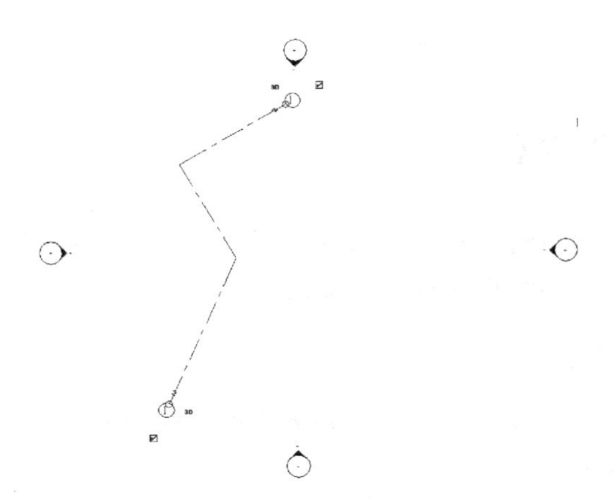

图 2-32　多段轴线实例

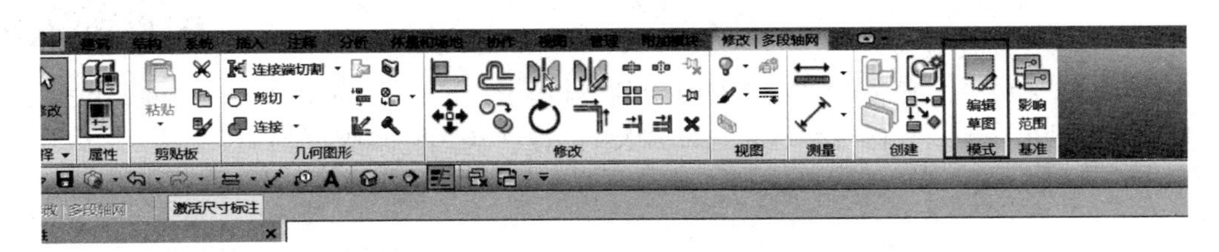

图 2-33　编辑多段轴线

注：用“多段轴线”绘制轴线，必须要单击“√”或“×”来完成或退出该步操作。

第3章

建筑模型设计

3.1 创建柱、墙竖向体系

第2章完成了标高和轴网的绘制，本章开始将逐步完成“综合楼_建筑”的三维模型。该项目中只有B2层有建筑柱，可以先创建墙体，后放置建筑柱。

3.1.1 创建和编辑墙

本节将为综合楼创建墙体。“综合楼_建筑”中主要有两种墙体，分别为基本墙和玻璃幕墙。

创建和编辑墙

首先创建基本墙，在创建前需要根据墙体构造对墙的结构参数进行定义。墙结构参数包括了墙体的厚度、做法、材质、功能等。接下来，通过实际操作学习如何定义墙体类型。

(1) 选择“插入”选项卡中“链接”面板中的“链接Revit”命令，弹出“导入/链接RVT”对话框，选择“综合楼_结构”，定位设置为“自动-原点到原点”，如图3-1所示。

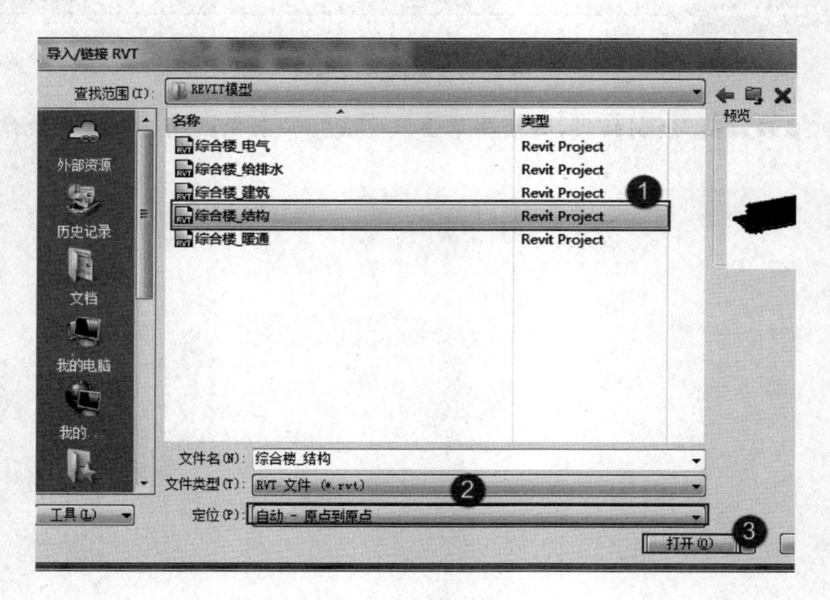

图3-1 链接Revit

(2) 定义“综合楼_建筑”的外墙结构，并在定义过程中为构造层指定材质。切换至F1楼层平面图，选择“建筑”选项卡“构建”面板中的“墙”，下拉列表选择“墙：建筑”工具，自动切换至“修改/放置墙”选项卡。

(3) 如图3-2所示，单击“属性”面板中的“编辑类型”，打开“类型属性”对话框，确定“族”列表中的族为“系统族：基本墙”，在“类型”处选择名称为“建筑外墙_灰浆砌块_240”的墙体，单击“复制”，将其命名为“建筑外墙_砌块_240”，完成后单击“确定”返回类型属性对话框。单击类型参数中“结构”后面的“编辑”，弹出“编辑部件”对话框，在这个对话框中，我们可以定义墙体的构造，在定义构造时，可以为墙体的每一个构造层定义不同材质。

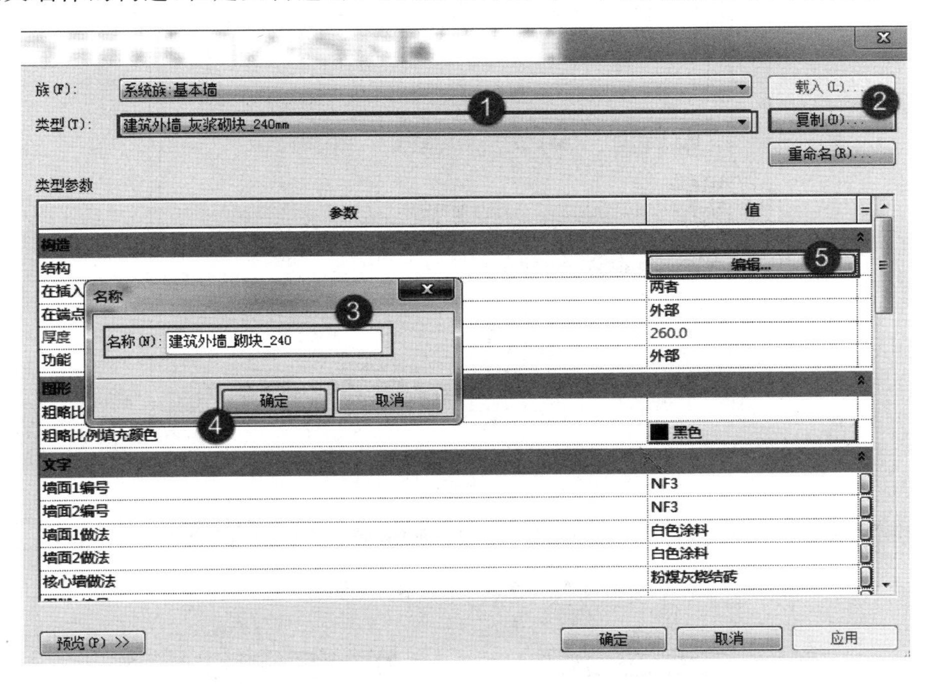

图3-2 类型属性对话框

(4) 如图3-3所示，单击“材质”单元格中的“编辑”按钮，弹出“材质浏览器”对话框，在材质类型列表中选择“CMU，轻质”材质，选好后单击“确定”，返回到“编辑部件”对话框，将结构层厚度设置为240.0mm。完成后单击“确定”，进入“修改/放置墙”选项卡。

(5) 设置绘图区上方“修改/放置墙”选择栏中墙的生成方式为“高度”，高度的标高为“F2”，定位线为“核心层中心线”，勾选“链”，偏移量为“0”，如图3-4所示。

(6) 移动光标至轴线①和轴线Ⓖ的交点处，捕捉到交点后，单击鼠标左键作为墙体的起点，沿水平方向向右移动光标至轴④和轴Ⓖ的交点，单击鼠标左键，放置好墙体，选中这面墙，如图3-5所示。在属性面板中，将“底部约束”设置为“BT”，“顶部约束”设置为“直到标高：F2”，“顶部偏移”设置为“－850.0”，单击“应用”，完成这段墙体的绘制。

(7) 选择“建筑”选项卡“构建”面板中的“墙”，下拉列表选择“墙：建筑”，如图3-6所示。在属性面板中，将“底部约束”设置为“BT”，“底部偏移”设置为“1450.0”，“顶部约束”设置为“直到标高：F2”，“顶部偏移”设置为“－850.0”，然后单击轴④和轴Ⓖ的交点，水平向右移动，输入“7750”，单击“确定”。

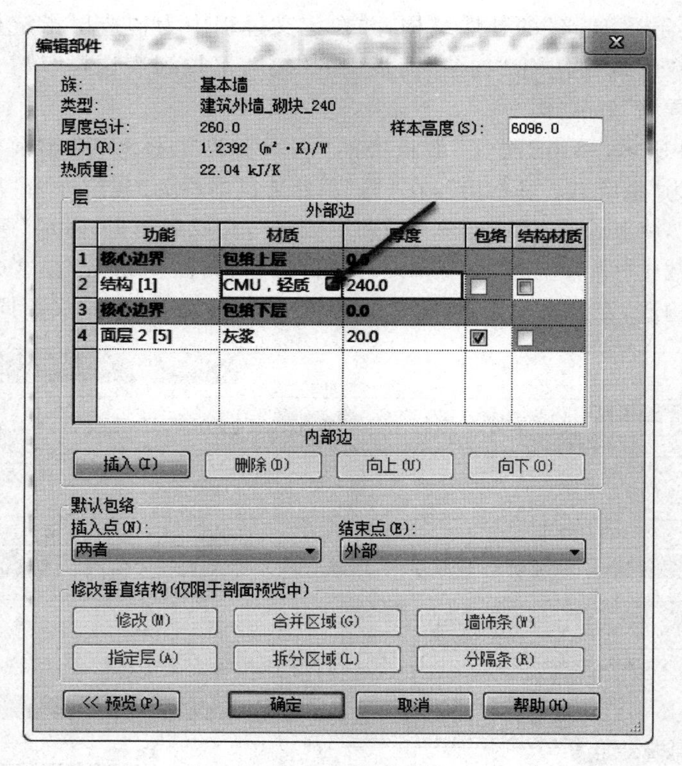

图 3-3 编辑部件

图 3-4 “修改/放置墙”选择栏

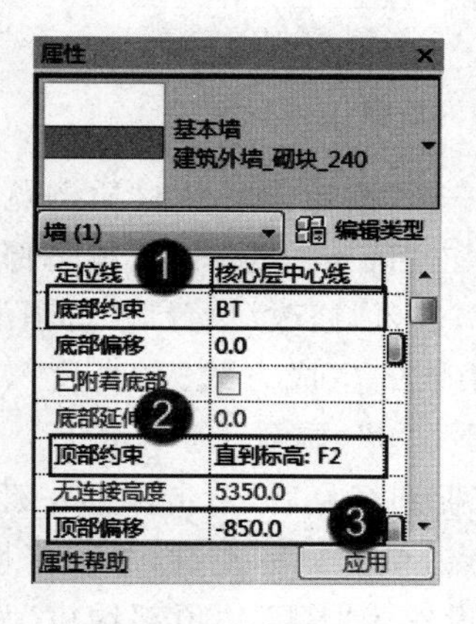

图 3-5 设置墙属性

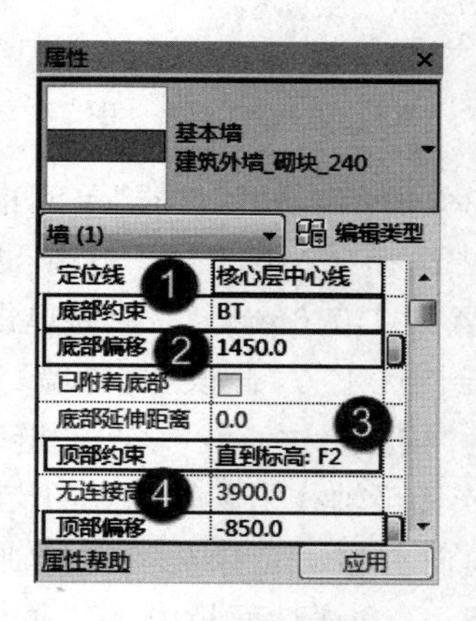

图 3-6 设置墙属性

按照步骤(6)、(7)中的方法，可以绘制出 F1 中所有的外墙，绘制时注意属性面板中各项的设定。完成了外墙绘制后，采用类似的方式可以创建 F1 内墙，在绘制内墙时要注意内墙的墙体类型与外墙不同，如图 3-7 所示。墙体本身并没有颜色，为了看得清晰可以添加颜色以示区分。

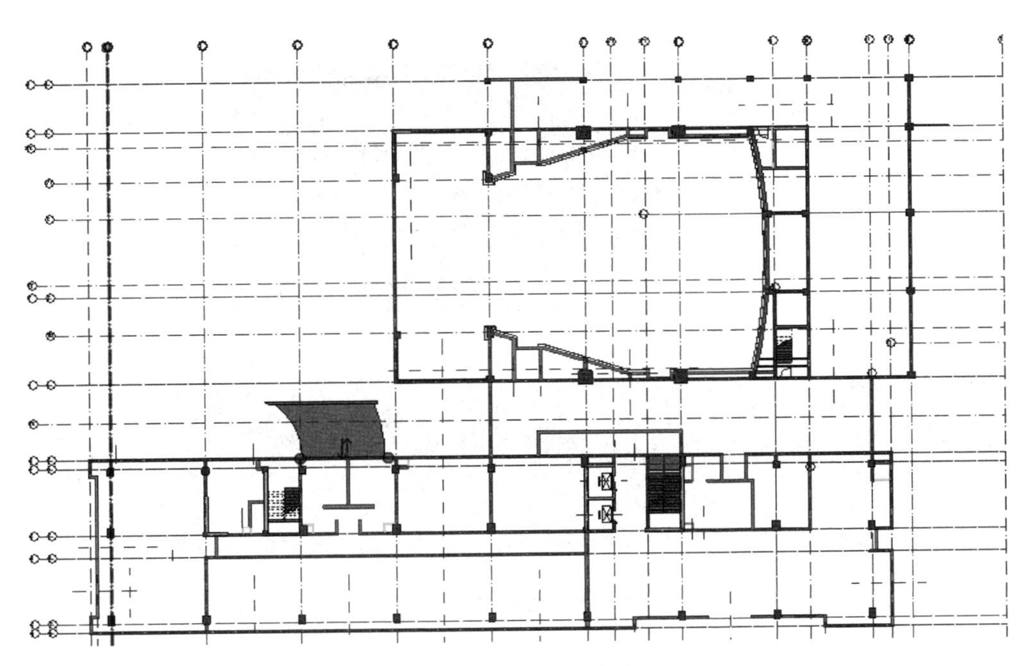

图 3-7 F1 楼层的墙体

(8) 可以使用以上手动绘制的方法先绘制出 F2、F3、F4 和 RF 层的墙体(图 3-8～图 3-11)。由于 F4～F8 楼层的墙体、门窗、楼板是一致的,所以可以在创建完这 4 层的墙体、门窗和楼板后创建模型组,并将模型组复制到 F5～F8 层(楼层创建完成后的 3D 视图如图 3-12 所示。)

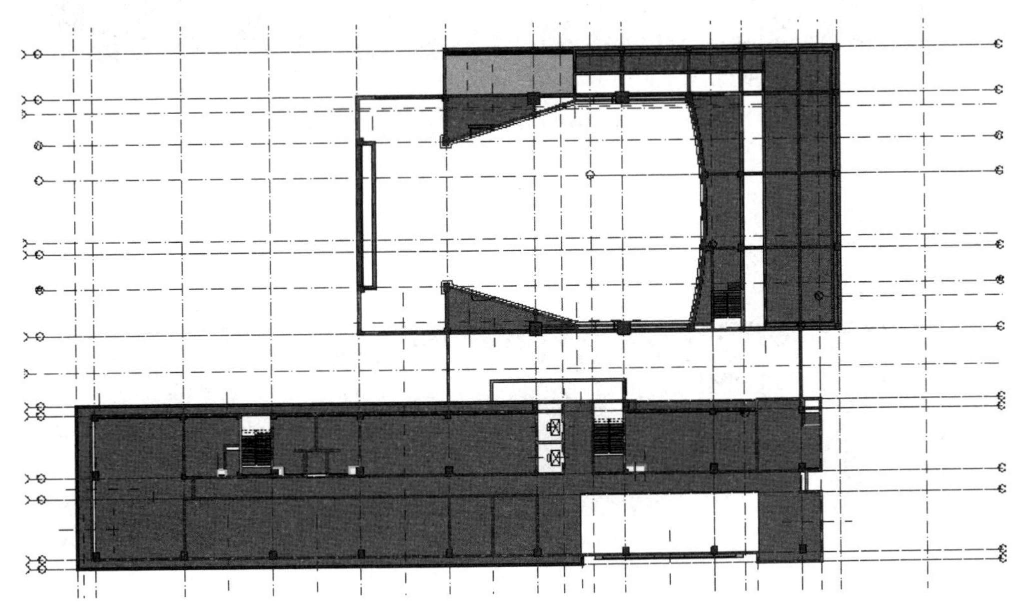

图 3-8 F2 楼层的墙体

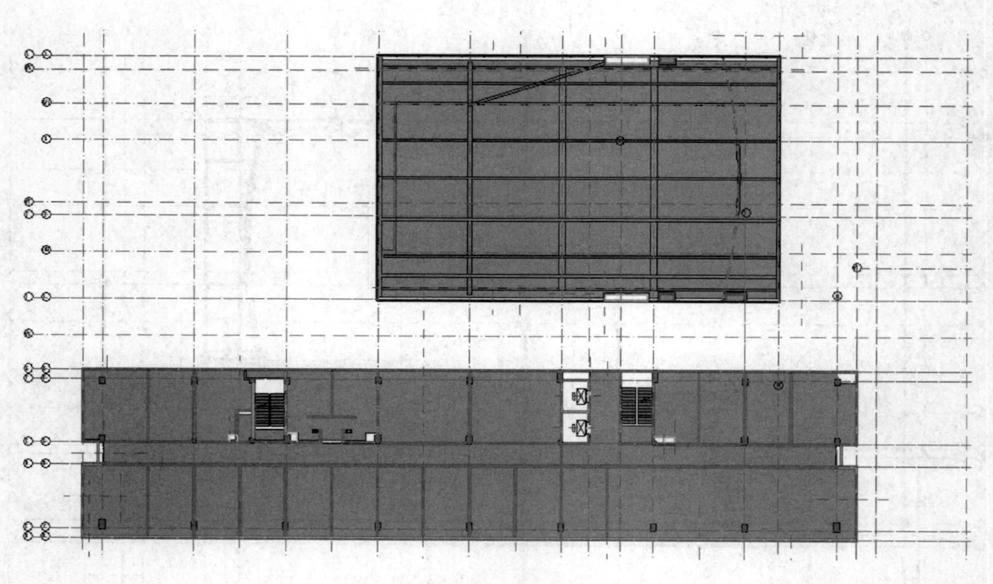

图 3-9　F3 楼层的墙体

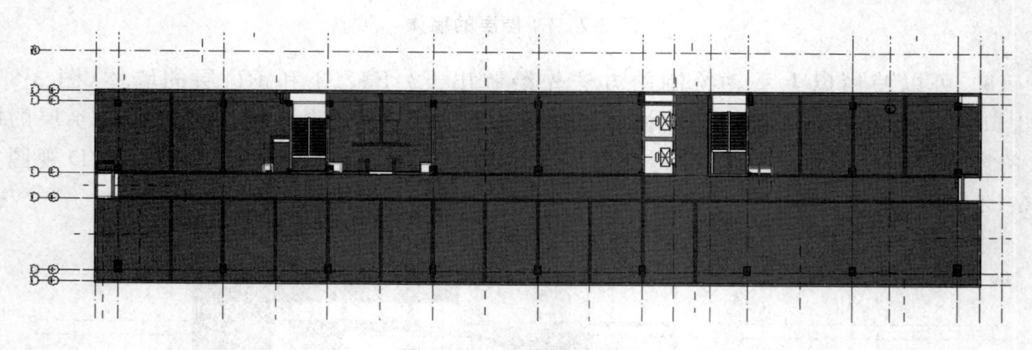

图 3-10　F4 楼层的墙体

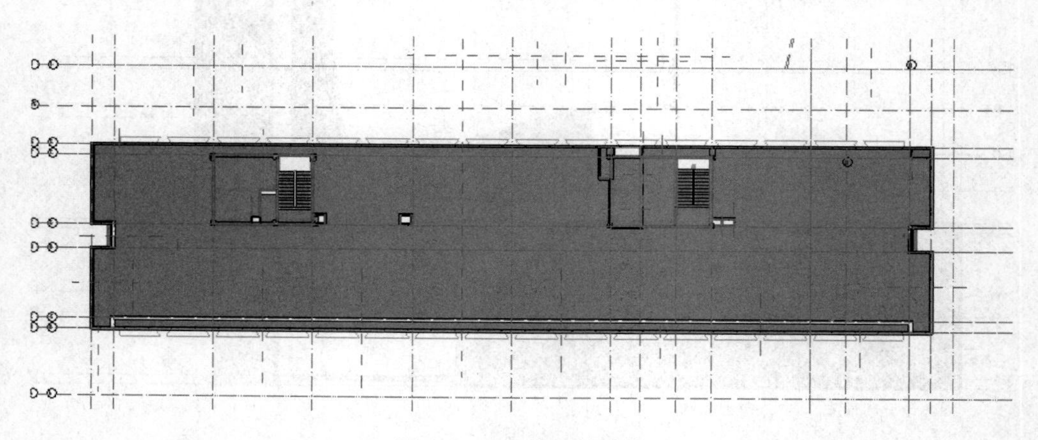

图 3-11　RF 楼层的墙体

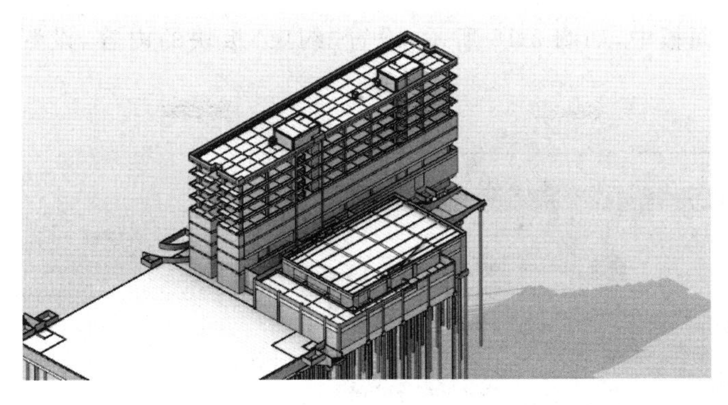

图 3-12　3D 视图

3.1.2　创建和编辑玻璃幕墙

在 Revit 中,幕墙是由“幕墙嵌板”“幕墙网格”和“幕墙竖梃”三部分组成。幕墙嵌板是构成幕墙的基本单元,幕墙由一块或者几块幕墙嵌板组成。幕墙网格决定了幕墙嵌板的大小、数量。幕墙竖梃为幕墙龙骨,是沿幕墙网格生成的线性构件。

创建和编辑玻璃幕墙

(1) 在“建筑”选项卡中的“构建”面板中选择“墙”,下拉选择“墙:建筑”,如图 3-13 所示,在“属性”对话框的“类型选择器”中选择“建筑外墙_铝合金_隐框_1200×1000”,单击“编辑类型”,弹出“类型属性”对话框。

(2) 在“类型属性”对话框中,单击“复制”,命名为“建筑外墙_铝合金_明框_1000×600”,单击“确定”。然后对“类型属性”对话框中的“类型参数”进行设置,如图 3-14 所示。其中“垂直竖梃”和“水平竖梃”的内部类型为“矩形竖梃:古形竖梃_灰色铝合金_70×140+20×20+70×15”,边界类型均为“矩形竖梃:矩形竖梃_灰色铝合金_50×200”。各参数设置完毕后,单击“确定”,切换到“放置墙”模式。

图 3-13　编辑类型

(3) 在"属性"面板中,如图 3-15 所示,设置"约束"板块的内容,设置后单击"应用",进行幕墙的绘制。

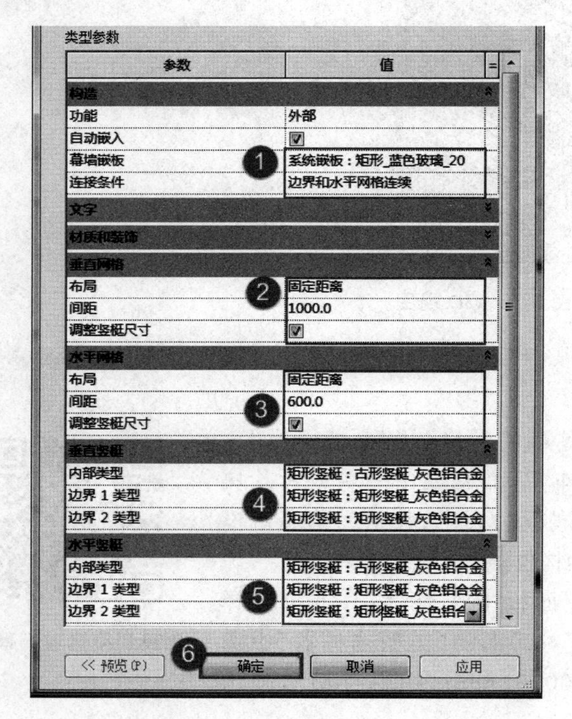

图 3-14　编辑类型参数

图 3-15　设置幕墙约束

(4) 单击轴线①和轴线②交点,水平向右移动光标,输入"8000.0",单击鼠标左键,完成这段幕墙的绘制。选中这段幕墙,在"修改"选项卡中选择"移动"工具,选中墙上任意一点,将光标水平向下移动,输入"1100.0",这时就将幕墙向下移动了 1100,使用同种方法,再将幕墙向左移动 1800,放好的幕墙如图 3-16 所示。

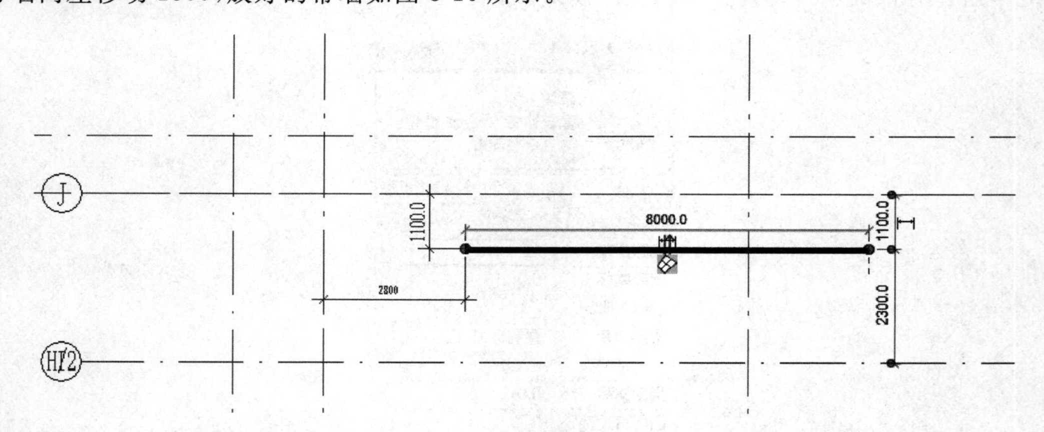

图 3-16　放置幕墙

(5) 选择"建筑"选项卡"模型"面板中的"模型线",在幕墙终点位置向下绘制一条垂直于轴线Ⓖ的模型线,如图 3-17 所示。

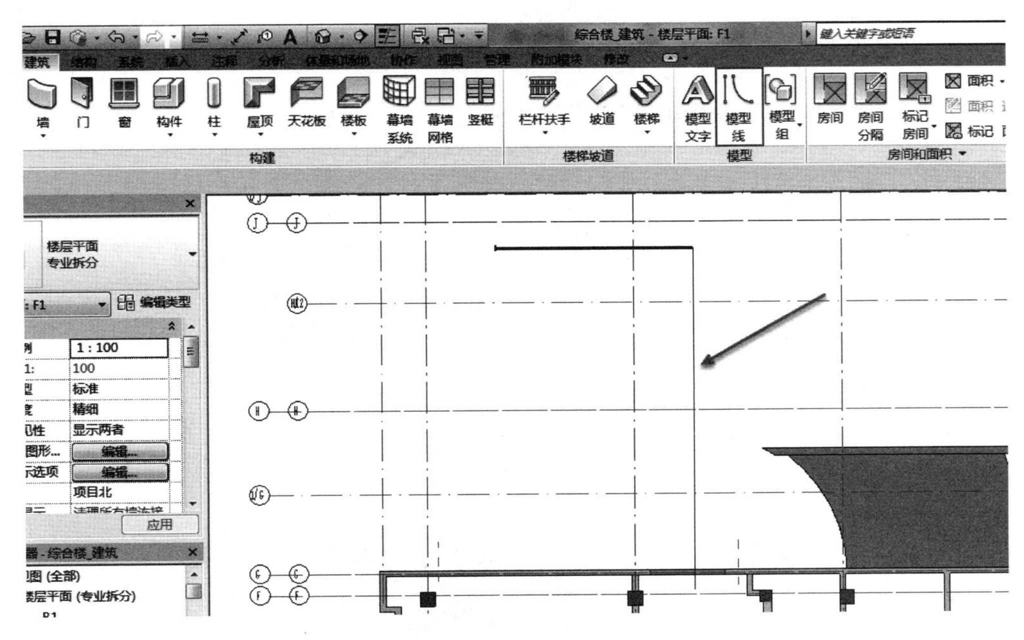

图 3-17 绘制模型线

(6) 选择这段幕墙,单击鼠标右键,选择“创建类似实例”,切换到“修改/放置墙”选项卡,如图 3-18 所示,选择“绘制”面板中的“圆心-端点弧”工具。

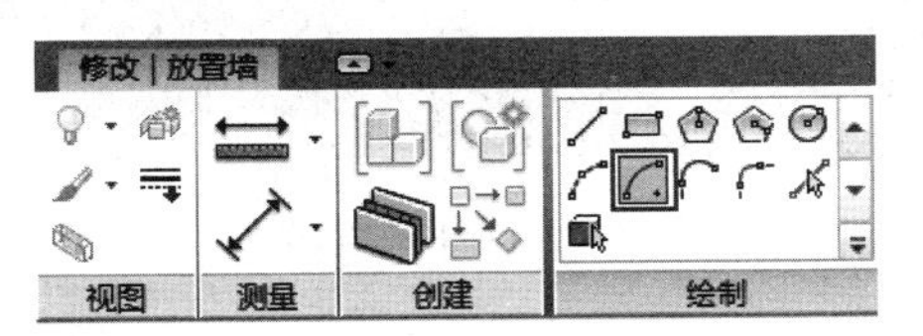

图 3-18 起点-终点-半径弧

(7) 如图 3-19 所示,首先单击模型线和轴线Ⓖ的交点,再选择刚刚绘制的幕墙终点的端点,最后选择链接结构模型的一个端点。

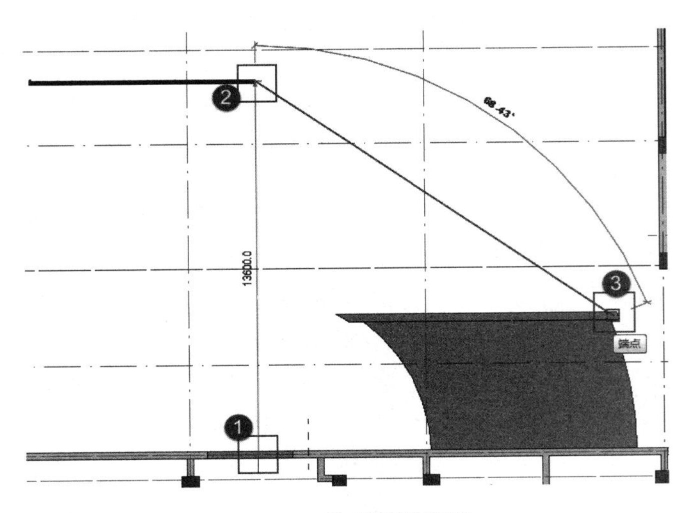

图 3-19 绘制弧形幕墙

(8) 绘制好的弧形幕墙如图 3-20 所示。

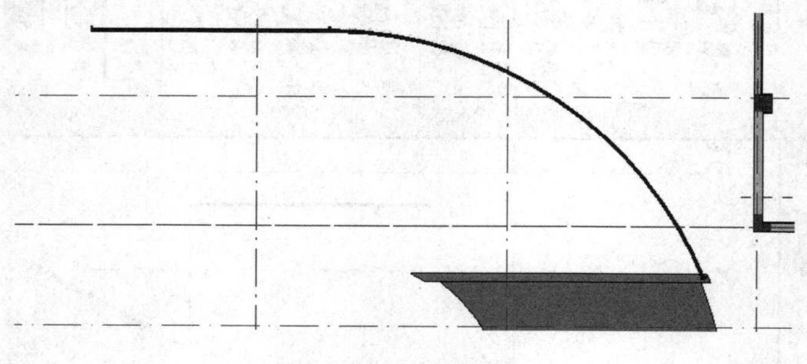

图 3-20 弧形幕墙

(9) 按照以上方法,可以手动绘制项目中所有类型的玻璃幕墙,如图 3-21 所示。

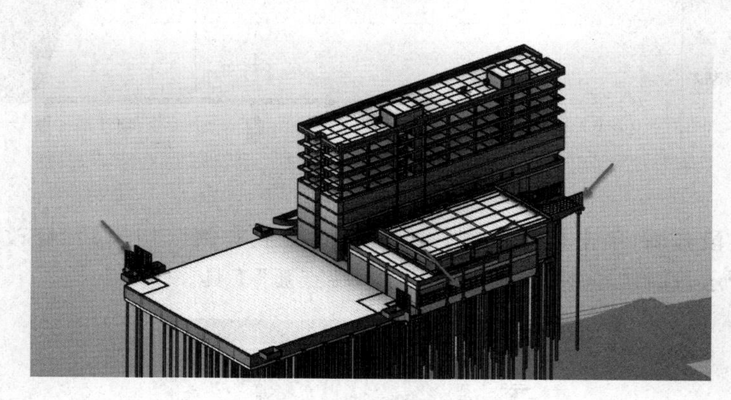

图 3-21 项目中的幕墙

3.1.3 创建和编辑柱

Revit 2017 提供两种柱,分别是结构柱和建筑柱。结构柱主要承受梁和板传来的荷载,并将荷载传给下部结构,是主要的竖向支撑构件。而建筑柱一般起到的是装饰作用,主要是为了美观。本节主要介绍建筑柱的创建和编辑。

创建和编辑柱

(1) 切换至 B2 楼层平面视图,在链接结构模型的基础上,可以看到结构柱网。单击"建筑"选项卡"构建"面板中"柱",下拉选择"建筑柱"工具,进入柱放置模式,如图 3-22 所示。

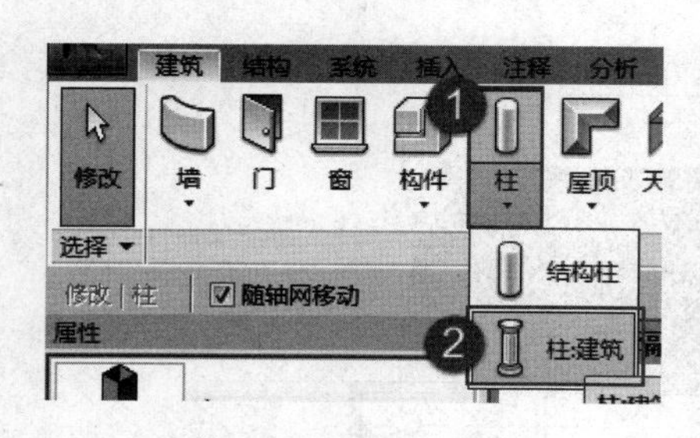

图 3-22 选择建筑柱图

(2) 单击"属性"面板中的"编辑类型",弹出"类型属性"对话框,如图 3-23 所示。单击"载入",找到族"建筑面柱_矩形_面层",单击"复制",这时会弹出一个"名称"对话框,将其命名为"600×600",完成后单击"确定",回到"类型属性"对话框。

(3) 将类型参数中"b"数值改为"600.0","h"数值改成"500.0",其中 b 表示柱截面宽度,h 表示柱深度。完成后单击"确定",退出"类型属性"对话框。

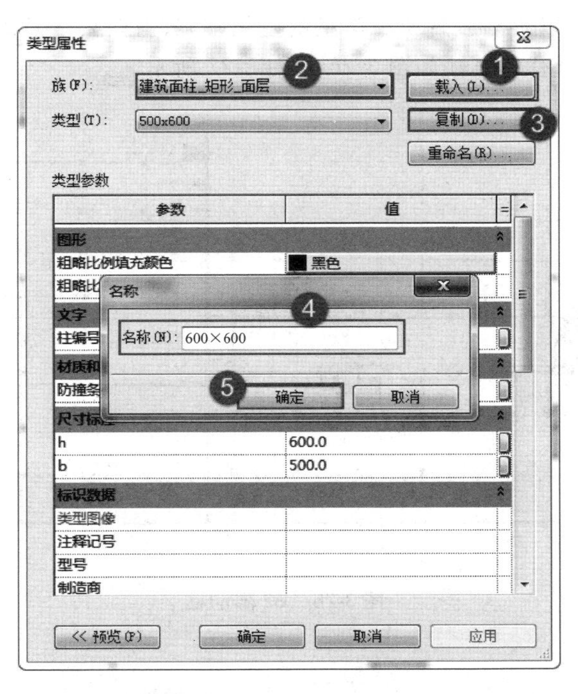

图 3-23　编辑类型属性

(4) 如图 3-24 所示，确认修改绘图区上方选项栏中柱的生成方式为“高度”，并在它后面的下拉列表中将柱顶部标高修改为“BT”。

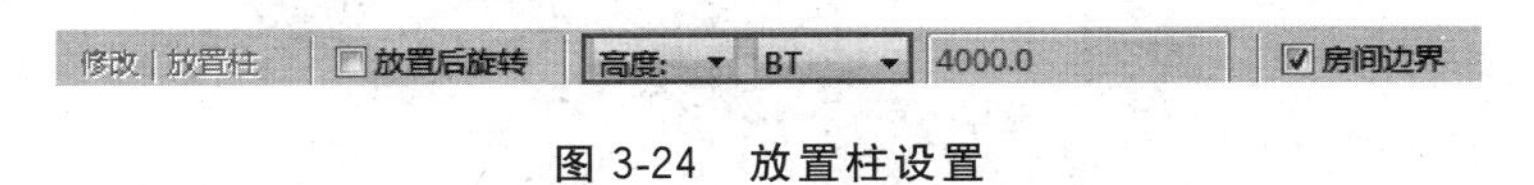

图 3-24　放置柱设置

(5) 放大轴线Ⓕ和轴线②的交点位置，查看柱属性面板的“构造”部分，勾选“面层 2 可见”“面层 3 可见”和“防撞条 4 可见”，单击“应用”，这时柱截面的上边和左边就被隐藏了，并且在建筑柱的右下角加了一个防撞条。将建筑柱放置到结构柱的位置，如图 3-25 所示。

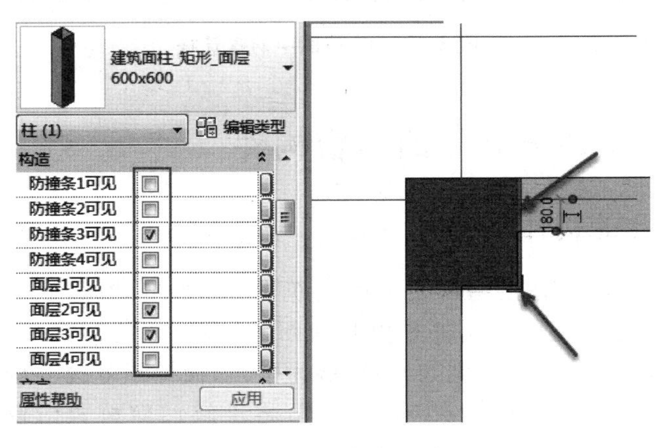

图 3-25　编辑柱构造

按照这种方法，可以手动放置所有类型的建筑柱，放置时要注意编辑面层和防撞条的可见性，B2 层放置好的所有建筑柱如图 3-26 和图 3-27 所示。

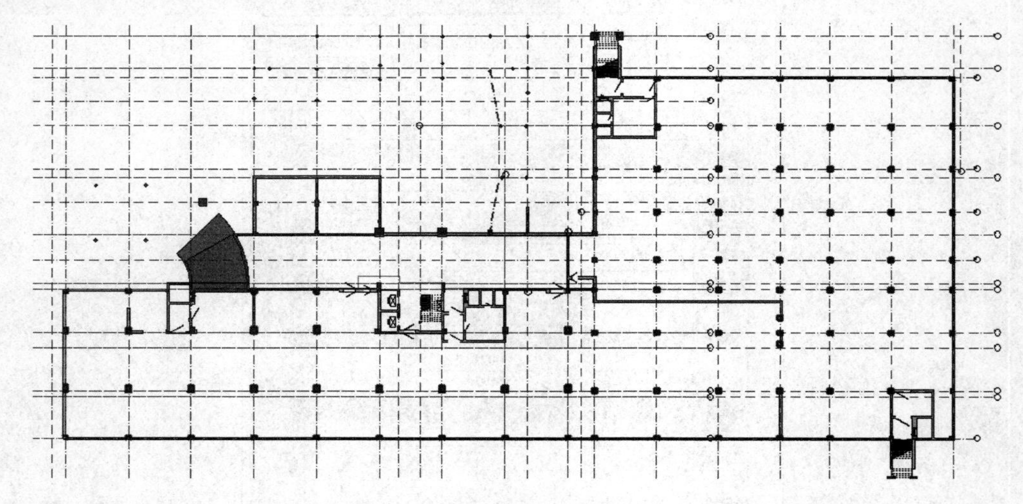

图 3-26　B2 层的柱

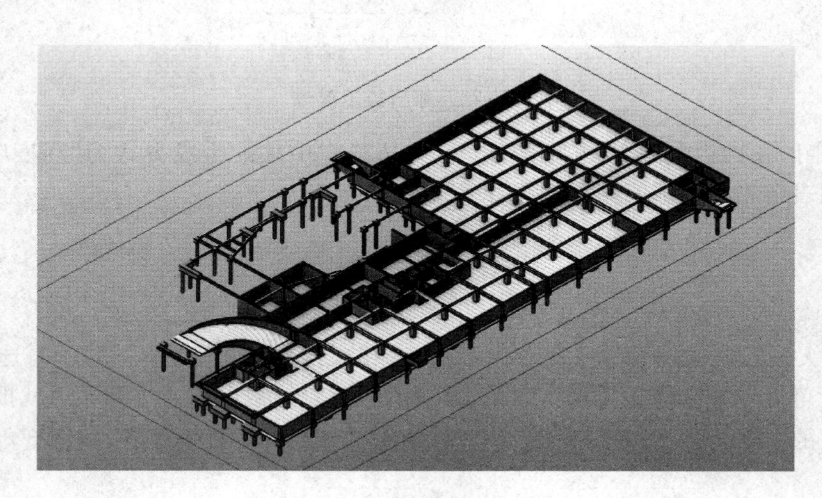

图 3-27　3D 视图中的建筑柱

3.2　创建和编辑基于墙体的门窗构件

3.2.1　基于主体的构件

在 Revit 中，构件用于对在现场安装的建筑图元（如门、窗和家具等）进行模型创建。基于主体的构件是以其他图元（系统族的实例）或标高、平面为主体来放置的实例，例如，门以墙为主体，而椅子等独立构件以楼板或标高为主体，如图 3-28 所示。本节将讲解如何放置门窗构件。

门窗构件的基本概念

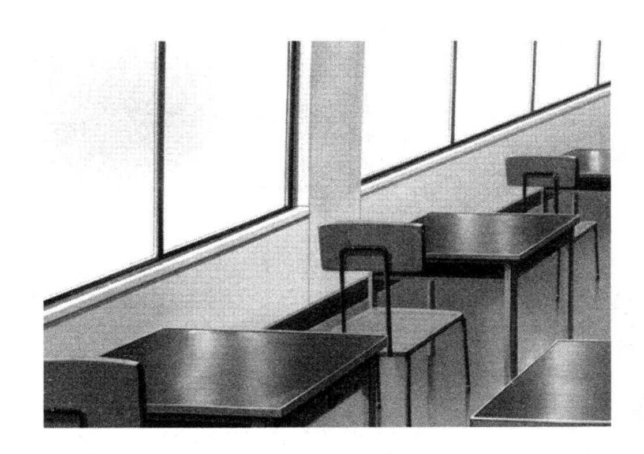

图 3-28　基于主体的构件

3.2.2　创建和编辑门

门属于可载入族，在创建门之前，需要先将其载入到项目中。

创建和编辑门

(1) 接 3.1.2 节的练习，切换到 F1 楼层平面，选择“建筑”选项卡“构建”板块中的“门”，在“属性”面板中，选择“编辑类型”，如图 3-29 所示。在弹出的“类型属性”对话框中，“族”设置为“双扇平开玻璃门”，单击“复制”，命名为“M1524”。单击“确定”返回到“类型属性”对话框，将高度和宽度设置为“2100.0”和“1800.0”，单击“确定”，自动切换到“修改/放置门”选项卡，确认“标记”面板中的“在放置时进行标记”已经选上。

(2) 放大轴线Ⓕ和轴线③交点这一区域，如图 3-30 所示。放置一个门，可以拖动“尺寸标注边界”至门的中心线上，修改尺寸标注为“1250.0”，单击“确定”。放置好的门可以通过单击“空格键”或者单击“⇆”和“⇅”来改变门的开启方向。

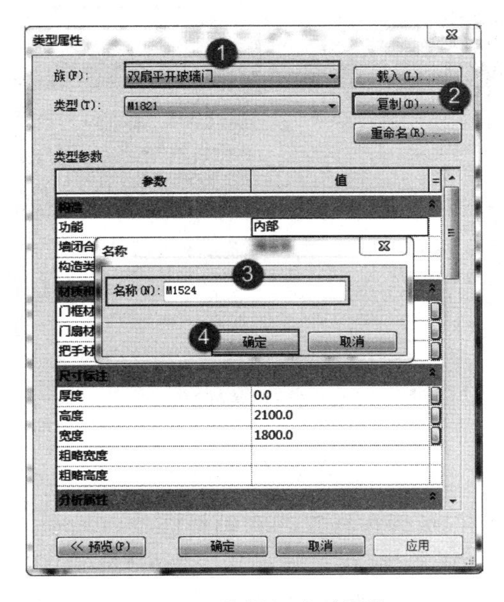

图 3-29　编辑门类型属性

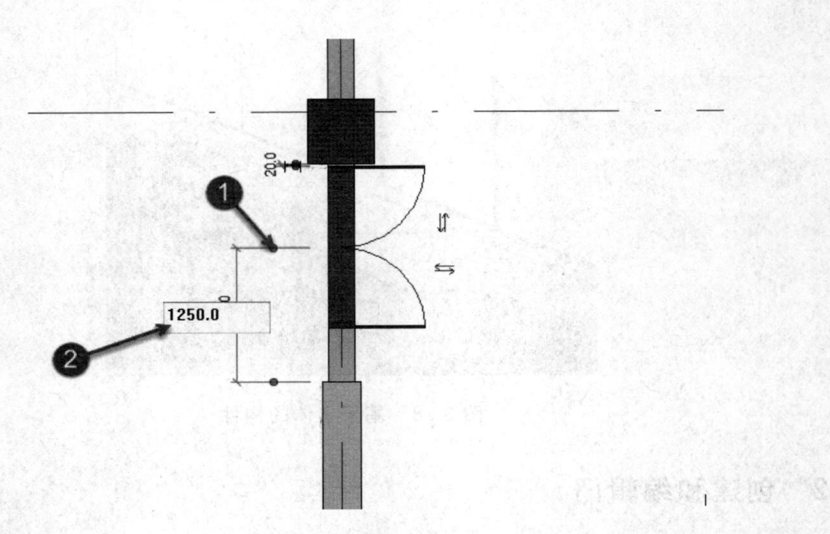

图 3-30　放置门

(3) 在“建筑”选项卡中选择“门”，在属性面板中选择“编辑类型”，如图 3-31 所示，载入族“组合门_3 层 3 列(7 定+2 平开门)”，类型为“LM3038”，单击“确定”。

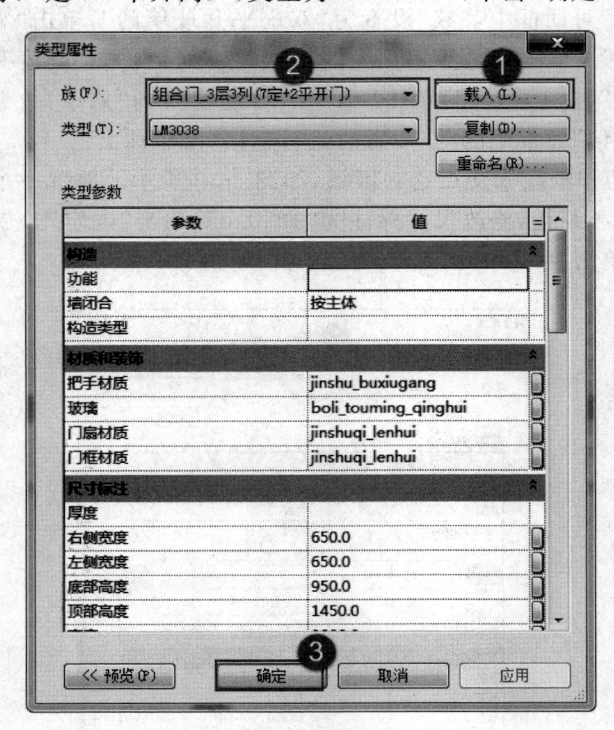

图 3-31　载入族

(4) 如图 3-32 所示，将门放置在轴线Ⓖ和轴线③交点右侧，拖动“尺寸标注边界”至门的中心线和轴线③上墙体的中心线，将尺寸标注设置为“2100.0”，放置好 LM3038。

(5) 按照上述的方法，可以手动放置 F1 楼层平面中其他类型的门，放置好的门如图 3-33 所示。

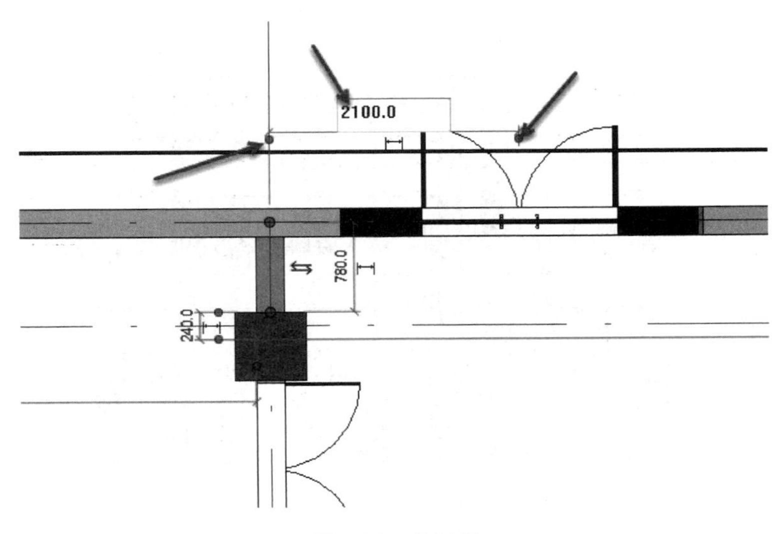

图 3-32 放置门

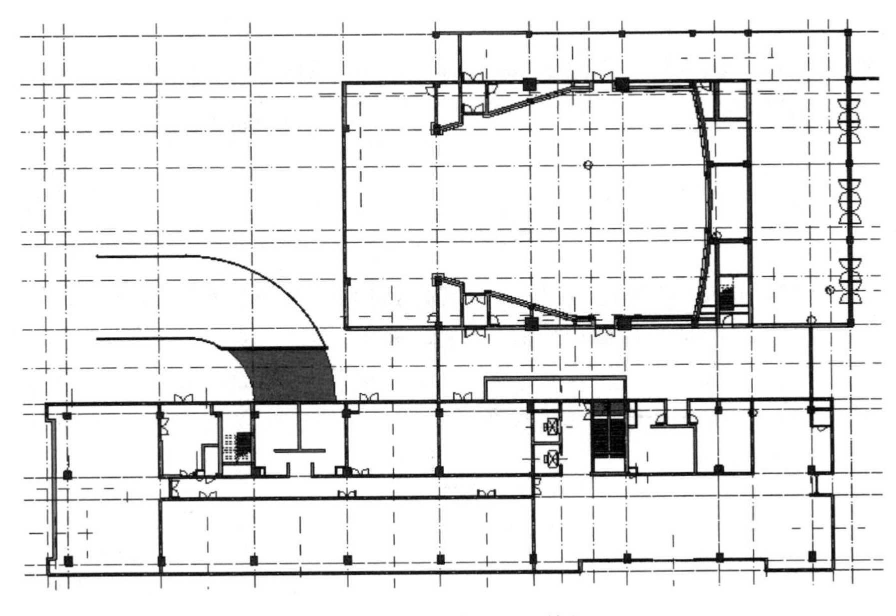

图 3-33 F1 楼层平面的门

(6) 手动放置好 F1～F4 层、RF 层和 B2 层的门,如图 3-34 所示。

(7) 我们可以使用创建模型组的方式,将 F4 的门复制到 F5～F8 中,具体方法后面会讲解。

3.2.3 创建和编辑窗

创建和编辑窗

放置窗和放置门的方法一样,唯一不同的是,放置窗的时候需要考虑窗台的高度。

(1) 接 3.2.2 节练习,切换至 F1 楼层平面视图,如图 3-35 所示。单

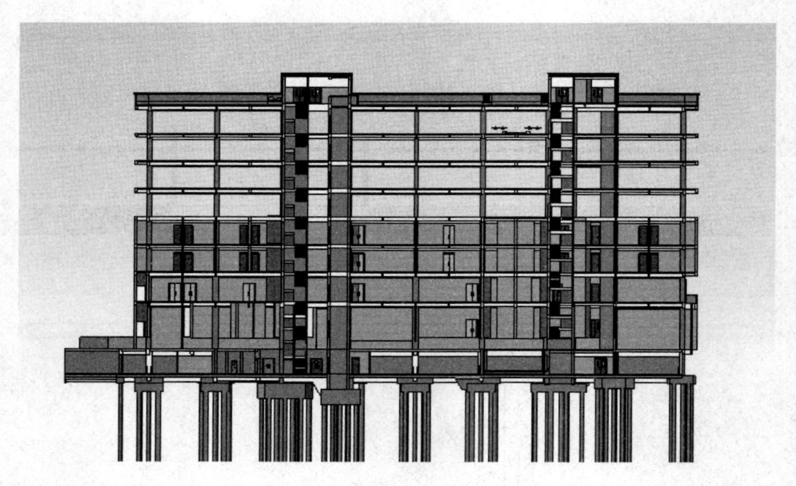

图 3-34　门构件

击“插入”选项卡“从库中载入”面板中的“载入族”命令，弹出“载入族”对话框，找到窗族“组合窗_3层3列(3定+1平_1定_1平_3定) LC3038”，单击“打开”。

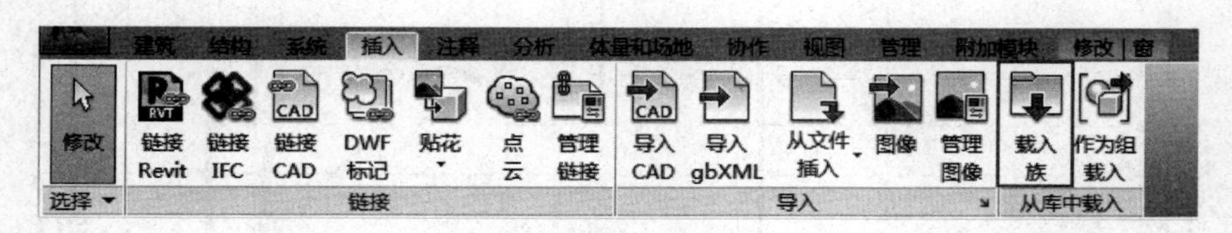

图 3-35　载入族

（2）选择“建筑”选项卡“构建”板块中的“窗”，自动切换到“修改/放置窗”选项卡，确认“标记”面板中的“在放置时进行标记”已经选上。确认“属性”面板中当前族类型为“组合窗_3层3列(3定+1平_1定_1平_3定) LC3038”，“底高度”为“0.0”，如图 3-36 所示。

（3）如图 3-37 所示，把 LC3038 放置在轴线Ⓖ和轴线④交点的左侧，调整窗左侧边到轴线Ⓖ的尺寸标注为“650.0”。

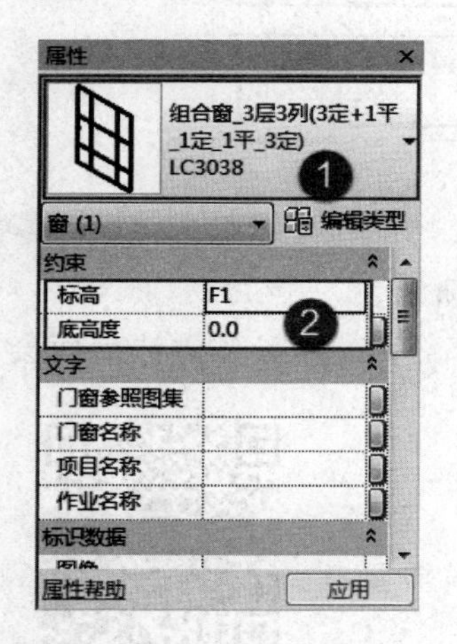

图 3-36　“属性”面板

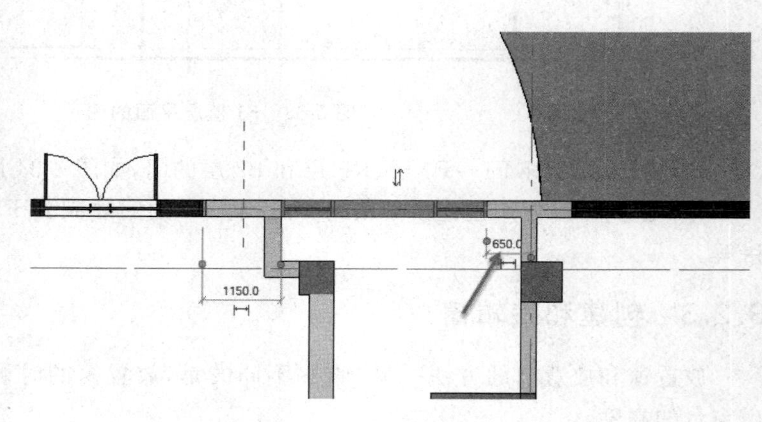

图 3-37　放置窗

(4) 按照以上方法，可以放置 F1～F4 楼层所有类型的窗，放置时注意“底高度”的设置。可以使用创建模型组的方式，将 F4 的窗复制到 F5～F8 楼层，具体方法后面再讲解。放置好的窗如图 3-38 和图 3-39 所示。

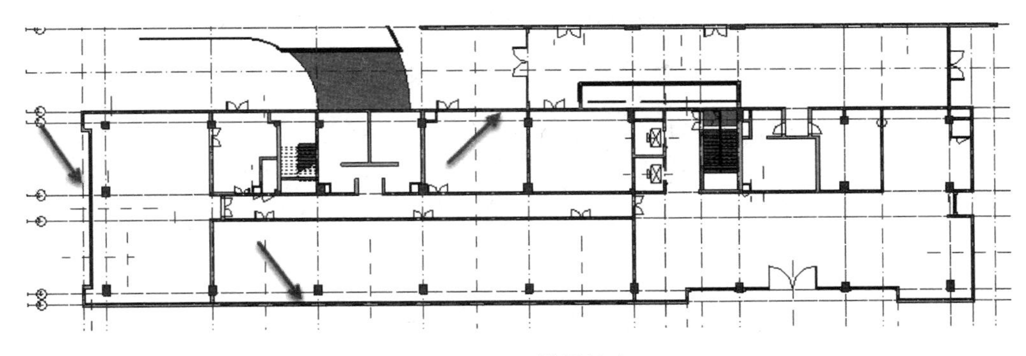

图 3-38　F1 楼层的窗

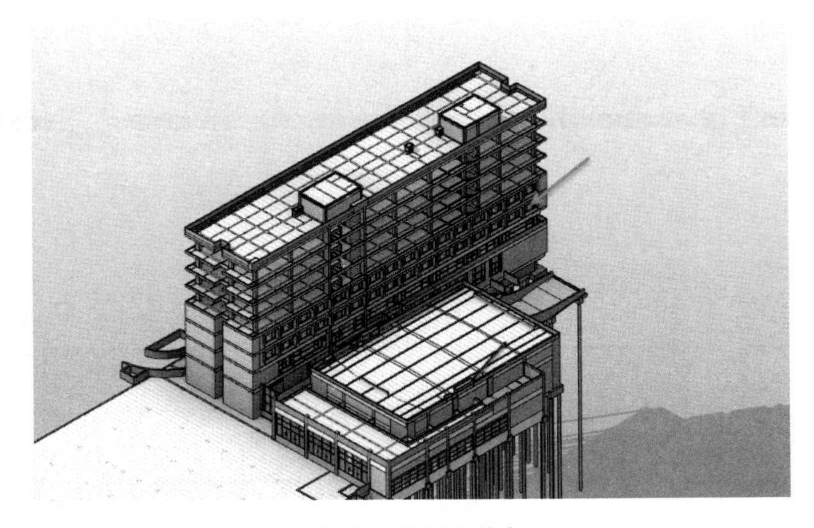

图 3-39　项目中的窗

3.2.4　创建和编辑幕墙门窗

创建和编辑幕墙门窗

在创建幕墙门窗之前，需要先载入类型为“70 系列有横档”的嵌板，载入方法和 3.2.3 节中载入窗族的方法相同。

(1) 切换到 F1 楼层，单击“建筑”选项卡“构建”面板中“墙”工具栏，在下拉列表中选择“墙：建筑”工具，进入“修改/放置墙”选项卡，如图 3-40 所示。在属性面板“类型选择器”中选择“建筑外墙_铝合金_明框_1900×900”类型。

(2) 放大轴线Ⓖ和轴线⑧、⑨的交点区域，如图 3-41 所示，在图中位置绘制一段幕墙。

(3) 绘制好之后，切换到 3D 视图，查看这段幕墙，如图 3-42 所示。选中幕墙中的竖梃，确定竖梃已经解锁，单击键盘上的“删除键”，可以删除这个竖梃。最后竖梃的分布如图 3-43 所示。

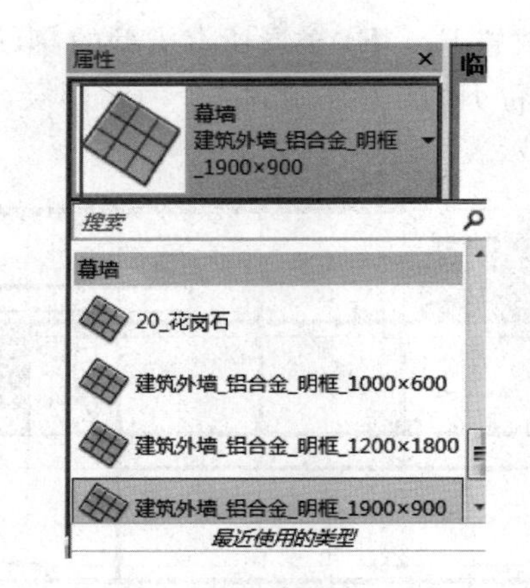

图 3-40 选择幕墙类型

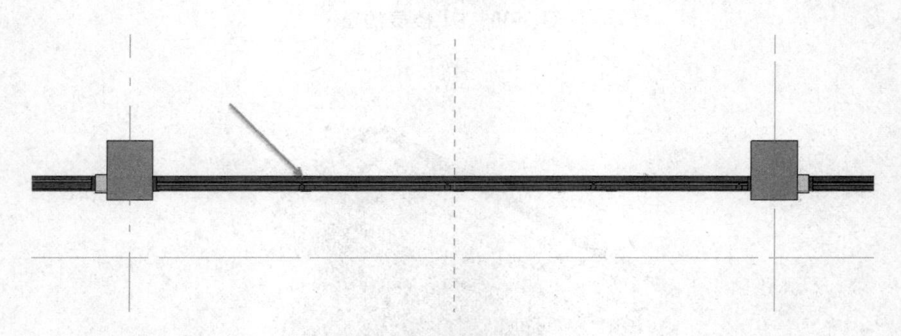

图 3-41 绘制幕墙

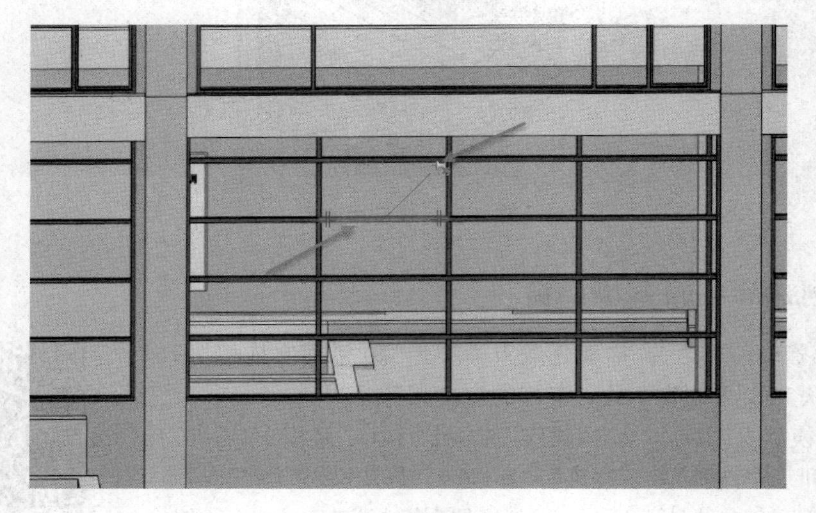

图 3-42 删除竖梃

(4) 接下来删除多余的幕墙网格,如图 3-44 所示。选中幕墙网格,单击“解锁”按钮,自动切换至“修改/幕墙网格”选项卡,选择“幕墙网格”面板中的“添加/删除线段”工具,然后再次选择刚刚选中的幕墙网格,这样,这段幕墙网格就被删除了,如图 3-45 所示,将多余网格都删除。

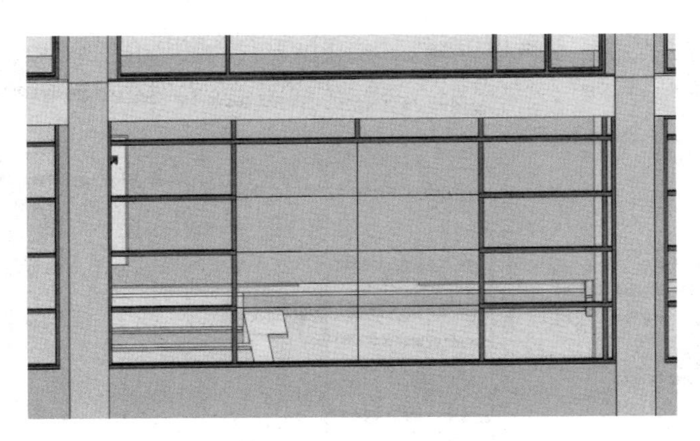

图 3-43　最终竖梃分布

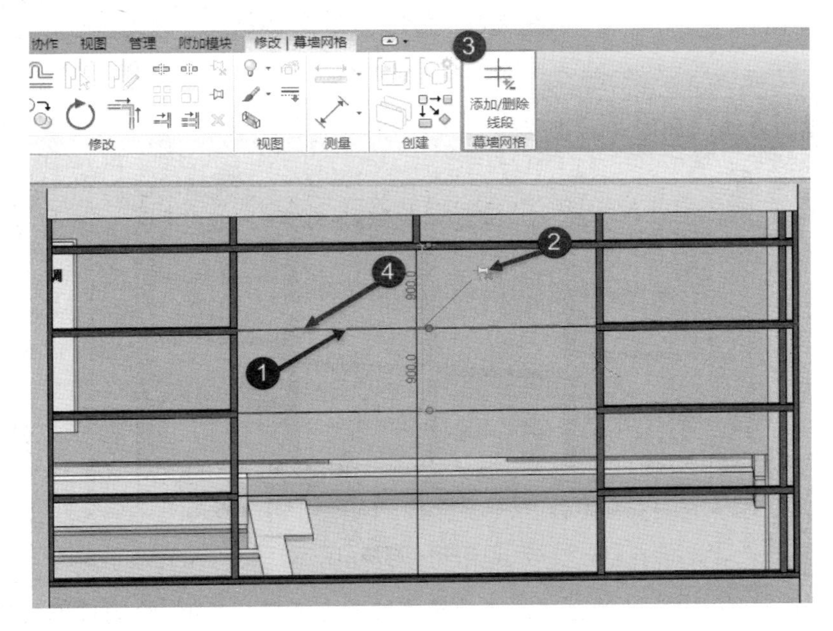

图 3-44　删除网格线

图 3-45　删除多余幕墙网格

(5) 在中间这块玻璃的边缘移动光标，当这一区域高亮显示时，单击鼠标左键，选中这一区域，在“属性”面板中，将“类型选择器”选择为“70 系列有横档”嵌板，如图 3-46 所示。

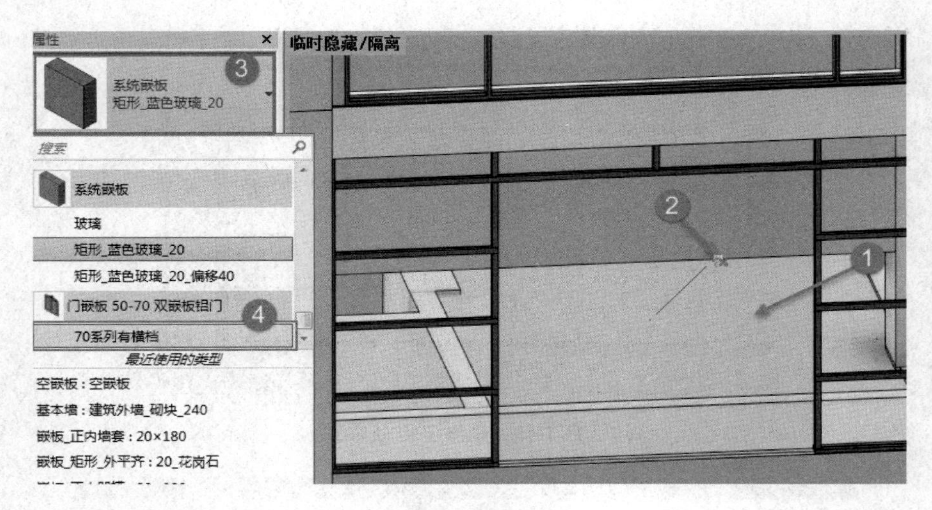

图 3-46　替换嵌板

(6) 完成的幕墙门如图 3-47 所示。

图 3-47　幕墙门

(7) 在绘制幕墙窗时，可以通过绘制玻璃幕墙的方式进行绘制，绘制玻璃幕墙的过程见 3.1.2 节，绘制完成后替换幕墙嵌板为“矩形_蓝色玻璃_20_偏移 40”嵌板，绘制时注意玻璃幕墙的底高度。

(8) 完成的幕墙门窗如图 3-48 所示。

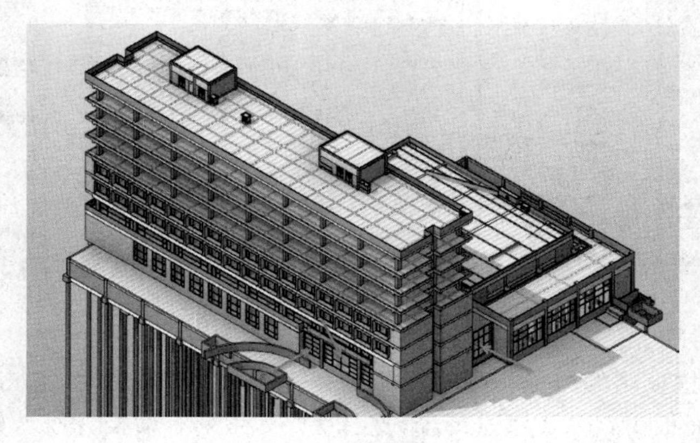

图 3-48　幕墙门窗

3.3 创建和编辑水平楼面体系

水平结构即楼面及屋面结构。在建筑中,水平结构除承受作用于楼面或屋面上的竖向荷载外,还要担当起连接各竖向承重构件的任务。作用在各竖向承重结构上的水平力是通过楼面及屋面来传递或分配的,楼面结构作为竖向承重结构的支承,使各框架、剪力墙不致产生平面外失稳。

3.3.1 创建和编辑楼板

楼板是建筑物中重要的水平构件,起到划分楼层空间作用。Revit 中提供了四个楼板相关的命令:建筑楼板、结构楼板、面楼板和楼板边缘。本节将讲解如何编辑建筑楼板材质类型并绘制楼板。

创建和编辑楼板

(1) 切换到 F1 楼层,在“建筑”选项卡“构建”面板“楼板”下拉菜单中,选择“楼板:建筑”工具,自动切换至“修改/创建楼层边界”选项卡,在“绘制”面板中选择“边界线”,再选择“拾取线”工具,如图 3-49 所示。

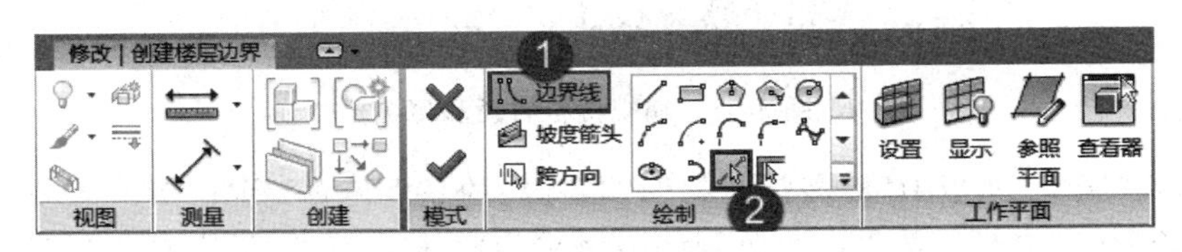

图 3-49 拾取线工具栏

(2) 设置楼板类型属性。单击“属性”面板中的“编辑类型”,弹出“类型属性”对话框,如图 3-50 所示,复制一个新的类型,命名为“室内_楼面_50_花岗石 2_带缝”,单击“确定”。

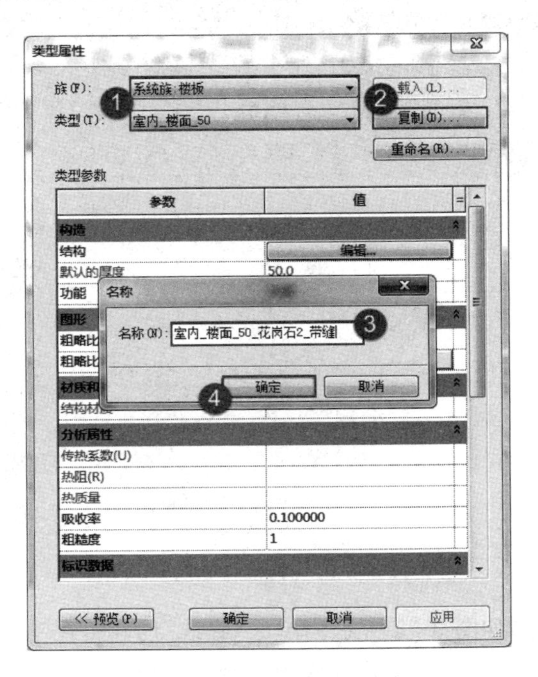

图 3-50 “类型属性”对话框

(3) 设置楼板材质。单击“构造”板块下“结构”后的“编辑”，在弹出的“编辑部件”对话框中，将材质设置为“huagangshi_xuehuadian”，厚度设置为“50.0”，完成后单击“确定”，返回类型属性对话框，如图 3-51 所示。在类型属性对话框中，单击“确定”，返回绘制模式。

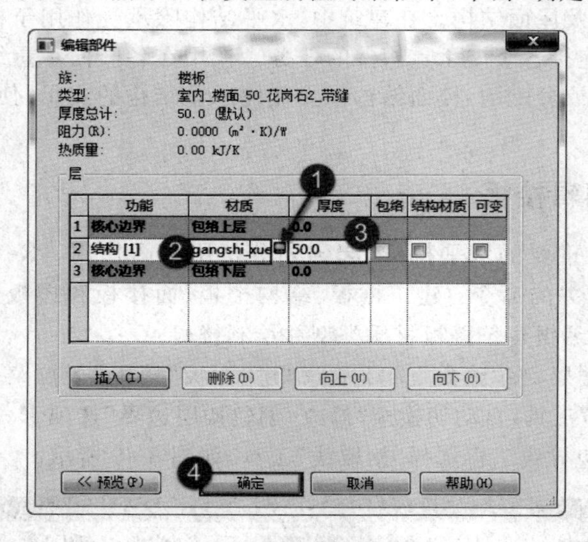

图 3-51 编辑楼板材质和厚度

(4) 确认“属性”面板中“标高”为“F1”，“自标高的高度偏移”为“0.0”。重复选择“绘制”面板中的“拾取线”工具。单击所要绘制楼板区域的墙体内侧线，所拾取的线要形成一个闭合的图形。在拾取的线不能闭合时，可以选择“修改”面板中的“修剪/延伸为角”工具，再分别单击想要使其相交的两条线，如图 3-52 所示。

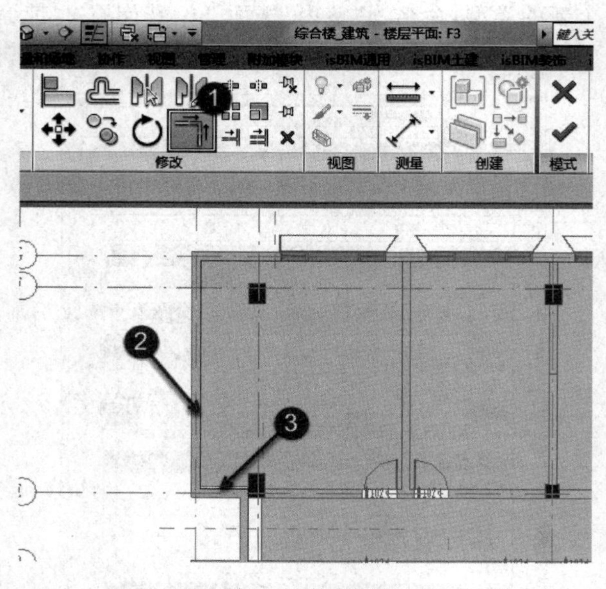

图 3-52 修剪楼板边界

(5) 闭合的楼板边界如图 3-53 所示。单击“修改/创建楼层边界”选项卡“模式”面板中的“完成”按钮，如图 3-54 所示，这时这块楼板就画好了。

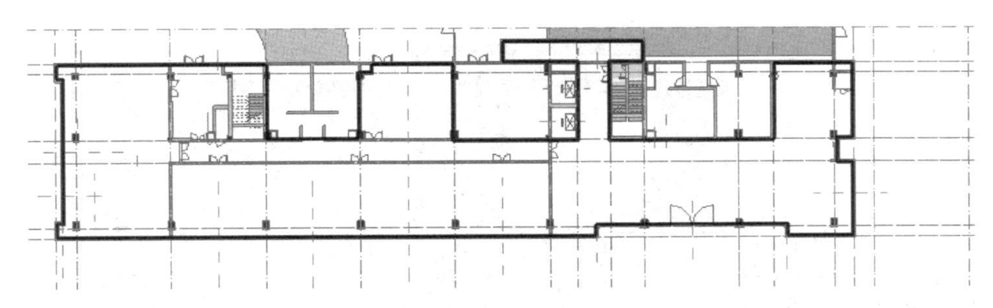

图 3-53 楼板边缘

图 3-54 完成编辑模式

(6) 按照上述方法，创建新的楼板类型为“室内_楼面_50_地砖_卫生间”，将材质设置为“cizhuan_bandian”，厚度为“50.0”。需要注意的是，根据CAD图纸可以知道卫生间的楼板标高为－0.03，所以在拾取楼板边缘线之前，要在“属性”面板中修改楼板标高，如图 3-55 所示，绘制好的楼板如图 3-56 所示。

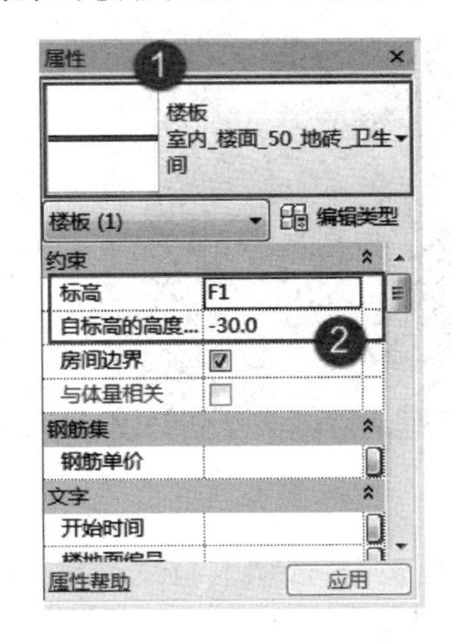

图 3-55 编辑楼板标高

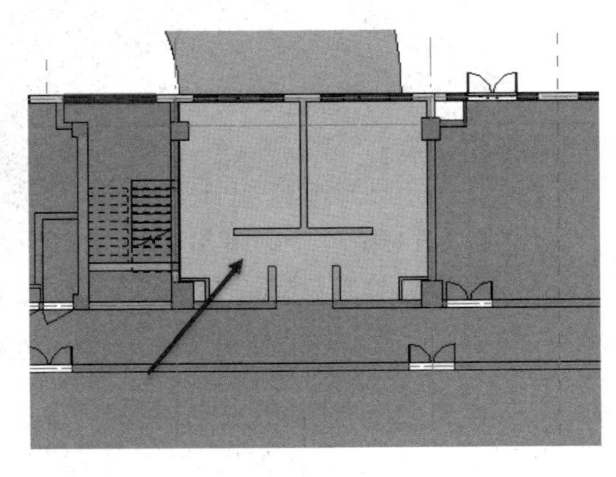

图 3-56 卫生间楼板

(7) 按照前几步所讲的方法，还可以绘制类型为“室外_楼面_200_地石”和“室外_场地_200_草坪”的楼板，如图 3-57 和图 3-58 所示。

3.3.2 创建模型组

创建模型组

在项目的搭建中，为了节约时间，往往通过“创建组”的方式对相同的楼层进行复制。查看图纸，可以看出 F4～F8 层的门窗、墙体以及楼板都是相同类型和位置的，因此，以 F4 层为标准创建一个组。

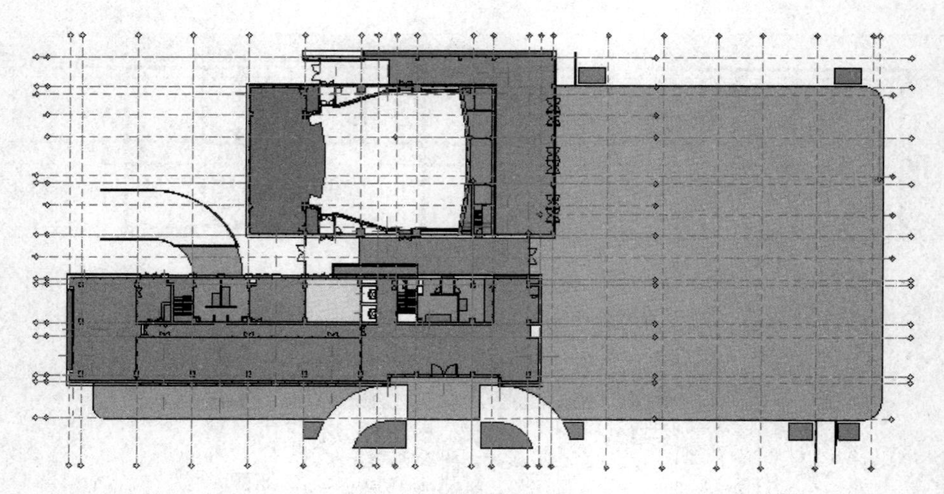

图 3-57　F1 楼层的楼板

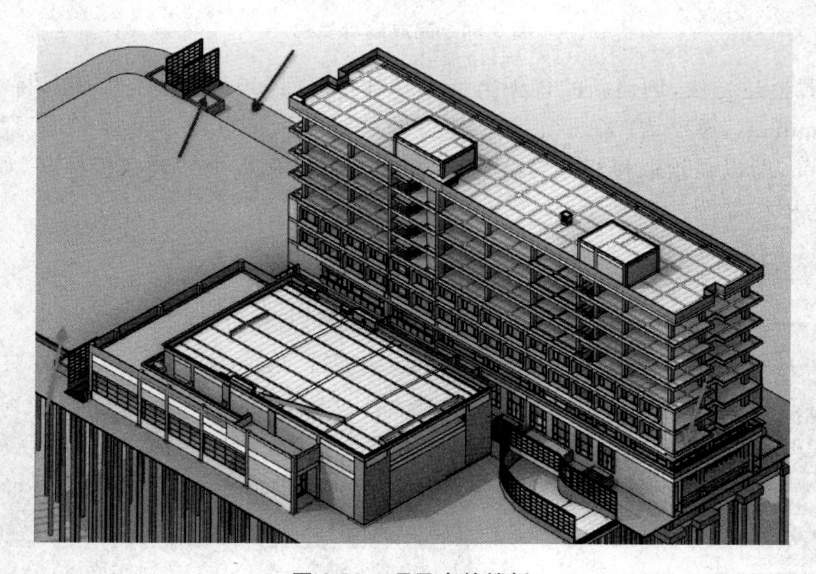

图 3-58　项目中的楼板

(1) 框选 F4 楼层中所有图元，自动切换到“修改/选择多个”选项卡，在“选择”面板中选择“过滤器”，如图 3-59 所示。在弹出的“过滤器”对话框中勾“选墙”“楼板”“门”和“窗”选项。在选择多个图元的时候，可以按住“Ctrl 键”，然后逐步选择需要的图元。如图 3-60 所示，单击“创建”面板中的“创建组”工具。

(2) 如图 3-61 所示，在弹出的“创建模型组”对话框中，将其命名为 F4-8 标准层，单击“确定”。

(3) 选中这个模型组，自动切换到“修改/模型组”选项卡，如图 3-62 所示。在“剪切板”面板中选择“复制到剪切板”，单击“粘贴”处的下拉箭头，选择“与选定的标高对齐”，如图 3-63 所示。在弹出的“选择标高”对话框中选择“F5～F8”，单击“确定”。

(4) 在 3D 视图中查看模型，如图 3-64 所示，F5～F8 层的模型组已经复制过来了。

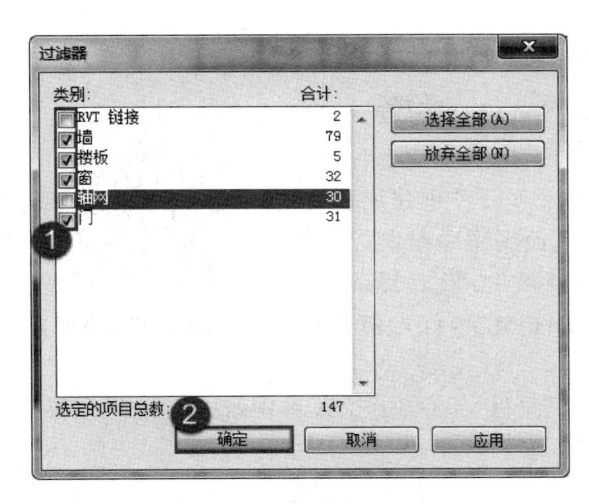

图 3-59 过滤器

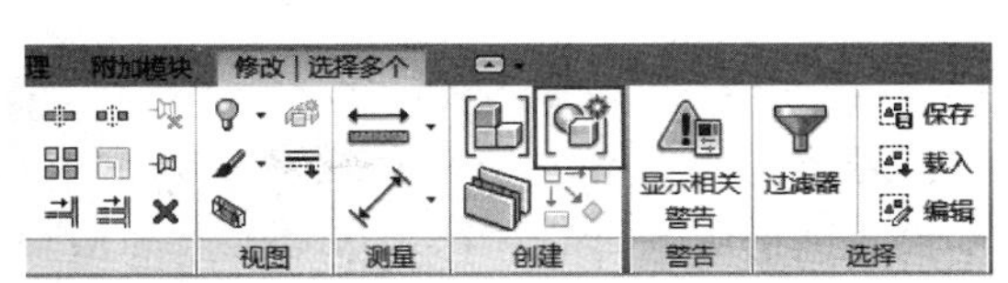

图 3-60 创建组

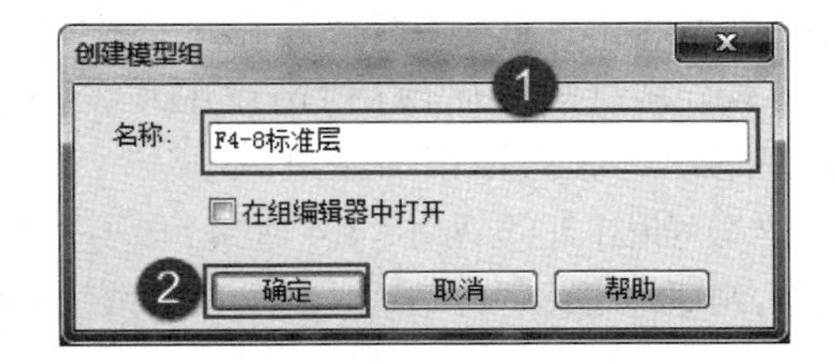

图 3-61 创建模型组

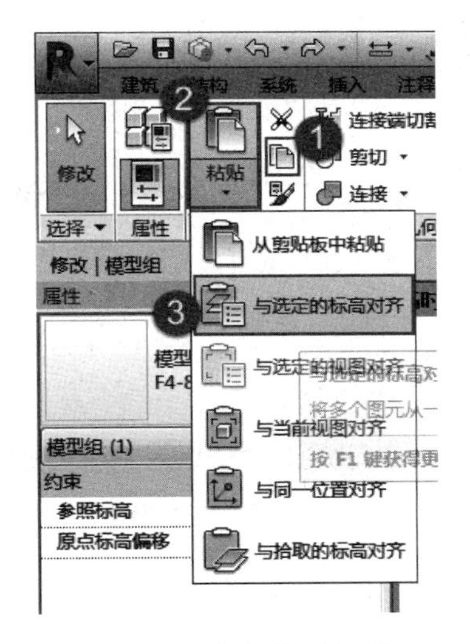

图 3-62 复制模型组图

图 3-63 选择标高

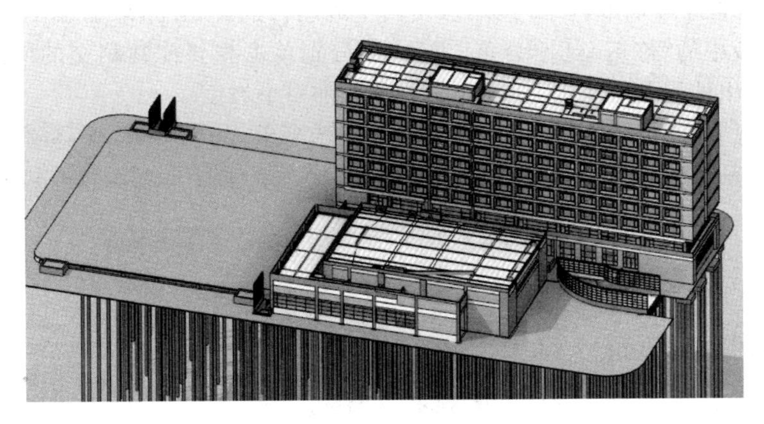

图 3-64 3D 视图

3.3.3 创建和编辑屋面

创建和编辑屋面

在 Revit 中，可以直接使用建筑楼板来创建简单的平屋顶。对于复杂形式的坡屋顶，Revit 还提供了专门的屋顶工具，用于创建各种形式的复杂屋顶，其中提供了迹线屋顶、拉伸屋顶和面屋顶三种创建屋顶方式。其中迹线屋顶的使用方式与楼板类似，通过在平面视图中绘制屋顶投影轮廓边界的方式创建屋顶，并在迹线中指定屋顶坡度，形成复杂的坡屋顶。本节将讲解如何使用“迹线屋顶”工具绘制平屋顶，首先切换至 F3 楼层平面，为报告厅添加屋顶。

(1) 如图 3-65 所示，在“建筑”选项卡“构建”面板“屋顶”下拉菜单中，选择“迹线屋顶”工具，自动切换到“修改/创建屋顶迹线”选项卡。

(2) 在绘图区上方的选项卡中，取消勾选“定义坡度”和“延伸到墙中(至核心层)”，“悬挑”为“0.0”，如图 3-66 所示。

(3) 在“属性”面板类型选择器中，选择“基本屋顶：屋面_50”作为当前屋顶类型，确认“底部标高”为“F3”，如图 3-67 所示，在“绘制”面板中选择“拾取线”工具。

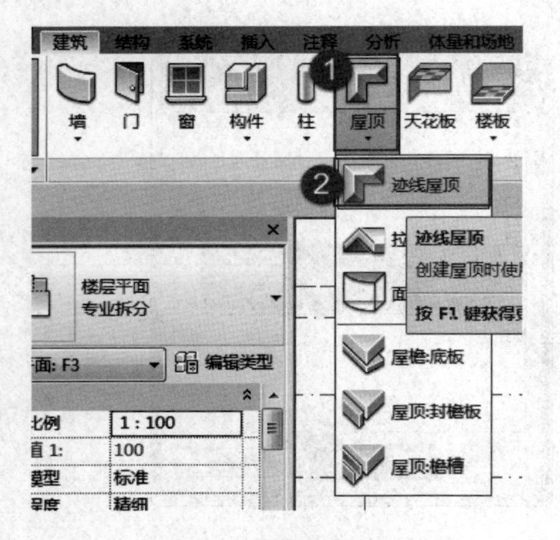

图 3-65 选择迹线屋顶

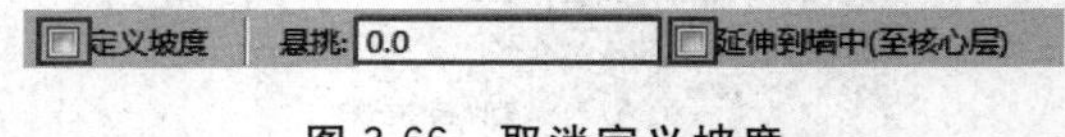

图 3-66 取消定义坡度

图 3-67 拾取线工具

(4) 拾取报告厅外墙的四个内墙边，使其生成闭合的环，在拾取的线不能闭合时，可以选择“修改”面板中的“修剪/延伸为角”工具，再分别单击想要使其相交的两条线，单击“完成”按钮。绘制出的屋顶是平的，接下来为屋顶添加一个坡度。

(5) 选中这个屋顶，自动切换到“修改/屋顶”选项卡，如图 3-68 所示，在“形状编辑”面板选择“添加分割线”工具。拾取屋顶左边的中点，水平向右拾取到屋顶右边的中点，按键盘

图 3-68 添加分割线

上的“ESC键”，选中绘制好的分割线，将线上方的值设置为“300”，按“回车键”，然后按“ESC键”退出编辑模式，如图3-69所示。

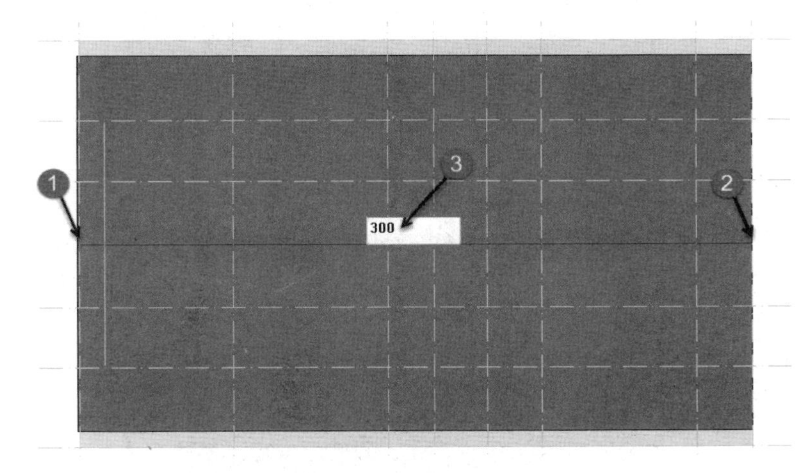

图3-69　绘制分割线

(6) 用这个方法，还可以绘制RF楼层的屋顶。查看3D视图，完成的屋顶如图3-70所示。

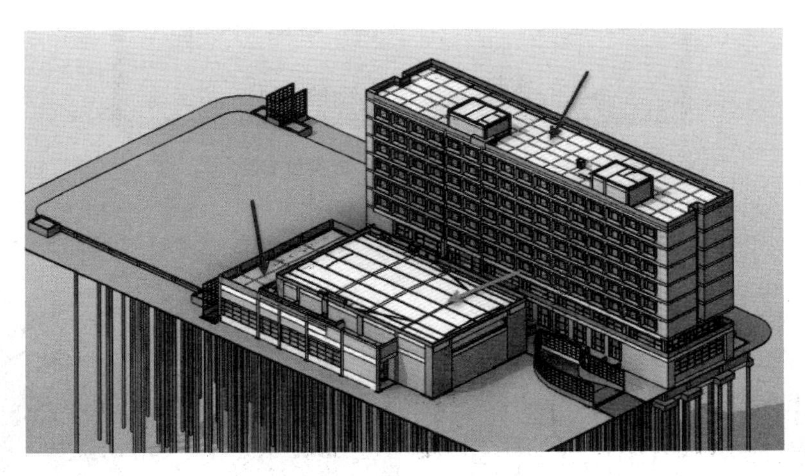

图3-70　项目中的屋顶

(7) 在项目中，还有一种屋顶“玻璃斜窗”，它的绘制方法和屋顶相同。首先切换至F2楼层平面，载入嵌板族“嵌板_点抓_顶平：点爪式幕墙嵌板”。单击“建筑”选项卡“构建”面板中“屋顶”的下拉箭头，选择“迹线屋顶”。单击“属性”面板中的“编辑类型”，在弹出的“类型属性”对话框中，将族类型选择“系统族：玻璃斜窗雨棚_点抓_1200×1200”，将幕墙嵌板设置为“嵌板_点抓_顶平：点爪式幕墙”，设置网格布局为“最大间距”，网格间距为“1200.0”。完成后单击“确定”，如图3-71所示。

(8) 在“属性”面板中“底部标高”设置为“F2”，“自标高的底部偏移”为“700.0”。使用“绘制”面板中的“拾取线”工具，将玻璃斜窗放置在报告厅与综合楼之间，完成后的玻璃斜窗如图3-72所示。

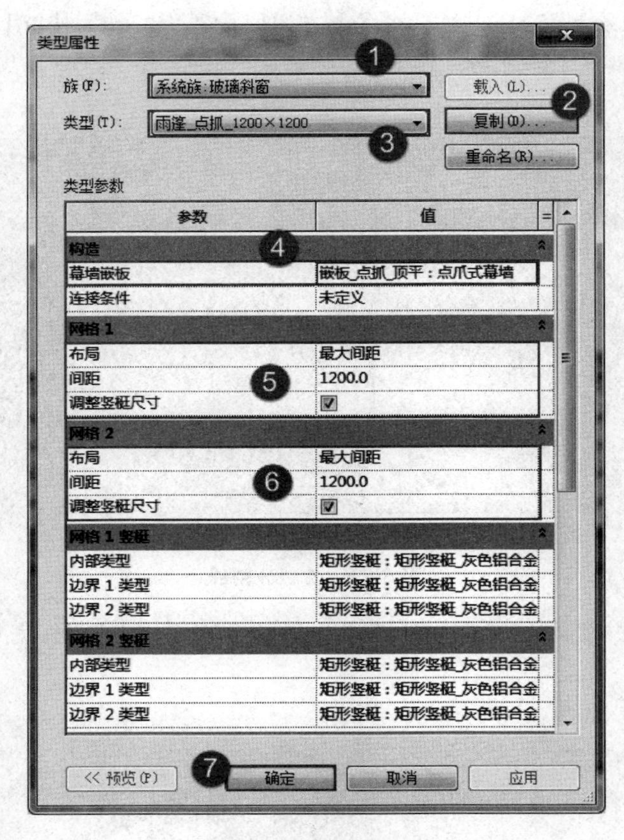

图 3-71　设置玻璃斜窗类型参数

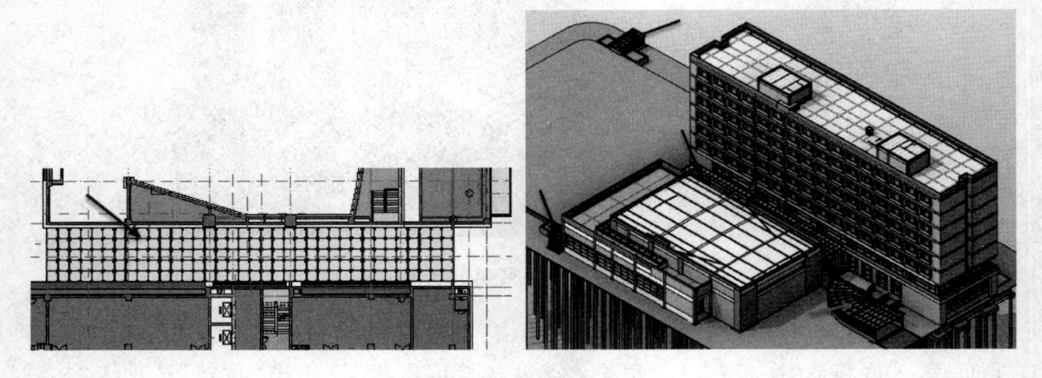

图 3-72　玻璃斜窗

3.3.4　创建和编辑天花板

创建和编辑天花板

由图纸可以看出,“综合楼_建筑”中只有 F2 楼层有天花板,所以切换至 F2 楼层平面。

(1) 如图 3-73 所示,在“建筑”选项卡的“构建”面板中选择“天花板”,自动切换至“修改/放置天花板”选项卡。

（2）如图3-74所示，在“修改/放置天花板”选项卡“天花板”面板中选择“绘制天花板”工具，自动切换至“修改/创建天花板边界”选项卡，在“绘制”面板中选择“拾取线”工具。

图3-73　天花板选项卡

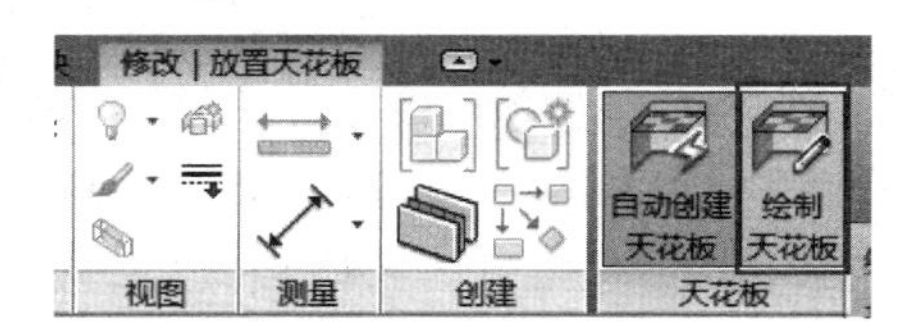

图3-74　绘制天花板

（3）在“属性”面板“类型选择器”中选择天花板类型为“复合天花板：餐厅_50mm”，“标高”为“F2”，“自标高的高度偏移”为“3100.0”，如图3-75所示。

（4）如图3-76所示，绘制一个闭合的图形。单击“模式”面板中的“完成”按钮，退出绘制模式。

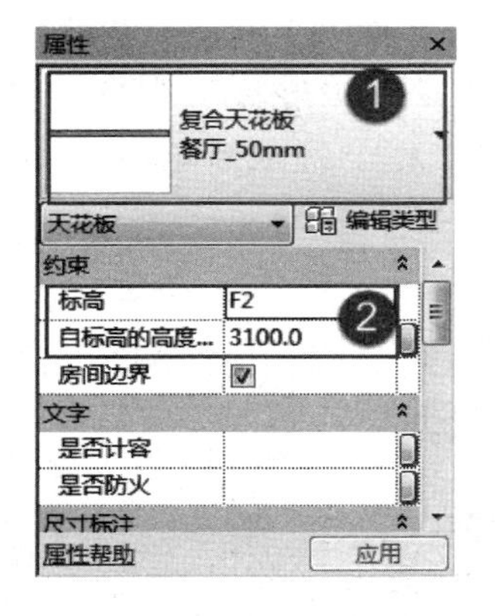

图3-75　“属性”面板

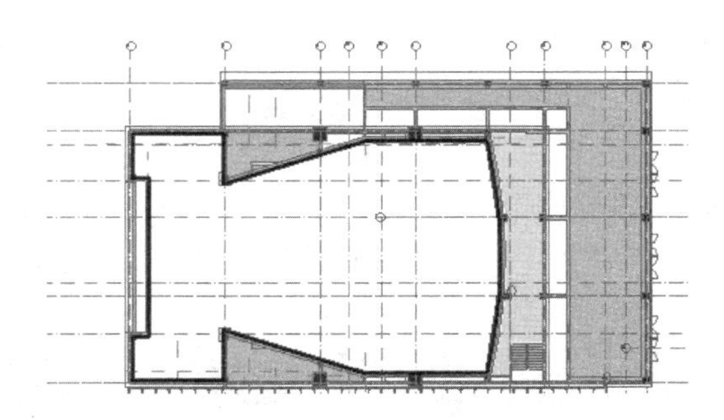

图3-76　绘制天花板

（5）查看F2楼层的3D视图，完成的天花板如图3-77所示。

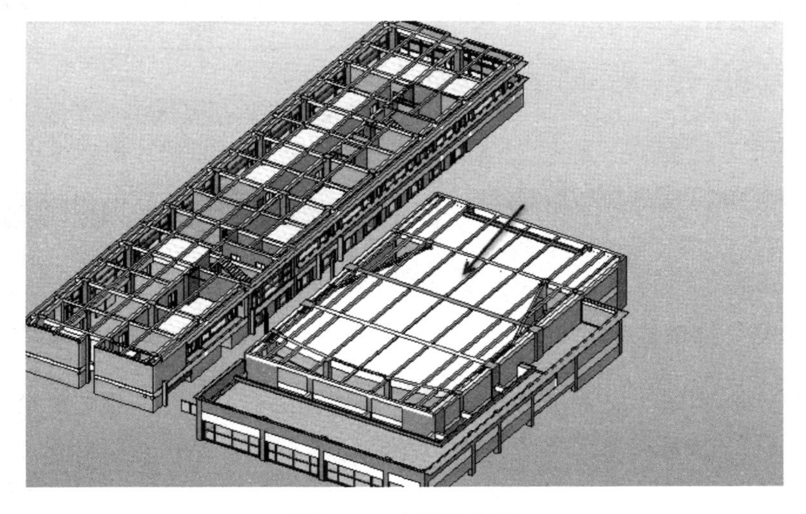

图3-77　查看天花板

3.3.5 外立面干挂石材设计

外立面干挂石材设计

本节将绘制项目中的外立面干挂石材，可以通过在项目外墙四周放置玻璃幕墙并添加幕墙网格的方式来设计干挂石材。

(1) 切换至 BT 楼层平面，选择“插入”选项卡“从库中载入”面板中的“载入族”，载入嵌板族“嵌板_矩形_外平齐：20_花岗石”“嵌板_正内墙套”和“嵌板_正内凹槽”。

(2) 在“建筑”选项卡“构建”面板中选择“墙”，自动切换至“修改/放置墙”选项卡。将“属性”面板中的“底部约束”设置为“BT”，“底部偏移”为“0.0”，“顶部约束”为“直到标高：F2”，“顶部偏移”为“1000.0”。单击“编辑类型”，在弹出的“类型属性”对话框中，将族类型设置为“系统族：幕墙建筑幕墙_无网格”，复制一个新类型为“20_花岗石”，如图 3-78 所示。

(3) 在“类型属性”对话框中，对“类型参数”进行设置，如图 3-79 所示。“功能”为“外部”，勾选“自动嵌入”，设置“幕墙嵌板”为“嵌板_矩形_外平齐：20_花岗石”，“连接条件”为“未定义”，网格布局为“无”，竖梃内部类型和边界类型均为“无”。完成后单击“确定”，退出“类型属性”对话框。

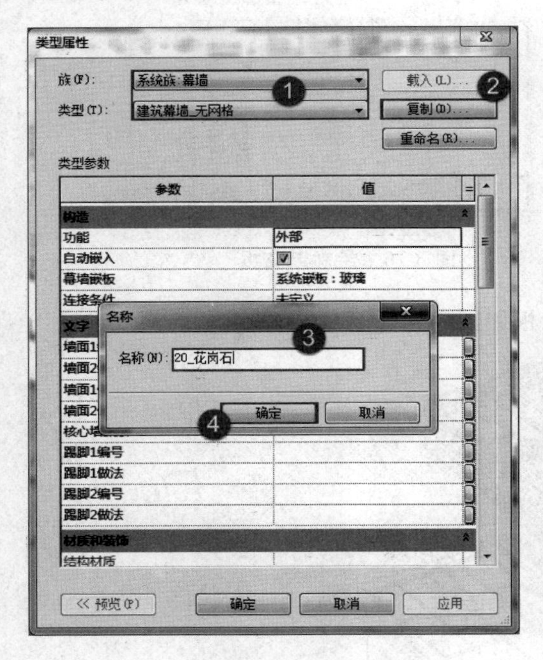

图 3-78 “类型属性”对话框

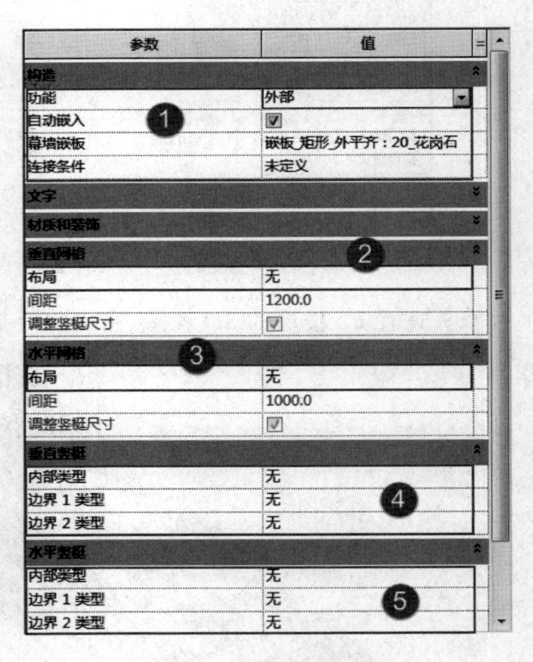

图 3-79 类型参数设置

(4) 根据图纸，在图 3-80 位置中绘制幕墙，绘制方法和 3.1.1 节中墙的绘制方法相同，注意“属性”面板中“底部约束”“底部偏移”“顶部约束”和“顶部偏移”的设置，完成后切换至 3D 视图。

(5) 选择“建筑”选项卡“构建”面板中的“幕墙网格”，自动切换至“修改/放置幕墙网格”选项卡。如图 3-81 所示，在墙边左侧“600”的位置放一条幕墙网格，选中这条网格，单击“修改”面板中的“复制”工具，勾选绘图区上方选项卡中的“约束”和“多个”，将鼠标水平向右移动，输入“600”。

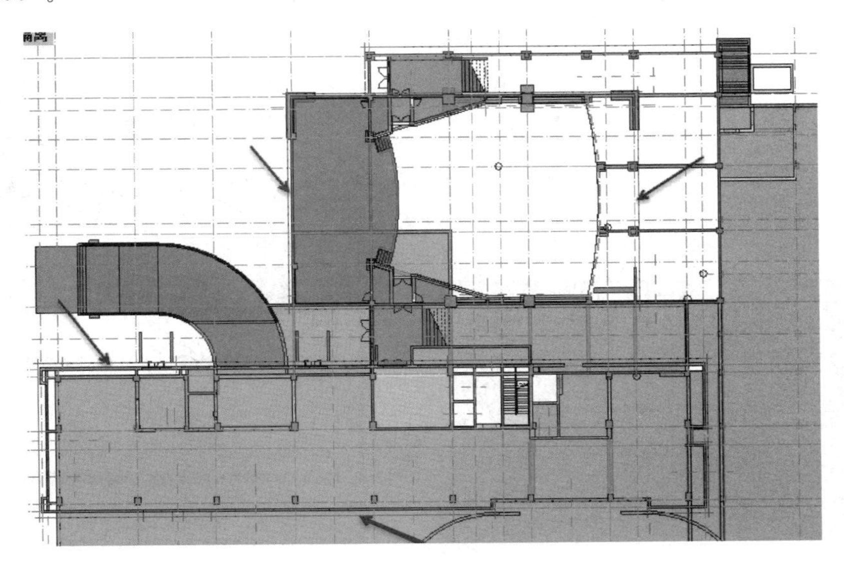

图 3-80　绘制幕墙

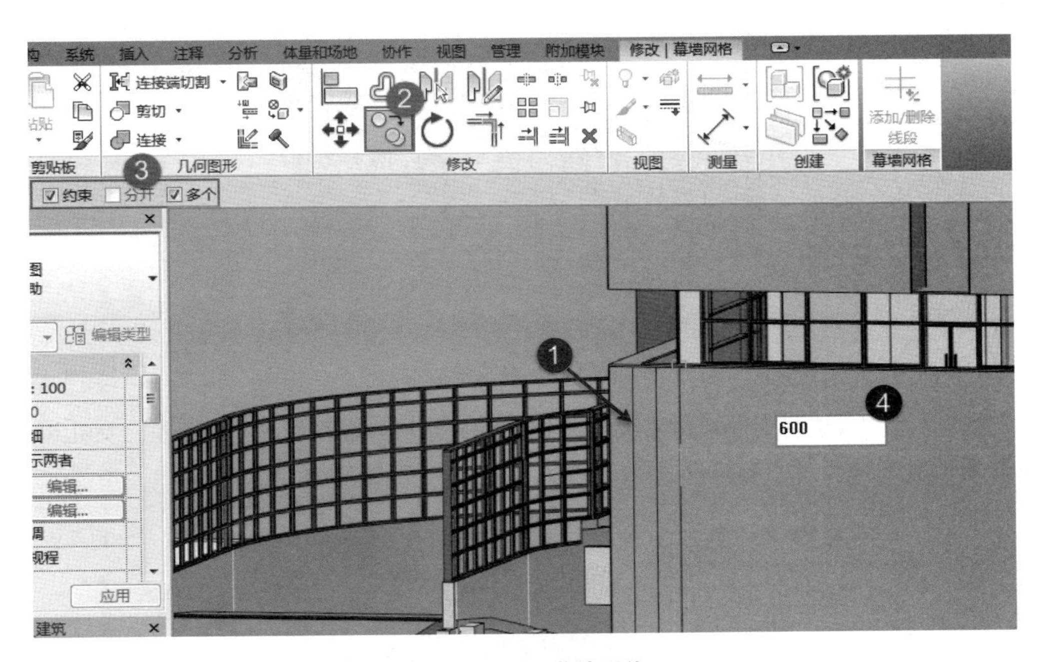

图 3-81　绘制幕墙网格

（6）绘制好网格后，需要将门窗的位置显露出来。选中需要修剪的网格线，自动切换至“修改/幕墙网格”选项卡，在“幕墙网格”面板中选择“添加/删除线段”，再单击一下要删除的线段部分，这时就可以删掉这段线了，完成的网格线如图 3-82 所示。

（7）将光标移到中间这块嵌板的任意边上，按键盘上的“Tab 键”，直到这块嵌板的四周高亮显示，单击鼠标左键，选中这块嵌板。单击“属性”面板中的“编辑类型”，在弹出的“类型属性”对话框中，将族类型设置为“嵌板_正内墙套 20×120”，复制新的类型为“20×800”，单击“确定”，将“板厚”和“深度”设置为“20.0”和“120.0”，单击“确定”，如图 3-83 所示。

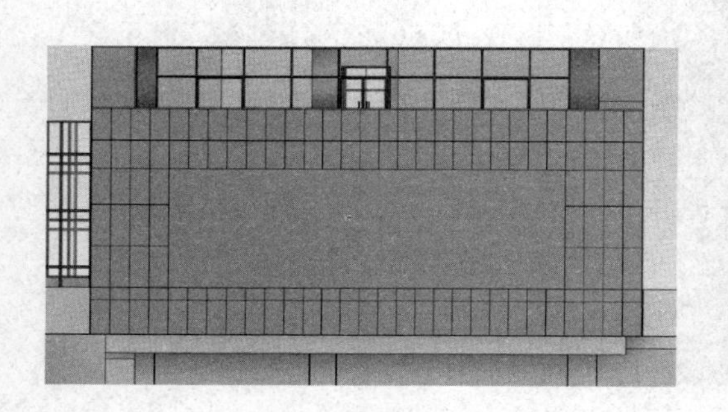

图 3-82　删除幕墙网格

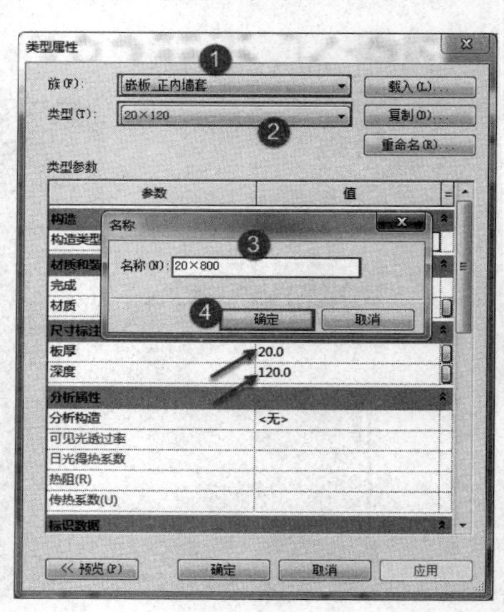

图 3-83　编辑类型属性

(8) 替换好的嵌板如图 3-84 所示。

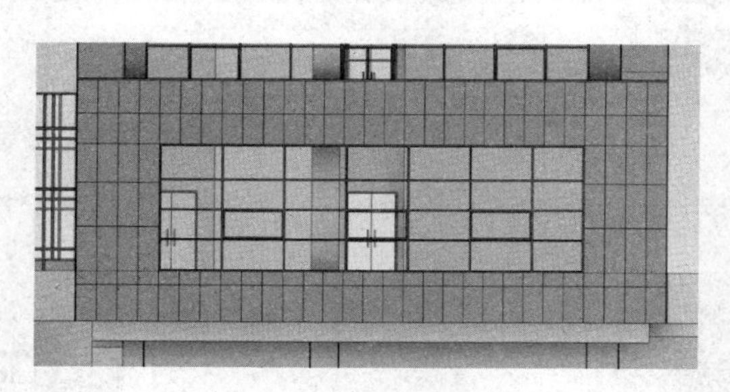

图 3-84　替换嵌板

(9) 在项目中，绘制女儿墙时需要注意“顶部标高”和“底部标高”的设置。女儿墙的位置及完成的外立面干挂石材如图 3-85 所示。

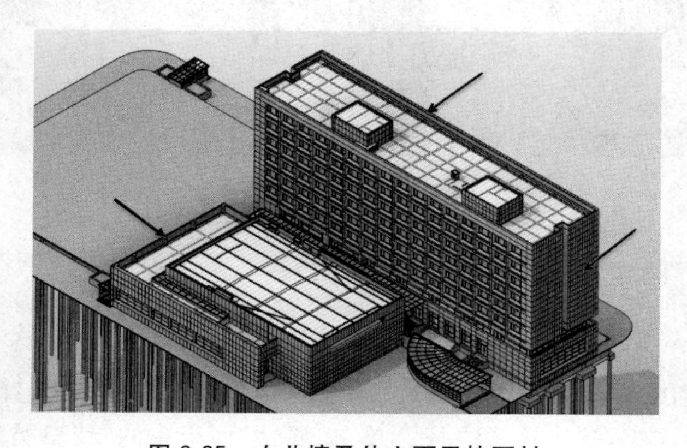

图 3-85　女儿墙及外立面干挂石材

3.3.6　创建幕墙包边

创建幕墙包边

在项目中，可以通过“屋顶”工具绘制幕墙包边，具体绘制步骤如下所示。

(1) 切换至 RF 楼层平面。在“建筑”选项卡的“构建”板块，单击“屋顶”的下拉箭头，选择“迹线屋顶”，自动切换到“修改/创建屋顶迹线”选项卡。将“属性”面板中的“自标高的底部偏移量”设置为“1500.0”，单击“编辑类型”，在弹出的“类型属性”对话框中选择族类型为“系统族：基本屋顶屋面_50”，复制一个新的类型为“屋顶_幕墙包边”，单击“确定”。返回到“类型属性”对话框，单击“结构”后的“编辑”按钮，如图 3-86 所示，自动切换至“编辑部件”对话框。

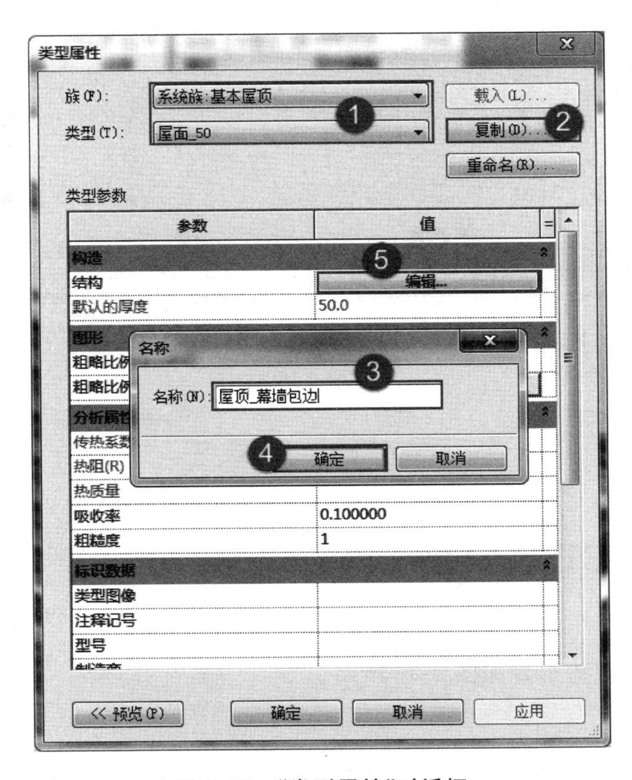

图 3-86　“类型属性”对话框

(2) 将“编辑部件”对话框中结构层的材质设置为“huagangshi_xuehuadian_wufeng”，厚度为“50.0”，单击“确定”，如图 3-87 所示。返回“类型属性”对话框，再单击“确定”，自动切换至“修改/创建屋顶迹线”选项卡。

(3) 在绘图区上方的选项卡中，取消勾选“定义坡度”和“延伸到墙中(至核心层)”，“悬挑”为“0.0”，如图 3-88 所示。

(4) 选择“绘制”面板中的“拾取线”工具，逐一选择外立面幕墙外墙线和链接的结构模型外墙的内侧线，如图 3-89 所示，使其成为闭合的图形。当两条线交叉或未相交时，可以使用“修改”面板中的“修剪/延伸为角”工具，具体操作方法在 3.3.1 节中已经讲解，在这就不再重复了。

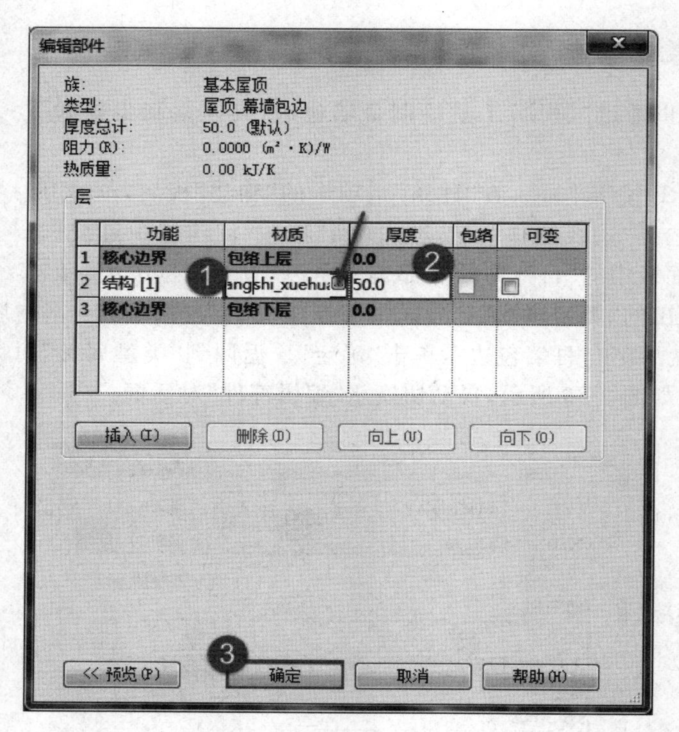

图 3-87 “编辑部件”对话框

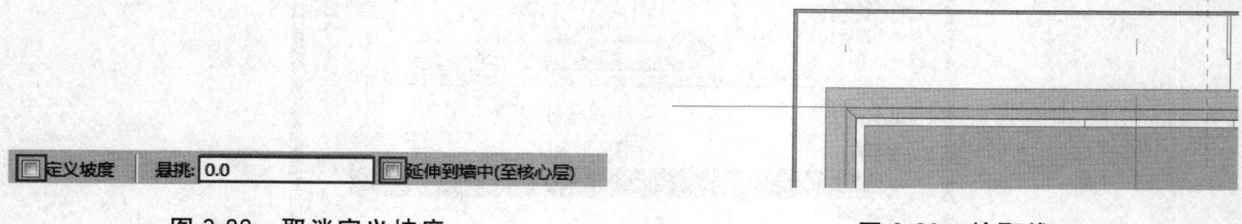

图 3-88 取消定义坡度

图 3-89 拾取线

(5) 选好的幕墙包边边界如图 3-90 所示。

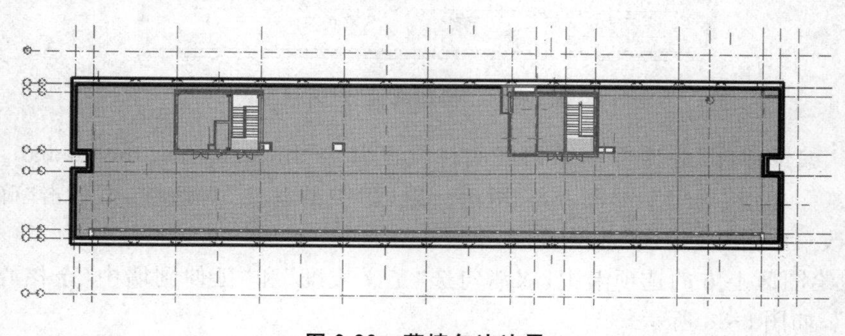

图 3-90 幕墙包边边界

(6) 按照上述方法,可以绘制项目中所有的幕墙包边,完成后查看 3D 视图,如图 3-91 所示。

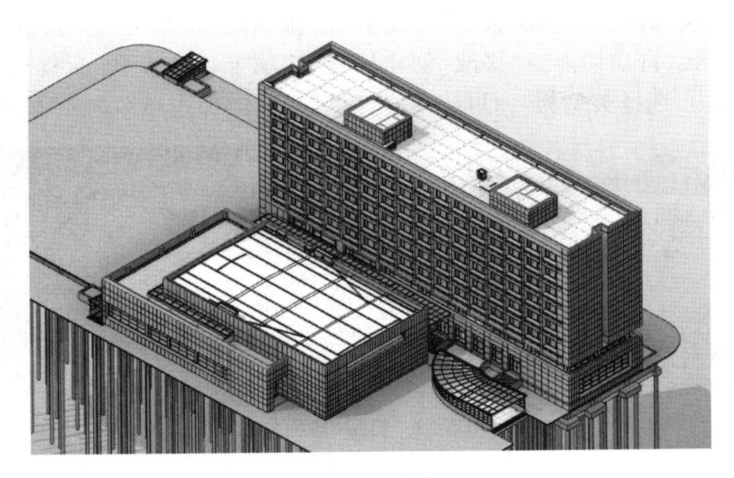

图 3-91　幕墙包边

3.4　创建和编辑楼梯、坡道及扶栏

使用“楼梯”工具，可以在项目中添加各种样式的楼梯。在 Revit 中，楼梯由楼梯和扶手两部分构成，在绘制楼梯时，Revit 会沿楼梯自动放置指定类型的扶手。与其他构件类似，需要通过楼梯的类型属性对话框定义楼梯的参数，从而生成指定的楼梯模型。

3.4.1　创建和编辑楼梯

创建和编辑楼梯

(1) 切换至 F1 楼层平面。放大轴线Ⓕ和轴线④交点右下方的区域，在绘制楼梯之前，先创建几条参照平面。在“建筑”选项卡“工作平面”板块选择“参照平面”，绘制几条参照平面，如图 3-92 所示。

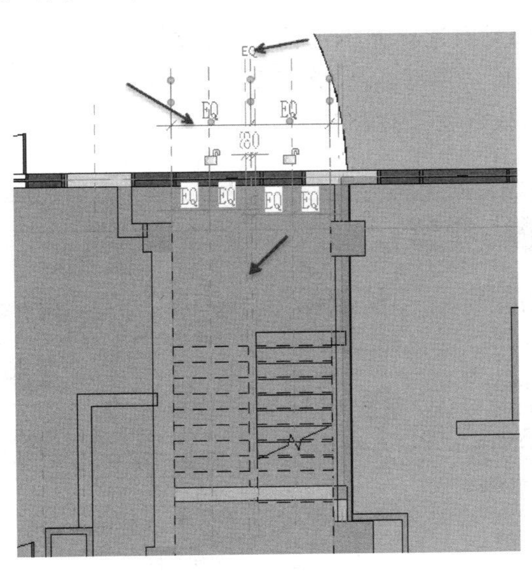

图 3-92　绘制参照平面

(2) 单击“建筑”选项卡“楼梯坡道”面板中“楼梯”的下拉箭头，选择“楼梯(按构件)”工具，如图 3-93 所示。自动切换至“修改/创建楼梯”选项卡，在“工具”面板选择“栏杆扶手”，在弹出的对话框中，选择类型为“04J412-43-6_900”，勾选“梯边梁”，如图 3-94 所示。

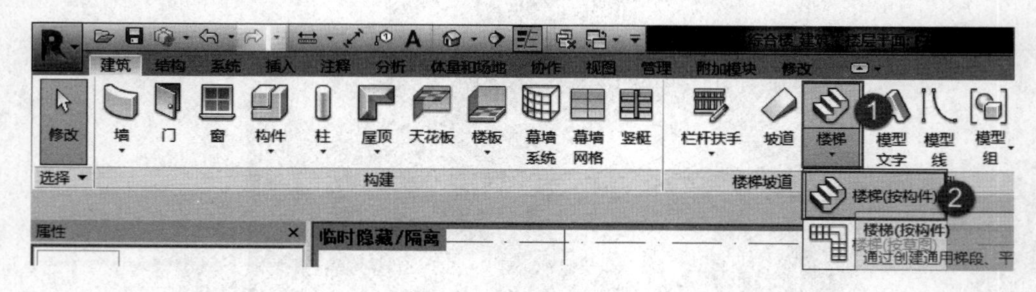

图 3-93 楼梯(按构件)

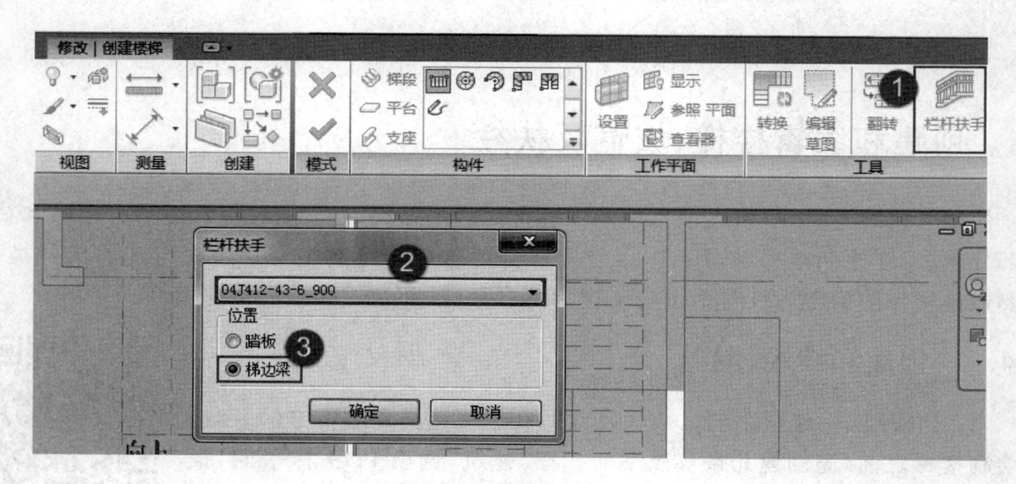

图 3-94 设置扶手

(3) 在“属性”面板的类型选择器中选择“建筑楼梯_面砖_280×180_50”，如图 3-95 所示，设置“底部标高”为“F1”，“顶部标高”为“F2”，“底部偏移”和“顶部偏移”为“0.0”，“所需踢面数”为“31”，“实际踏板深度”为“280.0”。

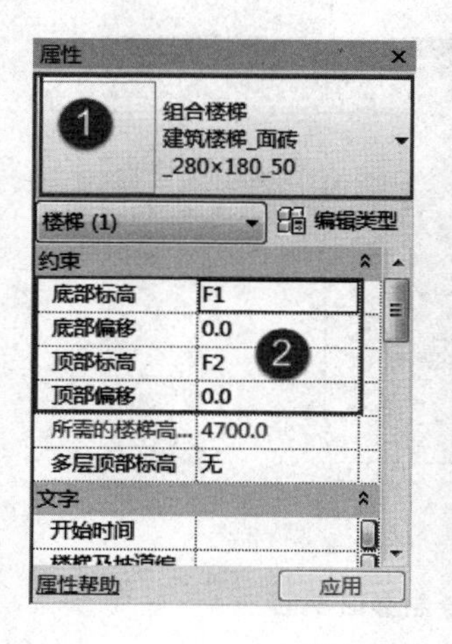

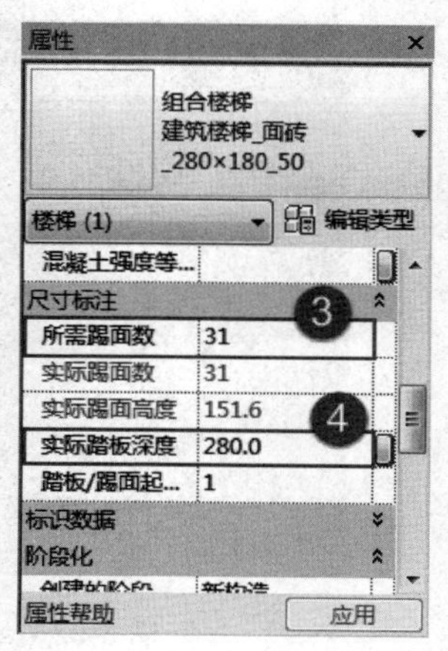

图 3-95 楼梯属性

(4) 如图 3-96 所示，绘制楼梯的路径，绘制好以后可以选中梯段，拖拽楼梯边缘的三角形符号，对梯段左右两边的边缘进行拉伸，拉伸至图中参照平面位置，将楼梯上所有的梯段和平台都拉伸到正确尺寸后，单击“完成”按钮。

(5) 选中梯段后会出现一个方向箭头，可以单击这个方向箭头来改变楼梯的方向，如图 3-97 所示。

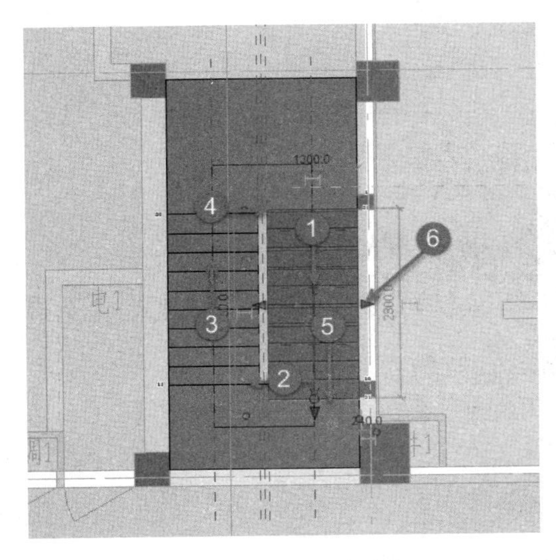

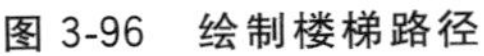
图 3-96　绘制楼梯路径

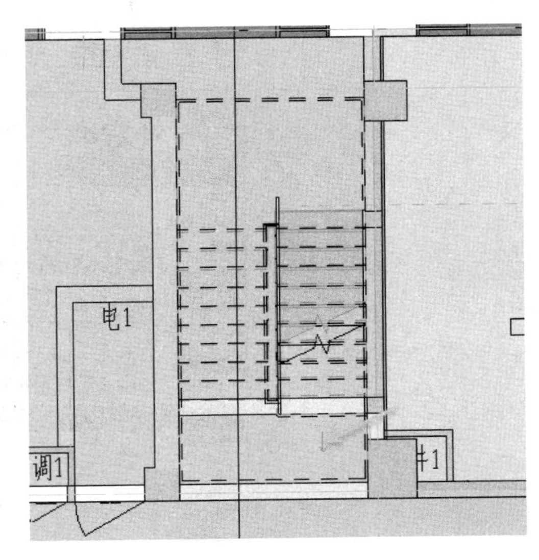

图 3-97　方向箭头

(6) 按照这个方法，可以放置项目中所有的楼梯和扶手，在 3D 视图中的效果如图 3-98 所示。放置时注意楼梯标高和栏杆扶手类型的设置。

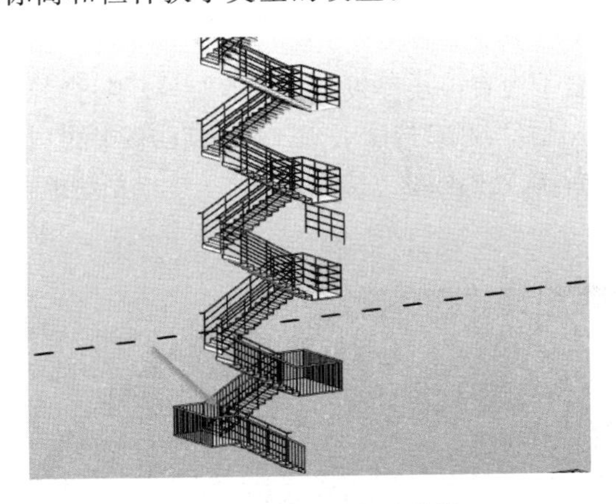
图 3-98　项目中部分楼梯

3.4.2　创建和编辑坡道

创建和编辑坡道

在项目中，可以采取为楼板添加坡度的方式来创建坡道。

(1) 切换至 BT 楼层平面，单击“建筑”选项卡“构建”面板中“楼板”的下拉箭头，选择“楼板：建筑”。单击“属性”面板中的“编辑类型”，在

“类型属性”对话框中，创建一个新的楼板类型为“建筑坡道_沥青_50”，完成后单击“确定”，然后单击“结构”后的“编辑”按钮，如图 3-99 所示。在弹出来的“编辑部件”对话框中，将结构层厚度设置为“50.0”。

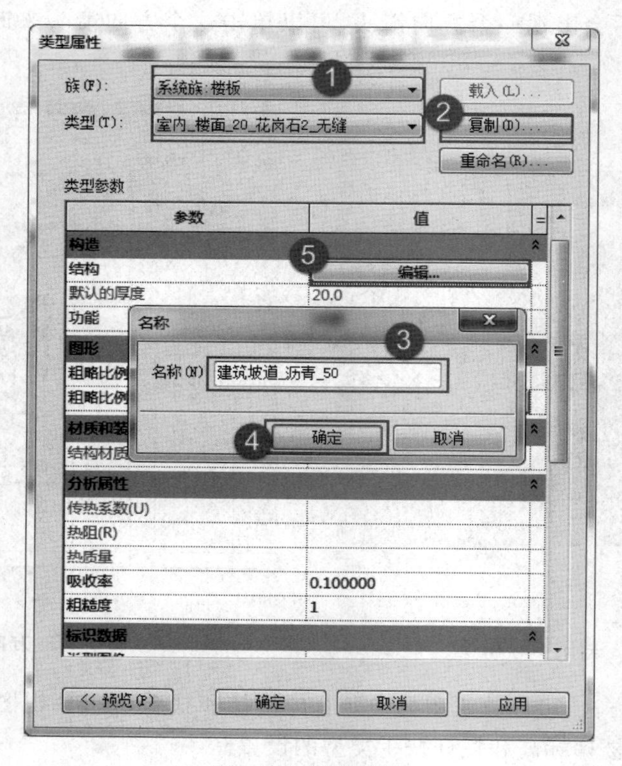

图 3-99 编辑类型

(2) 在图 3-100 的位置上放置一块楼板，在“属性”面板中将“标高”设置为“BT”，“自标高的高度偏移”设置为“50”。选择“建筑”选项卡“工作平面”面板中的“参照平面”工具，在图中标注的位置上绘制两条参照平面，放置楼板的方法在 3.3.1 节中已经讲解，本节中就不再介绍了。

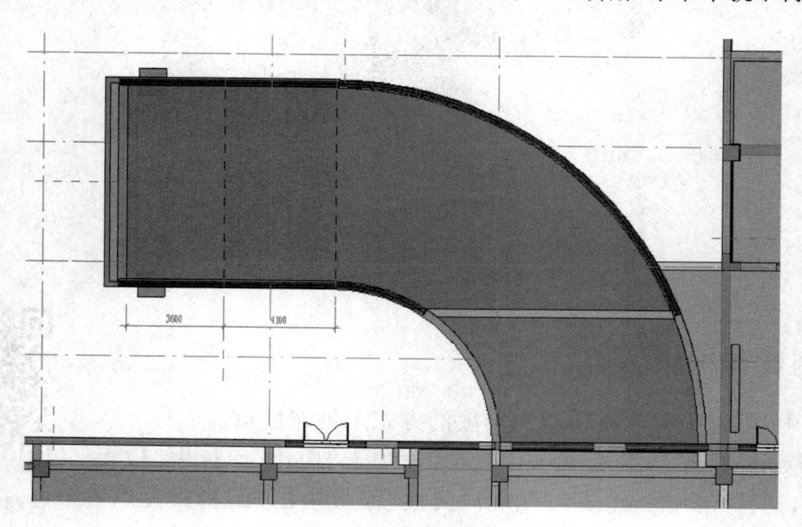

图 3-100 放置楼板

(3) 选中这块楼板，自动切换至“修改/楼板”选项卡，如图 3-101 所示，在“形状编辑”面板中选择“添加分割线”。

图 3-101　“添加分割线”工具栏

(4) 如图 3-102 所示，沿着刚刚绘制的两条参照平面和楼板两边绘制出 4 条分割线，按“Esc 键”，单击楼板左侧边缘上的分割线，将“边缘高程”设置为“100”，单击分割线的两点，确认数值均为“100”。从左到右分割线的边缘高程为 100、−170、−785 和 −2618。

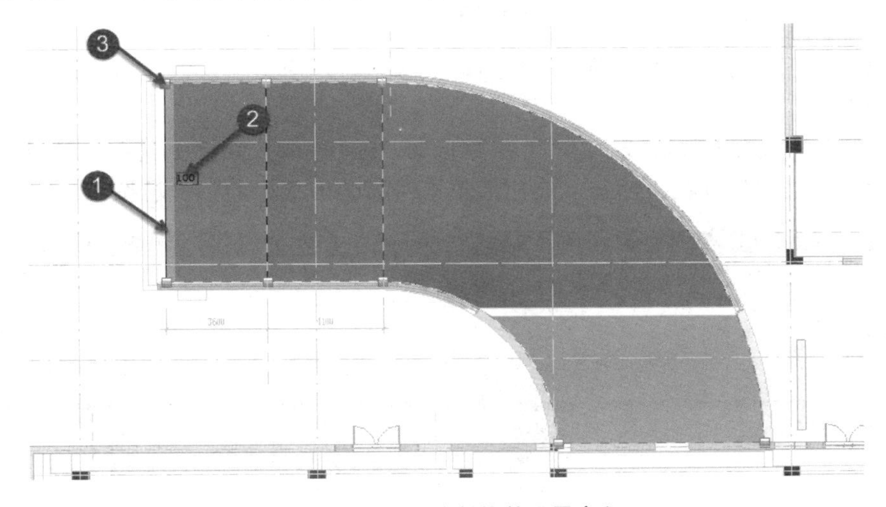

图 3-102　添加分割线并设置高程

(5) 完成后查看 3D 视图，如图 3-103 所示。按照这个方法，可以绘制项目中所有的坡道。

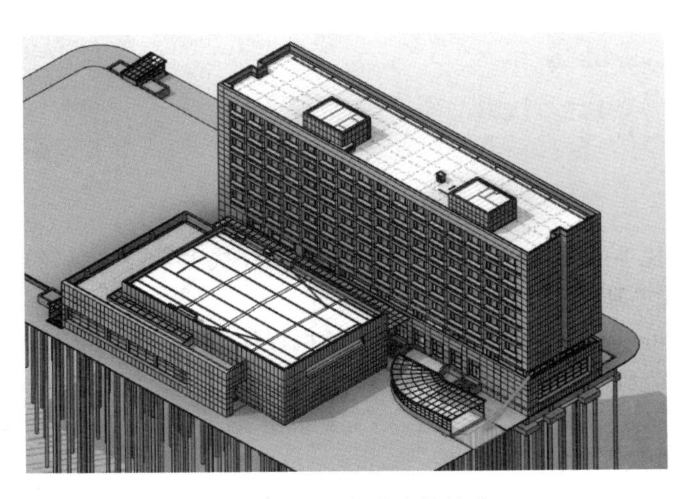

图 3-103　3D 视图中的坡道

3.4.3 创建和编辑扶栏

(1) 切换至F2楼层平面。单击“建筑”选项卡“楼梯坡道”面板中“栏杆扶手”的下拉箭头，选择“绘制路径”工具，如图3-104所示。自动切换至“修改/创建栏杆扶手路径”选项卡。

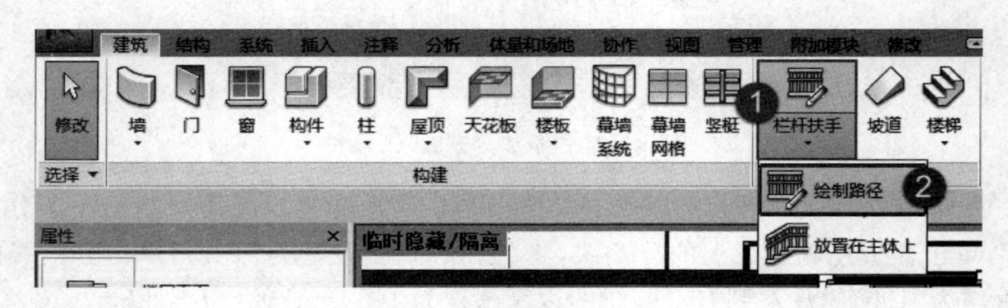

图3-104 栏杆扶手

(2) 在“属性”面板“类型选择器”中选择“嵌板_117PC7型_1100_建筑标准”，确认“底部标高”为“F2”。

(3) 放大轴线⑴/⑺和轴线Ⓒ交点右侧区域，在“绘制”面板中选择“直线”工具，如图3-105所示，绘制栏杆扶手路径。完成后单击“模式”面板中的“完成”按钮。

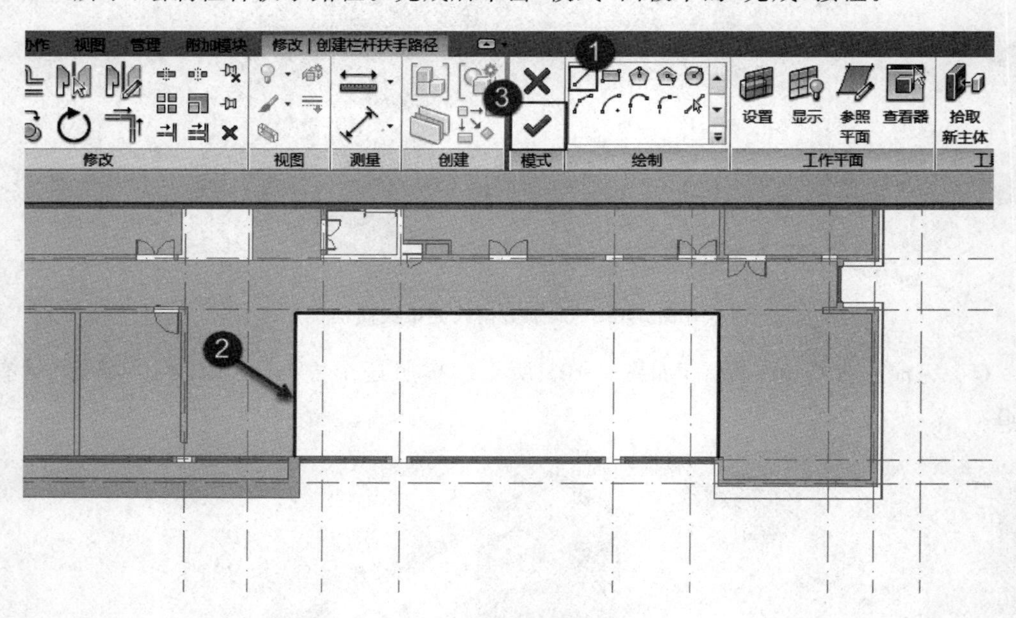

图3-105 绘制栏杆

(4) 如果栏杆扶手的方向绘制反了，可以选中栏杆扶手，单击“⇆”符号可以翻转栏杆扶手的方向，如图3-106所示。

(5) 查看图纸可以看出，项目中除楼梯上的栏杆扶手外，只有F2楼层还有栏杆扶手，绘制完成后如图3-107所示。

如需要编辑修改栏杆扶手类型参数，则需要单击“属性”选项卡中的“编辑类型”按钮，修改“栏杆位置”“顶部扶栏类型”等参数。

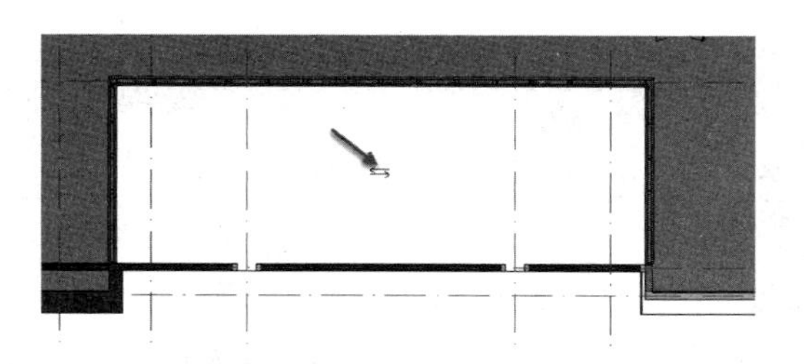

图 3-106　翻转符号

图 3-107　F2 楼层的栏杆

3.5　孔、洞体系

在 BIM 管线综合应用中首先需要解决图元与管网之间的协调问题，而解决这些协调问题除了更改路线，还可以在图元中预留孔洞。依据管线的尺寸类型及相关的建筑标准在墙体、楼板、楼梯和坡道上开启预留洞。本章将以不同类别的图元分别进行预留洞创建的讲解。

3.5.1　墙开孔

在 Revit 中结构墙和建筑墙开洞方式一致，可通过同样的方法进行操作，这里以建筑墙体开洞为例。

(1) 链接"综合楼_给排水"模型。单击"协作"选项卡"坐标"面板中"碰撞检查"的下拉箭头，选择"运行碰撞检查"工具，在弹出的"碰撞检查"对话框中，选择左侧的"类别来自"为"当前项目"，右侧的"类别来自"为"综合楼_给排水.rvt"。勾选左侧"类别来自"下方的类别为"墙"，右侧"类别来自"下方类别为"管道"，并单击"确定"按钮运行碰撞检测，如图 3-108 所示。

(2) 如图 3-109 所示，在弹出的"冲突报告"对话框中单击"导出"按钮，指定文件导出路径，导出的文件类型为"Revit 冲突报告(＊.html)"格式文件，保存文件。

碰撞检查
类别来自 1
当前项目
类别来自 2
综合楼_给排水.rvt
专用设备
卫浴装置
坡道
墙 3
天花板
家具
屋顶
常规模型
幕墙嵌板
幕墙竖梃
柱
栏杆扶手
楼板
楼梯
窗
门
卫浴装置
喷头
机械设备
管件
管道 4
管道附件
选择
全选(L) 全部不选(N) 反选(I)
选择
全选(L) 全部不选(N) 反选(I)
5 确定 取消

图 3-108 碰撞检查

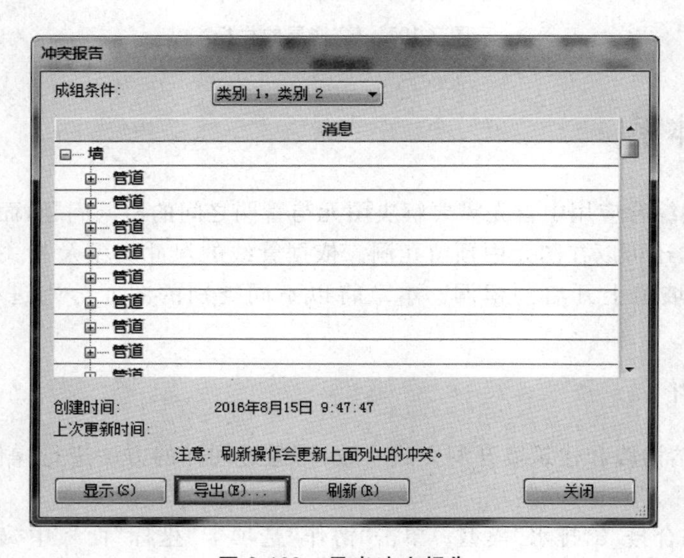

图 3-109 导出冲突报告

（3）使用浏览器打开这个冲突报告。如图 3-110 所示，打开 Revit 软件，选择"管理"选项卡下"查询"面板中的"按 ID 选择图元"工具，输入墙体"ID 编号"并单击下方"显示"按钮，进入其他视图进行查看。按住"Ctrl 键"，依次选中发生碰撞的墙体和链接进来的"综合楼_给排水"模型，单击绘图区下方工具栏中的"隔离/隐藏图元"，在弹出来的选择栏中选择"隔离图元"，如图 3-111 所示。

图 3-110　按 ID 号选择图元

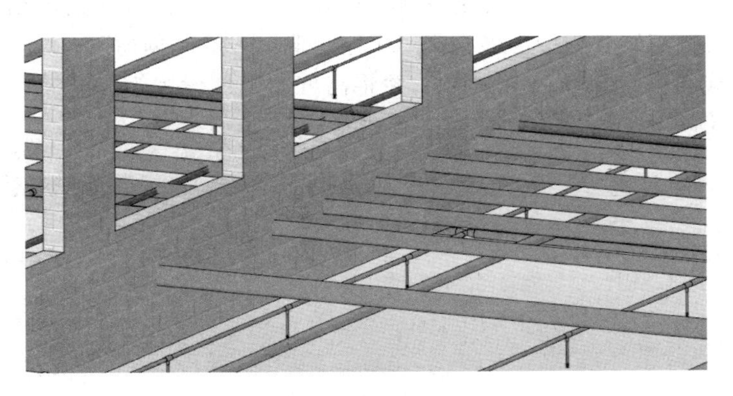

图 3-111　墙体和管道碰撞

(4) 选择"结构"选项卡下"洞口"面板中的"墙"工具。拾取需要开洞的墙体,单击鼠标左键选中墙体,然后通过单击第一点确定开洞位置左上角,然后单击第二点确定洞口右下角,完成矩形洞的开洞,完成后选中这个洞口,可通过拉伸四边的三角形符号来调节洞口的大小,如图 3-112 所示。

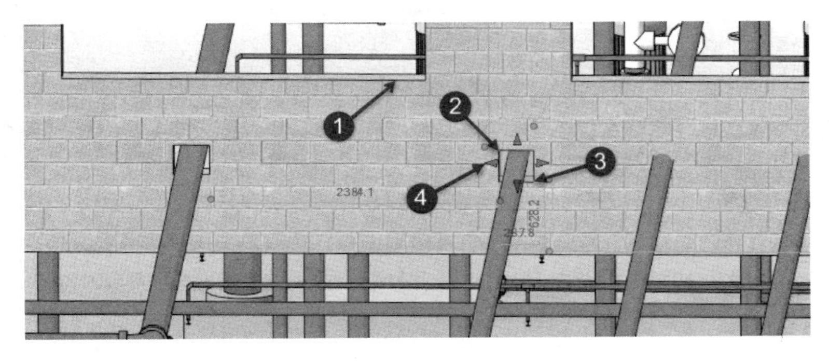

图 3-112　墙开孔

除了使用“墙洞口”工具进行开洞之外，还可以通过编辑墙体轮廓的方式来进行洞口创建。

（5）鼠标左键双击墙体，自动切换至“修改/编辑轮廓”选项卡，选中“绘制”面板中的“圆形”工具，在墙和管道碰撞的位置，单击鼠标左键，画一个圆形，单击“模式”面板中的“完成”按钮，如图 3-113 所示。调整洞口的位置时，可以双击墙体，在“修改/编辑轮廓”模式下，直接拖拽洞口到其他位置。

图 3-113　编辑墙轮廓

3.5.2　门窗预留洞

本节讲解如何创建门窗预留洞，“洞口工具”以及编辑轮廓工具进行开洞的方法并不适合开门窗洞口，这里需要参数化的洞口。

（1）单击“应用程序菜单”中“新建”按钮，选择“新建族”命令，在这里创建洞口族文件，使用的样板为“公制窗”，样板中已经自带一个矩形洞口，选择“创建”选项卡“属性”面板中的“族类型”，新建族类型为“洞口_窗 3830”，并将高度和宽度设置为“3800.0”和“3000.0”，如图 3-114 所示。创建完成后保存，命名为“窗预留洞”。

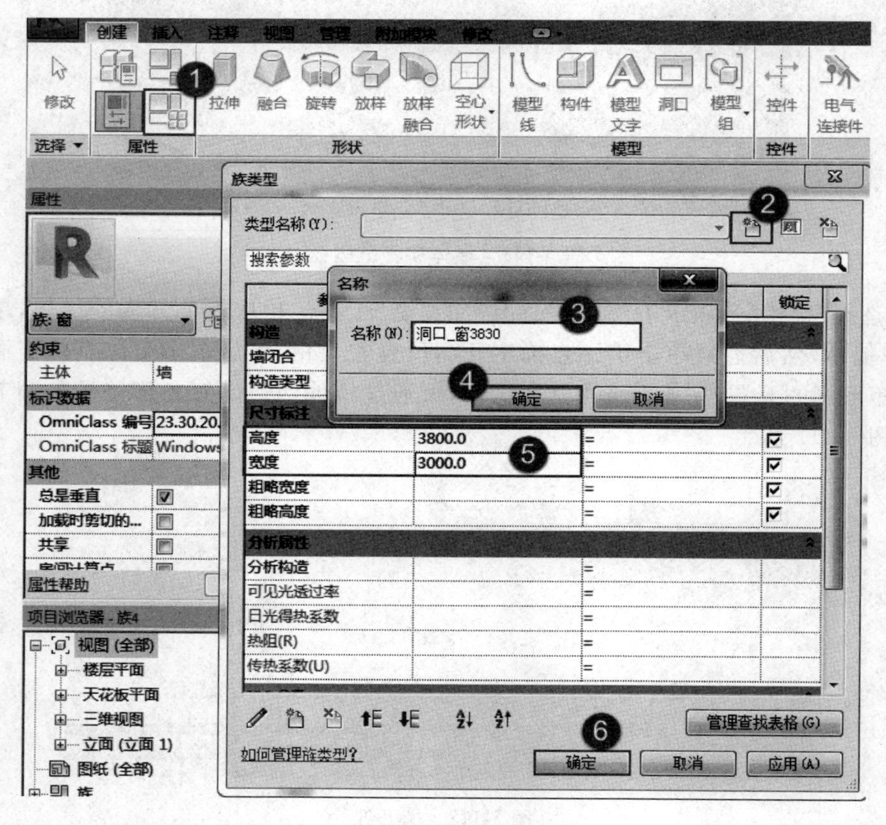

图 3-114　新建窗洞口族

（2）单击“插入”选项卡“从库中载入”面板中的“载入族”工具，载入刚刚创建的洞口族“窗预留洞”。

（3）根据图纸选择窗开洞位置，选择“建筑”选项卡“构建”面板中“窗”工具，在“属性”面板的“类型选择器”中选择“窗预留洞洞口_窗 3830”，并设置底高度为“0”。完成洞口创建，如图 3-115 所示。

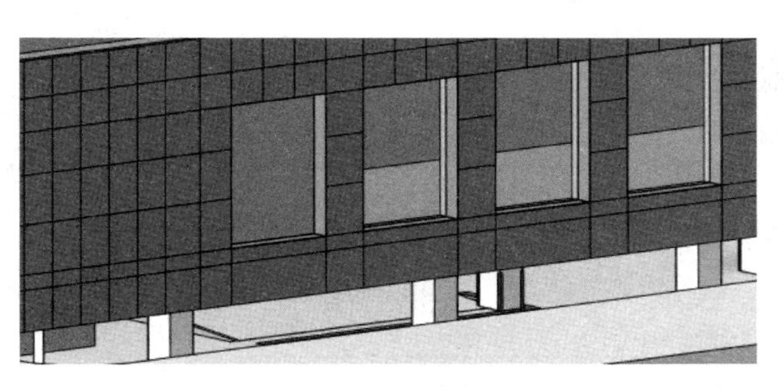

图 3-115　窗预留洞口

（4）选择“窗预留洞洞口_窗 3830”之后，在“属性”面板单击“编辑类型”，在弹出的“类型属性”对话框中，复制新的类型，并修改高度和宽度。这样可以创建出项目中所有的窗预留洞，如图 3-116 所示。

图 3-116　项目中的窗预留洞口

（5）创建门预留洞的方法和窗预留洞是相同的。单击“应用程序”菜单中“新建”按钮，选择“新建族”命令，创建一种洞口族文件，这里使用的样板为“公制门”，样板中已经自带一个矩形洞口，选择“创建”选项卡“属性”面板中的“族类型”，新建族类型为“洞口_门 1524”，并将高度和宽度设置为“2400.0”和“1500.0”，单击“完成”，如图 3-117 所示。打开 3D 视图，如图 3-118 所示，选中洞口周围的竖梃，单击键盘上的“删除键”，删除多余的框架。创建完成后保存族，命名为“门预留洞”。

（6）单击“插入”选项卡“从库中载入”面板中的“载入族”工具，载入刚刚创建的洞口族“门预留洞”。

（7）选择“建筑”选项卡“构建”面板中“门”工具，在“属性”面板的类型选择器中选择“门预留洞洞口_门 1524”，根据图纸选择门开洞位置。单击“属性”面板中的“编辑类型”，在弹出的“类型属性”对话框中复制出项目中所有洞口的类型，完成所有门洞口创建，如图 3-119 所示。

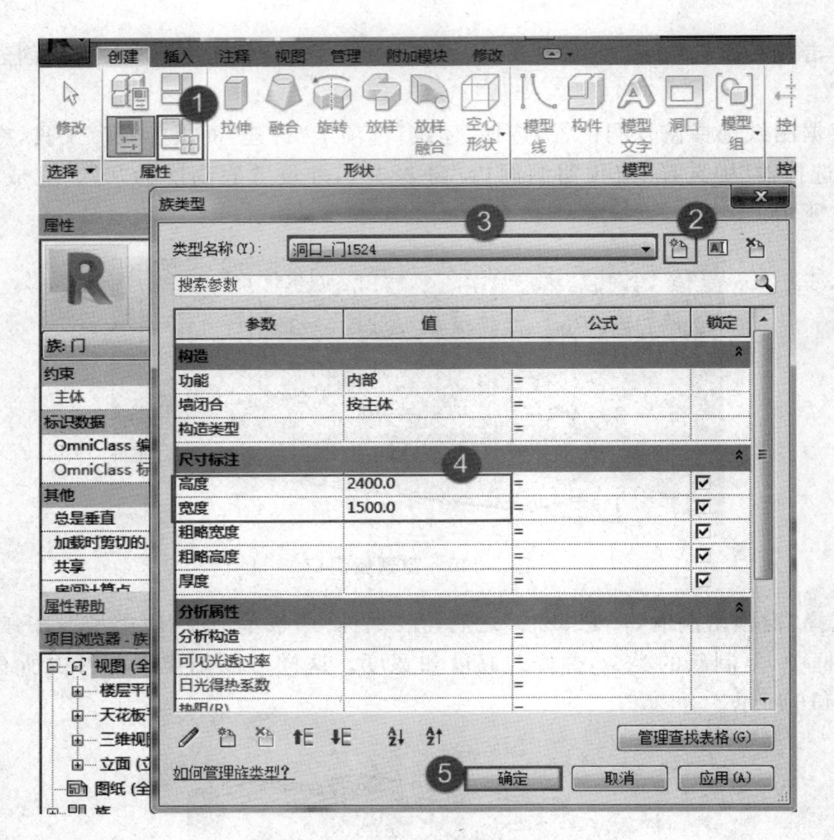

图 3-117　新建门洞口族

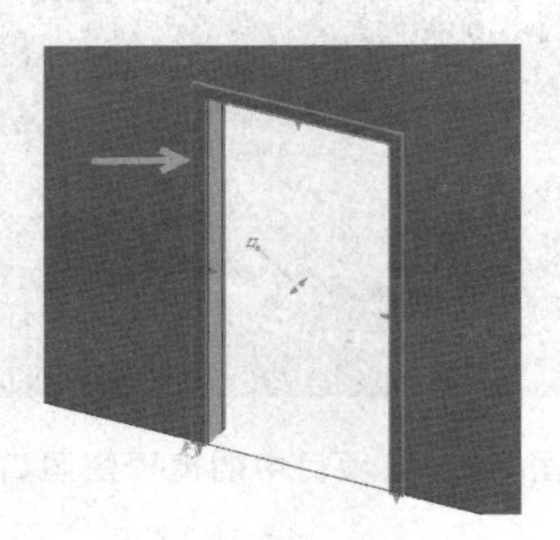

图 3-118　编辑族

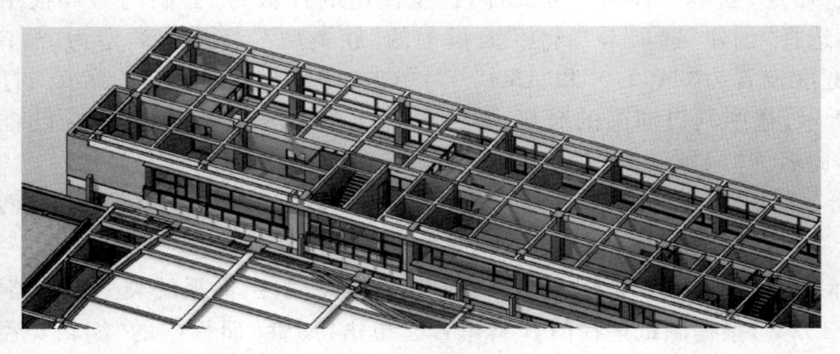

图 3-119　项目中的门洞口

3.5.3　楼板开洞

由于在项目中，一些管道等图元贯通大部分楼层，所以在一些建筑楼板与结构楼板上需要进行开洞为这些管线预留位置并减少碰撞，本节的内容讲解在楼板上开洞的方法。

(1) 切换至F1楼层平面，放大轴线Ⓔ和轴线④、⑤的交点区域。选择“建筑”选项卡“洞口”面板中的“竖井”工具，自动切换至“修改/创建竖井洞口草图”选项卡，在“绘制”面板中选择“矩形”工具，如图3-120所示，绘制两个竖井草图。

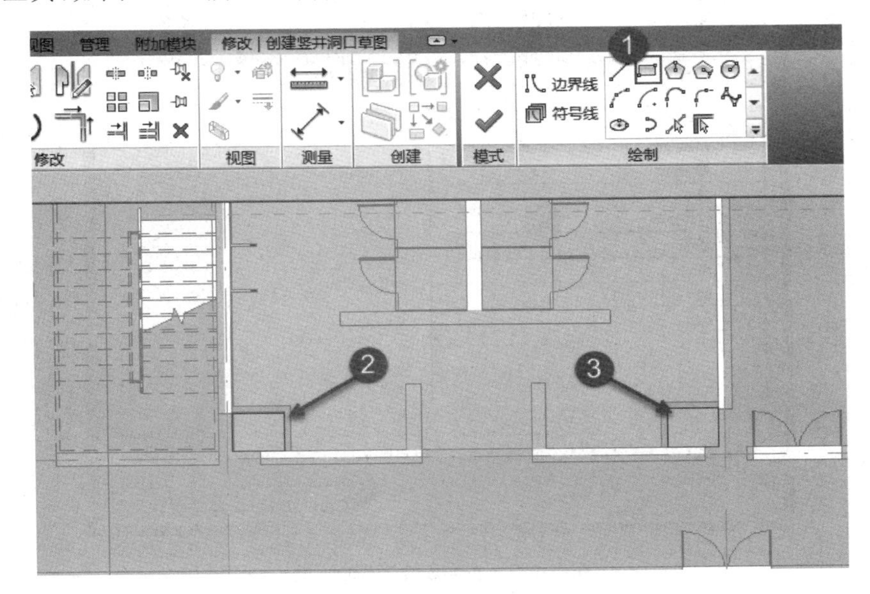

图3-120　绘制竖井草图

(2) 查看“属性”面板，将“底部约束”设置为“F1”，“底部偏移”设置为“500”，“顶部约束”设置为“RF”，“顶部偏移”设置为“500”，单击“模式”面板中的“完成”按钮，如图3-121所示。

图3-121　竖井

(3) 做一个楼板和给排水管道的碰撞检查。单击“协作”选项卡“坐标”面板中“碰撞检查”的下拉箭头，选择“运行碰撞检查”工具，在弹出的“碰撞检查”对话框中，选择左侧的“类别来自”为“当前项目”，右侧的“类别来自”为“综合楼_给排水.rvt”。勾选左侧“类别来自”

下方的类别为“楼板”，右侧“类别来自”下方类别为“管道”，并单击下方“确定”按钮运行碰撞检查，如图 3-122 所示。

图 3-122 “碰撞检查”对话框

（4）弹出的“冲突报告”对话框中单击“导出”按钮，指定文件导出路径，导出的文件类型为“Revit 冲突报告（*.html）”格式文件，保存文件。

（5）使用浏览器打开这个冲突报告。打开 Revit 软件，选择“管理”选项卡下“查询”面板中的“按 ID 选择”工具，输入墙体“ID 编号”并单击下方“显示”按钮，进入其他视图进行查看。按住“Ctrl 键”，依次选中发生碰撞的墙体和链接进来的“综合楼_给排水”模型，单击绘图区下方工具栏中的“隔离/隐藏图元”，在弹出来的选择栏中选择“隔离图元”，如图 3-123 所示。

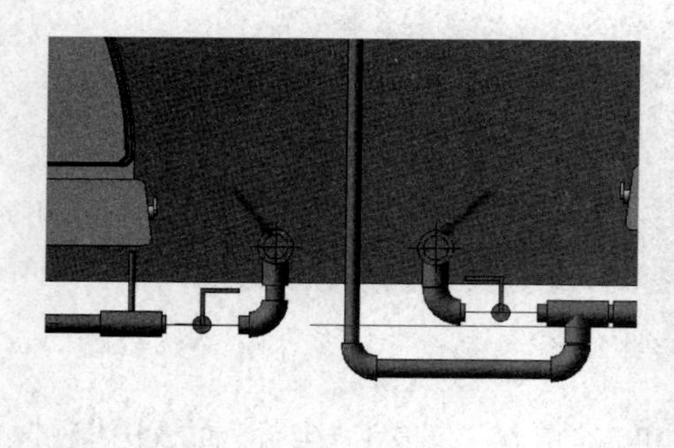
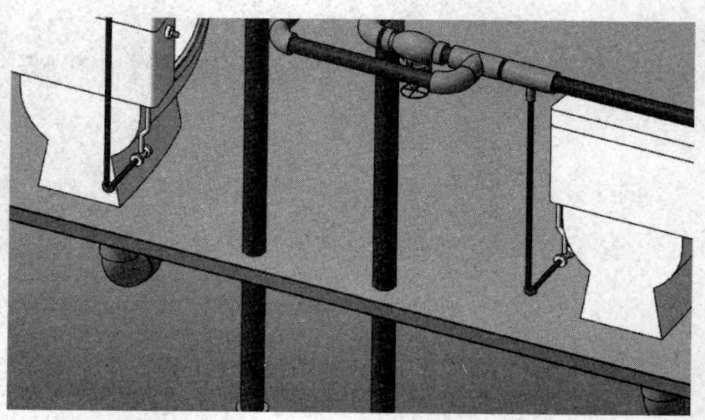

图 3-123 楼板和管道碰撞检查

(6) 选择“竖井”工具，在“绘制”面板中选择“圆形”，绘制两个圆形竖井，在“属性”面板中，将“底部约束”调整为“F1”，“底部偏移”为“－500”，“顶部约束”为“F2”，“顶部偏移”为“500”，完成后单击“模式”面板中的“完成”按钮，如图3-124所示。

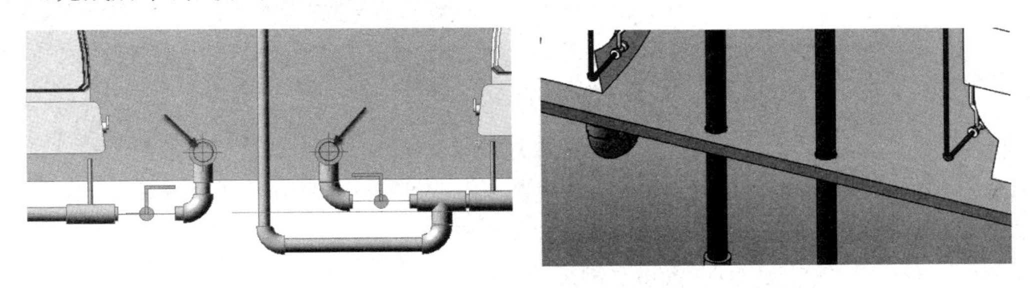

图3-124 圆形竖井

使用竖井工具，可以完成楼板中所有开洞，开洞时注意“底部约束”“底部偏移”“顶部约束”“顶部偏移”的调整。在Revit中，楼梯平台和坡道是不能直接用工具进行开洞的，若需要给楼梯平台和坡道开洞，可以用楼板来绘制楼梯平台和坡道，再对楼板进行开洞处理。

3.6 主体放样和构件

在Revit中，构件通常用于对需要现场交付和安装的建筑图元(例如门、窗、家具等)进行建模。构件是可载入族的实例，并以其他图元(即系统族的实例)为主体。例如，门以墙为主体，而诸如桌子等独立式构件以楼板或标高为主体。

3.6.1 主体放样构件

1. 墙饰条、分隔条

主体放样构件

本节将讲解如何用墙饰条创建台阶。在楼层平面里是不能放置墙饰条的，所以，切换至3D视图，载入轮廓族“台阶轮廓_2700×1500:300×150”和“台阶轮廓_800×1200:300×160”。

(1) 单击“建筑”选项卡“构建”面板中“墙”的下拉箭头，选择“墙：饰条”。单击“属性”面板中的“编辑类型”，如图3-125所示，在“类型属性”对话框中复制一个新的类型，命名为“台阶_2700×1500_条石”，在“轮廓”处选择之前载入的轮廓“台阶轮廓_2700×1500：300×150”，“材质”设置为“dizhuan_banwucuofeng”，单击“确定”。

(2) 确认“修改/放置墙饰条”选项卡“放置”面板中的“水平”选项已经选上，如图3-126所示。

(3) 单击所要放置墙饰条的墙面，放上墙饰条后，拖拽墙饰条端点，调整其宽度，如图3-127所示。

(4) 再复制一个新的墙饰条，“类型”为“台阶_800×1200_花岗石”，“轮廓”为“台阶轮廓_800×1200×300×160”，“材质”为“huagangshi_xuehuadian_wufeng”，如图3-128所示。

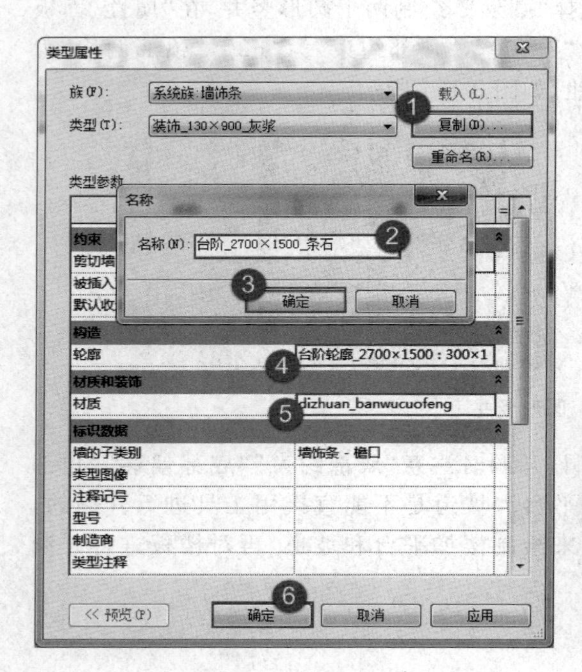

图 3-125　编辑类型属性

图 3-126　水平放置

图 3-127　放置墙饰条

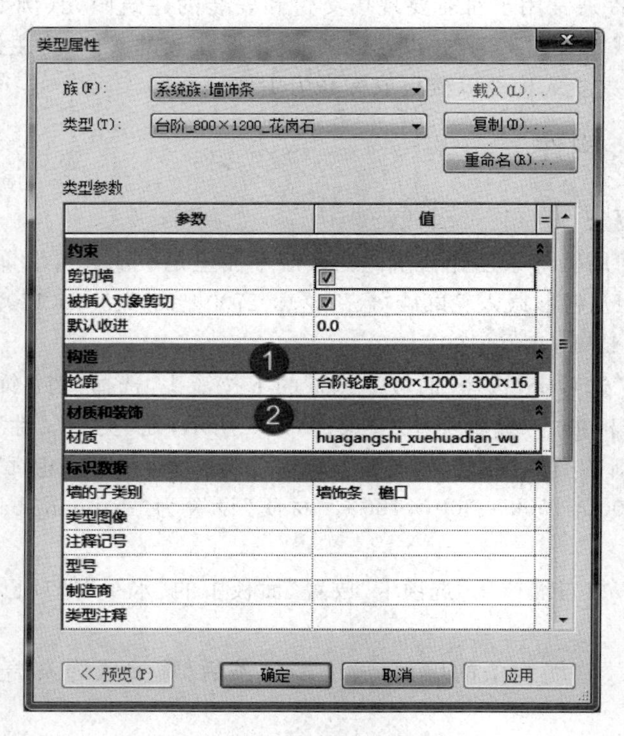

图 3-128　“类型属性”对话框

（5）将项目中所有的墙饰条放置好，如图 3-129 所示。

图 3-129　墙饰条

2. 屋檐

在 Revit 中，屋檐可以通过设置屋顶的悬挑值来创建。在“综合楼_建筑”项目中并未涉及屋檐的创建，所以我们可以新建一个项目。

（1）在绘图区绘制四面闭合的墙。单击“建筑”选项卡“构建”面板中“屋顶”的下拉箭头，选择“迹线屋顶”，自动切换至“修改/创建迹线屋顶”选项卡，如图 3-130 所示。设置绘图区上方选项卡中的“悬挑”值为“500.0”，勾选“定义坡度”，确认属性面板中屋顶的“底部标高”及“自标高的底部偏移”和墙一致。

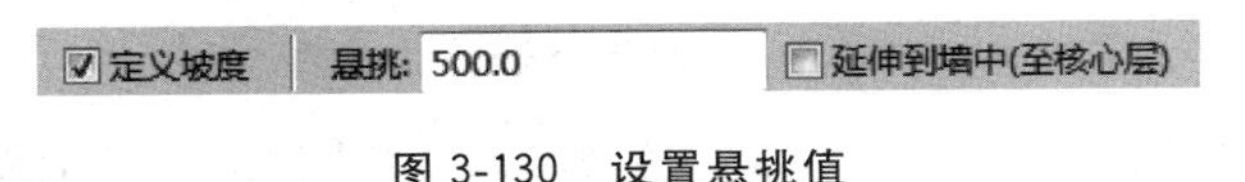

图 3-130　设置悬挑值

（2）选择“绘制”面板中的“拾取墙”工具，拾取四面墙的外墙面，如图 3-131 所示。单击“翻转”符号可以调整方向。

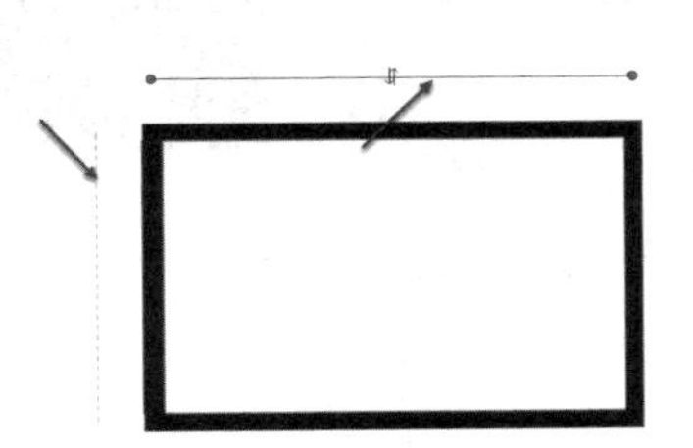

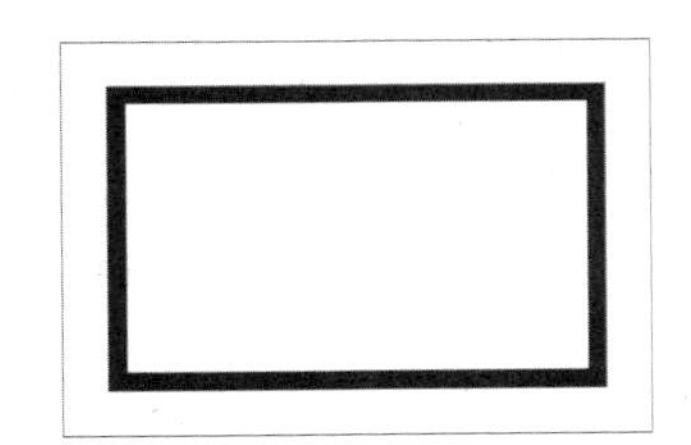

图 3-131　绘制外墙

（3）完成后单击“模式”面板中的“完成”按钮。在弹出的 Revit 对话框中选择“是”，将墙附着到屋顶，如图 3-132 所示。

（4）打开 3D 视图，查看创建的屋檐，如图 3-133 所示。

图 3-132　Revit 对话框

图 3-133　屋檐

（5）选中屋顶，在“属性”面板中，可以选择“垂直截面”“垂直双截面”或“正方形双截面”作为“椽截面”。对于“垂直双截面”和“正方形双截面”，要为“封檐带深度”指定一个介于零和屋顶厚度之间的值，如图 3-134 所示。

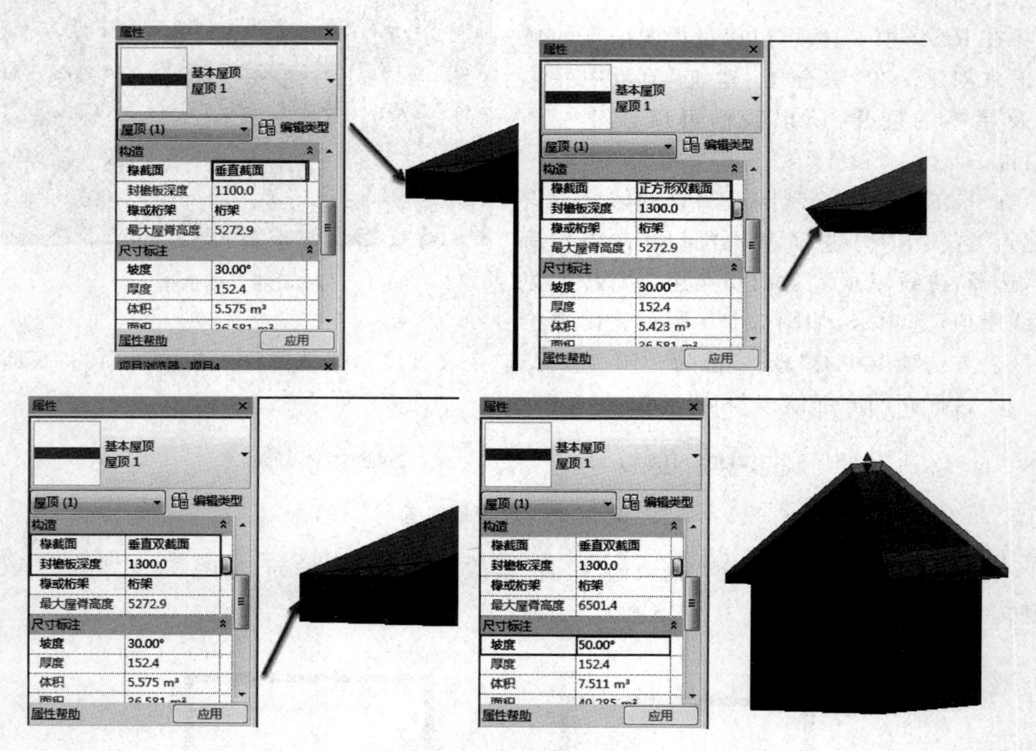

图 3-134　编辑屋檐构造和坡道

3. 楼板边

本节将讲解如何用楼板边创建台阶。楼板边的放置方法和墙饰条一样，切换至 3D 视图，载入轮廓族“台阶轮廓：台阶轮廓”。

（1）单击“建筑”选项卡“构建”面板中“楼板”的下拉箭头，选择“楼板：楼板边”工具，自动切换至“修改/放置楼板边”选项卡。单击“属性”面板中的“编辑类型”，在“类型属性”对话框中，选择族类型为“系统族：楼板边缘室外台阶_300×2+225×2”，将“轮廓”设置为“台阶轮廓：台阶轮廓”，“材质”为默认的“dizhuan_banwucuofeng”，单击“确定”，如图 3-135 所示。

（2）如图 3-136 所示，拾取到楼板的边缘线，单击鼠标左键，放置楼板边。

（3）放置好的楼板边如图 3-137 所示。

3.6.2　建筑构件

建筑构件

1. 雨棚

本节的内容将讲解雨棚的放置方法。为了准确放好雨棚的位置，我们可以选择在立面放置。切换至“南立面”视图，载入族“雨棚”和“雨棚 2”。

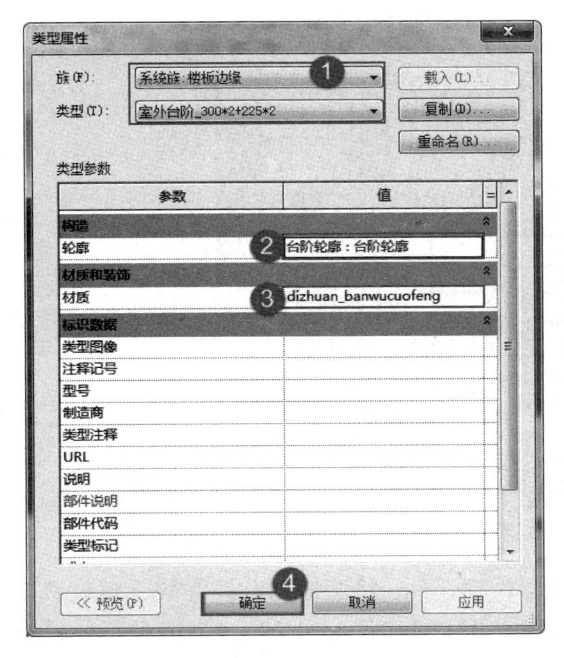

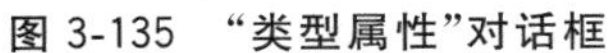
图 3-135 “类型属性”对话框

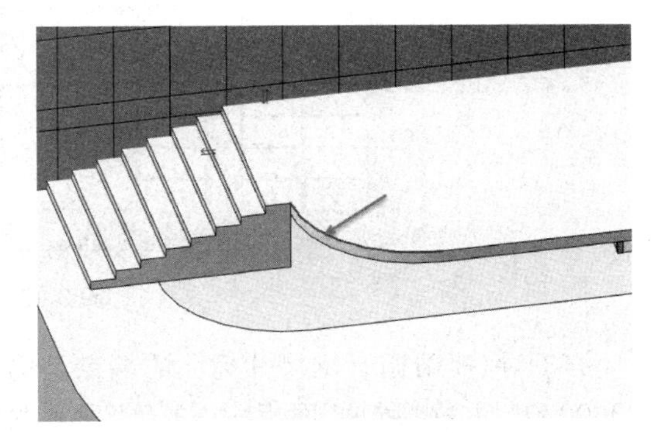
图 3-136 放置楼板边

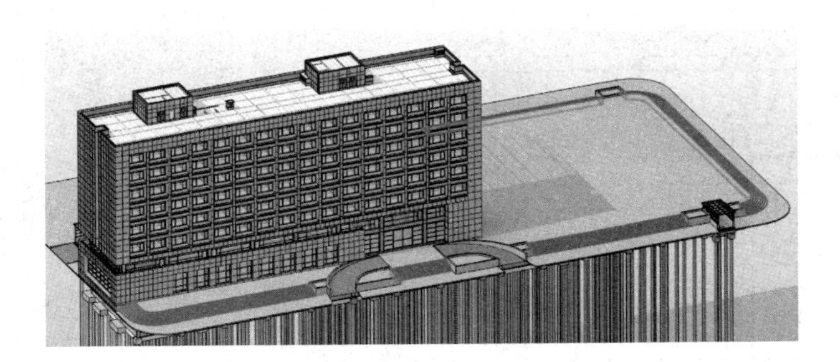
图 3-137 楼板边

(1) 单击“建筑”选项卡“构建”面板中“构件”的下拉箭头，选择“放置构件”。自动切换至“修改/放置构件”选项卡，在“属性”面板中的“类型选择器”中选择“雨棚”，如图 3-138 所示。

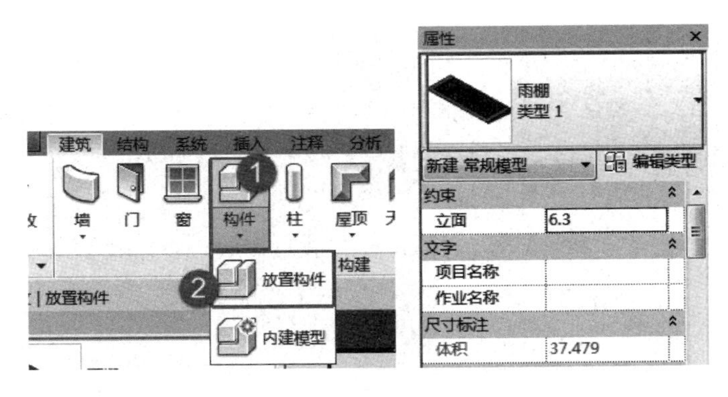

图 3-138 放置构件

(2) 如图 3-139 所示,在图中大概的位置先放置一个雨棚。

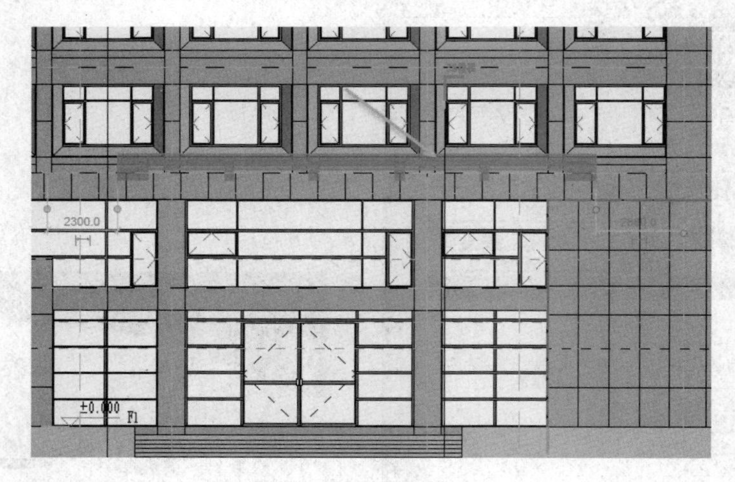

图 3-139 放置雨棚

(3) 拖拽雨棚右侧尺寸标注的端点至轴线⑪,根据图纸,将雨棚到轴线⑪的距离设置为"3600.0",并将"属性"面板中"立面"设置为"2900.0","标高"为"F2",这个值是不能修改的。调整好的雨棚如图 3-140 所示。

图 3-140 调整雨棚位置

(4) 用这个方法,可以放置项目中其他类型的雨棚,放置好的雨棚如图 3-141 所示。

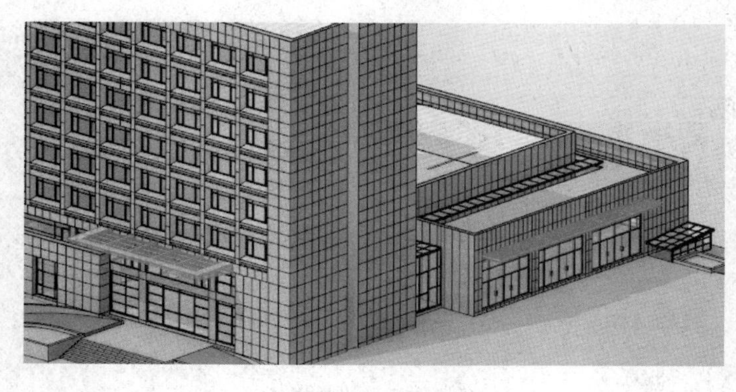

图 3-141 雨棚

2. 车位

本小节的内容将讲解如何放置停车位。由图纸可以知道，只有B2楼层平面有停车位，切换至B2楼层平面，载入族"停车位_基于面"。

(1) 单击"建筑"选项卡"构建"面板中"构件"的下拉箭头，选择"放置构件"。自动切换至"修改/放置构件"选项卡，在"属性"面板中"类型选择器"选择"停车位_基于面普通停车位_6000×2500×2400_蓝色"，确认"放置"面板中的"放置在面上"已经选上，如图3-142所示。

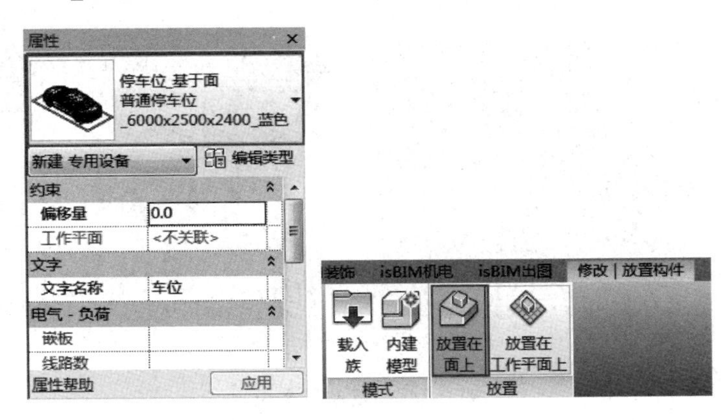

图3-142　放置构件

(2) 将停车位放置在轴线Ⓐ上方900、轴线①右侧2250的位置上，如图3-143所示，单击图中"翻转"符号可以翻转停车位的方向。

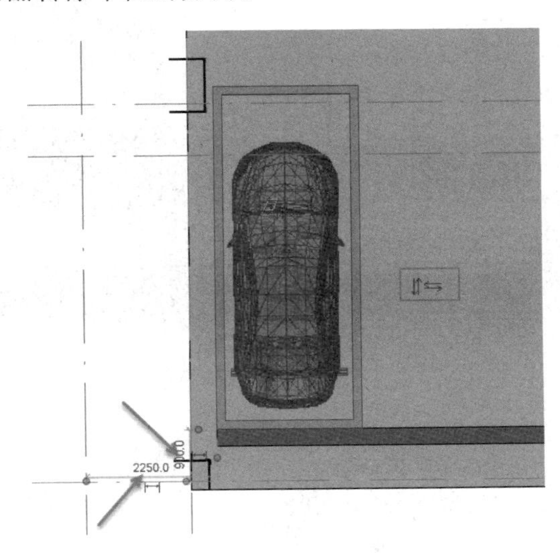

图3-143　放置停车位

(3) 选中这个停车位，自动切换至"修改/专用设备"选项卡，选择"修改"面板中的"复制"工具，勾选绘图区上方选项卡中的"约束"和"多个"复选框，如图3-144所示。

(4) 如图3-145所示，单击停车位上任意一点，水平向右移动光标，连续输入两个"2500"，复制出两个停车位。在放置停车位的过程中，使用"复制"工具可以加快效率。

(5) B2楼层的停车位如图3-146所示。

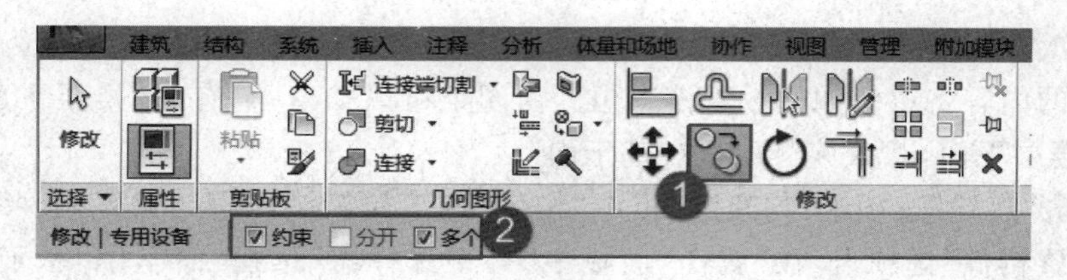

图 3-144 复制

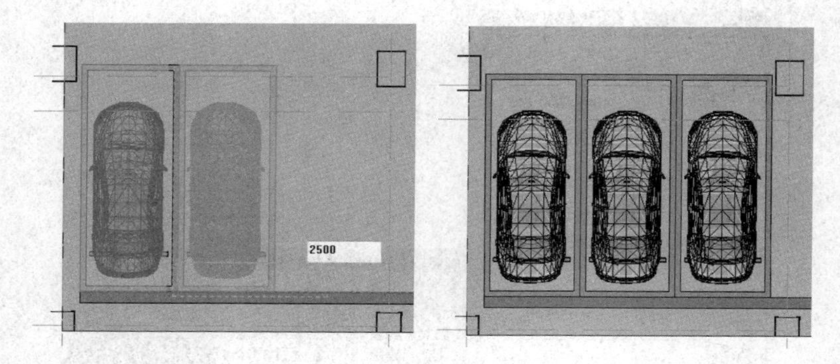

图 3-145 复制停车位

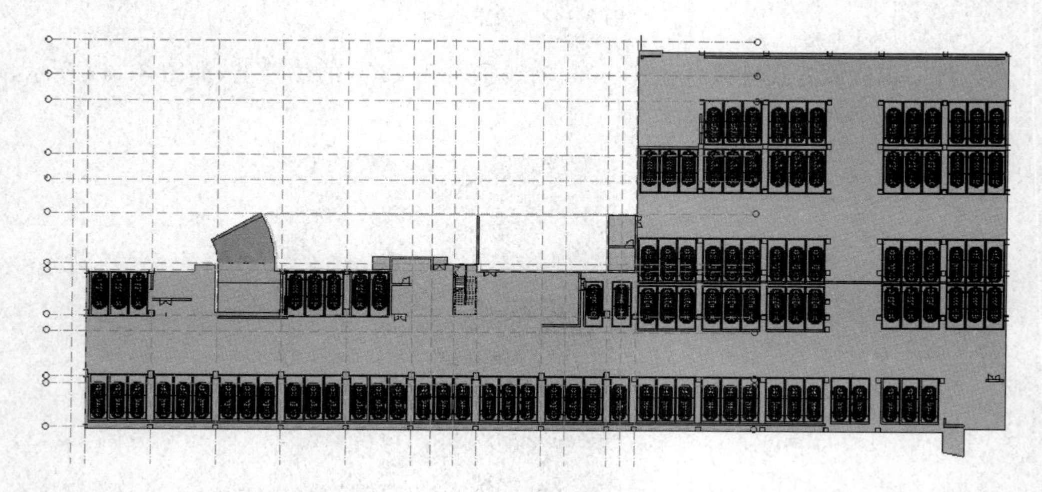

图 3-146 B2 楼层的停车位

3. 家具

本小节的内容将以项目中的座椅为例，讲解如何放置家具。首先切换至F1楼层平面，并载入族“影院座椅 580×600×(350+800)_双臂”和“报告厅底板：台阶1”。

(1) 放大报告厅位置，单击“建筑”选项卡“构建”面板中“构件”的下拉箭头，选择“放置构件”，自动切换至“修改/放置构件”选项卡，在“属性”面板“类型选择器”中选择“报告厅底板：台阶1”，“标高”为“F1”，“偏移量”为“−1220”。如图3-147所示，将光标在楼板边缘移动，拾取到楼板边缘中点，单击鼠标左键，放置好报告厅底板。

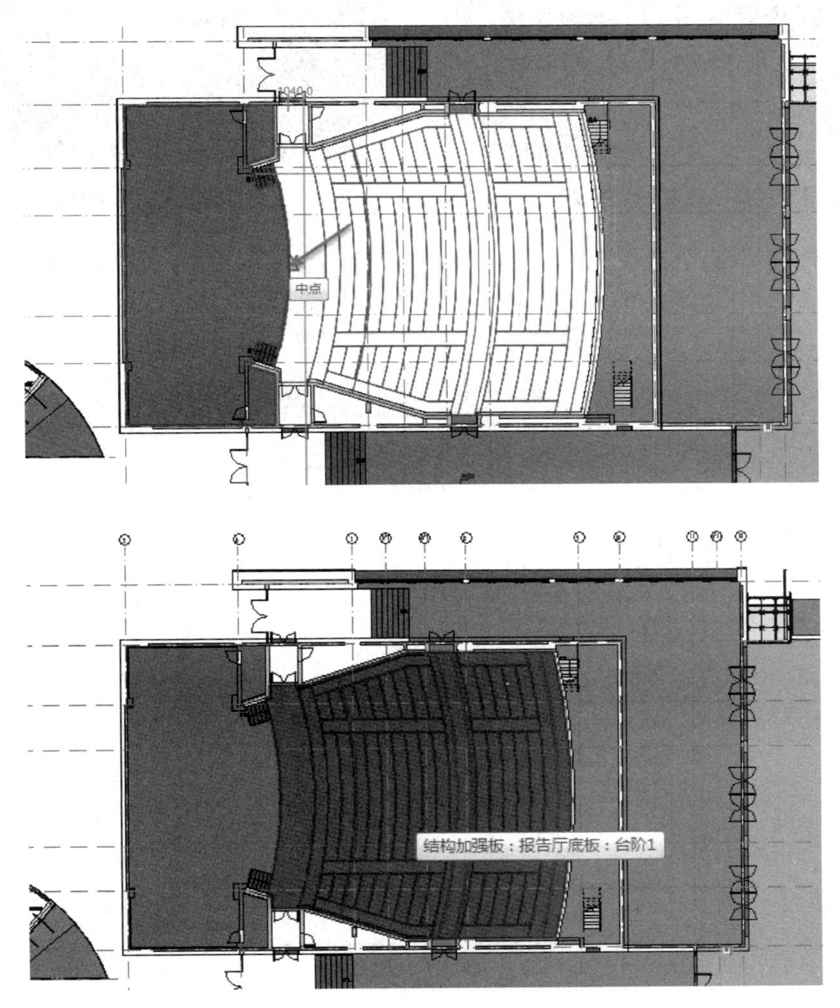

图 3-147 放置报告厅底板

(2) 在“建筑”选项卡“工作平面”面板中选择“参照平面”，为报告厅底板绘制一条中线，如图3-148所示。

(3) 单击“建筑”选项卡“构建”面板中“构件”的下拉箭头，选择“放置构件”，自动切换至“修改/放置构件”选项卡，在“属性”面板“类型选择器”中选择“影院座椅 580×600×(350+800)_双臂”。确认“修改/放置构件”选项卡“位置”面板中的“放置在面上”已经选上。如

图 3-149 所示，将光标移动至合适位置，单击鼠标左键，放置好座椅。可以单击键盘上的"空格键"来翻转座椅的方向。

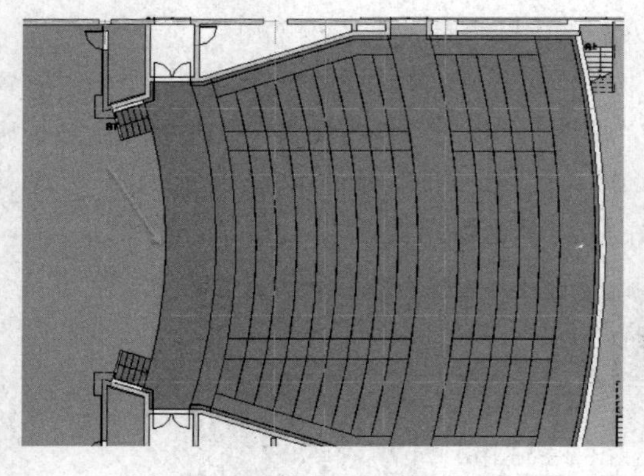

图 3-148　绘制参照平面

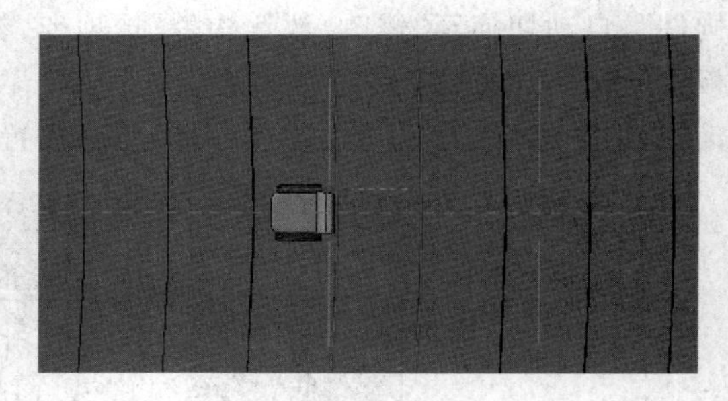

图 3-149　放置双臂座椅

(4) 放置好"影院座椅 580×600×(350+800)_双臂"座椅后，可以从"影院座椅 580×600×(350+800)_双臂"类型属性对话框中复制一个新类型"影院座椅 580×600×(350+800)_左臂"，并在"可见性"中取消勾选"右臂可见"，完成后单击"确定"，如图 3-150 所示。

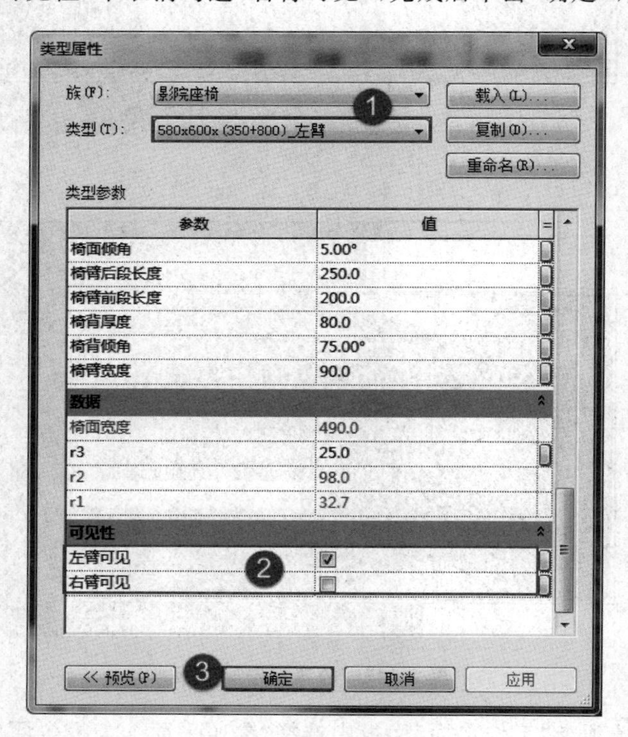

图 3-150　复制新类型

(5) "影院座椅 580×600×(350+800)_左臂"的放置方法和"影院座椅 580×600×(350+800)_双臂"一样，F1 层放置好的座椅如图 3-151 所示，使用这种方法可以放置 F2 楼层平面的座椅。

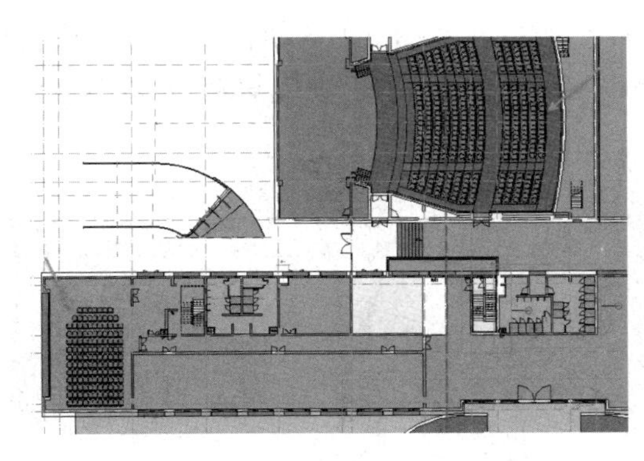

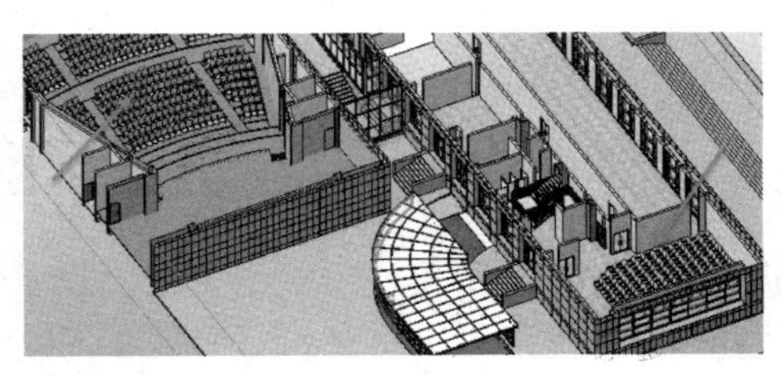

图 3-151　影院座椅

4. 卫浴

本小节的内容将讲解如何在卫生间放置隔断。首先切换至 F1 楼层平面，载入族“小便器隔断”。

（1）放大轴线Ⓕ和轴线④交点右侧的卫生间区域。单击“建筑”选项卡“构建”面板中“构件”的下拉箭头，选择“放置构件”，自动切换至“修改/放置构件”选项卡，在“属性”面板“类型选择器”中选择“卫生间隔断”，“立面”为“－30.0”，取消勾选“远距开可见”，如图 3-152 所示。

（2）单击“属性”面板中的“编辑类型”，复制一个新类型为“1400×2180×2100_620”，并如图 3-153 所示，将“深度”设为“1400.0”，“宽度”为“2180.0”，“隔断高度”为“2100.0”，“门宽度”为“620.0”，完成后单击“确定”。

图 3-152　编辑属性

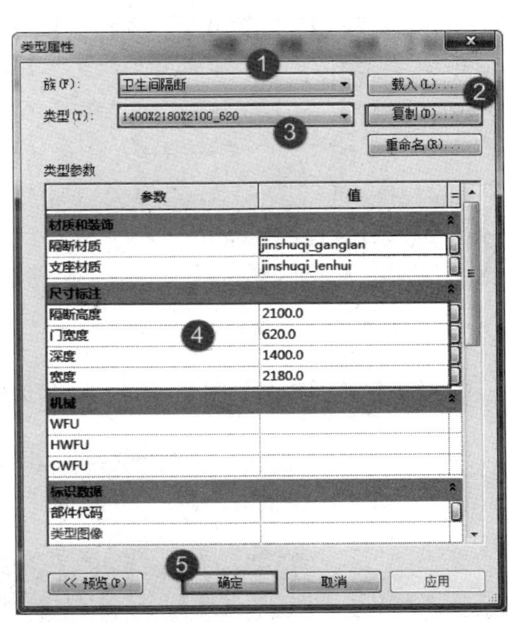

图 3-153　复制新类型

（3）如图 3-154 所示，单击外墙和卫生间内墙的交点，放置好卫生间隔断。选中这个隔断，单击“翻转”符号，可以翻转实例开门方向。

(4) 由于蹲便器一般都高于楼层的楼板高度，所以要在图 3-155 中位置放置一块楼板，创建新的楼板类型为“室内_楼面_150_地砖_卫生间”，编辑结构层材质为“cizhuan_bandian”，厚度为 150。

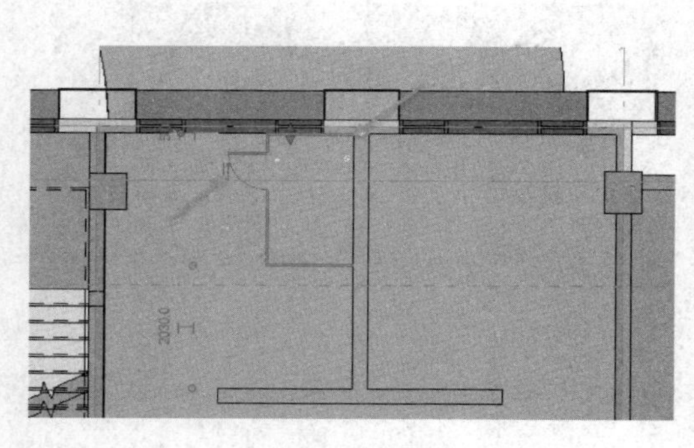
图 3-154 放置隔断

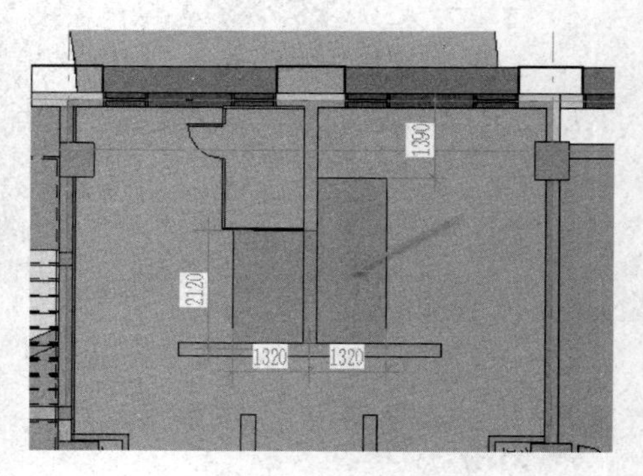

图 3-155 放置蹲便器平台

(5) 放置洗手间隔断的方式都是相同的，复制其他隔断类型为“2350×1240×2100_620”“950×1200×2100_620”“930×1200×2100_620”和“1000×1200×2100_620”，放置好的隔断如图 3-156 所示。

(6) 接下来放置小便器隔断。单击“建筑”选项卡“构建”面板中“构件”的下拉箭头，选择“放置构件”，自动切换至“修改/放置构件”选项卡，在“属性”面板“类型选择器”中选择“小便器隔断”，将“立面”设置为“500”，如图 3-157 所示，放置小便器隔断。

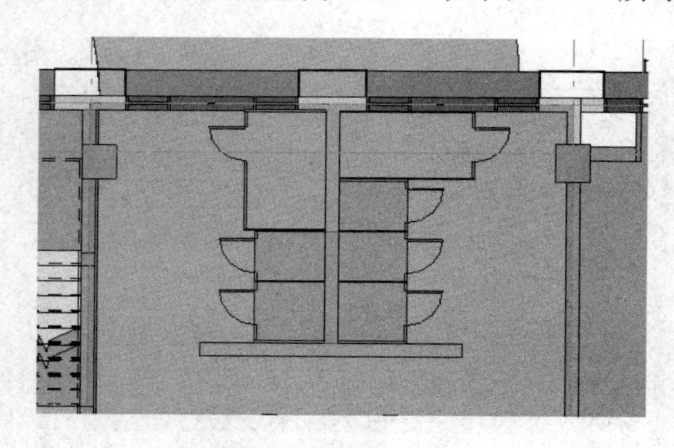
图 3-156 放置洗手间隔断

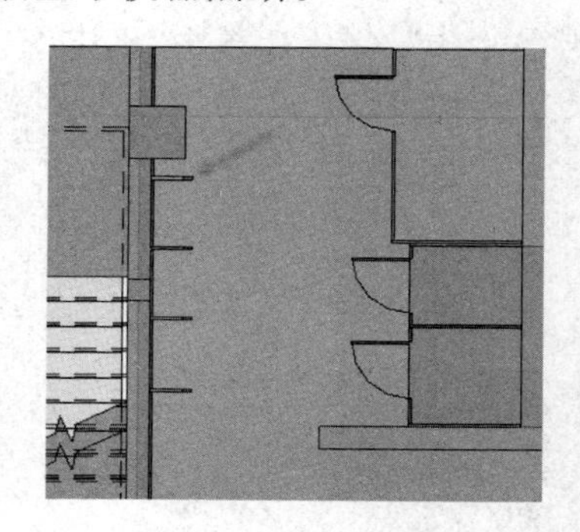
图 3-157 放置小便器隔断

(7) F1 楼层放置好的隔断如图 3-158 所示，其他楼层的隔断放置方法和 F1 楼层是一样的。

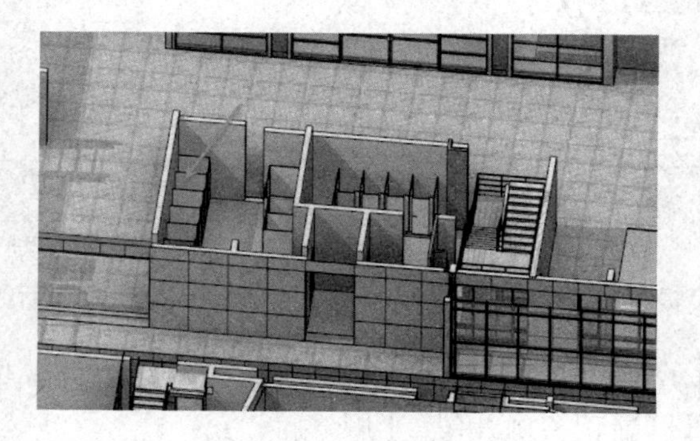
图 3-158 F1 楼层的隔断

第 4 章

结构模型设计

4.1 创建柱、墙竖向体系

4.1.1 创建和编辑结构柱

创建和编辑结构柱

1. 结构柱的概念

Revit 建模中所指的结构柱，一般为框架结构、框架-剪力墙结构或混合结构中的框架柱或框支柱，主要承受梁和板传来的荷载，并将荷载传给下部结构，是主要的竖向支撑结构。

2. 建模方法

Revit 结构柱的建模基本方法相对简单，主要选项卡如图 4-1 和图 4-2 所示。同时，可以在界面下方看到结构柱的“属性”菜单，如图 4-3 所示。

图 4-1 选项卡位置

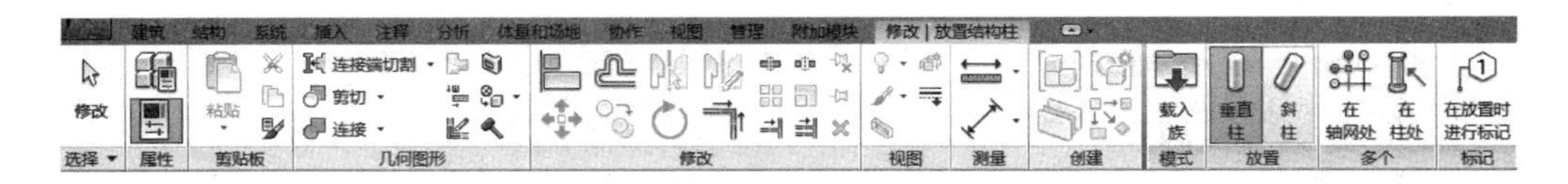

图 4-2 结构柱子选项卡

在布置结构柱前，需要载入建模所需的结构柱族，以常见的矩形混凝土柱为例，载入混凝土矩形柱族，见图 4-4，可以从“属性”菜单的“编辑类型”对话框载入，也可直接在结构柱子菜单的“载入族”选项载入。

根据图纸设计要求选择结构柱族时，常规钢筋混凝土柱选择“混凝土-矩形-柱”族等既有族库中存在的族，如存在异形混凝土柱，则需要根据实际情况建立相应的族文件作为实际项目中的结构柱建模，除选择或建立正确的族之外，也需要对族的属性进行相应的定义。

在完成柱族属性及材质定义后，可直接单击结构柱选项卡进行平面布置。需要注意区别“布置参数”选项卡中的“高度”与“深度”选项，熟练应用“Tab 键”抓点定位，当布置倾斜柱时，可以在选项卡中选择“斜柱”。

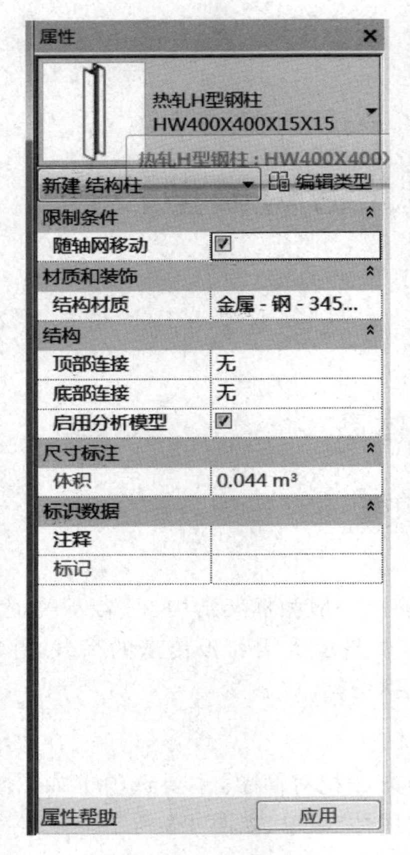

图 4-3 “属性”菜单

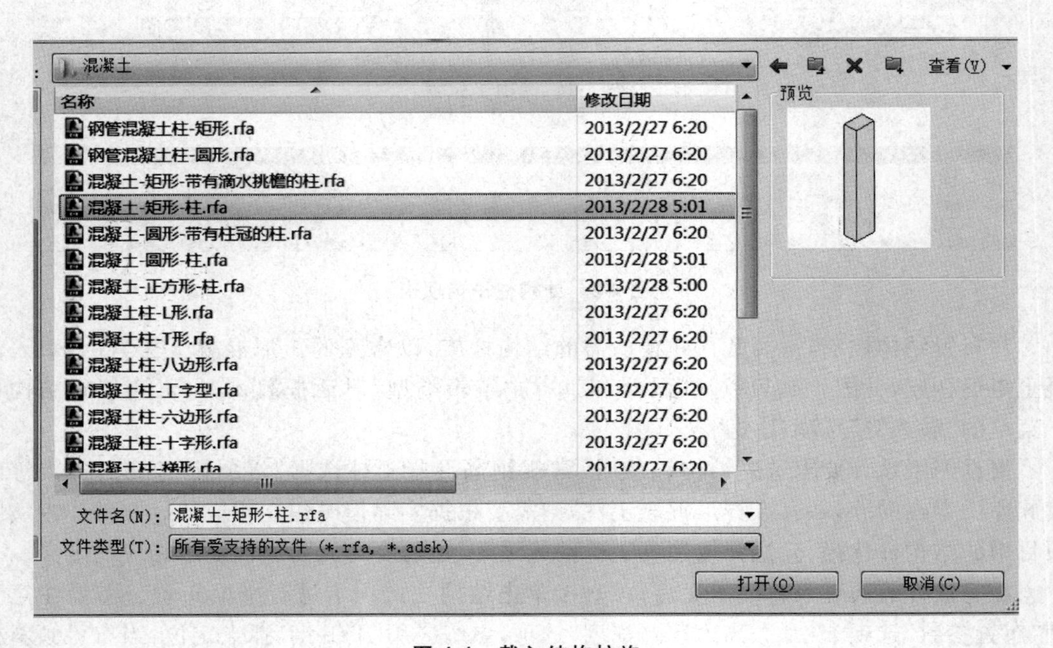

图 4-4 载入结构柱族

3. 建模修改

完成结构柱平面布置后，可以单击已布置的柱进行修改。当单击某个结构柱后，会显示“修改”选项卡如图 4-5 所示。同时柱属性菜单也会进行显示。

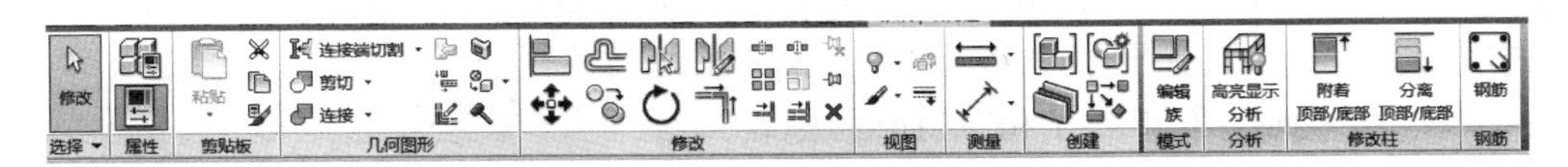

图 4-5 结构柱修改选项卡

此时，可以根据需要修改柱的类型、尺寸、偏移、材质等参数。如需要编辑修改柱类型参数，则需要单击“属性”选项卡中的“编辑类型”按钮，以添加或修改注释记号、型号等类型参数。需要指出的是类型参数的修改对项目文件中的所有此类柱生效，因此在需要进行新类型编辑时，应该先使用“类型属性”选项卡中的“复制”按钮新建一个类型来进行操作，“类型属性”选项卡见图 4-6。

类型属性

族(F)：混凝土-矩形-柱 载入(L)...

类型(T)：300 × 450 mm 复制(D)...

重命名(R)...

类型参数

参数	值
h	450.0
标识数据	
注释记号	
型号	
制造商	
类型注释	
URL	
说明	
部件说明	
部件代码	
类型标记	
成本	
OmniClass 编号	
OmniClass 标题	

<< 预览(P) 确定 取消 应用

图 4-6 “类型属性”选项卡

4.1.2 创建和编辑结构墙

创建和编辑结构墙

Revit 建模中所指的结构墙，又称剪力墙或抗震墙、抗风墙，是房屋或构筑物中主要承受风荷载或地震作用引起的水平荷载和竖向荷载(重力)的墙体，主要功能是防止结构发生剪切破坏，结构墙柱的创建方法类似。本节介绍结构墙的创建和编辑。

(1) 切换至 F4 楼层平面视图，单击“结构”选项卡“结构”面板中

“墙”,下拉选择“墙：结构”工具,进入墙放置模式,如图 4-7 所示。

图 4-7 选择结构墙

(2) 单击“属性”面板中的“编辑类型”,打开“类型属性”对话框,如图 4-8 所示,确定“族”列表中的族为“系统族：基本墙”,在“类型”中选择“结构墙_现浇_240”,单击“类型参数”中“结构”后面的“编辑”,如图 4-8 所示,弹出“编辑部件”对话框,在这个对话框中,可以定义墙体的构造,在定义构造时,可以为墙体的每一个构造层定义不同材质。

(3) 如图 4-9 所示,单击“材质”单元格中的“编辑”按钮,弹出“材质浏览器”对话框,该结构墙在材质类型列表中为“hunningtu_guahen”材质,在材质浏览器右侧,可设置“表面填充图案”“截面填充图案”等图形,如图 4-10 所示,选好后单击“确定”,返回到“编辑部件”对话框,结构层厚度为 240mm。单击“确定”,进入“修改|放置墙”选项卡。

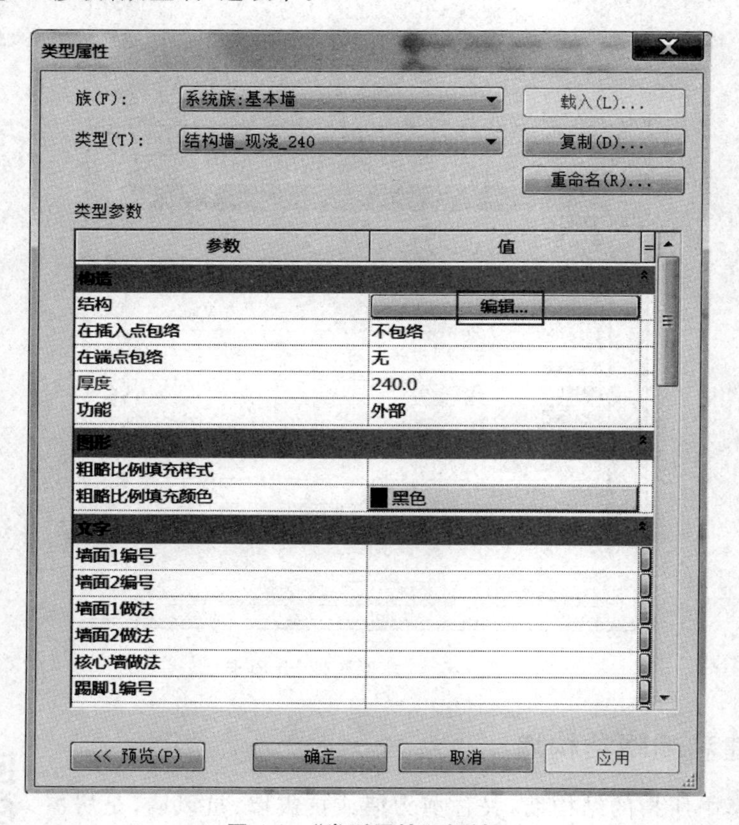

图 4-8 “类型属性”对话框

(4) 设置绘图区上方“修改|放置结构墙”选择栏中墙的生成方式为“高度”,高度的标高为“F5”,定位线为“墙中心线”,勾选“链”,偏移量为“0.0”,如图 4-11 所示。

编辑部件

族：基本墙
类型：结构墙_现浇_240
厚度总计：240.0　　样本高度(S)：6096.0
阻力(R)：0.0000 (m²·K)/W
热质量：0.00 kJ/K

层

外部边

	功能	材质	厚度	包络	结构材质
1	核心边界	包络上层	0.0		
2	结构 [1]	hunningtu_gua	240.0		✓
3	核心边界	包络下层	0.0		

内部边

插入(I)　删除(D)　向上(U)　向下(O)

默认包络
插入点(N)：不包络　　结束点(E)：无

修改垂直结构(仅限于剖面预览中)
修改(M)　合并区域(G)　墙饰条(W)
指定层(A)　拆分区域(L)　分隔条(R)

<< 预览(P)　确定　取消　帮助(H)

图 4-9　“编辑部件”对话框

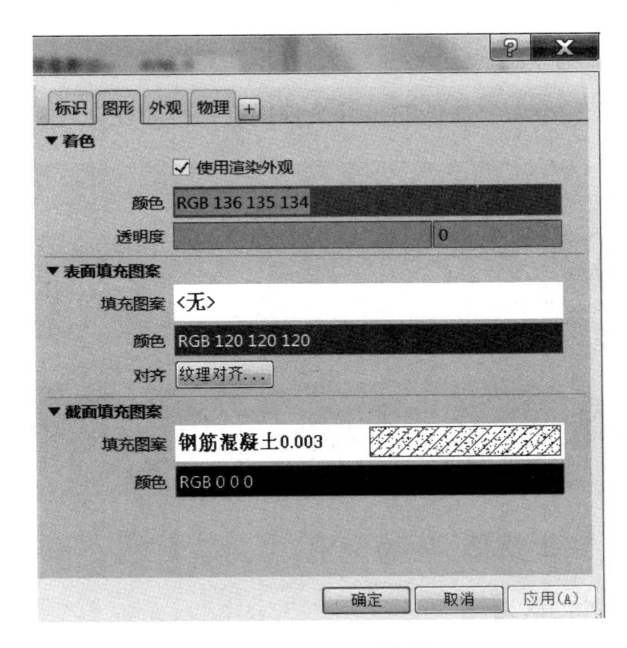

图 4-10　材质浏览器

图 4-11　“修改|放置结构墙”选择栏

选择“高度”，是指创建的结构墙将以当前视图标高为底，往上设置顶部标高的形式生成结构墙。“深度”是指创建的结构墙将以当前视图标高为顶，往下设置底部标高的形式生成结构墙。勾选“链”选项，表示在绘制墙体时自动将上一段墙体的终点作为下一段墙体的起点，实现连续绘制。

(5) 移动光标至轴线③和轴线Ⓔ的交点处，捕捉到交点后，单击鼠标左键作为墙体的起点，沿竖直方向向上移动 3500，单击鼠标左键，放置好墙体，选中这面墙。如图 4-12 所示，在“属性”面板中，将“底部约束”设置为“F4”，“顶部约束”设置为“直到标高：F5”，“顶部偏移”及“底部偏移”均设置为“0.0”，单击“应用”，完成这段墙体的绘制。

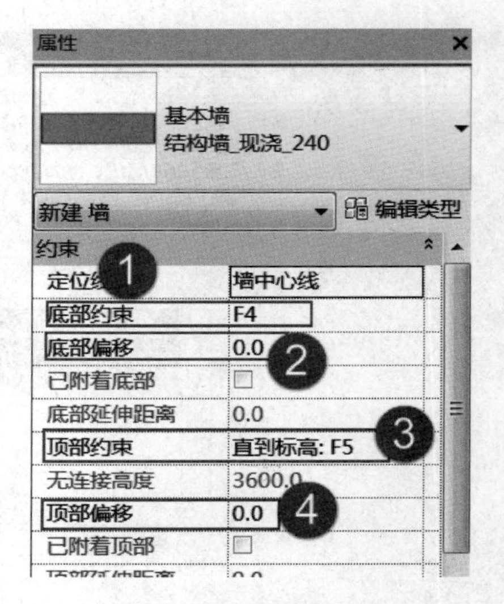

图 4-12　设置墙属性

按照上述步骤中的方法，可以绘制出 F4 楼层中其余的结构墙，如图 4-13 所示。

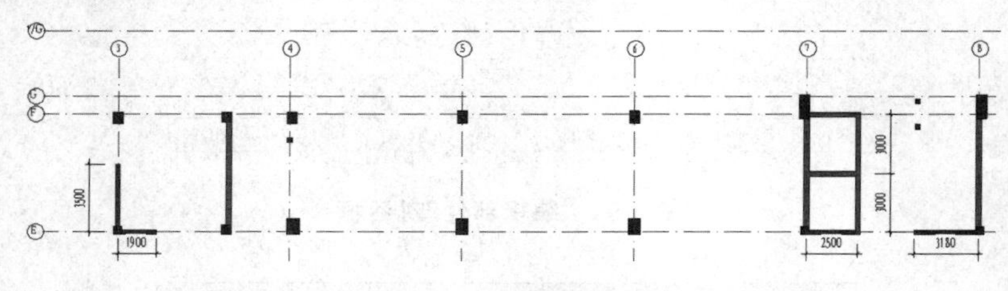

图 4-13　F4 楼层的结构墙

(6) 可以使用以上的绘制方法绘制出其余楼层的结构墙体。

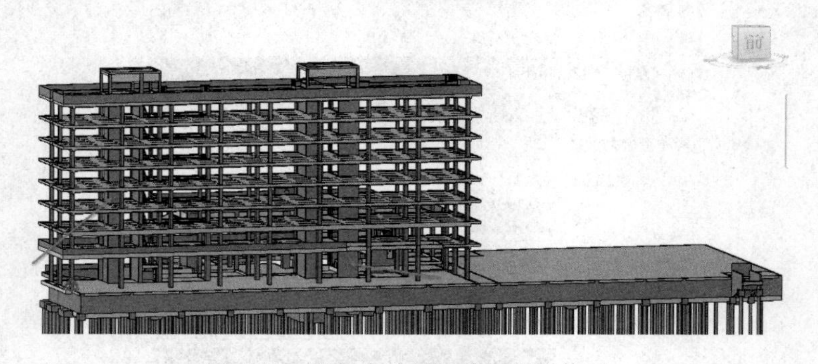

图 4-14　项目中的结构墙柱框架体系

4.1.3　结构墙、柱和建筑墙、柱的区别

1. 结构柱和建筑柱的区别

Revit 2017 提供两种柱，分别是结构柱和建筑柱。建筑柱和结构柱在 Revit 中所起的功能和作用不同。建筑柱主要起装饰和维护作用，不承受上部结构传来的荷载，适用于墙垛、装饰柱等；结构柱主要承受梁、板、墙等上部结构传来的荷载，并将荷载传给下部结构，是主要的竖向支撑构件。当把结构柱传递给 Revit Structure 后，结构师可以为结构柱进行

受力分析、配置钢筋。

建筑柱和结构柱的创建方法类似。操作时，单击“建筑”选项卡“构建”面板中“柱”，下拉选择“建筑柱”或“结构柱”工具，即可进入相应柱的放置模式。结构柱可以有垂直柱和斜柱两种类型，而建筑柱仅有垂直柱。在放置时，结构柱有手动放置、在轴网处和在建筑柱处放置三种方式，建筑柱仅可手动放置。建筑柱的创建详见 3.1.1 节，结构柱详见 4.1.1 节。

建筑柱的属性与墙体相同，可以自动继承其连接到的墙体等主体构件的材质，而结构柱与墙体是各自独立的。因此，当创建好结构柱后，可以通过创建建筑柱来形成结构柱的外装饰面层。建筑柱和结构柱属于两个类别，在明细表中分开统计。

2. 结构墙和建筑墙的区别

Revit 2017 提供了建筑墙、结构墙和面墙三种不同的墙体创建方式(在使用体量面或常规模型时选择面墙，这里不做讨论)。建筑墙用于创建建筑的隔墙，起围护或分隔空间的作用，不承受上部结构传来的荷载。结构墙为创建承重墙和抗剪墙时使用。

建筑墙和结构墙的创建方法类似。操作时，单击“建筑”选项卡“构建”面板中的“墙”，下拉列表选择“墙：建筑”或“墙：结构”，即可进入相应墙体的放置模式。建筑墙的创建详见 3.1.2 节，结构墙的创见详见 4.1.2 节。建筑墙与结构墙的绘制方式相同，区别在于使用结构墙工具创建的墙体，可以在结构专业中为墙图元指定结构受力计算模型，并为墙配置钢筋。

墙体的性质可以在绘制完成后，在“属性”栏目调整。如图 4-15 所示，“建筑内墙_砌块_240”为建筑墙，勾选“结构”后，同时自动启动了“启用分析模型”，如图 4-16 所示，调整成了结构墙。

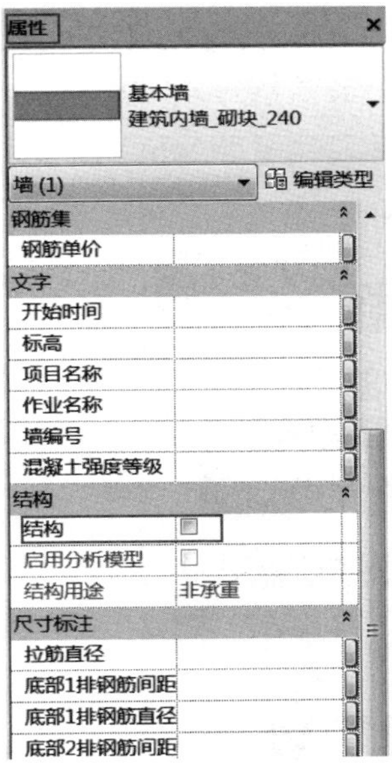

图 4-15　调整前墙体属性

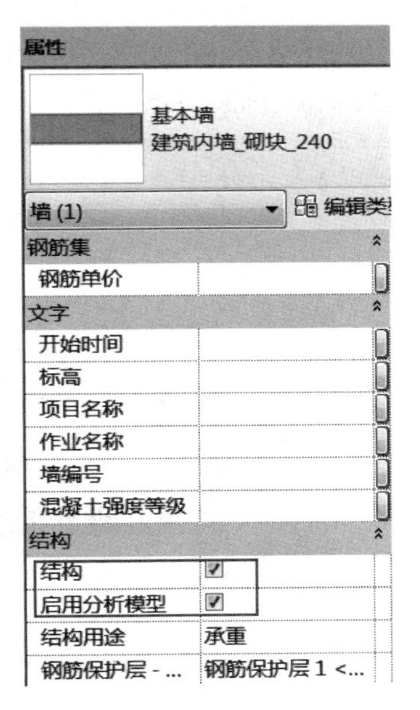

图 4-16　调整后墙体属性

4.2　创建和编辑混凝土梁

Revit 提供了梁和梁系统两种创建结构梁的方式。绘制结构梁基本上与结构柱相同，必须先载入相关的梁族文件，方法同结构柱。但梁在 Revit 中称作“结构框架”，使用前先设置好梁的名称，以方便绘制。梁有自动和手动创建两种方式，本章介绍手动创建方式。

4.2.1 创建和编辑主梁

结构梁分为主梁和次梁两种形式。将其上的荷载通过两端支座直接传递给柱或墙的梁称为主梁；而将其上的荷载通过两端支座传递给主梁的称为次梁。简单地说就是：主梁直接搁置在框架柱子或结构墙上，次梁搁置在主梁上。主梁经常就是框架梁，次梁绝不是框架梁。

创建和编辑主梁

可以用与绘制墙相似的方式绘制任意形式的梁。与布置结构柱相同，需要载入建模所需的梁族。据图纸设计要求选择梁族时，常规钢筋混凝土梁选择"混凝土-矩形梁"族等既有族库中存在的族，如存在异形混凝土梁，比如加腋梁，则需要根据实际情况建立相应的族文件。

本节以四层梁配筋图中轴Ⓕ处，KL19(2A)梁为例，来介绍主梁的创建和编辑。该梁的截面尺寸分为 300×700 和 300×500 两种，①—②轴为 300×500，②轴以后截面尺寸为 300×700。将分两段来绘制该主梁，先绘制 300×700 梁段。

(1) 单击"插入"选项卡，"从库中载入"面板中的"载入族"工具，载入光盘提供的"矩形平法梁. rfa"。

(2) 单击"结构"选项卡"结构"面板中的"梁"工具。进入放置梁状态，系统自动切换至"修改|放置梁"选项卡。

(3) 在"属性"面板"类型选择器"中选择"矩形平法梁"作为当前梁类型。打开"编辑类型"对话框，复制出名称为"300×700"的梁类型，如图 4-17 所示，修改梁高 h 为 700，梁宽 b 为 300，完成后单击"确定"，退出"编辑类型"对话框。

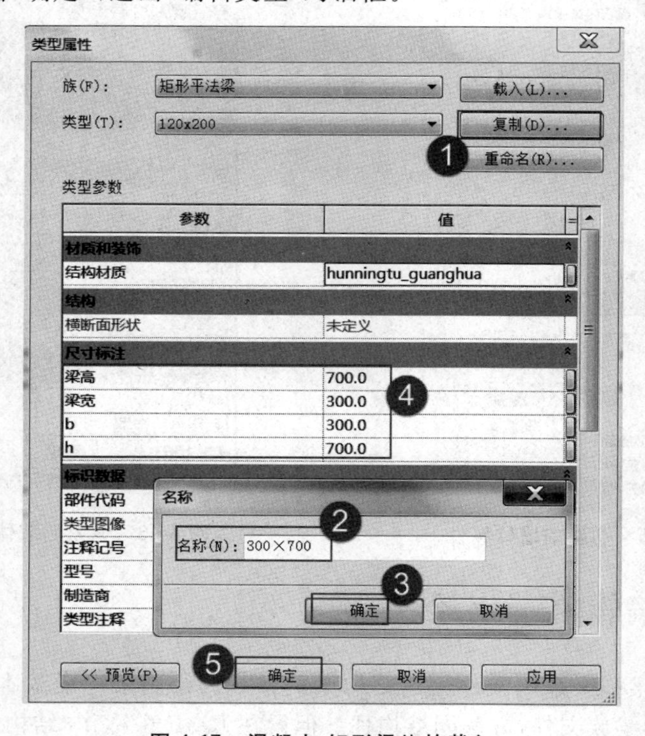

图 4-17 混凝土-矩形梁族的载入

(4) 设置绘图区上方“修改|放置梁”选择栏中放置平面为“标高：F4”，结构用途为“Primary”(Primary 意为主梁，当不清楚该梁属于何种类别时，可以选择结构用途为“自动”)。不勾选“三维捕捉”和“链”复选框，如图 4-18 所示。同时，确认“绘制面板”中的绘制方式为“直线”。

图 4-18　“修改|放置梁”选项卡

(5) 在“属性”面板中，将“参照标高”设置为“F4”，“Z 轴对正”设置为“顶”，即梁顶部与当前标高对齐，“梁跨数”及“梁编号”根据结构图纸标注，分别设置为“2(A)”和“KL19”，单击“应用”，如图 4-19 所示。

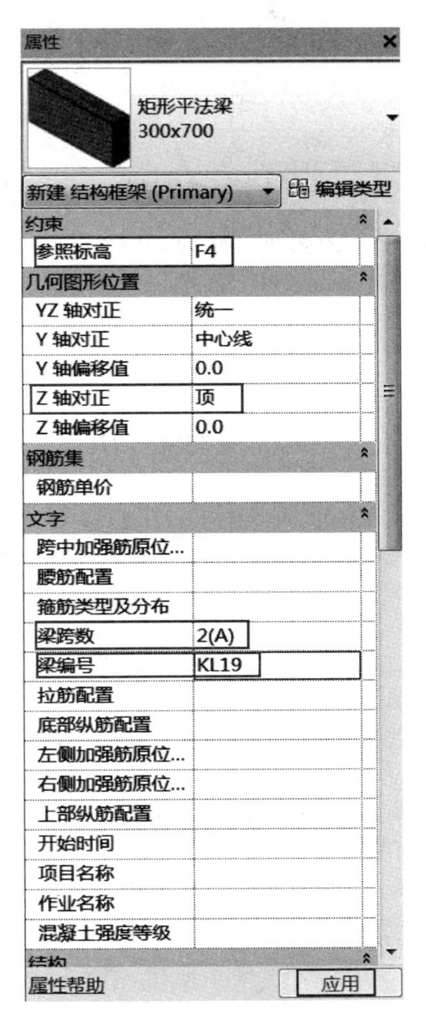

图 4-19　“属性”对话框

(6) 单击轴②和轴Ⓕ的交点，水平向右移动至 1＃楼梯左边框架柱，单击“确定”。

(7) 完成后的梁外边缘与框架柱外边缘未对齐，如图 4-20 所示，单击梁，在“修改”面板选择"对齐"工具,单击柱子外边线,出现蓝色虚线表示被选中,再单击梁外边线,即完成梁边与柱边的对齐。

至此,完成了 KL19(2A)梁右段绘制,接下来绘制 KL19(2A)梁左段。

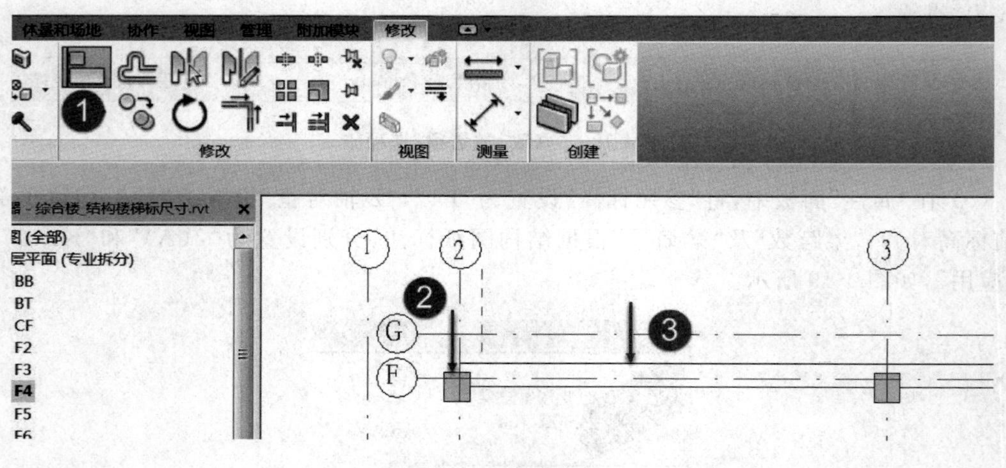

图 4-20 修改对齐

(8) 根据图纸,该梁在轴①—②截面尺寸为 300×500。参照步骤(3),复制出名称为"300×500"的梁类型,修改梁高 h 为 500,梁宽 b 为 300,完成后单击"确定",退出"编辑类型"对话框。在"属性"面板"类型选择器"中选择"矩形平法梁 300×500",其余设置同图 4-19。

(9) 单击轴①和轴Ⓕ的交点,水平向右移动至轴②,单击鼠标左键确定。

(10) 同步骤(7),采用"对齐"工具,将梁边与柱边对齐,完成后的 KL19(2A)梁如图 4-21 所示。

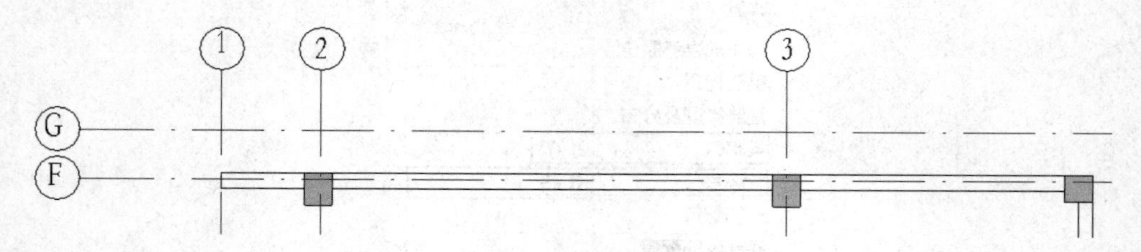

图 4-21 完成后的 KL19(2A)梁

按照步骤(3)～(7)中的方法,可以绘制出 F4 楼层中所有的主梁,绘制时注意"属性"面板中各项的设定。根据其余楼层的图纸,使用类似方式可以添加其他部分的梁模型。需要指出的是,根据 CAD 图纸可知,布置在卫生间处的梁顶标高比楼面低 0.05m,即 −50mm,所以在绘制梁之前,要在"属性"面板中将"Z 轴偏移值"设置为"−50.0",如图 4-22 所示。

Revit 2017 允许绘制包括直线、弧形、样条曲线、半椭圆在内的多种形式的梁。与结构柱类型一样,通过载入不同的梁族,可以生成不同截面形式的梁。Revit 2017 提供了"公制结构框架-梁和支撑.rft"族样板,允许用户自定义任意形式的梁族,本节练习使用的"矩形平法梁.rfa"即为使用该样板文件建立。

图 4-22　标高低于楼面的梁属性设置

4.2.2　创建编辑次梁和梁系统

次梁的创建与编辑与主梁基本相同，不同之处在于创建次梁时，在"结构用途"处选择"Secondary"或"Tertiary"，如图 4-23 所示。"Secondary"表示次梁，"Tertiary"表示更低级次梁(即搁在次梁上的次梁)。例如，在 4 层平面配筋图中，轴③—④/轴Ⓔ—Ⓕ处的 L4 为 Secondary，L12 则属 Tertiary。一般将非框架梁选择为"Secondary"。其余方法同 4.2.1 节，此处不再赘述。

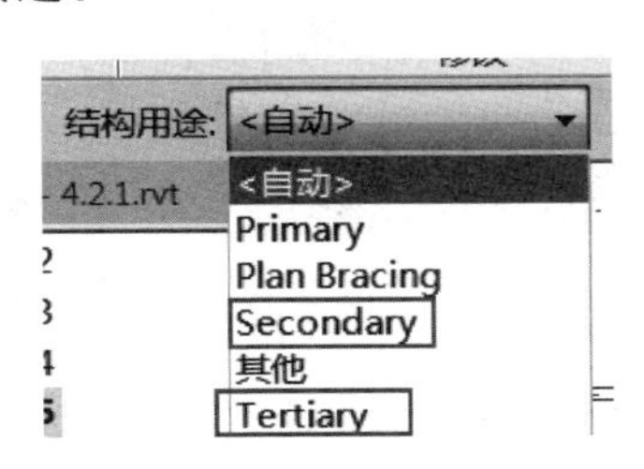

图 4-23　创建次梁

创建编辑次梁和梁系统

梁系统是指用来批量创建多个平行次梁的定位规则。梁系统创建方式也分自动和手动两种。自动创建，是指在有结构柱或梁封闭围合的范围内，按一定布局规则自动生成的平行次梁。自动创建会捕捉某一个单独的梁空格，手动创建则可以选择一个不规则的区域去创建。

本节以 F4 楼面，轴⑥—⑪/轴Ⓑ—Ⓔ范围为例，介绍梁系统的创建和编辑。

(1) 在布置梁系统前先绘制完成该区域周边的柱和梁，保证该区域被梁或柱封闭围合，如图 4-24 所示。

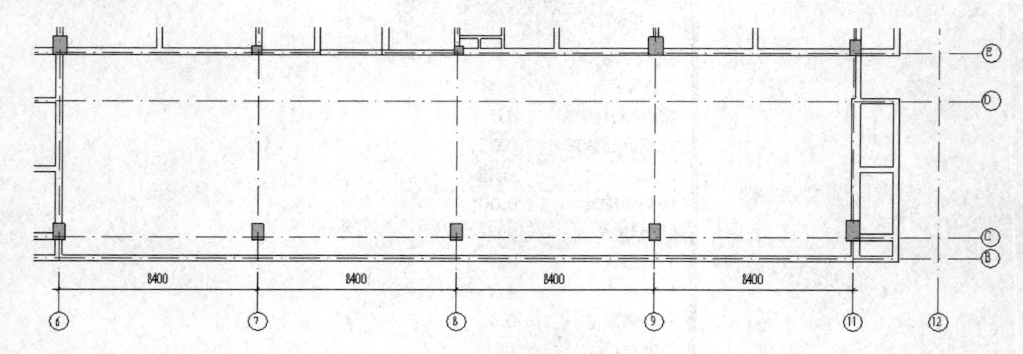

图 4-24 手动布置梁系统前

(2) 选择“结构”选项卡“结构”面板中的“梁系统”选项，如图 4-25 所示。系统自动切换至“修改|放置墙”选项卡。

图 4-25 选择“梁系统”

(3) 在“梁系统”面板中选择“绘制梁系统”，如图 4-26 所示。

(4) 如图 4-27 所示，在“绘制”面板选择“边界线”，绘制“直线”。

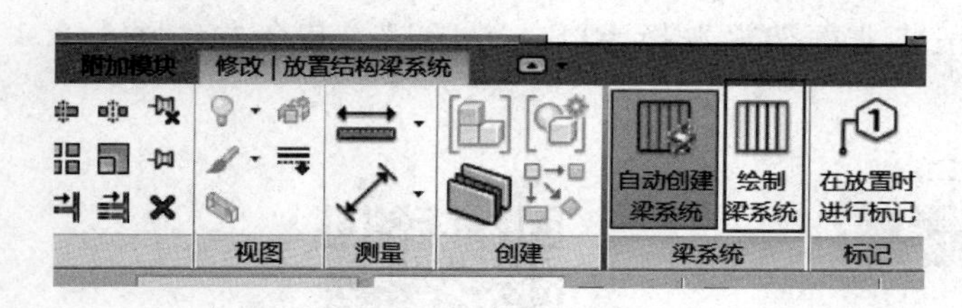

图 4-26 选择“绘制梁系统”

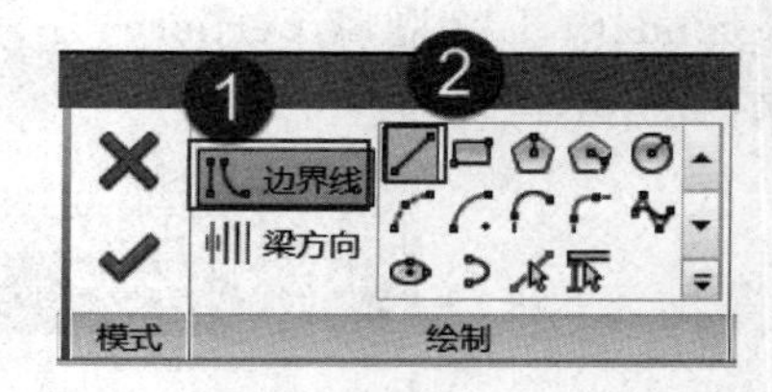

图 4-27 选择“边界线”绘制直线

(5) 在“属性”面板中设置“结构框架系统”，如图 4-28 所示。“对正”选为“中心”，即表示计算距离为从梁中心线至下一根梁中心线。

(6) 梁布置的方向默认是平行于第一条绘制的线。在 F4 楼层平面图中，绘制梁系统布置区域，完成后，勾选“√”，如图 4-29 所示。

(7) 如需改变梁布置的方向，只需单击“绘制”面板中的“梁方向”，再单击所绘制的与梁

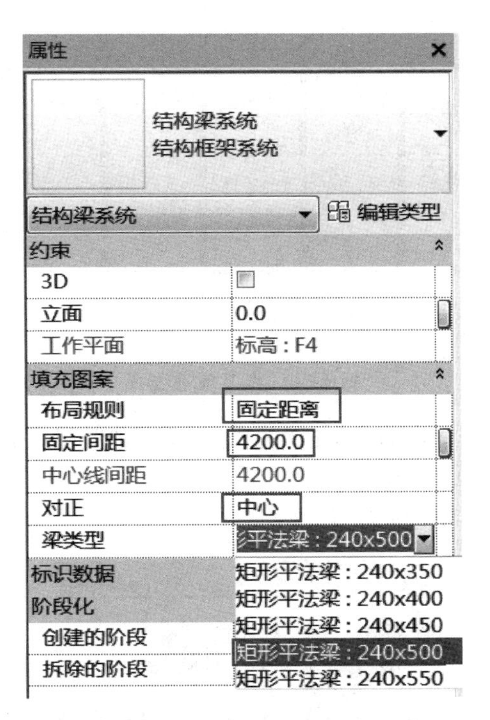

图 4-28　“属性”设置

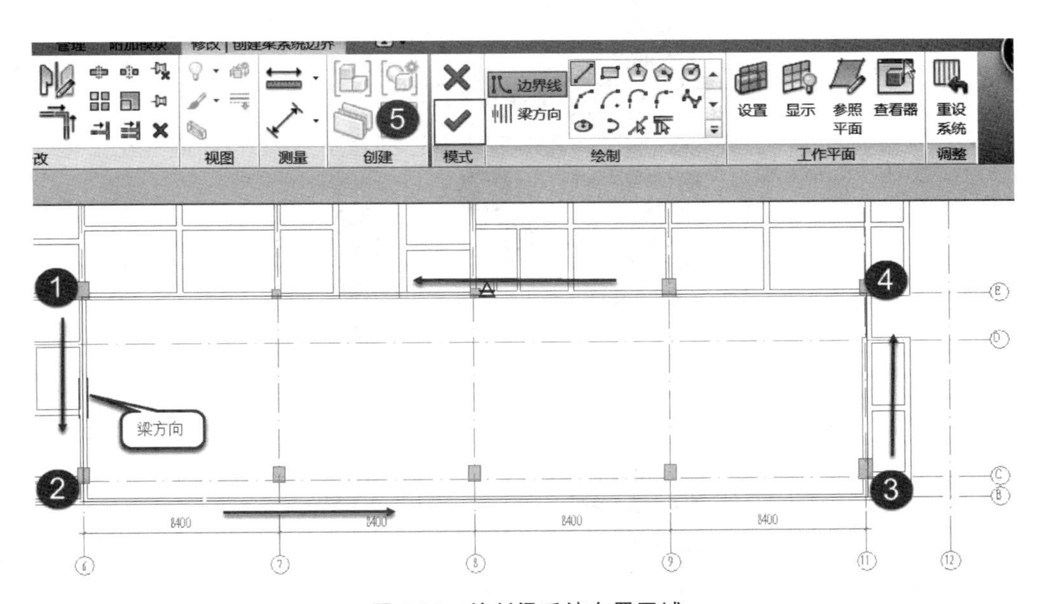

图 4-29　绘制梁系统布置区域

系统平行直线，即可完成修改。

（8）生成后的梁系统如图 4-30 所示。

（9）由于在 4 层梁配筋图中，该区域并非所有梁均为 240×500 断面，因此，修改替换梁至正确的断面。单击轴⑦梁，在“属性”对话框的“类型选择器”中选择矩形平法梁为“300×700”，梁编号改为“KL7”，如图 4-31 所示，单击“应用”，完成该梁的更改。

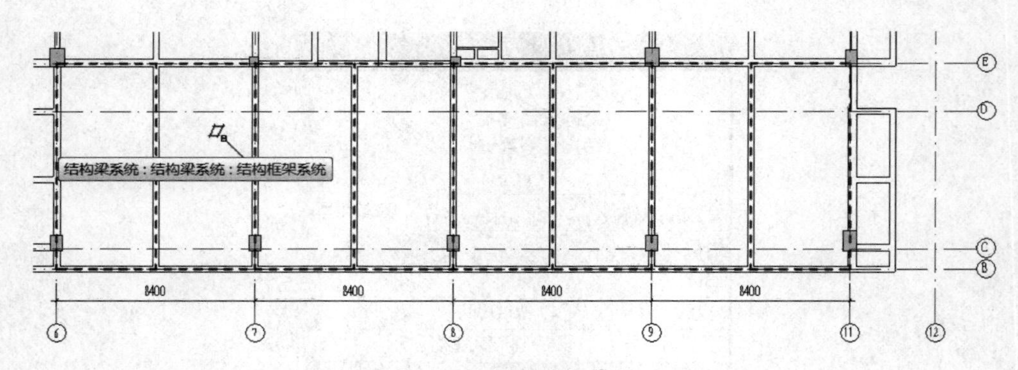

图 4-30　梁系统布置图

(10) 采用与步骤(9)相同的方法，更改替换梁系统布置图中其余 3 根截面分别为 240×600，300×700 的 L7、KL7、KL9 梁。

至此，完成了该区域梁系统的布置。

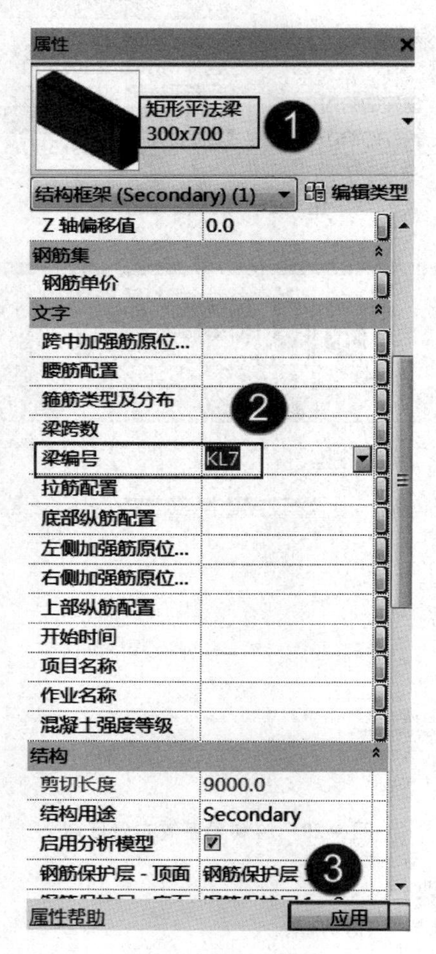

图 4-31　更改轴⑦处梁

4.2.3　创建斜面梁

斜面梁，是指梁的顶部标高随楼面或屋面坡度变化的梁，通常用在坡屋面，如图 4-32 所示。本节将讲解如何放置斜面梁。在本项目中，仅学术报告厅的屋面有 6 根斜面梁，以此为例进行绘制。

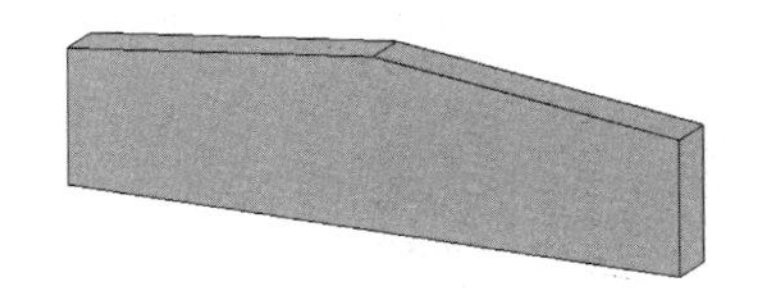

图 4-32　斜面梁

创建斜面梁

(1) 切换至 F3 楼层平面视图，单击“插入”选项卡“从人行截面梁库中载入”面板中的“载入族”工具，载入光盘提供的“人行截面梁. rfa”(此处人行截面梁的族即为斜面梁族)。

(2) 单击“结构”选项卡“结构”面板中的“梁”工具。进入放置梁状态，系统自动切换至“修改|放置梁”选项卡，选择结构用途为“其他”。

(3) 在“属性”面板“类型选择器”中选择“人行截面梁 400×(1100_1400)”作为当前梁类型。设置“参照标高”为“F3”，“Y 轴对正”为“中心线”，“Z 轴对正”为“顶”，“Z 轴偏移值”为“350.0”，“梁跨数”为“1”，“梁编号”为“WKL1”，如图 4-33 所示，完成后单击“应用”。

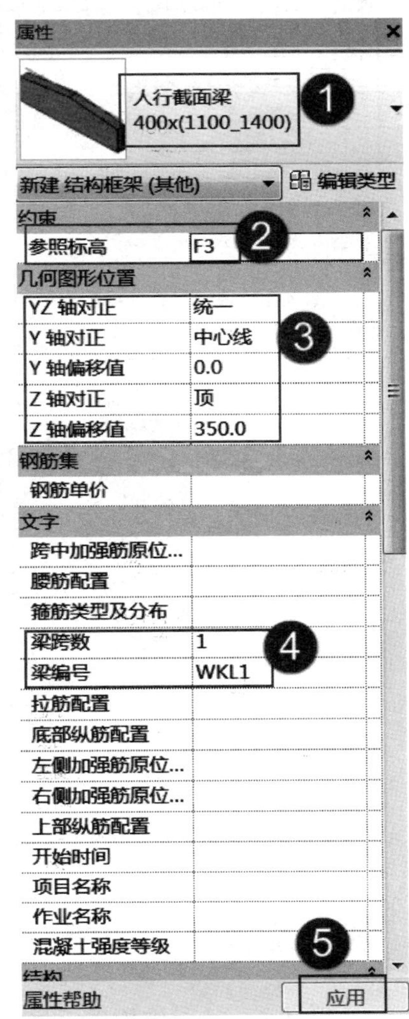

图 4-33　斜面梁 WKL1(1)属性设置

(4) 单击轴线⑤和轴线Ⓛ交点，垂直向下移动光标，至轴线⑤和轴线Ⓑ交点，单击鼠标左键，完成WKL1(1)斜面梁的绘制。

同理，在“属性”面板“类型选择器”中选择“人行截面梁”作为当前梁类型。打开“编辑类型”对话框，复制出名称为“400×(900_1200)”的梁类型，各参数设置如图 4-34 所示，完成后单击“确定”，退出“编辑类型”对话框。

设置“属性”面板参数如图 4-35 所示。完成后单击轴线⑥和轴线Ⓛ交点，垂直向下移动光标，至轴线⑥和轴线Ⓑ交点，单击鼠标左键，完成WKL2(3)斜面梁的绘制。

采用与绘制 WKL2(3)梁同样的方法，可以绘制出其余斜面梁，如图 4-36 所示。

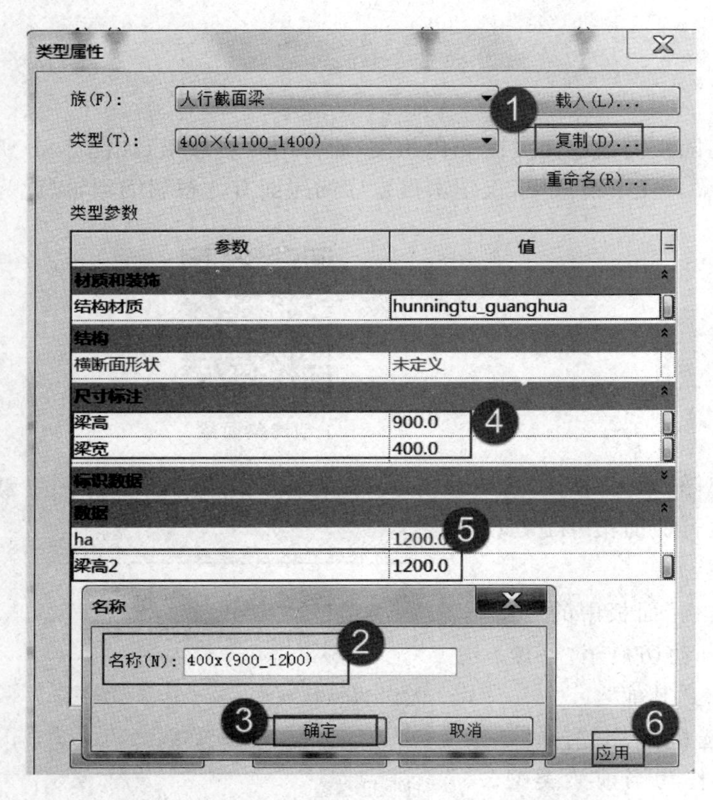

图 4-34 复制出斜面梁 400×(900_1200)类型

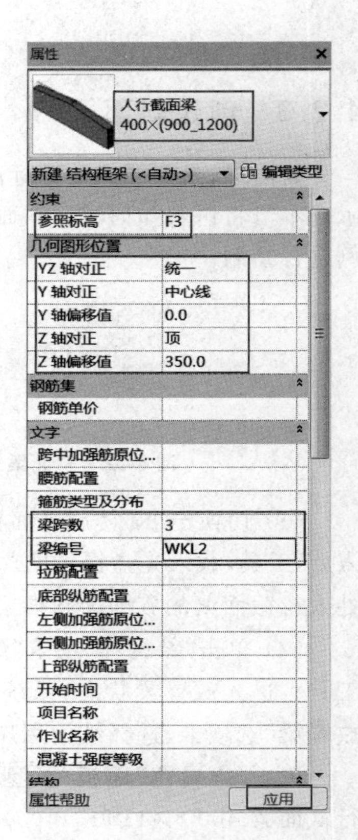

图 4-35 设置 400×(900_1200)属性

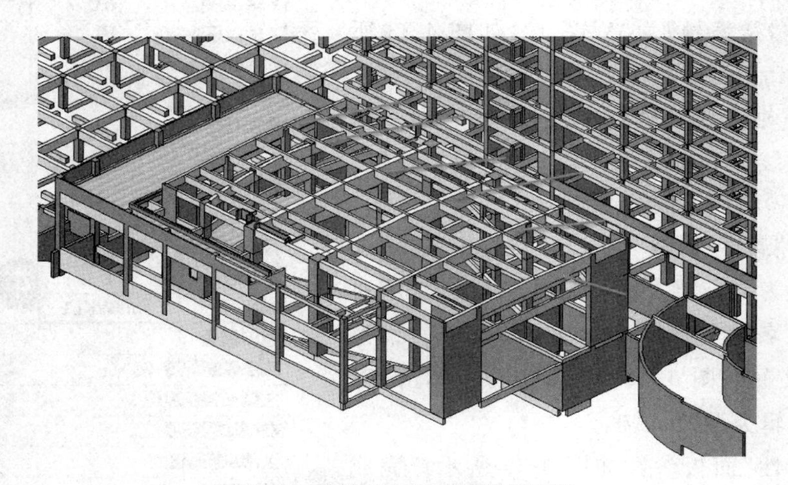

图 4-36 学术报告厅屋面的斜面梁

4.3 创建结构普通楼板

Revit 提供了三个与结构楼板相关的命令：结构楼板、建筑楼板和楼板边。楼板边属于 Revit 的主题放样构件，通过类型属性中指定的轮廓，沿着所选择的楼板边缘生成三维元件。建筑楼板和结构楼板的绘制方式相同，本节继续通过综合楼工程实例来学习楼板的创建办法。

4.3.1　创建结构楼板

在 3.3.1 节创建了建筑楼板，讲解了如何编辑建筑楼板材质类型并绘制建筑楼板。本节将介绍结构楼板的编辑与绘制。结构楼板的编辑与绘制类似于 3.3.1 节创建和编辑建筑楼板。

创建结构楼板

（1）切换到 F4 楼层平面图，在“结构”选项卡“结构”面板的“楼板”下拉菜单中，选择“楼板：结构”工具，自动切换至“修改|创建楼层边界”选项卡，在“绘制”面板中选择“边界线”，再选择“拾取线”工具，如图 4-37 所示。

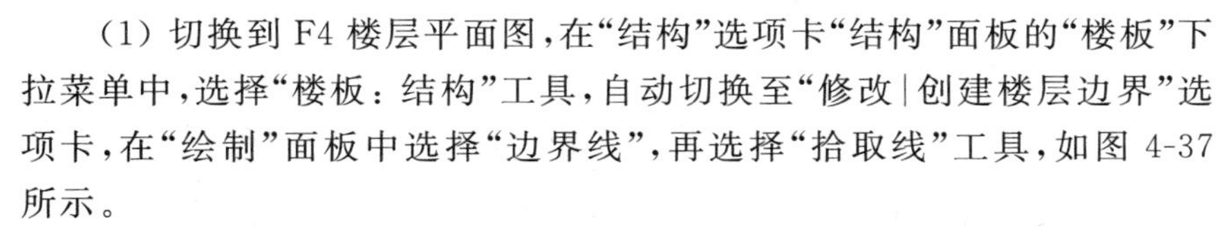

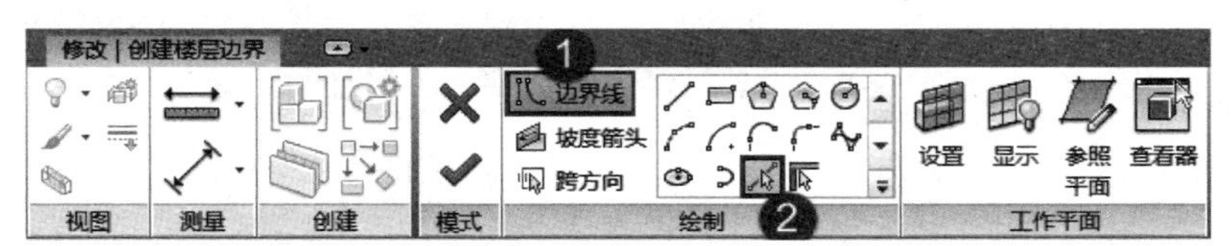

图 4-37　拾取线工具

（2）设置楼板类型属性。单击“属性”面板中的“编辑类型”，弹出“类型属性”对话框，如图 4-38 所示，复制一个新的类型，命名为“结构楼面_混凝土_100”，单击“确定”。

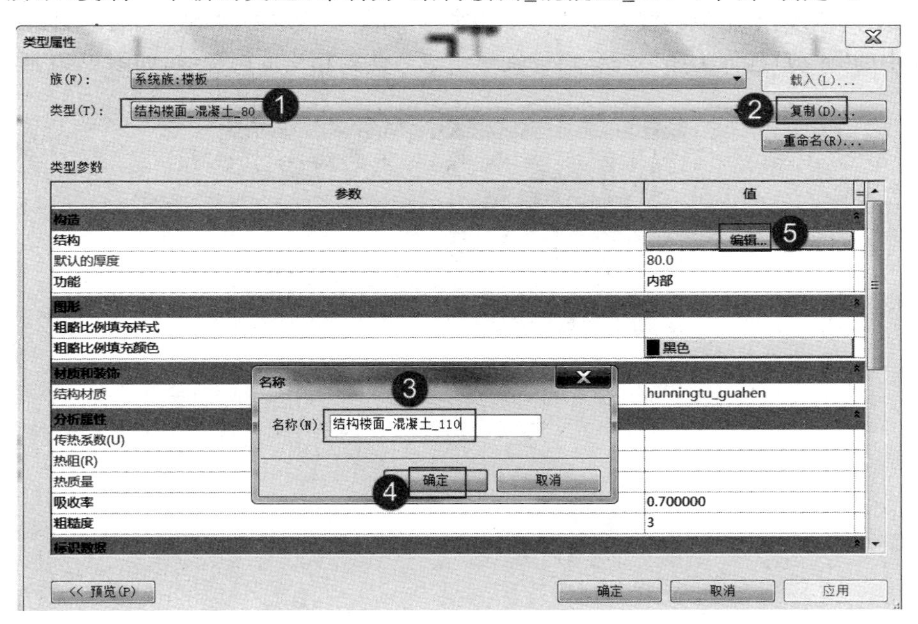

图 4-38　“类型属性”对话框

（3）设置楼板材质与厚度。单击“构造”板块下“结构”后的“编辑”，在弹出的“编辑部件”对话框中，确认楼面材质设置为“hunningtu_guahen”，厚度设置为“110”，完成后单击“确定”，返回“类型属性”对话框，如图 4-39 所示。在“类型属性”对话框中，单击“确定”，返回绘制模式。

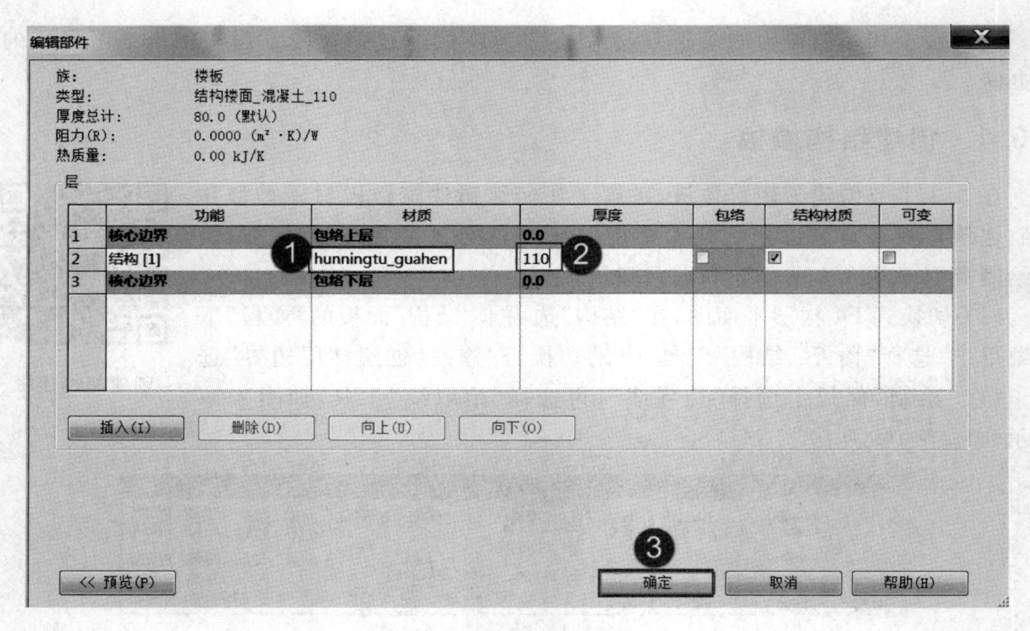

图 4-39 编辑楼板材质和厚度

（4）确认“属性”面板中“标高”为“F4”，“自标高的高度偏移”为“0.0”，即将要创建的楼板图元的顶面与 F4 标高齐平。重复选择“绘制”面板中的“拾取线”工具。单击所要绘制楼板区域的梁内侧线，所拾取的线要形成一个闭合的图形，在拾取的线不能闭合时，可以选择“修改”面板中的“修剪|延伸为角”工具，再分别单击想要使其相交的两条线，如图 4-40 所示。

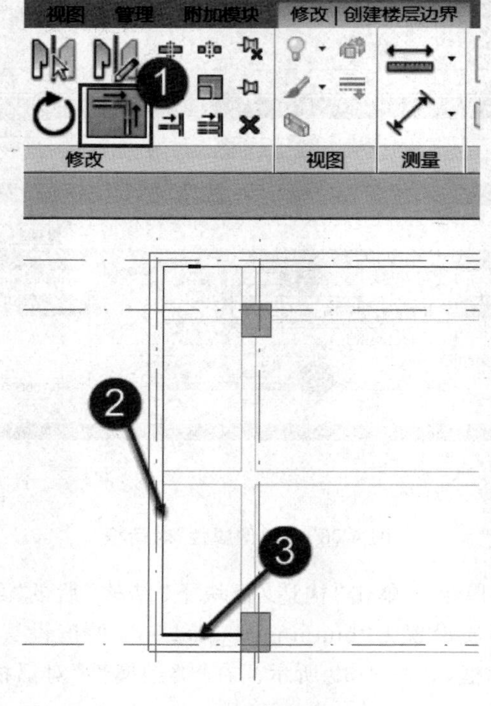

图 4-40 修剪楼板边界

(5) 闭合的楼板边界如图 4-41 所示。单击“修改|创建楼层边界”选项卡“模式”面板中的“完成”按钮，如图 4-42 所示。

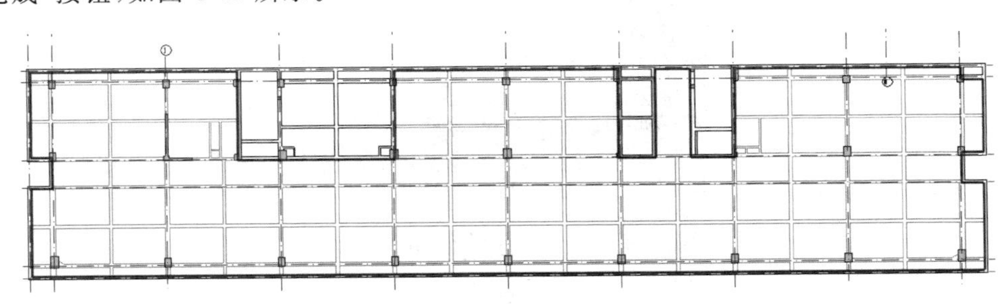

图 4-41　楼板边缘

图 4-42　完成编辑模式

(6) 采用“竖井”工具绘制空调机及风、烟道洞口。如图 4-43 所示，选择“结构”选项卡“洞口”面板的“竖井”工具，系统自动切换至“修改|创建竖井洞口草图”选项卡，在“绘制”面板中选择“边界线”，再选择“矩形”按钮，如图 4-44 所示。设置“属性”中“底部约束”为“BT”，“顶部约束”为“直到标高：RF”，如图 4-45 所示，在空调机及风、烟道绘制洞口如图 4-46 所示。单击“修改|创建竖井洞口草图”选项卡“模式”面板中的“完成”按钮，完成竖井洞口绘制，如图 4-47 所示。

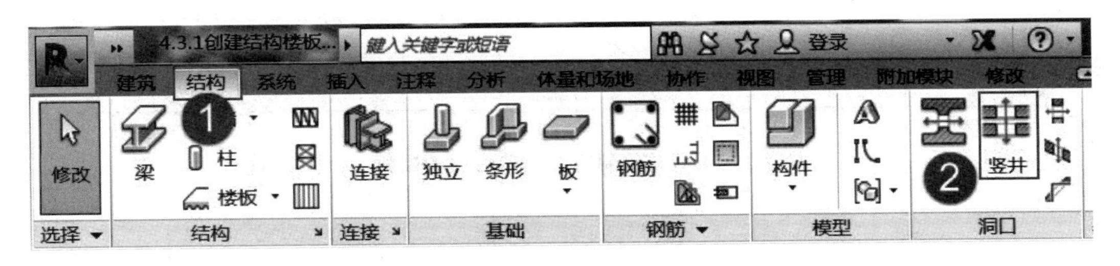

图 4-43　选择“竖井”工具

图 4-44　“矩形”工具

(7) 按照步骤(1)～(5)的方法，创建轴Ⓔ—Ⓕ/轴④—⑤卫生间的楼板。需要指出的是，根据 CAD 图纸可以知道卫生间的楼板标高为－0.05，所以在拾取楼板边缘线之前，要在“属性”面板中修改楼板标高，如图 4-48 所示。绘制好的楼板如图 4-49 和图 4-50 所示。

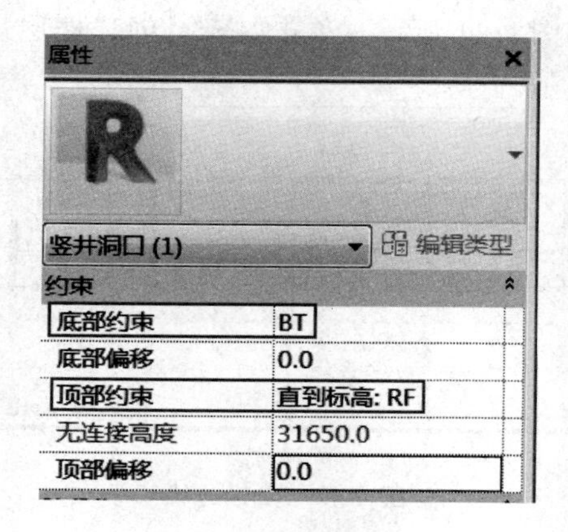

图 4-45 属性设置

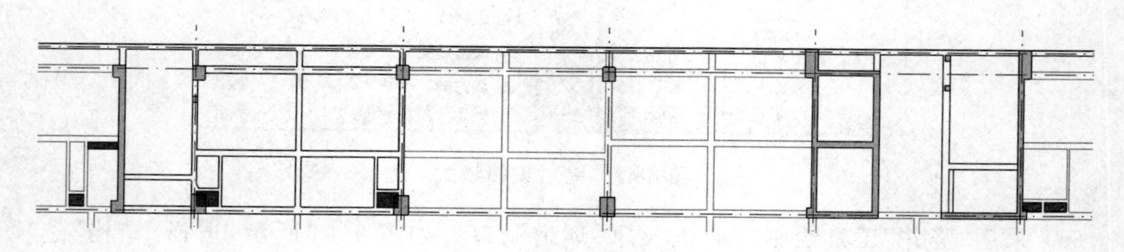

图 4-46 绘制竖井洞口

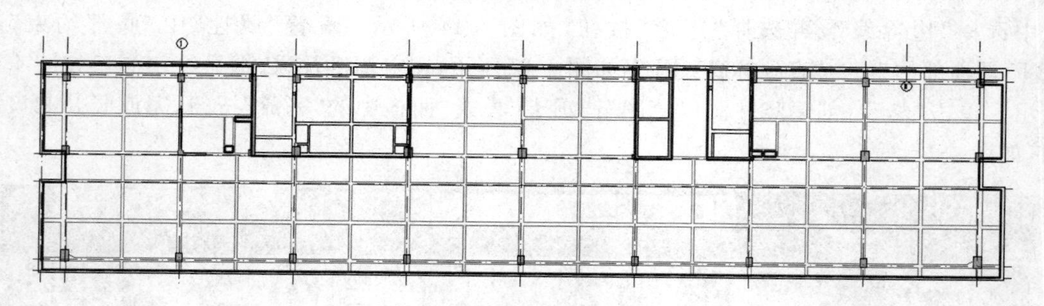

图 4-47 绘制竖井洞口之后的楼板

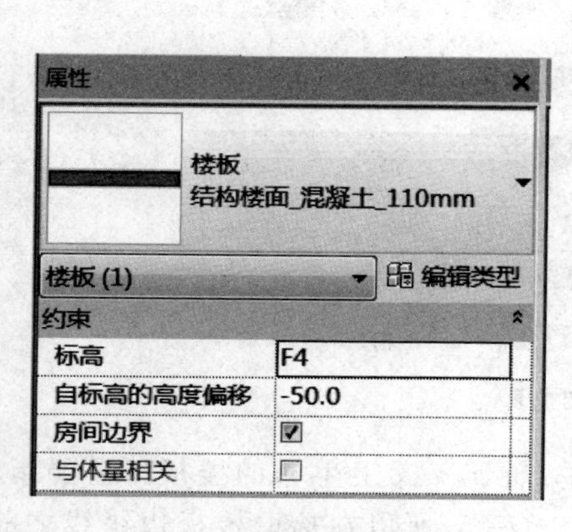

图 4-48 编辑楼板标高

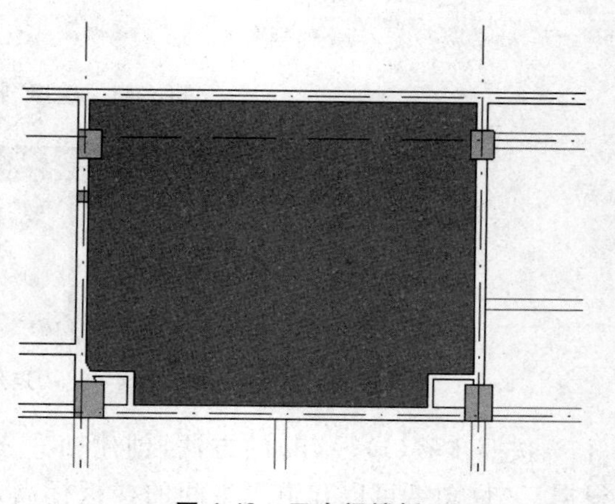

图 4-49 卫生间楼板

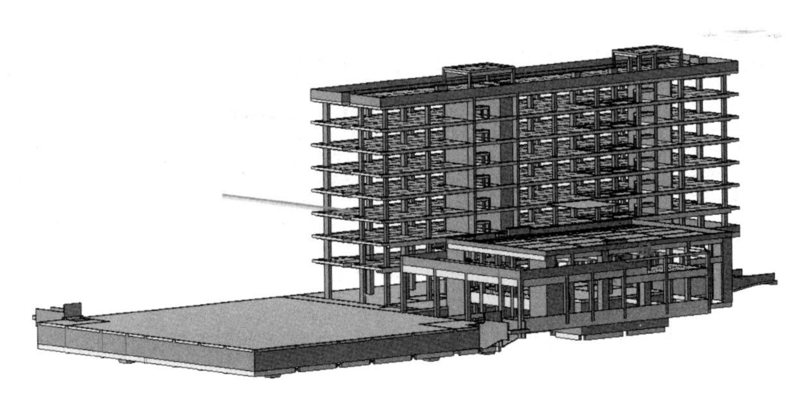

图 4-50　项目中的楼板

4.3.2　结构楼板和建筑楼板的区别

结构楼板是为了方便在楼板中布置钢筋，进行受力分析等结构专业应用而设计的。提供了钢筋保护层厚度等参数。建筑楼板包含建筑面层，但不参与受力分析，不能添加布置钢筋等信息。

结构楼板与建筑楼板的绘制方式相同。建筑楼板与结构楼板绘制完成后，也可在"属性"面板中调整。调整的方法很简单，只需选中画好的建筑楼板，勾选左边"属性"里的"结构"即可，这样该建筑楼板即转化为结构楼板，也就具有了结构楼板的属性，如图 4-51 所示。反之，不勾选"属性"里的"结构"，则结构楼板转换为建筑楼板。

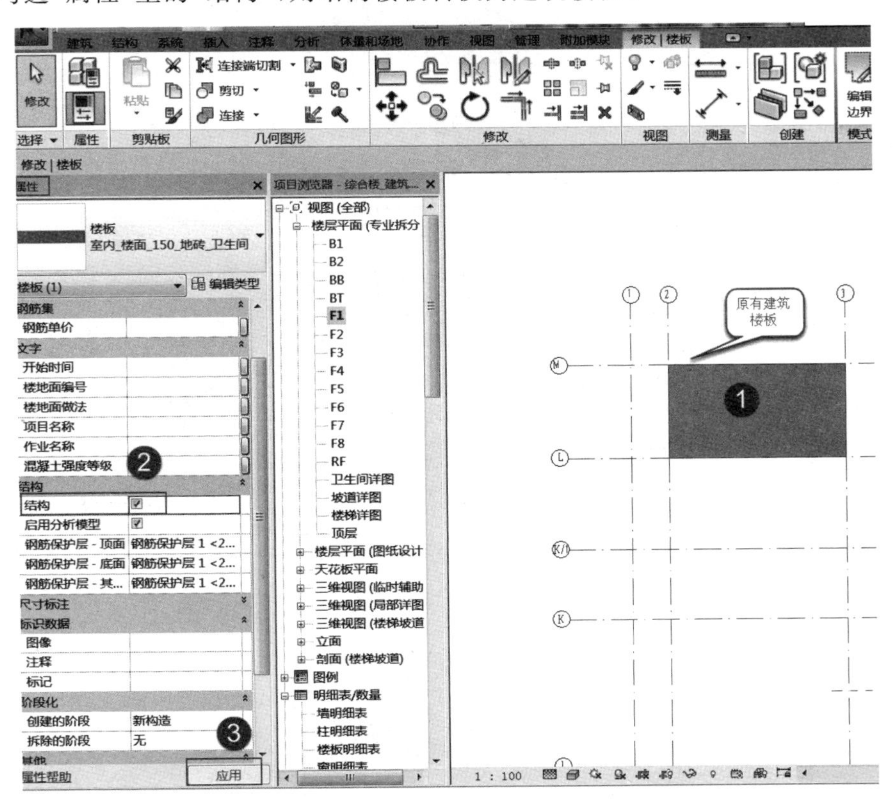

图 4-51　建筑楼板转化为结构楼板

通常，结构楼板只包含核心层，建筑楼板包含建筑面层等其他装饰层。在 3.3.1 节创建了建筑楼板，在 4.3.1 节创建了结构楼板，可以看到，在本项目中创建的建筑楼板是楼面的建筑装饰层，起装饰、保护结构楼板的作用，创建的结构楼板是钢筋混凝土结构层，起承受上部荷载的作用。当建筑模型和结构模型完成后，将两者链接在一起，便完成了完整的楼板模型。

4.3.3 结构压型板

钢板经辊压冷弯成各种波形板，称为压型板，如图 4-52 所示。它适用于工业与民用建筑、仓库、特种建筑、大跨度钢结构房屋的屋面、墙面以及内外墙装饰等，现已被广泛推广应用。

图 4-52 金属压型板

Revit 2017 的楼板可以定义金属压型板。在项目中载入“压型板轮廓族”，单击“插入”，选择“载入族”，在“轮廓/专项轮廓/楼板金属压型板”目录下提供了几个压型板轮廓族。在定义楼板类型属性时，可将结构层功能设定为“压型板[1]”，如图 4-53 所示。在“压型板用途”中，有“与上层组合”和“独立压型板”两种形式。当设置为“与上层组合”时，Revit 2017 会将压型板与相邻的上一层构造层进行修剪组合，如图 4-53 左侧预览图所示。当设置为“独立压型板”时，Revit 将生成新的压型板结构功能层，楼板预览图如图 4-54 所示。

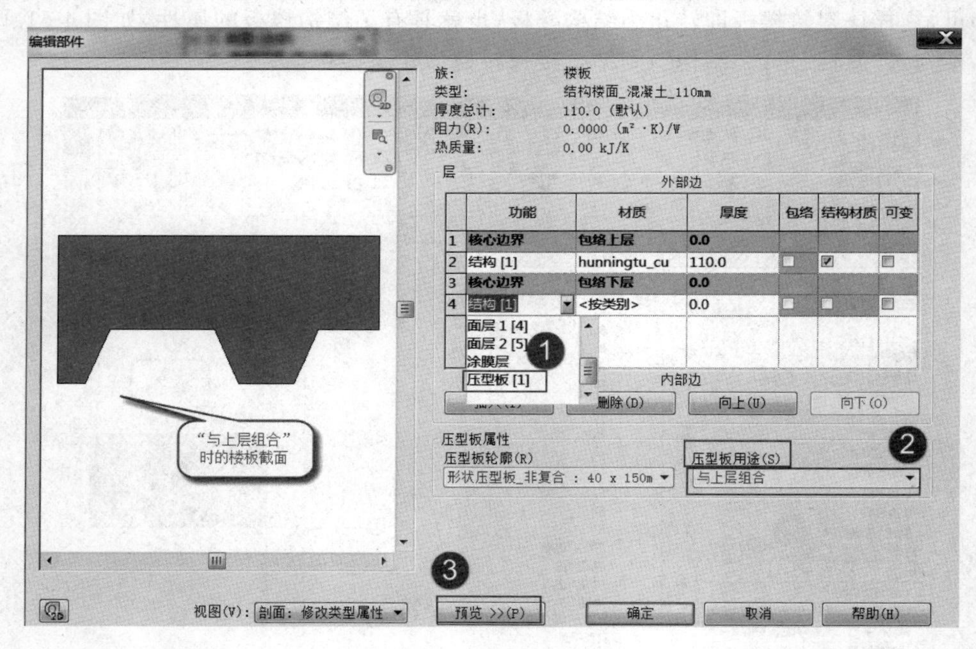

图 4-53 定义金属压型板

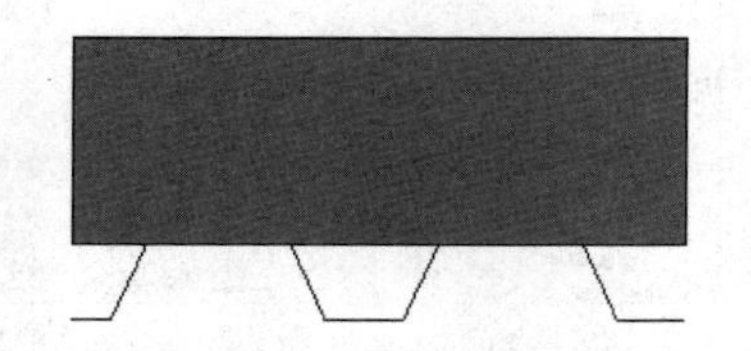

图 4-54 “独立压型板”形式时的楼板截面

绘制楼板轮廓时，系统默认压型板生成的跨方向是平行于第一条绘制线的，如需改变压型板的生成方向，只需单击“绘制”面板中的“跨方向”图标，再单击所绘制的楼板直线即可完成修改，如图 4-55 所示。

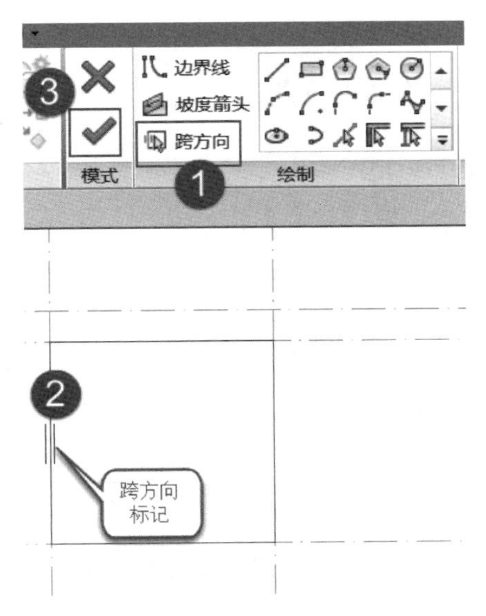

图 4-55　修改压型板跨方向

4.4　创建和编辑现浇混凝土楼梯

使用楼梯工具可以建立各种形式的楼梯。本节以综合楼 3# 楼梯为例，介绍现浇钢筋混凝土平行双跑楼梯的绘制方法。

创建现场浇筑混凝土楼梯

4.4.1　创建现场浇筑混凝土楼梯

(1) 切换到 BT 楼层平面图，在“属性”面板中单击“编辑”，修改视图范围如图 4-56 所示。

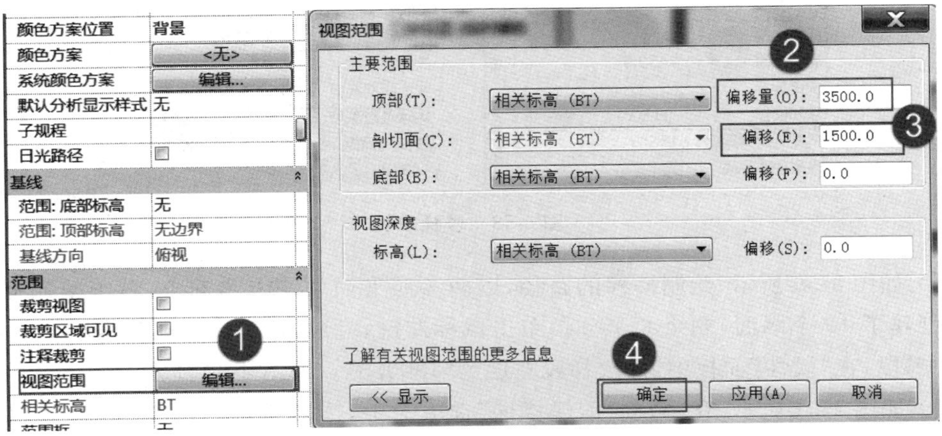

图 4-56　修改视图范围

（2）放大轴线⑨和轴线Ⓗ交点右上方的区域，在绘制楼梯之前，先创建 2 个参照平面。在“建筑”选项卡“工作平面”板块选择“参照平面”，绘制 2 个参照平面，如图 4-57 所示。完成后可以删除尺寸标注。

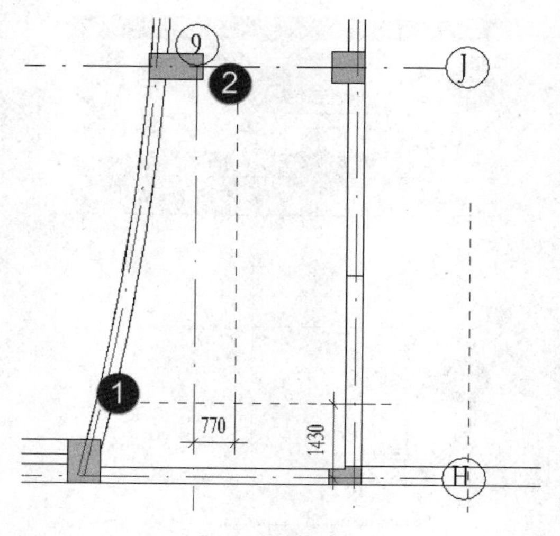

图 4-57 绘制参照平面

（3）单击“建筑”选项卡“楼梯坡道”面板中“楼梯”的下拉箭头，选择“楼梯（按构件）”工具，自动切换至“修改|创建楼梯”选项卡。

（4）在“属性”面板的类型选择器中选择“现场浇注楼梯 结构楼梯_面砖_260×180_50”，设置“底部标高”为“BT”，“底部偏移”为“1450.0”，“顶部标高”为“F2”，“顶部偏移”为“－3150.0”，“所需踢面数”为“10”，“实际踏板深度”为“260.0”，“踏板/踢面起始编号”为“1”，如图 4-58 所示。

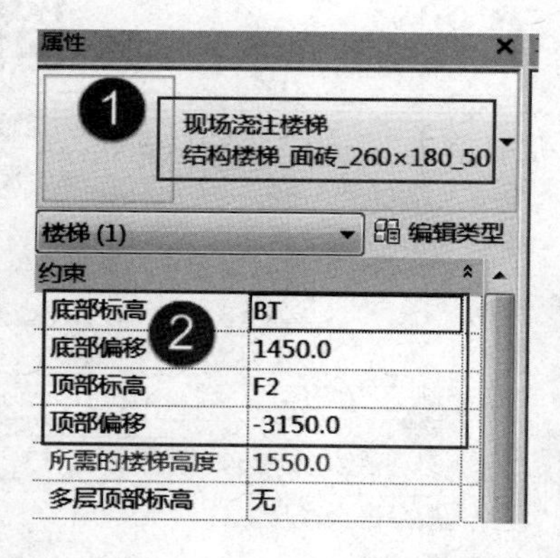

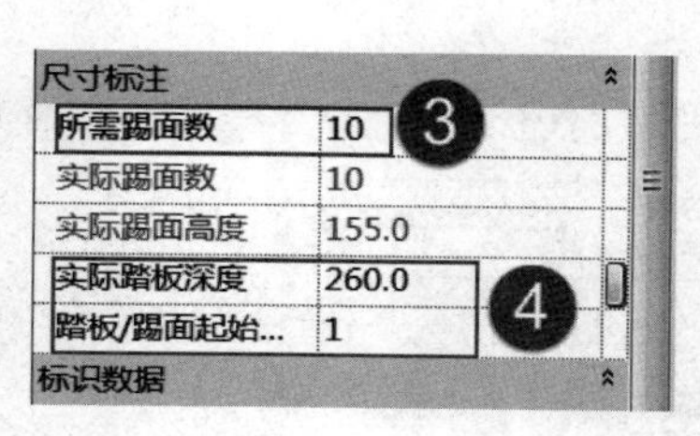

图 4-58 楼梯属性

（5）如图 4-59 所示，绘制楼梯的路径，以两参照平面的交点为起点，往上绘制 CT1，至出现“创建了 10 个踢面，剩余 0 个”时，单击鼠标左键，完成 CT1 梯段部分绘制。绘制好以后选中梯段，在“属性”面板中，修改梯段宽度为“1300.0”。如图 4-60 所示。

（6）如图 4-61 所示，在“修改|创建楼梯”选项卡中，选择“构件”面板的“平台”工具，创建草图。

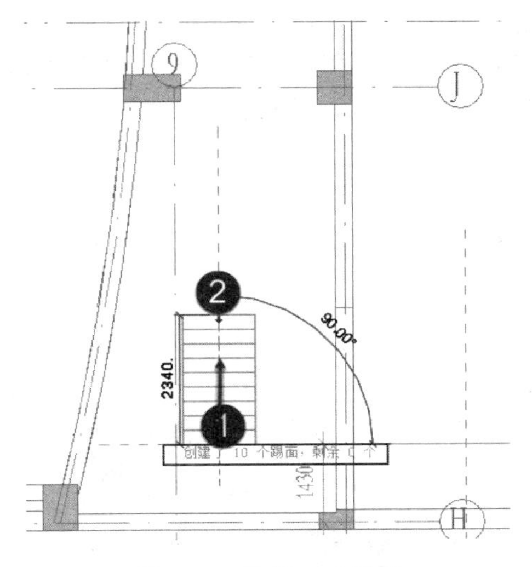

图 4-59　绘制 CT1 梯段

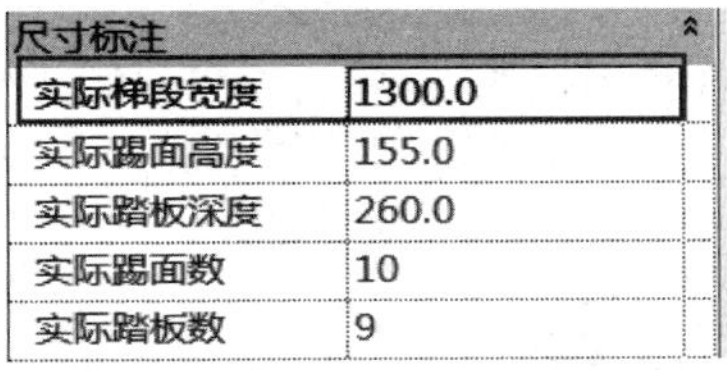

尺寸标注	
实际梯段宽度	1300.0
实际踢面高度	155.0
实际踏板深度	260.0
实际踢面数	10
实际踏板数	9

图 4-60　修改 CT1 梯段宽

(7) 绘制 CT1 平台，如图 4-62 所示，单击“完成”按钮两次。这样，便完成了 CT1 梯段及休息平台的绘制。

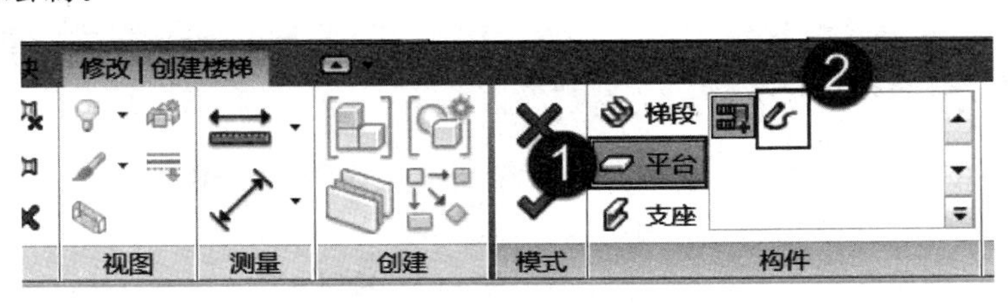

图 4-61　创建平台草图

(8) 在 CT1 平台末端绘制一个参照平面，在垂直于该参照平面方向绘制另一参照平面，距轴⑩830mm，如图 4-63 所示。

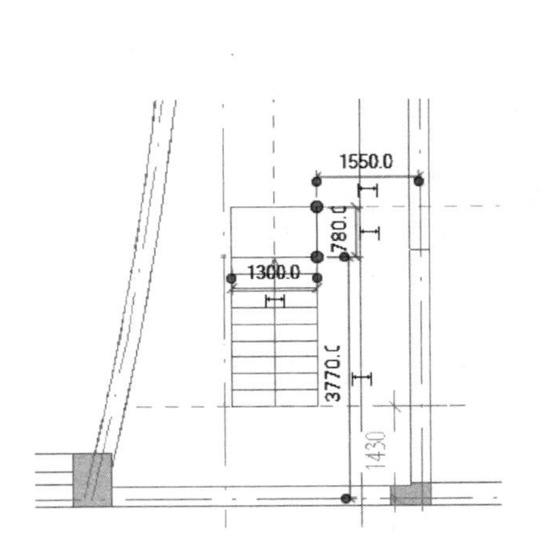

图 4-62　绘制 CT1 梯段及休息平台

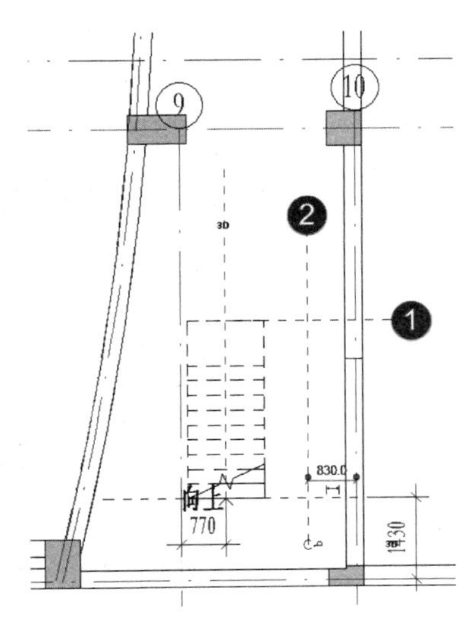

图 4-63　绘制 AT1 梯段的参照平面

（9）切换至 F2 楼层平面，在"属性"面板的类型选择器中选择"现场浇注楼梯　结构楼梯_面砖_260×180_50"，设置"底部标高"为"BT"，"底部偏移"为"3000.0"，"顶部标高"为"F3"，"顶部偏移"为"－2900.0"，"所需踢面数"为"24"，"实际踏板深度"为"260.0"，"踏板/踢面起始编号"为"1"，如图 4-64 所示。

（10）如图 4-65 所示，绘制 AT1，AT2 楼梯的路径。绘制好以后分别选中两边梯段，在"属性"面板中将"实际梯段宽度"改为"1300"。单击中间休息平台，将平台拉伸到正确尺寸后，单击"完成"按钮。

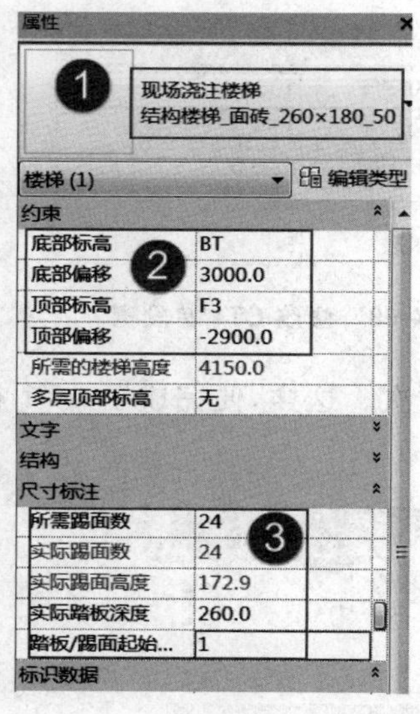

图 4-64　梯段属性

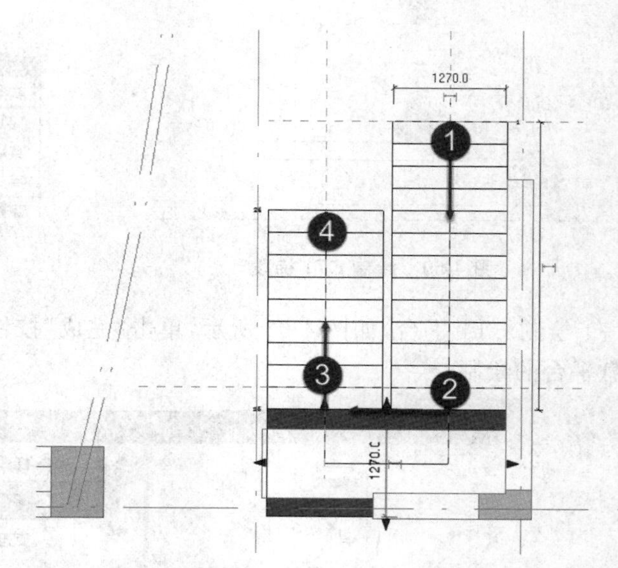

图 4-65　绘制 AT1，AT2 楼梯梯段路径

4.4.2　创建现场浇筑混凝土楼梯柱

创建现场浇筑混凝土楼梯柱与梯梁

创建楼梯柱的方法同 4.1.1 节创建和编辑结构柱的方法。

（1）切换到 F2 楼层平面图，为便于显示楼梯间柱子与梁，修改 F2 楼层平面图的视图范围为：剖切面"偏移"为"100.0"，底部及视图深度标高"偏移"均为"－1000"，如图 4-66 所示。

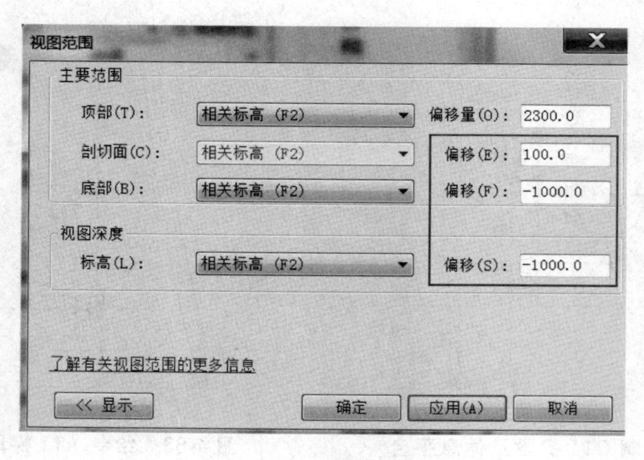

图 4-66　修改视图范围

（2）单击“结构”选项卡“结构”面板中“柱”，进入柱放置模式。

（3）选择“属性”面板中的“矩形截面平法柱 240×240”，此时，柱截面宽度 b 和柱深度 h 均为 240。

（4）修改绘图区上方选项栏中柱的生成方式为“高度”，并在它后面的下拉列表中，将柱顶部标高修改为“F3”，如图 4-67 所示。

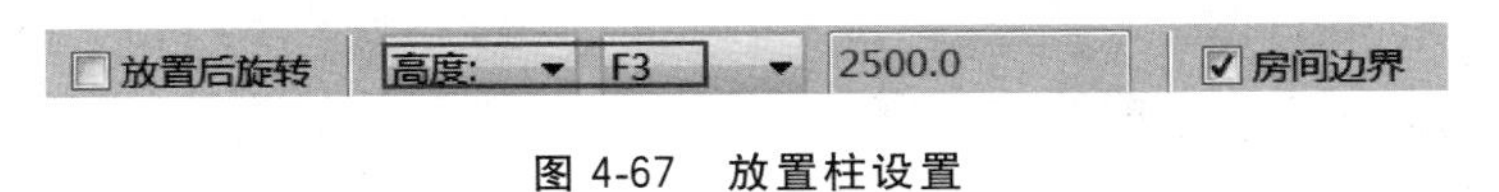

图 4-67　放置柱设置

（5）将柱子放置到 AT2 左边端部的位置，如图 4-68 所示。

（6）单击柱子，在“属性”选项卡中，修改楼梯柱底部、顶部标高，如图 4-69 所示，完成楼梯柱子的编辑。

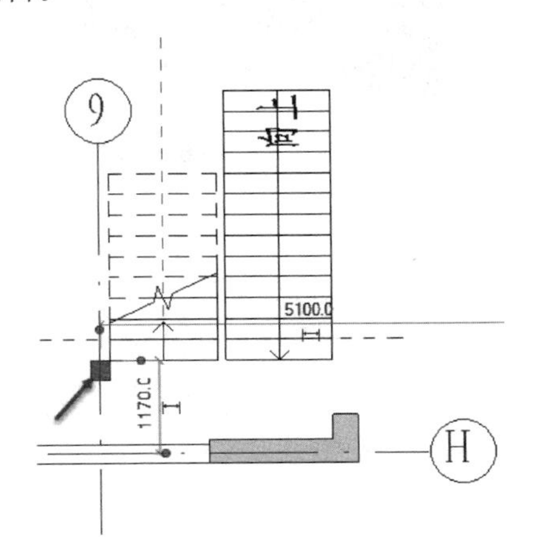

图 4-68　放置楼梯柱

图 4-69　修改楼梯柱底部、顶部标高

4.4.3　创建现场浇筑混凝土楼梯梁

创建楼梯梁的方法同 4.2.1 节创建和编辑主梁（或次梁）的方法。

（1）切换到 F2 楼层平面图，单击“结构”选项卡“结构”面板中“梁”，选择“放置”面板中“放置在垂直面上”，进入梁放置模式。

（2）选择“属性”面板中的“矩形平法梁 240×350”，此时，梁截面宽度 b 为 240，梁截面高度 h 为 350。

（3）修改绘图区上方选项栏中梁的放置平面为“标高：F2”。

（4）鼠标左键单击楼梯柱子中心，往右拖动鼠标绘制楼梯梁，此时楼梯梁标高为 F2，如图 4-70 所示。

（5）完成后，单击该楼梯梁，在“属性”选项卡中，修改“起点标高偏移”及“终点标高偏移”均为“－729.0”，“Z 轴对正”为“顶”，“Z 轴偏移值”为“0.0”，如图 4-71 所示。同理，可绘制其余楼梯梁，如图 4-72 所示。

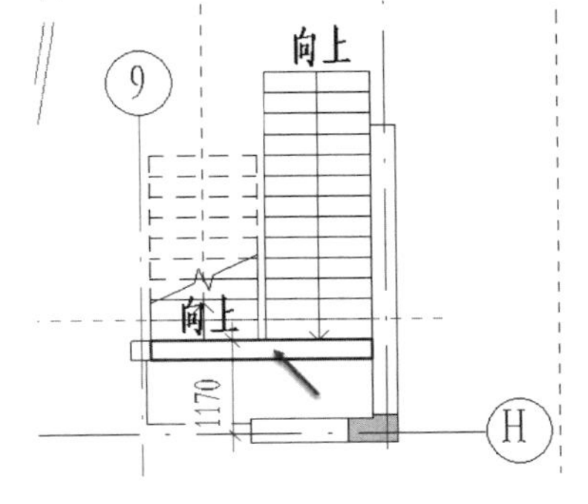

图 4-70　绘制楼梯梁

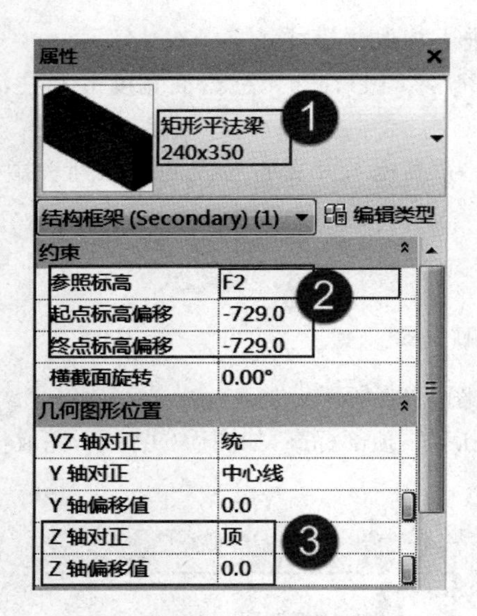

图 4-71　修正楼梯梁位置

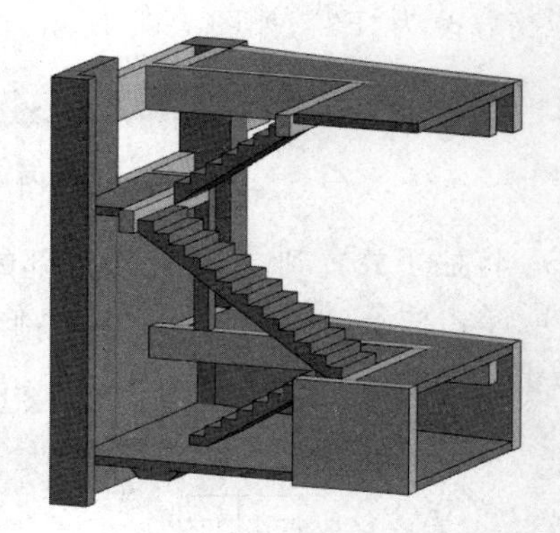

图 4-72　3＃楼梯 3D 视图

第 5 章

场 地 设 计

5.1 场地及道路

本书的背景项目中，地面道路采用结构板进行设置，这是带地下室工程的一种常见做法。Revit 功能菜单中的体量和场地功能选项卡（图 5-1）则是用来创建场地及构件的另一种常规方法。创建场地可以通过定义地形标面相应标高的点来手动建立，也可以通过导入 dwg、dxf 和 dgn 实例文件或 CSV 格式的点文件来创立。

图 5-1　场地功能选项卡菜单

场地及道路

定义后的地面可以进行拆分、合并，并分别定义材质。Revit 中没有独立的道路建立功能，在定义道路时，可以根据实际情况使用楼板、屋顶、建筑地坪等功能进行操作或者从其他软件如 Civil3D、Navisworks 等导入已建立完成的道路，如图 5-2 所示。

图 5-2　外部导入菜单

5.2 场地构件

场地构件及 RPC 物体与植被

场地构件插入菜单见图 5-3，常规模版默认的场地构件仅包含部分植被，因此需要自行载入，载入的方法与建筑结构族载入方法相同，故不再赘述。

Revit 自带的场地构件主要包含附属设施、公用设施、后勤设施、体育设施、停车场等类别，如采用系统默认安装，通常情况下族文件位置见图 5-4。

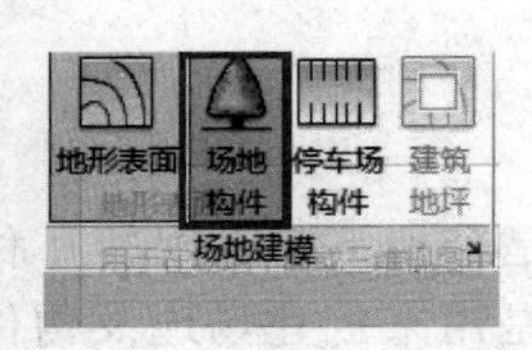

图 5-3　场地构件插入菜单

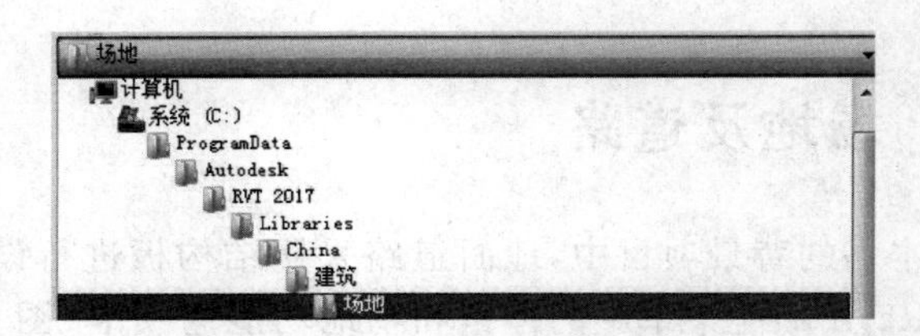

图 5-4　场地族所在位置

5.3 指北针及风向玫瑰图

指北针族的基本插入方式与建筑结构族和场地构件族相同，操作菜单位于注释选项卡的符号子项，见图 5-5。

Revit 自带的指北针族文件位置见图 5-6，也可以通过自建族或导入 CAD 等外部参照的方法得到自己需要的指北针和风向玫瑰图。

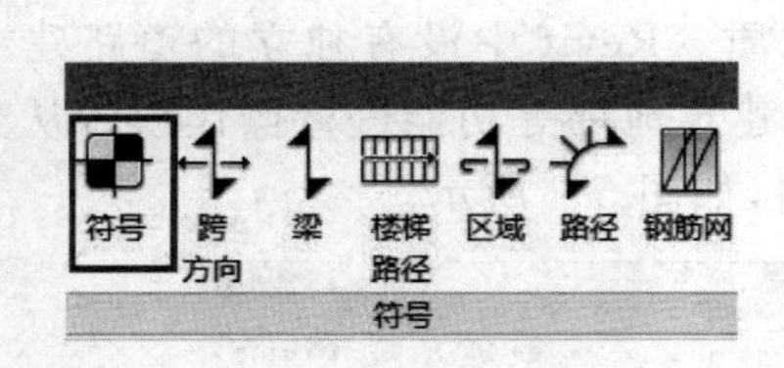

图 5-5　指北针插入菜单

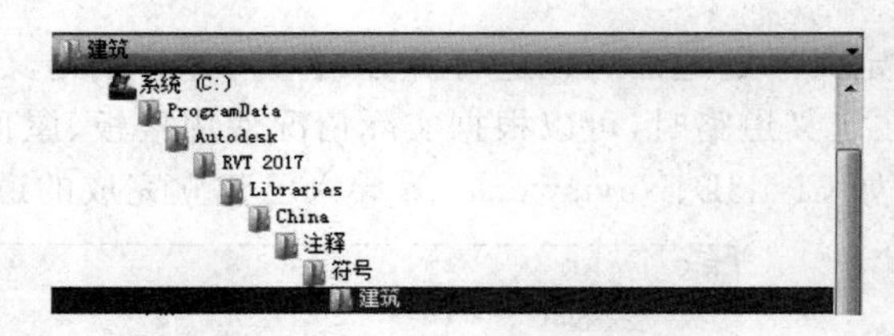

图 5-6　指北针族所在位置

5.4 RPC 物体与植被

RPC 物体，主要用于植被的后期渲染，在模型完成的最后阶段载入，默认的 RPC 植被文件位置见图 5-7，其他 RPC 物体也可以从场地大类里找到或通过外部获取。

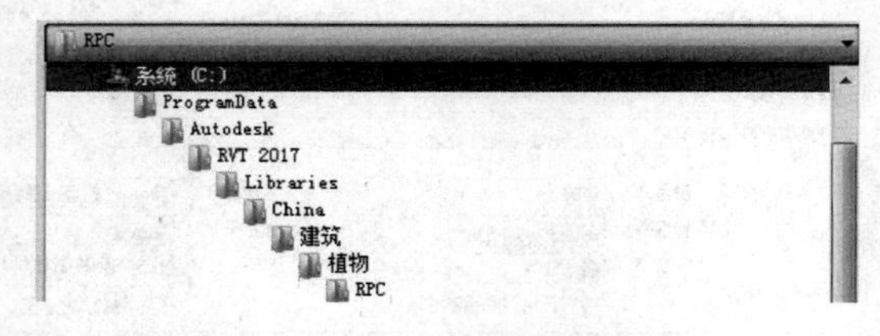

图 5-7　RPC 植被族所在位置

载入后的模型效果和渲染后的效果分别见图 5-8 和图 5-9。

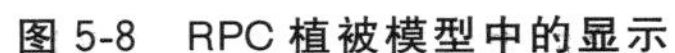

图 5-8　RPC 植被模型中的显示

图 5-9　RPC 植被渲染后的显示

5.5　场地平整与土方

场地平整和土方计算功能是 Revit 场地中较实用的一个功能，通过选项卡上的“平整区域”功能进行场地平整操作，功能键见图 5-10，场地平整应在初始场地建立后进行操作，同时设置不同的工作阶段。下面以一个简单场地为例进行操作演示。土方统计需要用到明细表功能，对选定的参数进行筛选和统计，同时对明细表的条目进行一定的修改。

图 5-10　场地平整功能

场地平整与土方

第 6 章

暖通模型设计

6.1 数据共享和链接

第 3 章完成了建筑模型的绘制，本章开始将逐步完成“综合楼_暖通”的三维模型的绘制。在暖通项目设计过程中，需要与建筑、结构、给排水和电气等专业进行沟通和协调。例如，需要避免暖通设备和管道与建筑、结构、水电管线的碰撞。

6.1.1 2D 数据链接

暖通 CAD 图纸是暖通模型信息的载体，创建“综合楼_暖通”的三维模型时，需要从暖通 CAD 图纸中提取各种信息，为了更方便和快速地提取信息。首先，对暖通 CAD 图纸进行处理。拆分图纸可以使我们更好地理解图纸。如图 6-1 所示，当只有一张总图时，所有信息都杂乱的摆在一起，其中不乏一些重复信息。整理完图之后，内容清晰有条理，对以后的工作有很大帮助，避免了在以后工作中，因为图纸混乱造成的错误，如图 6-2 所示。

2D 数据链接

暖通总图　　2012/9/21 0:44　　DWG 文件　　3,788 KB

图 6-1　暖通原图

1. 链接 CAD

暖通 CAD 图纸处理完后，接下来需要将暖通 CAD 图纸与 Revit 软件建立联系。在 Revit 软件中有“链接 CAD”和“导入 CAD”两个功能，如图 6-3 所示。

“链接 CAD”和“导入 CAD”两个功能相似，但又有一定区别。“链接 CAD”命令是指将其他格式的文件作为外部参照放到 Revit 文件当中来使用。它是以路径的方式存在，并不属于 Revit 文件本身。而“导入 CAD”命令可以使外部文件融入 Revit 文件中。

单击“链接 CAD”命令进入图 6-4 对话框，选择需要的 CAD 图纸，将“仅当前视图”勾选上，“颜色”选项为“保留”，“导入单位”一般为“毫米”，有特殊要求除外，“定位”方式可选择“自动-原点到原点”，设置完成后单击“打开”，完成操作。“导入 CAD”与“链接 CAD”的操作相同。

名称	日期	类型	大小
01设计说明	2012/9/21 0:44	DWG 文件	3,788 KB
02施工说明	2012/9/21 0:44	DWG 文件	3,788 KB
11人防通风原理图	2012/9/21 0:44	DWG 文件	3,788 KB
12排烟通风图	2012/9/21 0:44	DWG 文件	3,788 KB
13人防预埋件线图	2012/9/21 0:44	DWG 文件	3,788 KB
14防护单元口不通风大样图	2012/9/21 0:44	DWG 文件	3,788 KB
15人防口部剖面图	2012/9/21 0:44	DWG 文件	3,788 KB
31地下室通风平面图	2012/9/21 0:44	DWG 文件	3,788 KB
32地下室战时平面图	2012/9/21 0:44	DWG 文件	3,788 KB
33一层空调通风平面图	2012/9/21 0:44	DWG 文件	3,788 KB
34二层空调通风平面图	2012/9/21 0:44	DWG 文件	3,788 KB
35三层空调通风平面图	2012/9/21 0:44	DWG 文件	3,788 KB
36四-五层空调通风平面图	2012/9/21 0:44	DWG 文件	3,788 KB
37六-七层空调通风平面图	2012/9/21 0:44	DWG 文件	3,788 KB
38八层空调通风平面图	2012/9/21 0:44	DWG 文件	3,788 KB
39机房层空调通风平面图	2012/9/21 0:44	DWG 文件	3,788 KB
41一层空调冷凝管平面图	2012/9/21 0:44	DWG 文件	3,788 KB
42二层空调冷凝管平面图	2012/9/21 0:44	DWG 文件	3,788 KB
43三层空调冷凝管平面图	2012/9/21 0:44	DWG 文件	3,788 KB
44四-五层空调冷凝管平面图	2012/9/21 0:44	DWG 文件	3,788 KB
45六-七层空调冷凝管平面图	2012/9/21 0:44	DWG 文件	3,788 KB
46八层空调冷凝管平面图	2012/9/21 0:44	DWG 文件	3,788 KB
47机房层空调冷凝管平面图	2012/9/21 0:44	DWG 文件	3,788 KB
51一层防排烟平面图	2012/9/21 0:44	DWG 文件	3,788 KB
52二层防排烟平面图	2012/9/21 0:44	DWG 文件	3,788 KB
53三层防排烟平面图	2012/9/21 0:44	DWG 文件	3,788 KB
54四-五层防排烟平面图	2012/9/21 0:44	DWG 文件	3,788 KB
55六-七层防排烟平面图	2012/9/21 0:44	DWG 文件	3,788 KB
56八层防排烟平面图	2012/9/21 0:44	DWG 文件	3,788 KB
57机房层防排烟平面图	2012/9/21 0:44	DWG 文件	3,788 KB

图 6-2　暖通图纸拆分

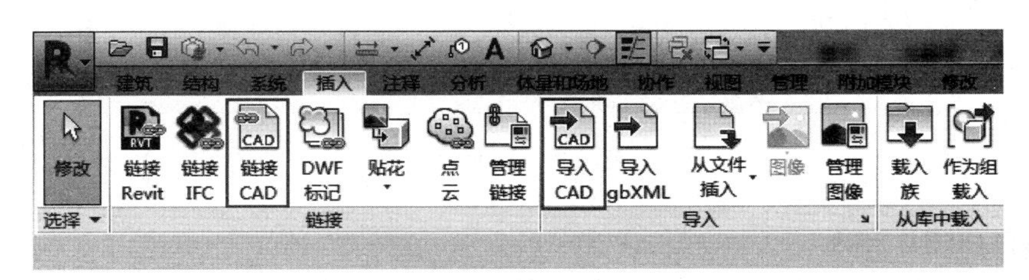

图 6-3　链接 CAD 和导入 CAD 功能

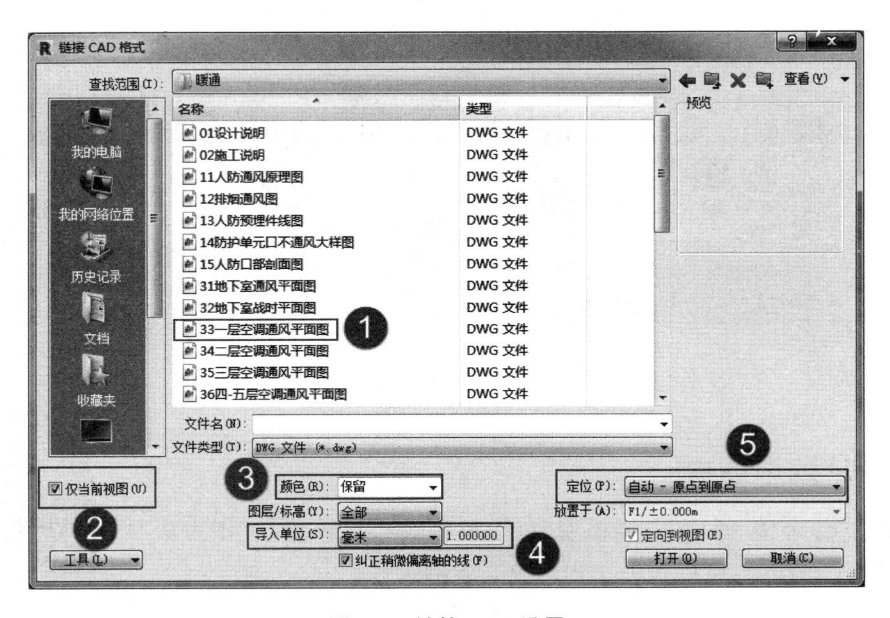

图 6-4　链接 CAD 设置

将 CAD 图纸链接进 Revit 软件后，CAD 图纸处于锁定状态，需要先将 CAD 图纸解锁，然后使用命令将 CAD 图纸移动到指定位置，移动方法选择“对齐”命令。首先单击想要移动到的位置，再单击想要移动的对象，完成移动。对齐后将 CAD 图纸再次锁定以防止错误移动 CAD 图纸，如图 6-5 所示。

使用“查询”命令查看 CAD 图纸中块、图层等信息，并且可以删除或者隐藏该图层，如图 6-6 和图 6-7 所示。

图 6-5 移动 CAD 图纸

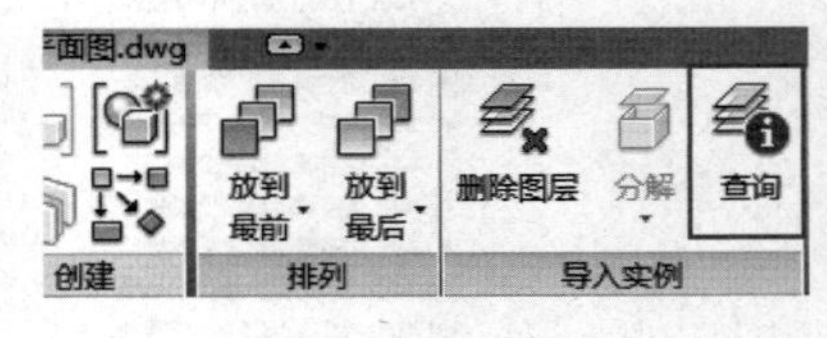

图 6-6 查询图纸

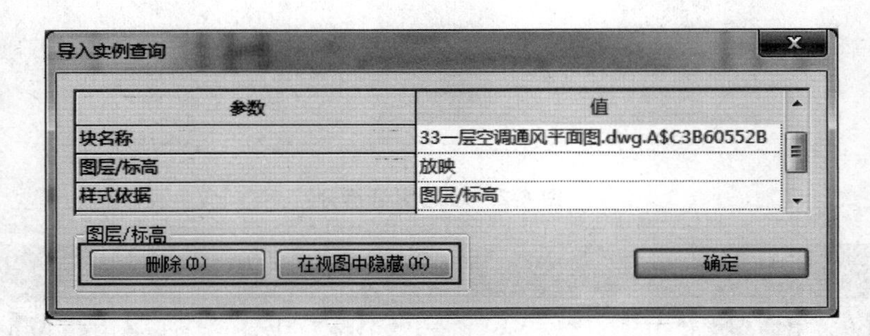

图 6-7 查询命令

2. 贴花和图片导入

除可以将 CAD 图纸导入 Revit 文件外，同样的还可以将图片导入 Revit 文件。如图 6-8 所示，单击“贴花”命令的下拉箭头，选择“贴花类型”选项，进入图 6-9 对话框。新建一个类型，命名为“国旗”，数据源是名称为“红旗”的图片。

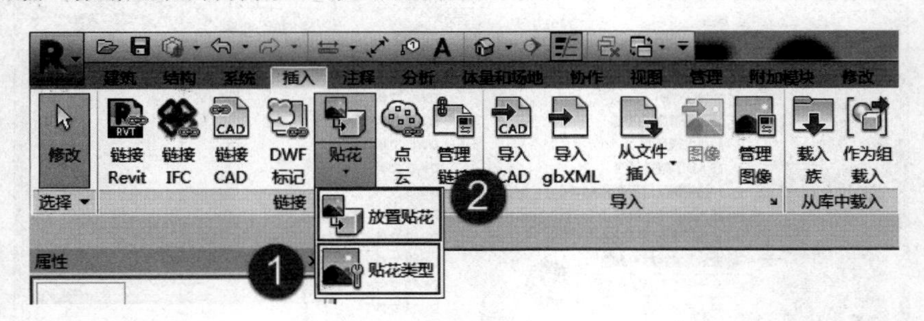

图 6-8 贴花命令

6.1.2 3D 数据链接

3D 数据链接

在创建“综合楼_暖通”三维模型时，需要将“综合楼_建筑”作为参照链接进 Revit 文件中，可以帮助工程师更高效的工作。

单击“插入”选项卡中“链接 Revit”命令，进入图 6-10，选择“综合楼_建

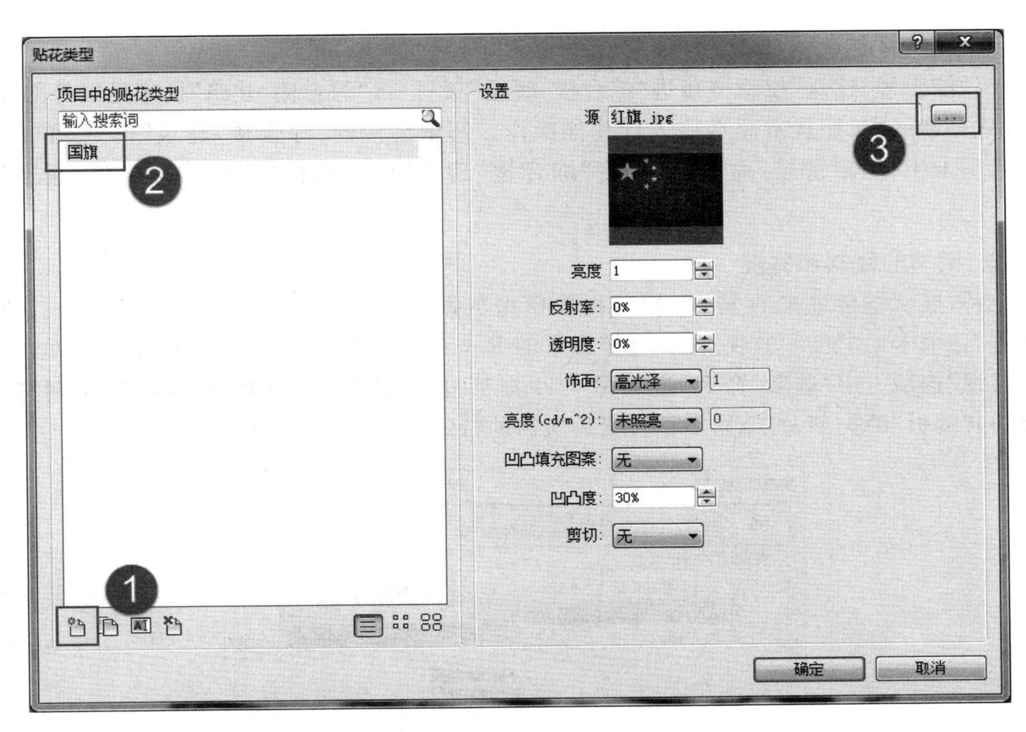

图 6-9　贴花类型

筑”,“定位”方式选择“自动-原点到原点”,这种定位方式可以让使用同一套标高轴网创建出来的建筑模型和暖通模型位置对应,不错位。

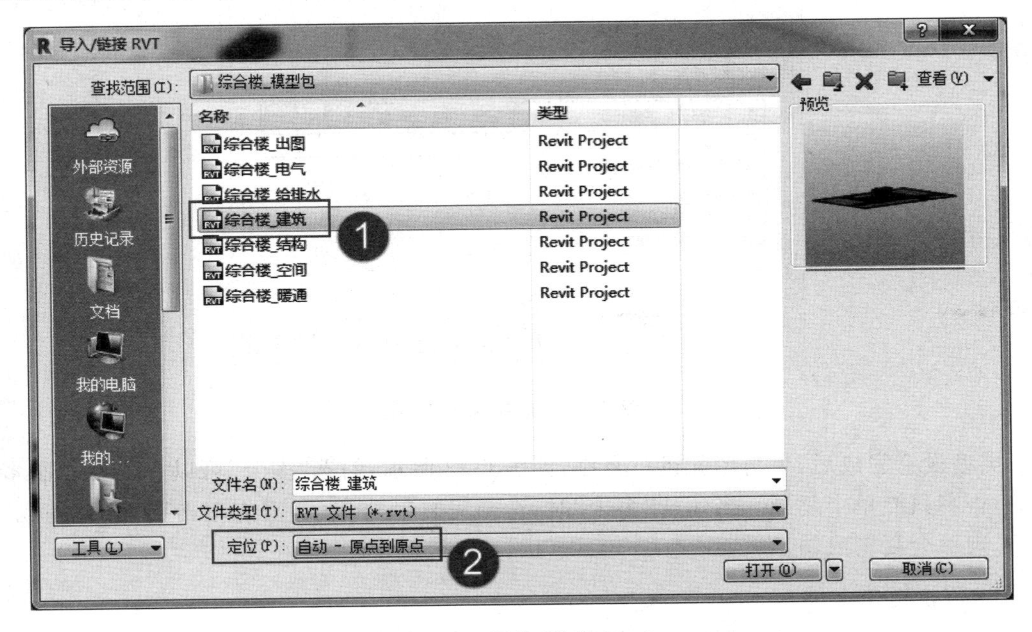

图 6-10　导入/链接 Revit

1. 模型绑定

将“综合楼_建筑”模型链接进“综合楼_暖通”项目后，“综合楼_建筑”模型是以外部参照的方式存在的，只能观看而不能进行其他操作。选中链接的“综合楼_建筑”模型，单击“修改”选项卡中“绑定链接”命令，可以将“综合楼_建筑”模型整体复制到“综合楼_暖通”项目中。

2. 模型的复制和监视

当需要从链接进来的 Revit 模型提取模型数据时，可以使用“复制/监视”命令。单击“协作”选项卡中“复制/监视”选择链接进来的 Revit 模型，进入“复制/监视”命令。单击“复制/监视”选项卡中“选项”命令，进入图 6-11 对话框，在这里，可以修改“标高”“轴网”“柱”“墙”和“楼板”的类型，将原始类型转变为所需的特定类型。

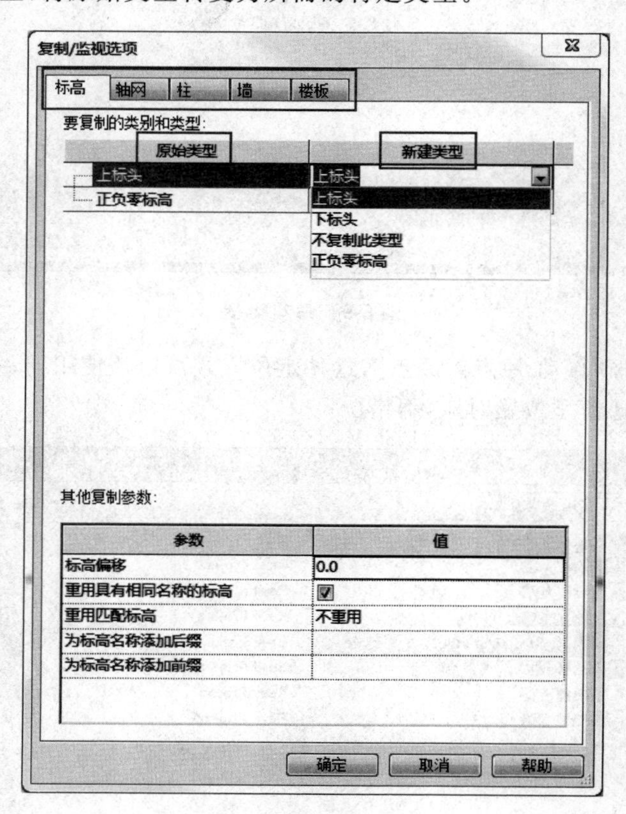

图 6-11　复制/监视选项

类型设置完成后，可对图元进行复制，如图 6-12 所示，勾选“多个”可以一次性复制多个对象，否则只能单个复制。当勾选“多个”时，选择完复制对象后，需先单击下面的“完成”命令，否则不会复制成功。

3. 监视链接文件

使用“复制/监视”命令创建的图元会自动被监视，如图 6-13 所示，选中后会出现监视符号，被监视的图元改动后会出现提示。如想要结束监视，选择被监视对象，单击“修改”选项卡中“停止监视”命令。

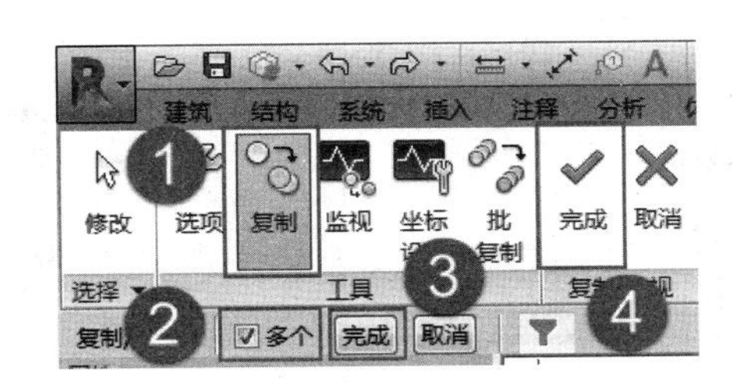

图 6-12 复制

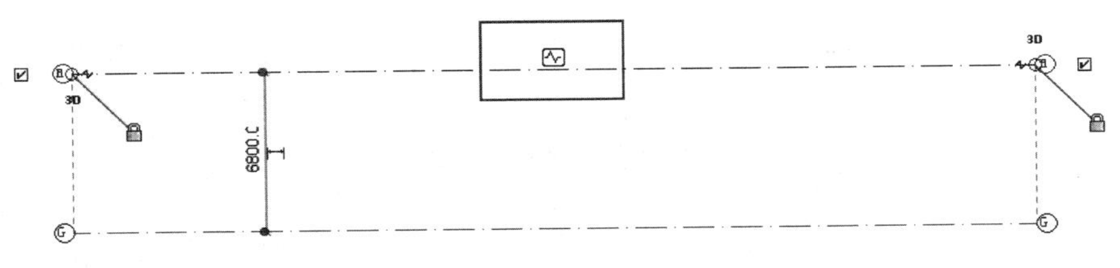

图 6-13 监视

6.2 创建项目图纸暖通系统

本章的学习主要以如何放置机械设备、风管的设置和绘制为主。演示在不同情况下，应该如何正确地创建暖通模型。

6.2.1 添加设备机组

想要在项目中放置机械设备，首先需要载入指定族。系统自带的族库有时不能满足项目需求，这时，需要将定制的机械设备族载入项目。单击“插入”选项卡中“载入族”命令，选择已完成的族，单击“确定”。

载入完成后，单击“系统”选项卡中“机械设备”命令，如图 6-14 所示，选择要放置的设备，选定放置的“标高”，设定“偏移量”，单击“放置”，完成机械设备的放置，如图 6-15 和图 6-16 所示。

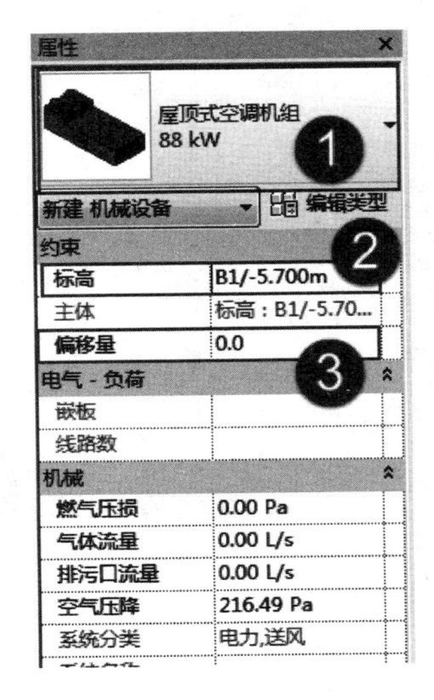

图 6-14 放置机械设备

添加设备机组

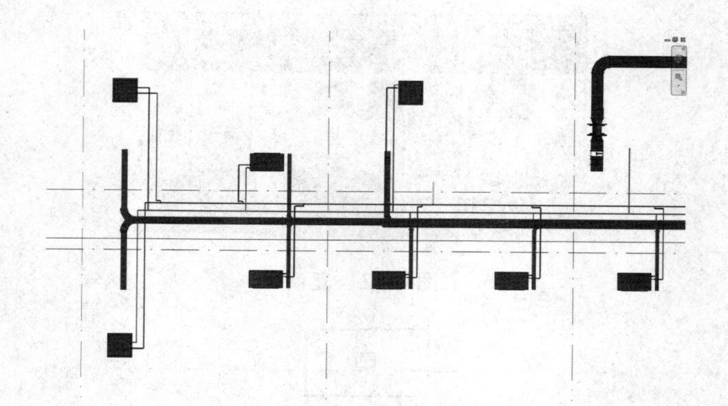

图 6-15　设备平面图

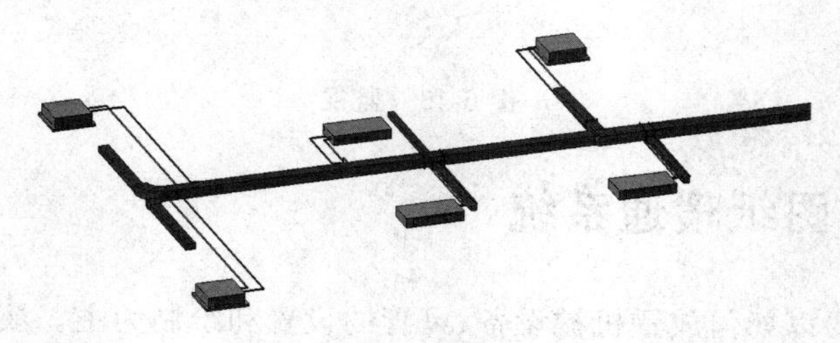

图 6-16　设备三维图

6.2.2　风管定位

风管定位

1. 确定风管平面位置和对齐方法

通过 CAD 图纸确定，水平方向的风管位置。依据 CAD 图纸上风管的位置画图，对于绘制不准确的地方，可以通过对齐命令调整，如图 6-17 所示。

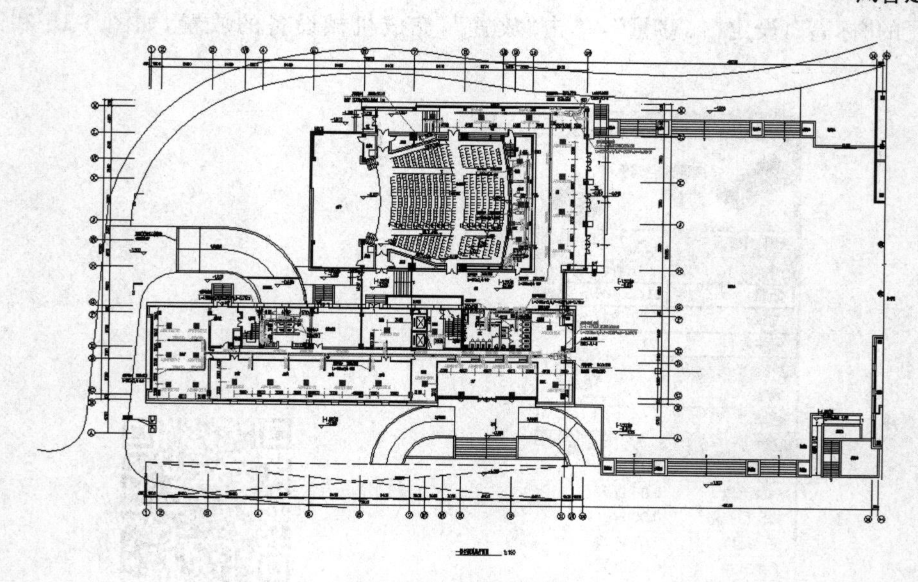

图 6-17　CAD 图纸

2. 确定风管标高参照和对齐方法

标高位置参照建筑模型和结构模型,避免碰撞。如图 6-18 所示,先选定风管参照的标高,再设置偏移量。

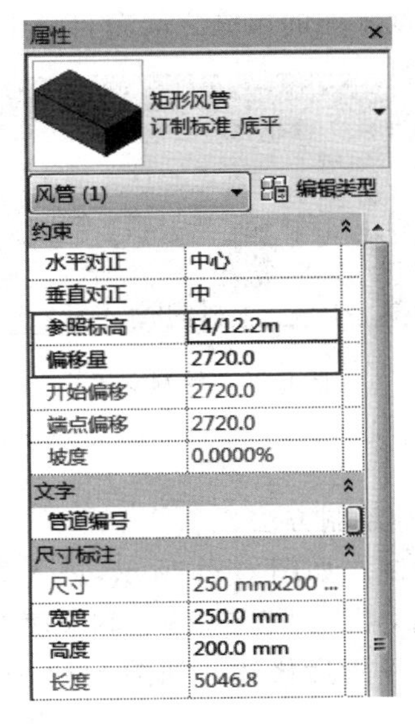

图 6-18　风管高度

6.2.3　绘制风管

绘制风管

1. 绘制水平风管

进入平面视图,单击“系统”选项卡中“风管”命令,设置完成后开始绘制。单击始点和终点绘制,弯头、三通和过渡件等会自动生成,如图 6-19 所示。

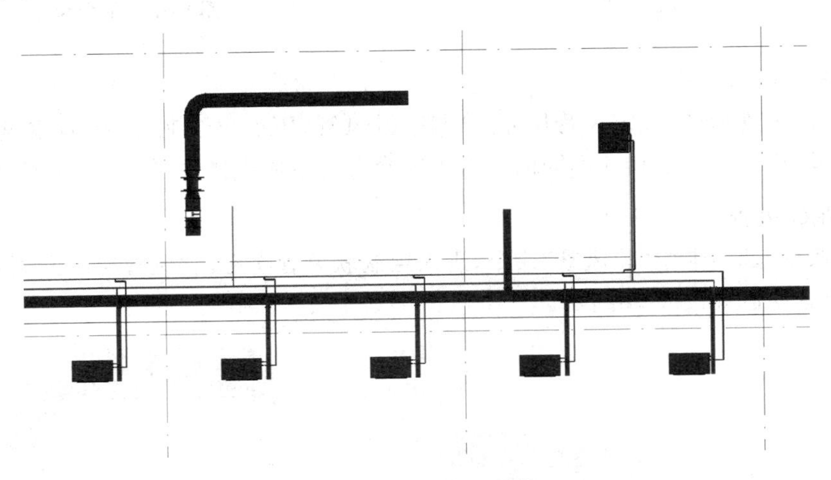

图 6-19　绘制水平风管

2. 绘制垂直立管

风管立管的绘制方式和水平管不同，首先选择一个偏移量，单击左键选择绘制点，再设定一个偏移量，双击“应用”命令。或者绘制一段水平风管，不退出绘制命令，修改偏移量后，接着绘制一段水平管，在两段高度不同的风管之间会自动生成立管。

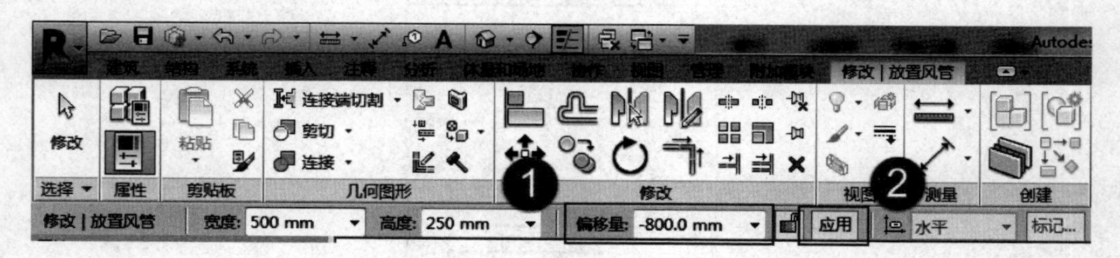

图 6-20　绘制立管

3. 绘制斜风管

绘制斜风管比较特殊，有两种绘制方法。

方法一：利用“剖面”命令绘制。如图 6-21 所示，进入立面或者剖面图，使用“风管”命令，单击始点和终点，绘制完成后，可通过起点、终点和坡度改变控制倾斜度。

方法二：在平面图中绘制水平管后修改。如图 6-22 所示，绘制一段水平风管，在水平风管的基础上，修改端点高度。

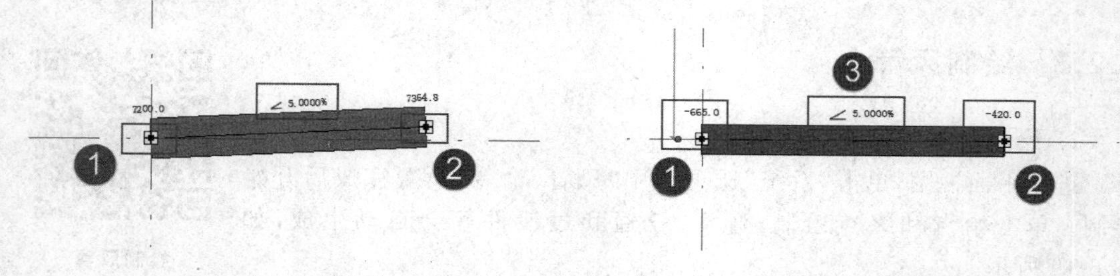

图 6-21　立面绘制

图 6-22　平面绘制

4. 绘制变截面风管

进入绘制风管命令，设定风管尺寸，绘制一段风管，不退出绘制命令，修改风管尺寸后，接着绘制一段风管。两段尺寸不同的风管中间会自动生成连接件，如图 6-23 所示。

5. 绘制软风管

单击“系统”选项卡中“软风管”命令，进入绘制软风管状态，软风管绘制方式与绘制风管相同。软风管绘制如图 6-24 所示。

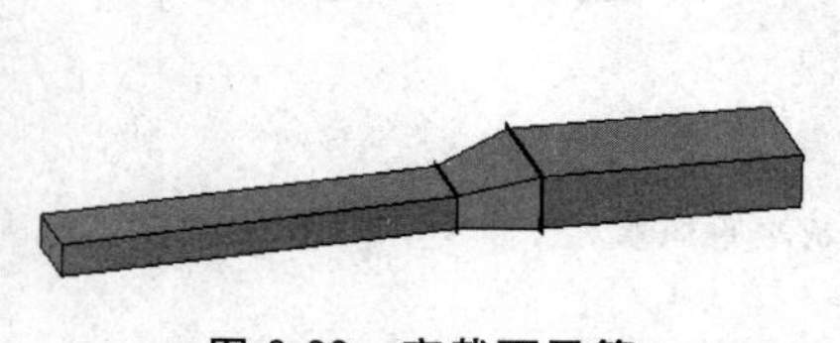

图 6-23　变截面风管

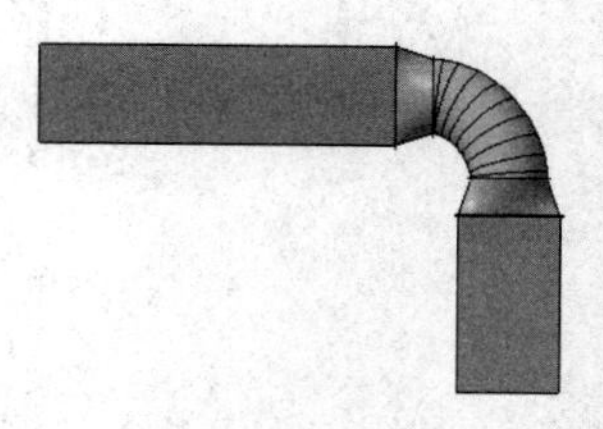

图 6-24　软风管

6.3　编辑和修改暖通系统

6.3.1　定义暖通系统风管类型和尺寸

定义暖通系统风管类型和尺寸

1. 定义系统风管类型

单击“系统”选项卡中“风管”命令，进入绘制风管状态，如图 6-25 所示，在“类型属性”对话框中，单击“复制”选项，输入新名称，单击“完成”，创建出一个新的风管类型。在“类型属性”对话框中，“构造”的“粗糙度”和“标识数据”的参数可直接在其后的“值”一栏中添加。

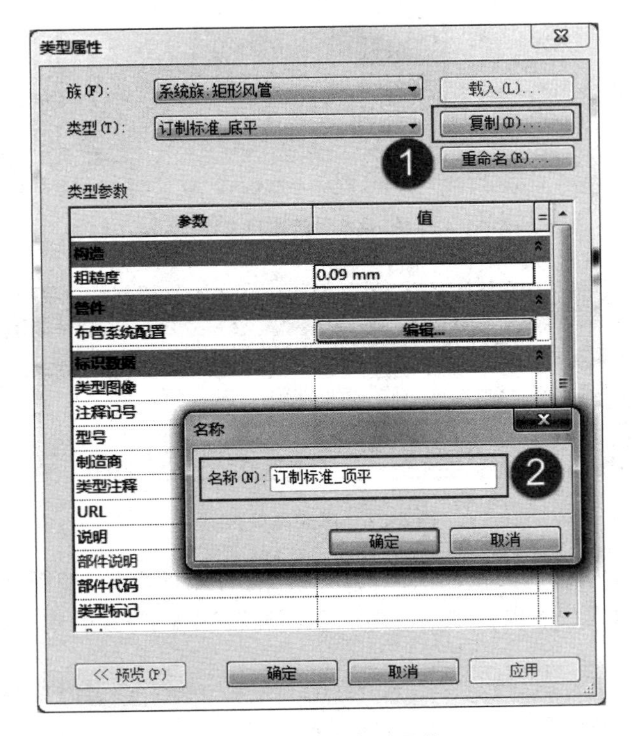

图 6-25　风管类型属性

2. 选择管段尺寸

系统自带的管段尺寸，有时不能满足需求。需要添加新的管道尺寸时，单击“管理”选项卡“MEP 设置”中“机械设置”命令，进入图 6-26，单击“新建尺寸”可以输入任意尺寸。

单击“系统”选项卡中“风管”命令，如图 6-27 所示，在相应位置可修改风管尺寸。

6.3.2　定义暖通系统风管弯头和连接件

定义暖通系统风管弯头和连接件

在风管“类型属性”选项卡中其他参数设置完成后，进入“布管系统

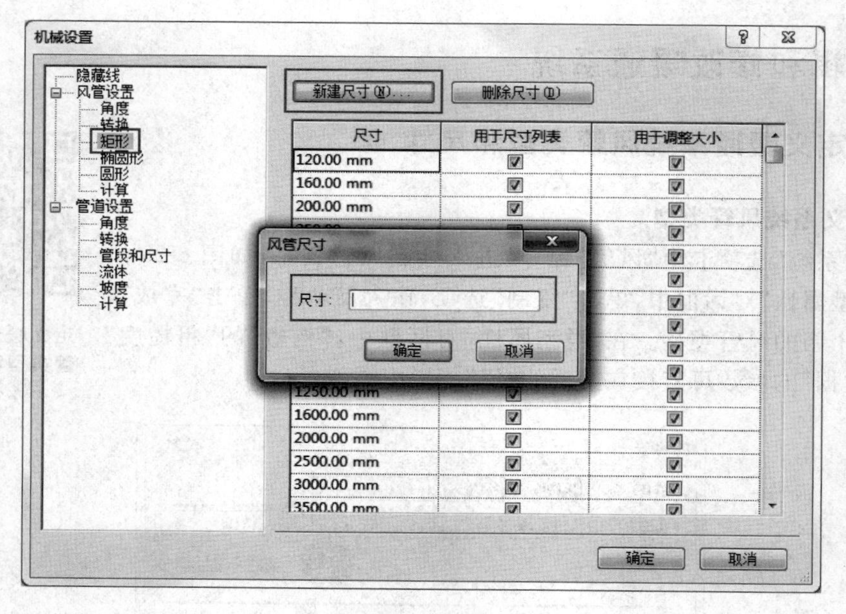

图 6-26　新建尺寸

图 6-27　修改风管尺寸

配置”命令。在 Revit 中可以为不同类型的风管配置特定的管件，如图 6-28 所示。使用“载入族”命令，将需要的族载入项目中，在“弯头”“四通”“连接”等参数中选择所需的类型。

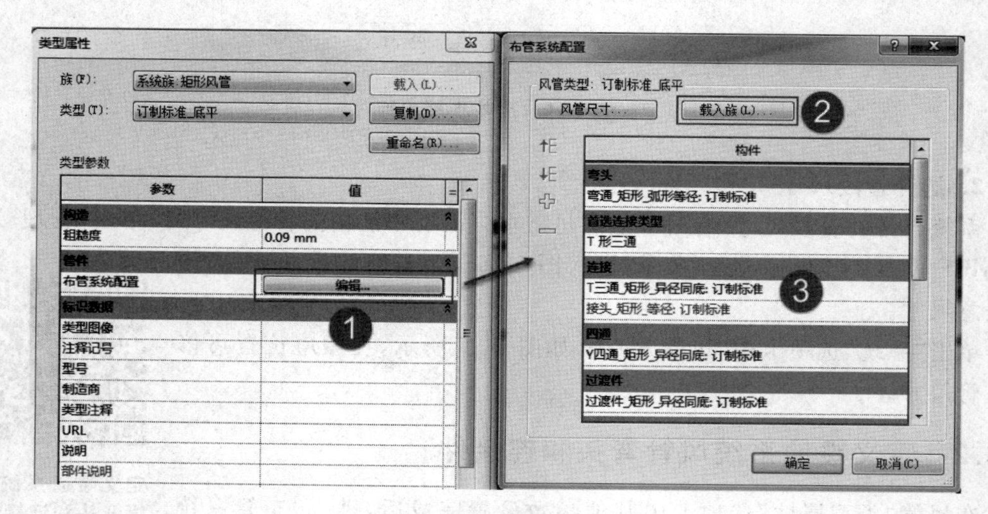

图 6-28　布管系统配置

6.3.3　定义暖通系统类型

定义暖通系统类型

在“类型属性”选项卡的“族系统：风管系统”选项中，自带“送风”“回风”和“排风”三个风管系统，但不能满足需求，双击“送风系统”，会出现风管系统“类型属性”对话框，如图 6-29 所示。单击“复制”命令，输入新名称“01SF 送风管”。复制一个新类型后，如图 6-30 所示，新建材质命名为“01SF 送风”，外观颜色选择为“RGB 0 255 255”。

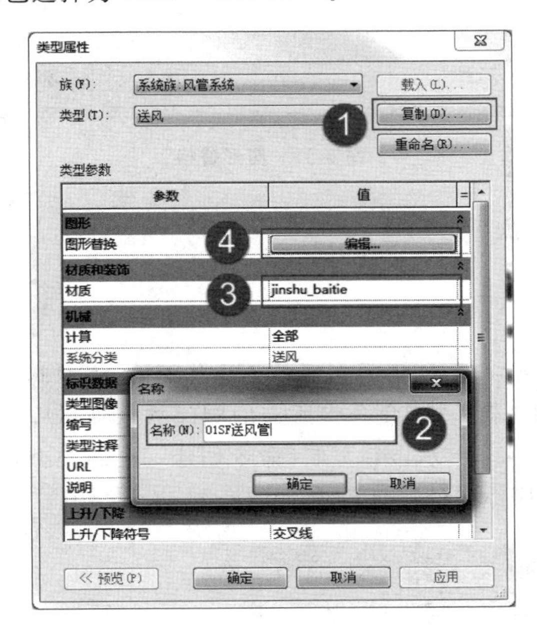

图 6-29　风管系统属性

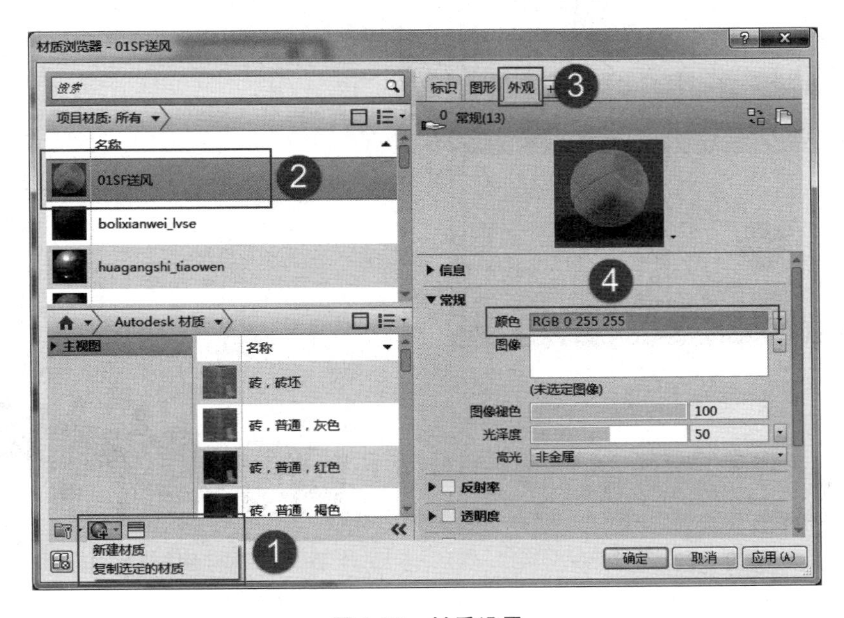

图 6-30　材质设置

单击图形替换后的“编辑”选项，进入图 6-31，在这里可以设置边线的“宽度”“颜色”和“填充”图案。

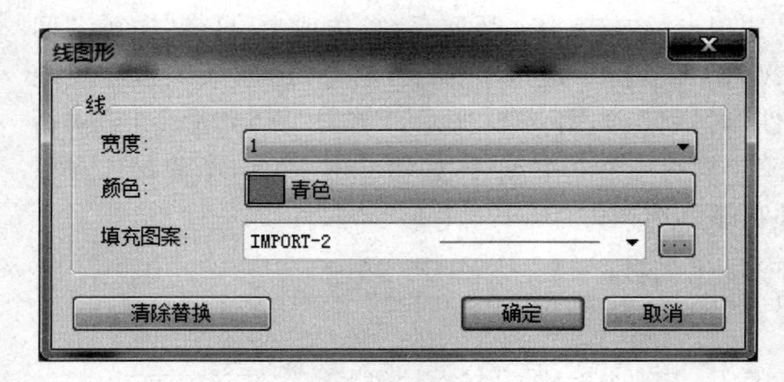

图 6-31　图形替换

6.4　添加风管附件

6.4.1　添加阀门

风管和机械设备绘制完成后，需要在风管上添加蝶阀、浮球阀、风阀和排气阀等。首先，使用“载入族”命令将所需的阀门载入项目中，下面以蝶阀为例讲解。如图 6-32 所示，用“复制”命令创建一个新类型，调整材质、尺寸等参数，以适应不同尺寸的风管，如图 6-33 所示。

添加阀门

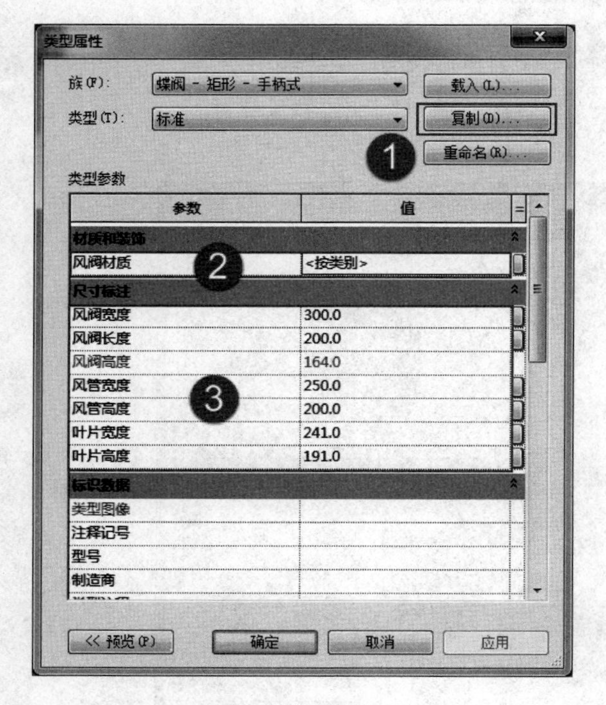

图 6-32　蝶阀

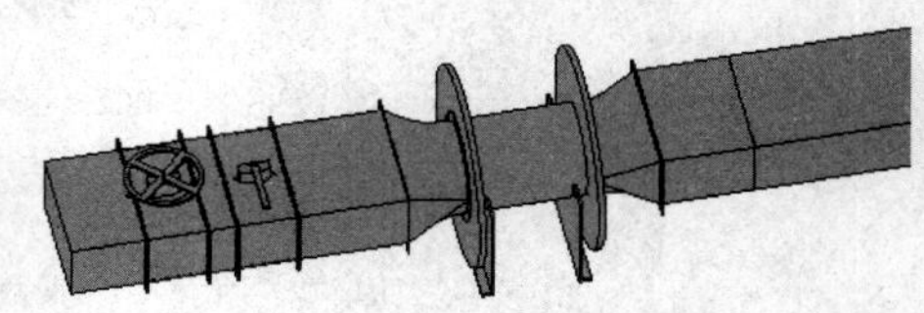

图 6-33　阀门

6.4.2　添加风口

添加风口

单击"系统"选项卡中"风道末端"命令，如图 6-34 所示，通过复制创建新的风口，修改材质尺寸等参数，将新创建的风口设置成所需风口。放置风口时，如图 6-35 所示，在"修改"选项卡选择"风道末端放置带风管上"命令，可以使风口紧贴风管放置，并连接在一起，形成一个完整的系统。

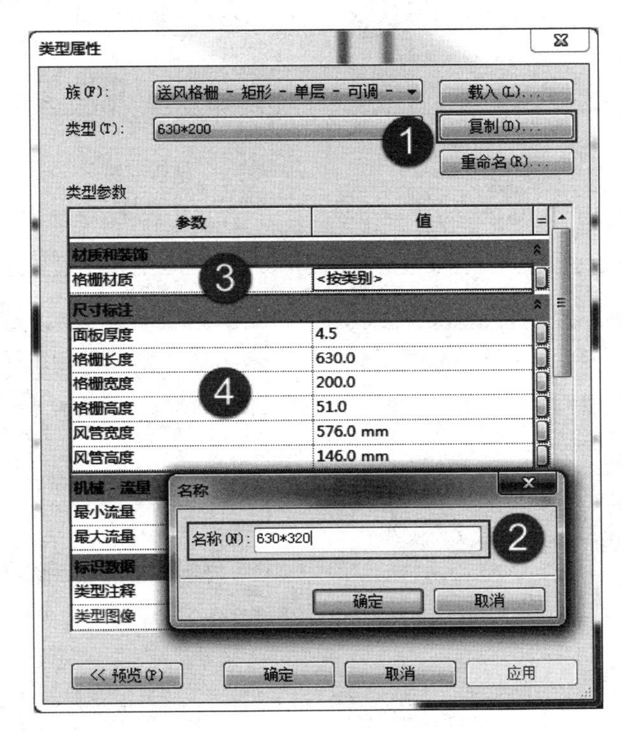

图 6-34　风道末端类型属性

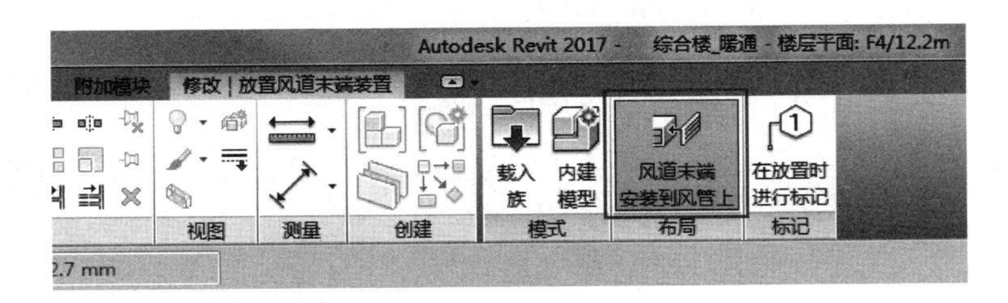

图 6-35　放置风口

6.4.3　添加隔热层和内衬

添加隔热层和内衬

1. 添加隔热层

选中绘制完成的风管，单击"修改"选项卡中"添加隔热层"命令，进入图 6-36。首先编辑类型，复制一个新类型，设置隔热层材质，完成后单击确定。然后，选择新建的隔热层类型，输入厚度，单击完成。

2. 添加内衬

选中绘制完成的风管，单击“修改”选项卡中“添加内衬”命令，进入图 6-37。首先编辑类型，复制一个新类型，设置隔热层材质和粗糙度，完成后单击确定。然后，选择新建的内衬类型，输入厚度，单击完成。

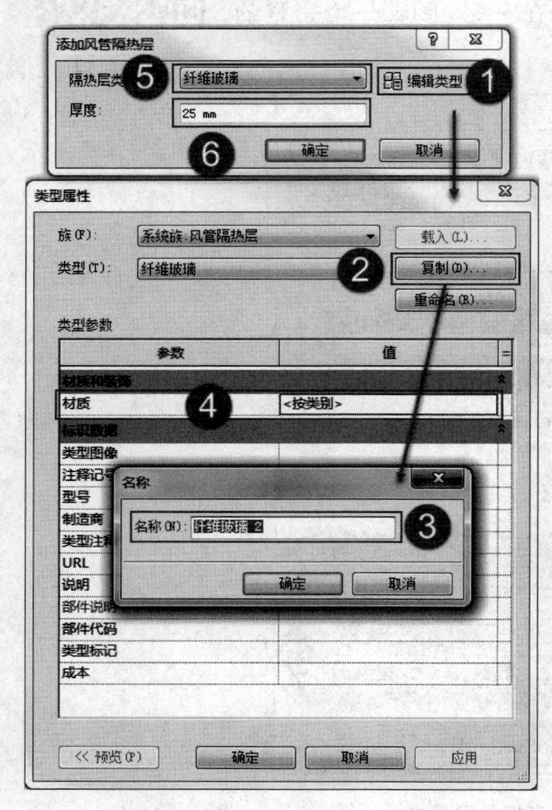

图 6-36　隔热层设置

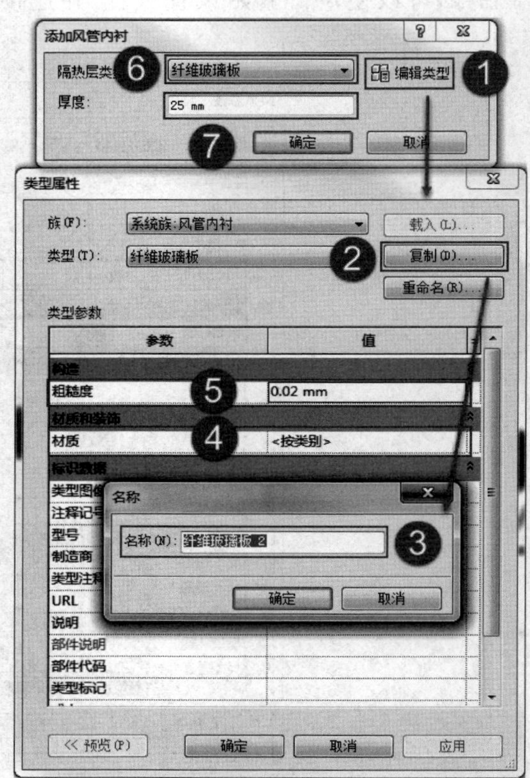

图 6-37　内衬设置

第 7 章

给排水系统模型设计

第 6 章完成了“综合楼_暖通”三维模型的设计，本章开始将逐步完成“综合楼_给排水”三维模型设计。该项目的给水排水系统将分成“生活给排水系统”和“消防水系统”两个模型文件，本章节创建的是生活给排水系统模型文件。在给排水项目设计过程中，需要与建筑、结构、暖通和电气等各专业进行沟通和协调。

7.1 创建项目图纸给排水系统

给排水 CAD 图纸是给排水模型信息的载体，创建“综合楼_给排水”的三维模型时，需要从 CAD 图纸中提取各种信息，故需要将给排水 CAD 图纸与 Revit 软件建立联系。此外，在创建“综合楼_给排水”三维模型时，也需要将“综合楼_建筑”模型作为参照连接进 Revit 文件中，这样可以帮助工程师更高效的工作。关于 2D 数据和 3D 数据的共享和链接方法详见 6.1 节内容。

本节的学习主要以如何放置卫浴装置、给排水管道的设置和绘制为主，演示在不同情况下，应该如何正确地创建给排水系统模型。

7.1.1 布置卫浴装置

在“综合楼_给排水”中，卫生间的卫浴装置主要有坐便器、蹲便器、小便器、洗涤池和洗脸盆，以 1＃卫生间为例，本节主要介绍 Revit 软件中如何添加这些卫浴装置。

布置卫浴装置

卫浴装置属于可载入族，单击“插入”选项卡中“载入族”命令，选择所需要的卫生器具，单击“确定”，如图 7-1 所示。系统自带的族库不能满足项目需求时，可将自己绘制的定制族载入项目中。

1. 添加坐便器

选择“系统”选项卡“卫浴和管道”面板中的“卫浴装置”，如图 7-2 所示，在“属性”对话框的“类型选择器”中选择“坐便器”，选定放置的“标高”，设置“偏移量”，确定大概位置后单击鼠标左键或单击功能区最左边的“修改”即完成放置，如图 7-3 所示。如果是落地式坐便器，在放置时不需要设置偏移量，利用“空格键”来调整坐便器的方向，每按一次“空格键”都会旋转 90°。

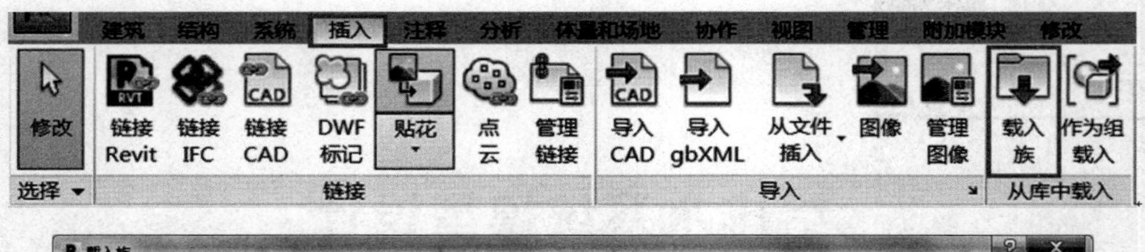

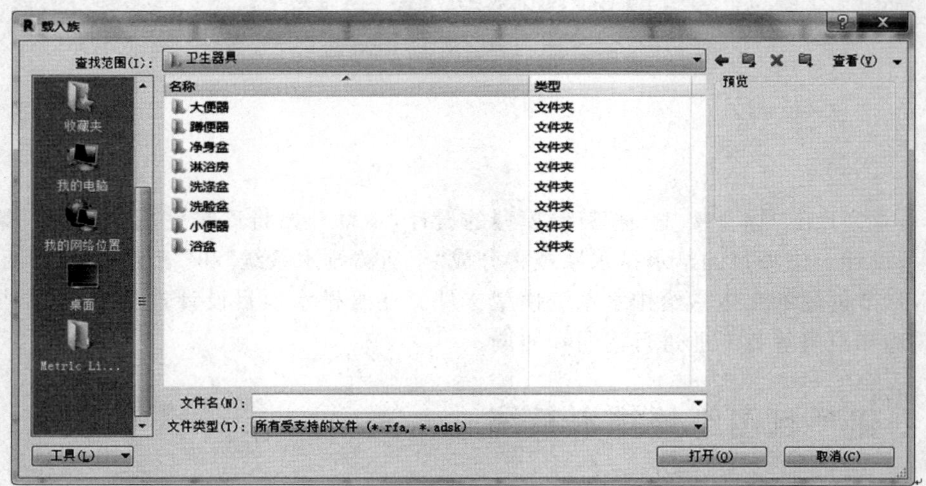

图 7-1 载入族

图 7-2 添加卫浴装置

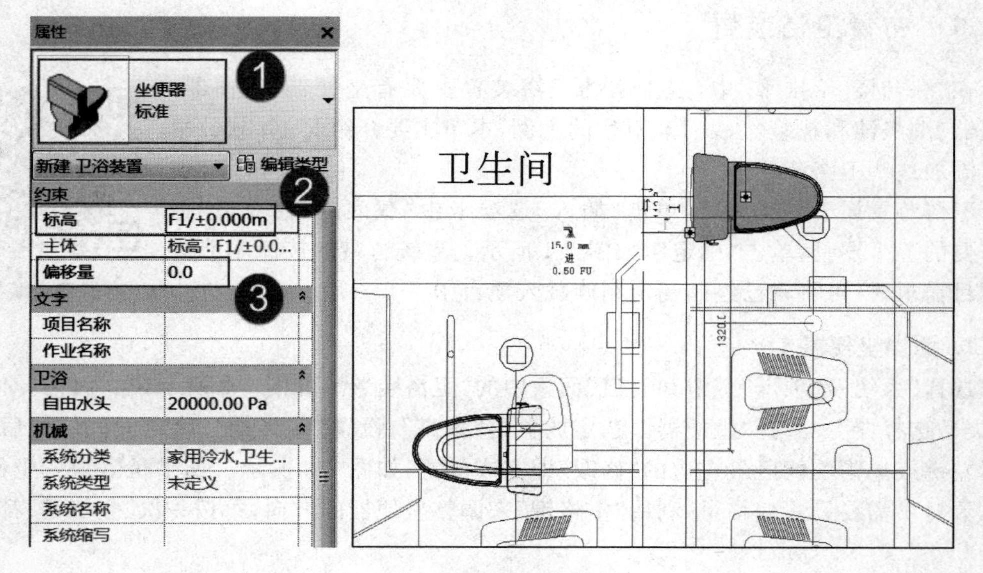

图 7-3 添加坐便器

单击已放置的坐便器，修改尺寸标注的数字可以调整坐便器中心以及坐便器后边缘与墙壁面之间的距离，把坐便器定位到正确的位置，如图 7-4 所示。

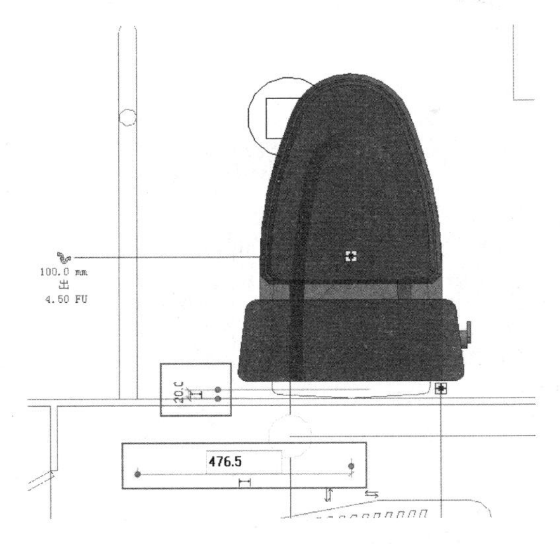

图 7-4　调整坐便器位置

2. 添加蹲便器

蹲便器一般都安装在高于地面的水泥台上，所以在放置蹲便器的时候要考虑高于地面的偏移量。选择“系统”选项卡“卫浴和管道”面板中的“卫浴装置”，在“属性”对话框的“类型选择器”中选择“蹲便器”，设置“偏移量”为“200.0”，按空格键调整方向，确定位置后单击鼠标左键即完成放置，通过修改标注尺寸可定位蹲便器与墙壁面的距离，如图 7-5 所示。

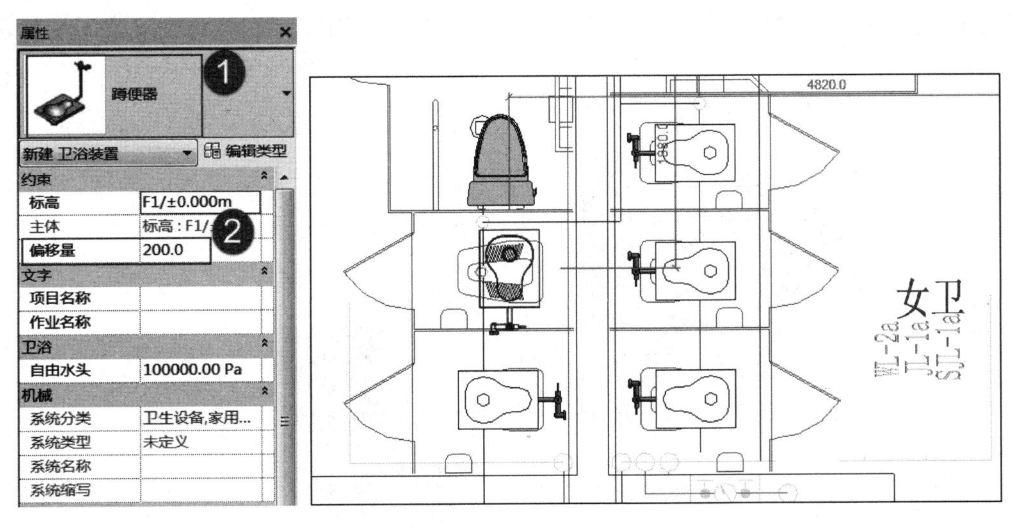

图 7-5　添加蹲便器

3. 添加小便器

小便器在放置的时候要考虑底高度。选择“系统”选项卡“卫浴和管道”面板中的“卫浴装置”，在“属性”对话框的“类型选择器”中选择“小便器”，设置“底高度”为“200.0”，按空格键调整方向，确定位置后单击鼠标左键即完成放置，通过修改标注尺寸可定位小便器与墙壁面的距离，如图 7-6 所示。

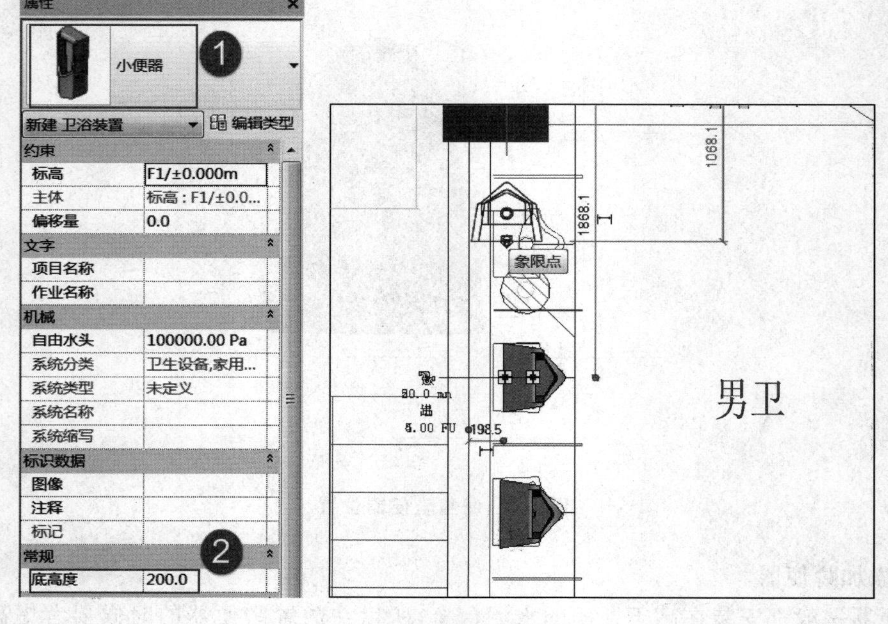

图 7-6　添加小便器

4. 添加洗涤池

洗涤池在放置时根据实际安装的高度设置偏移量即可。选择“系统”选项卡“卫浴和管道”面板中的“卫浴装置”，在“属性”对话框的“类型选择器”中选择“洗涤池”，按图纸要求设置“偏移量”，按空格键调整方向，确定位置后单击鼠标左键即完成放置，通过修改标注尺寸可定位洗涤池与墙壁面的距离，如图 7-7 所示。

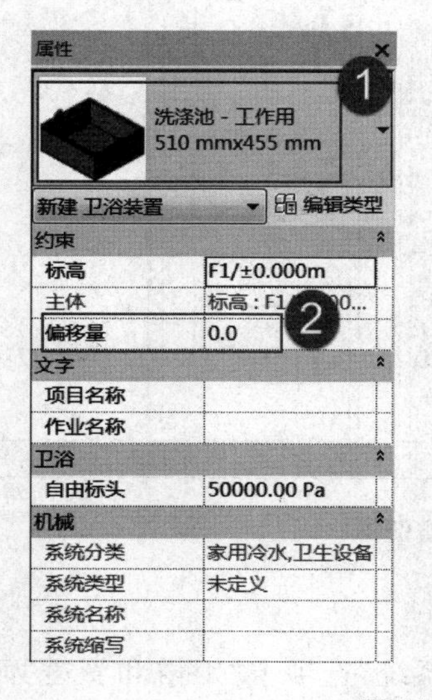

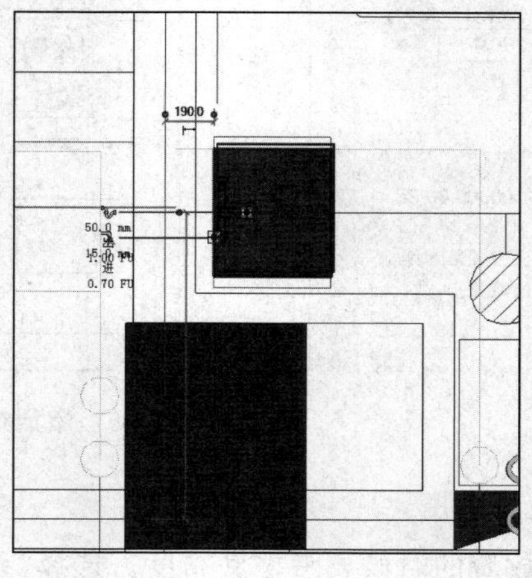

图 7-7　添加洗涤池

5. 添加洗脸盆

洗脸盆必须依附于主体构件才能放置，可以在放置位置先绘制一个“参考平面”，如图 7-8 所示。选择“系统”选项卡“卫浴和管道”面板中的“卫浴装置”，在“属性”对话框的“类型选择器”中选择“洗脸盆”，设置“约束”条件中“立面”高度为“800.0”，鼠标靠近已绘制的参考平面，按“空格键”调整洗脸盆方向，确定位置后单击鼠标左键即完成放置，通过修改标注尺寸可定位洗脸盆与墙壁面的距离，如图 7-9 所示。

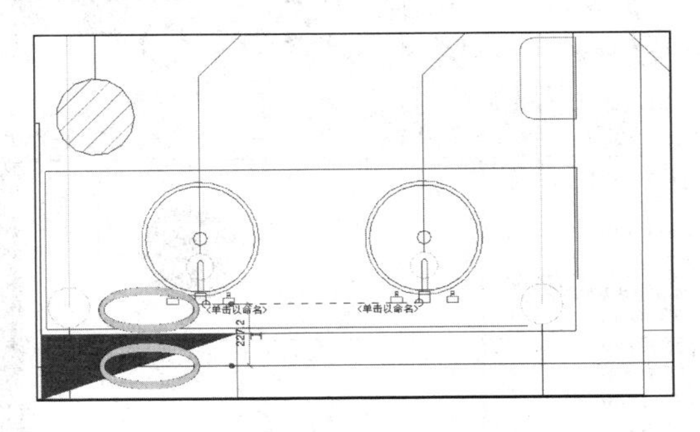

图 7-8　绘制参考平面

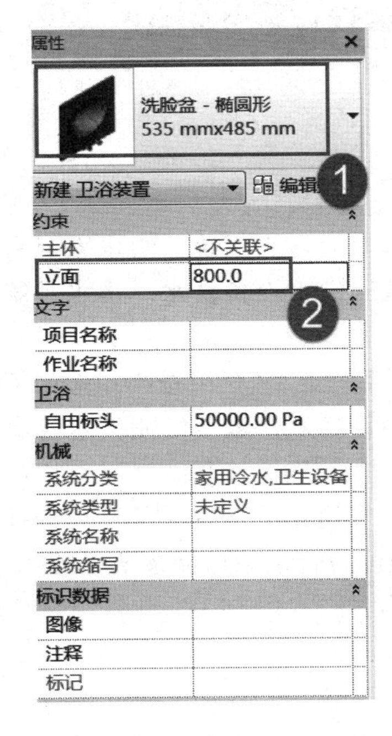

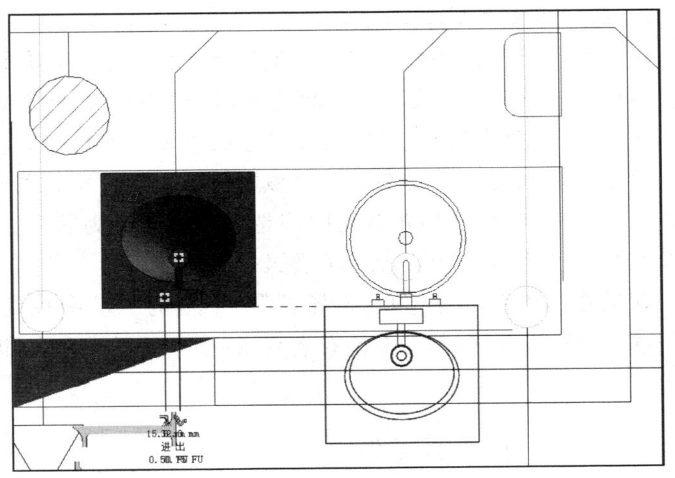

图 7-9　添加洗脸盆

7.1.2　给排水系统选型

给排水系统选型与给排水管道定位

1. 选择管段尺寸

根据 CAD 图纸，本工程给排水系统设计中给水管道主要采用 DN15～DN100 的钢塑复合管，重力排水管主要采用 De50～De160 的 UPVC 管，压力排水管主要采用 De50～De100 的镀锌钢管。

绘制管道时可以直接在“修改|放置管道”选项栏“直径”下拉列表中选择管段尺寸大小，如图 7-10 所示。如果下拉列表中没有相应管段尺寸可供选择，可通过“机械设置”中的“管段和尺寸”选项进行添加设置，详见 7.2.1 节内容。

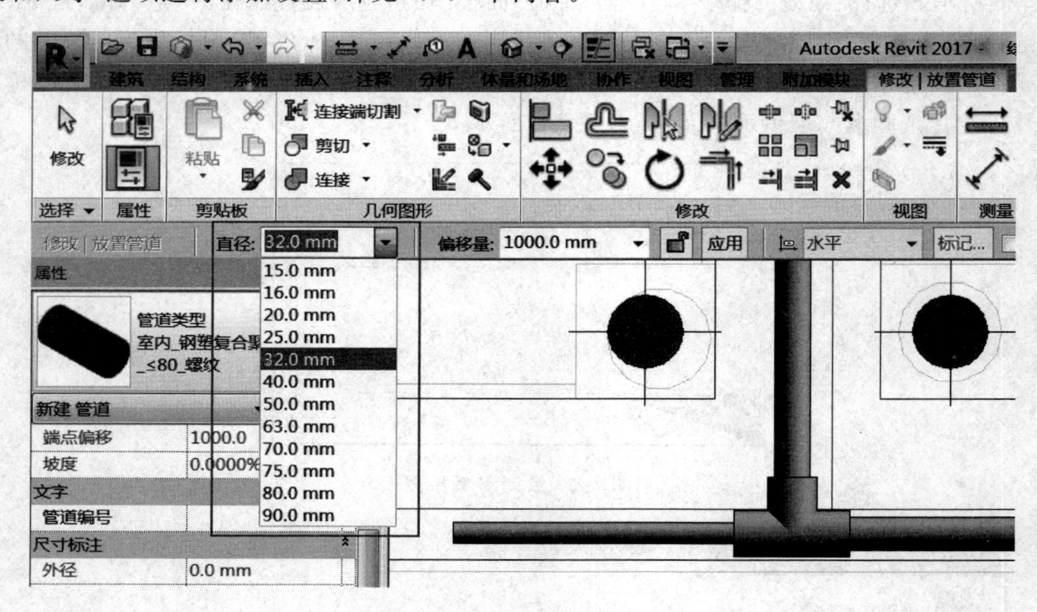

图 7-10 选择管段尺寸

2. 选择系统类型

本工程给排水系统设计包括生活给水系统、纯水系统和生活排水系统。给水系统水源来自城市自来水，1～3 层采用市政直供，4～8 层采用变频恒压供水设备供水。排水系统采用雨污分流、污废合流、实验室废水单独排放的排水体制。

绘制给排水管道时要在绘图区域左侧“属性”对话框的“系统类型”栏中选择相应的管道系统类别，如绘制生活给水管道时应选择系统类型为“01P 生活给水管道”，绘制排水管道时选择系统类型为“15P 污水管”，如图 7-11 所示。

管道系统类型可在“项目浏览器”对话框的“族”中找到“管道系统”，加号展开后选择其中任意一个管道系统，单击鼠标右键复制一个，然后重命名即可为管道添加新系统，如图 7-12 所示。

7.1.3 给排水管道定位

绘制给排水管道前要仔细查看工程项目 CAD 图纸中给排水系统平面图和系统图，明确各管段的平面位置和空间位置，以便建模时准确定位。

1. 确定管道平面位置和对齐方法

给排水管道的平面位置可以参照导入的 CAD 图纸，根据 CAD 图纸中管线的位置进行绘制。如果绘制的管道与 CAD 图纸中管线位置未对齐，可以使用“修改”中的“对齐”命令，依次单击 CAD 底图中的管线和 Revit 绘制管道的中心线进行对齐，如图 7-13 所示。

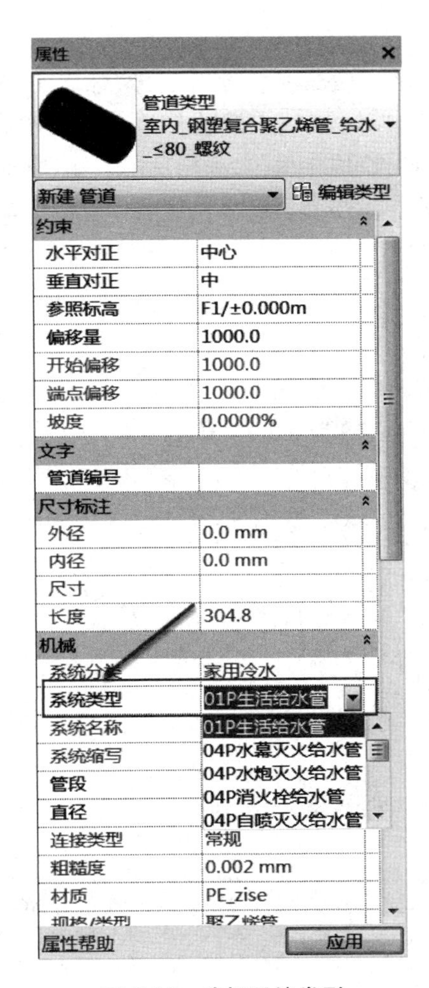

图 7-11　选择系统类型

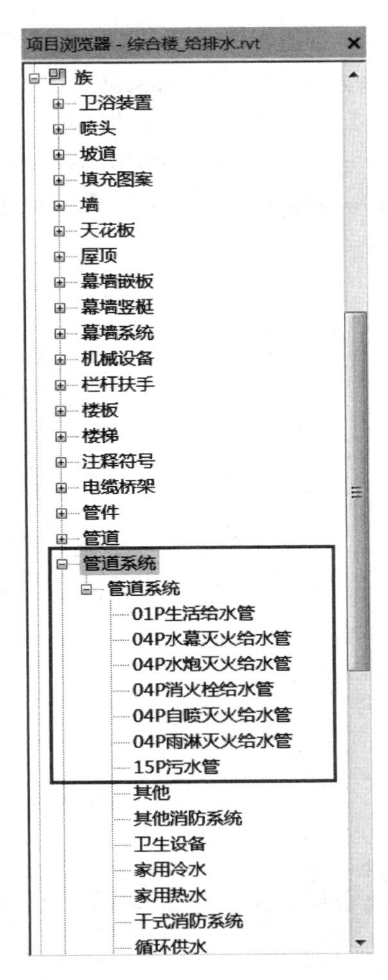

图 7-12　添加管道系统类型

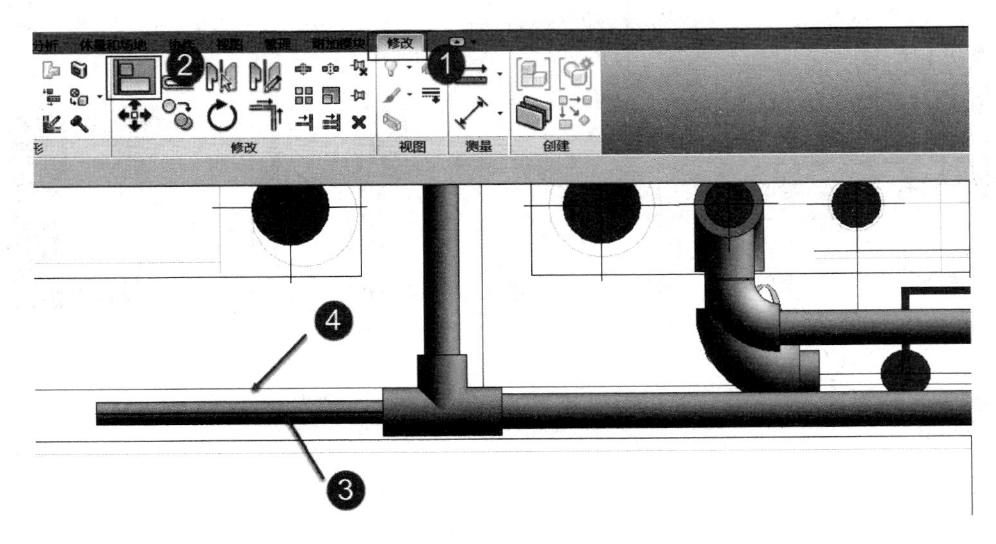

图 7-13　管道平面位置和对齐

2. 确定管道标高参照和对齐方法

管道的空间位置需要根据 CAD 图纸给排水系统图明确其安装高度，如本工程一层平面图中的 1＃卫生间给水系统图如图 7-14 所示，SJL-1a 立管上连接的给水横干管安装高度为“H＋1.000”，Revit 软件中绘制该管道时可通过设置“偏移量”大小来定位其高度，如图 7-15 所示。图中偏移量“1000mm”表示该给水管道在“参照标高 F1/±0.000m”的基础上向上偏移了 1000mm 高度。

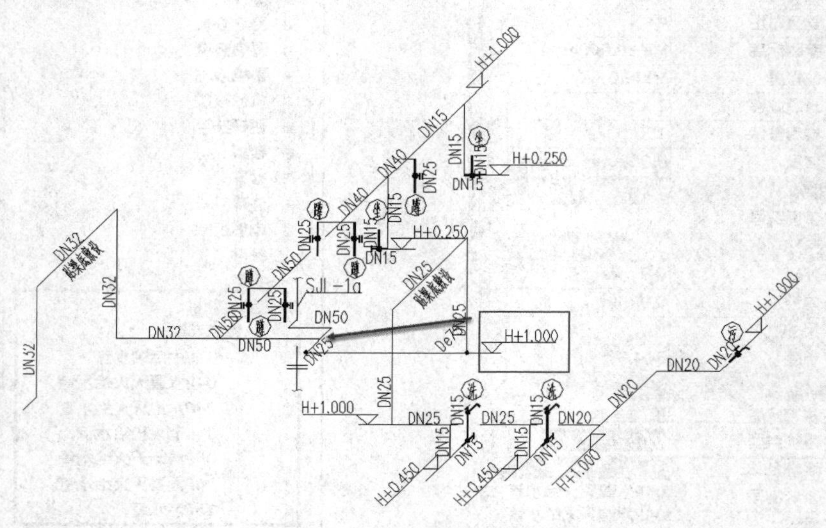

图 7-14　1＃卫生间给水系统图

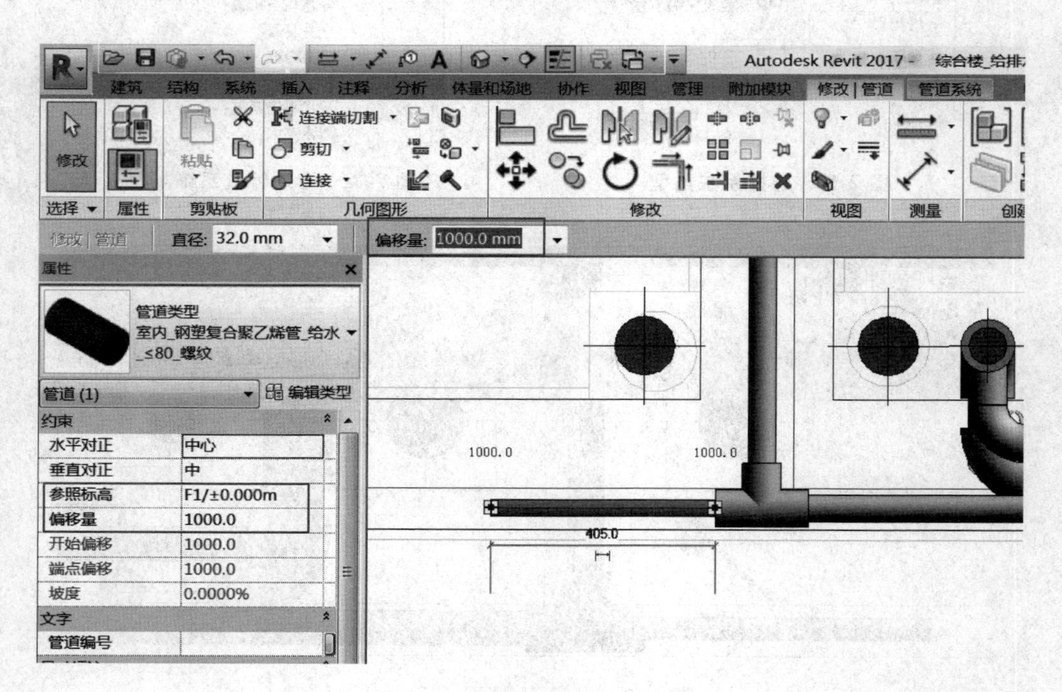

图 7-15　管道标高参照和对齐

7.1.4　绘制给排水管道

绘制给排水管道

1. 绘制系统立管

以绘制 1＃卫生间 SJL-1a 立管为例，选择“系统”选项卡“卫浴和管道”面板中的“管道”，或直接输入“PI”(管道快捷键)，进入管道绘制模式，如图 7-16 所示。

图 7-16　管道绘制命令

在“属性”对话框的“类型选择器”中选择“室内_钢塑复合聚乙烯管_给水≤80_螺纹”管道类型，在“修改｜放置管道”选项栏的“直径”下拉列表中选择或直接输入管道尺寸为“70.0mm”，在“偏移量”下拉列表中选择或直接输入管道偏移量为“0.0mm”，将鼠标移至立管中心(用“SC 键”捕捉)单击左键，即可指定立管起点。然后再修改“偏移量”为“4700.0mm”，单击“修改｜放置管道”选项栏的“应用”按钮，即可指定立管终点，如图 7-17 所示。绘制完成后，按“Esc 键”，或者单击鼠标右键，在弹出的快捷菜单中选择“取消”命令，退出管道绘制。

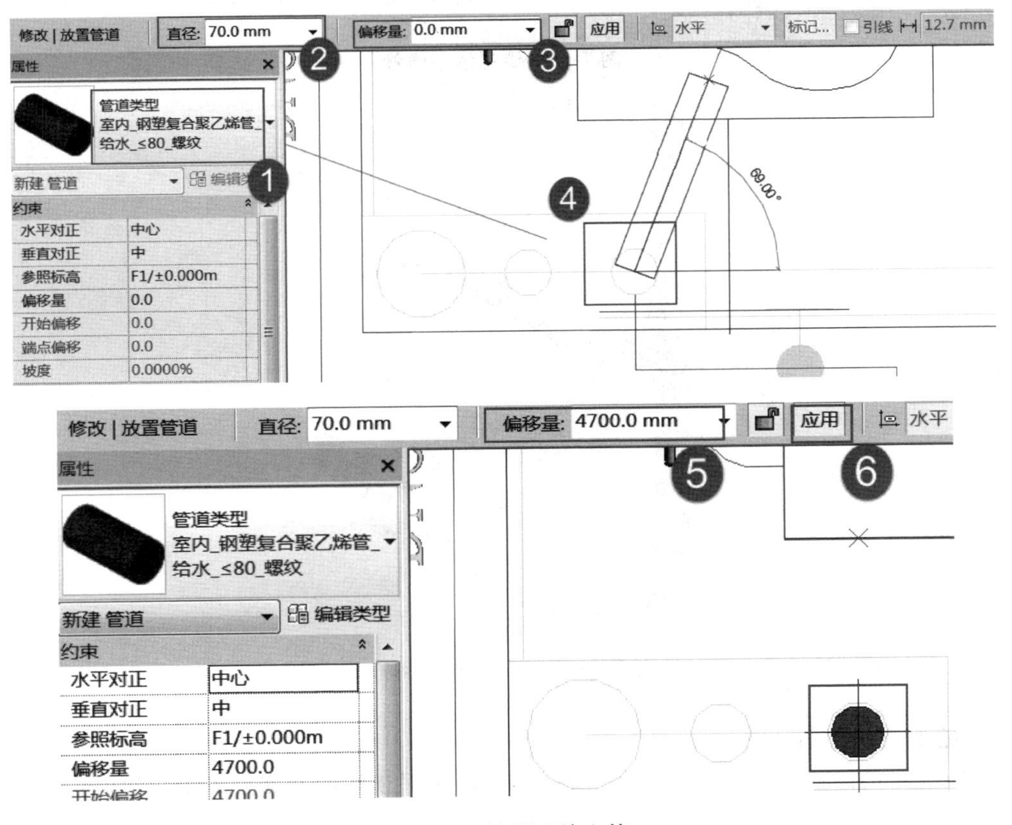

图 7-17　绘制系统立管

2. 绘制水平横管

在“修改 | 放置管道”选项栏中把“直径”修改为“50.0mm”，把“偏移量”修改为“1000.0mm”，将鼠标指针移至立管中心单击左键，即可指定横管起点。然后根据 CAD 图纸管线走向指定水平横管终点，弯头、三通和过渡件等都会自动生成，如图 7-18 所示。绘制完成的水平横管三维视图如图 7-19 所示。

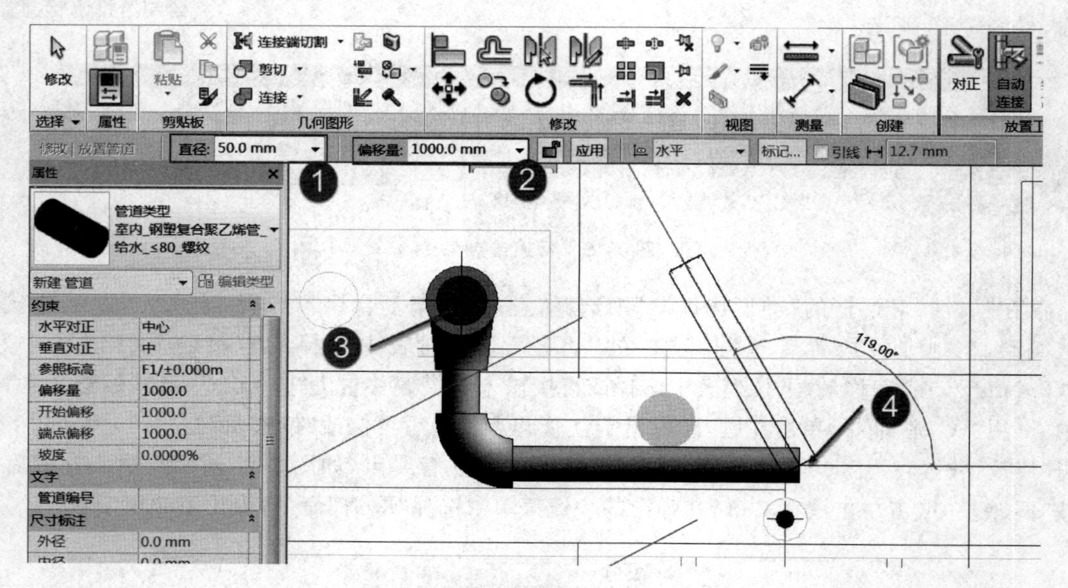

图 7-18　绘制水平横管

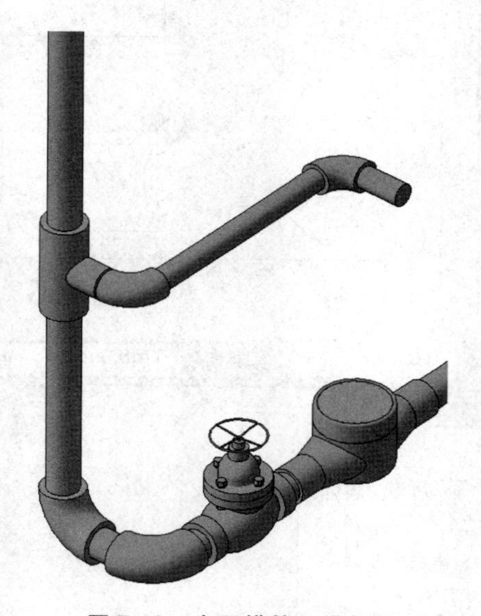

图 7-19　水平横管三维视图

3. 绘制支线立管

支线立管的绘制方式与系统立管相同，当一段水平横管绘制完后不退出绘制命令，直接修改偏移量大小，接着绘制一段水平管，在两段高度不同的水平管之间会自动生成支线立管和弯头，如图 7-20 所示。

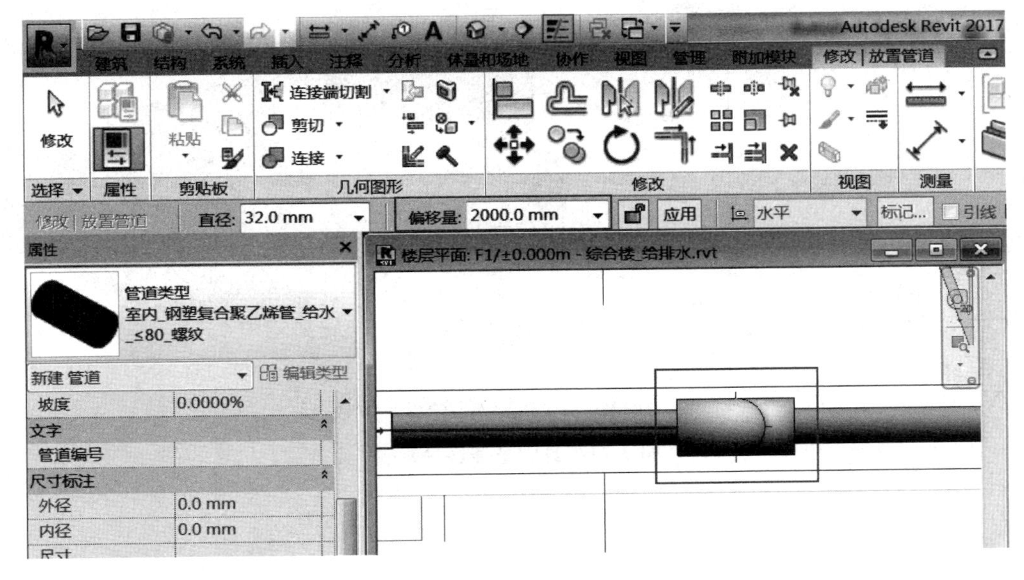

图 7-20　绘制支线立管

4. 绘制卫浴装置连接管

以坐便器为例，选中坐便器，鼠标移至坐便器进水口后单击右键，在快捷菜单中选择“绘制管道”，进入“修改|放置管道”命令，绘制一段直径为“15.0mm”，偏移量为“200.0mm”的水平管道，如图 7-21 所示。利用“修改”选项卡的“修剪”命令，依次单击坐便器进水管和水平支管，可以直接将两段管线连接，并自动生成立管和弯头，如图 7-22 所示。绘制完成后的坐便器进水连接管平面视图与三维视图如图 7-23 所示。

5. 绘制坡度重力水管

建筑内部排水系统的水流状态属于重力流，因此为了保证排水的通畅，排水横管的布置

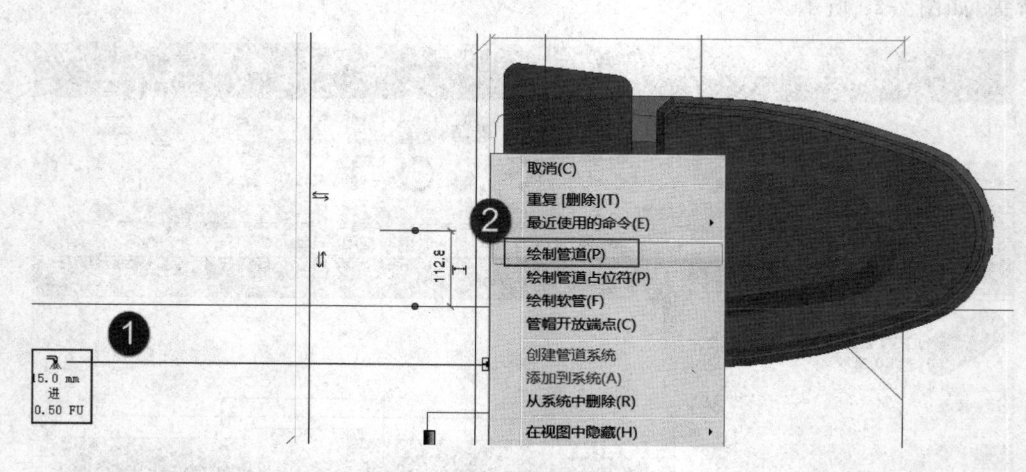

图 7-21　绘制坐便器进水管

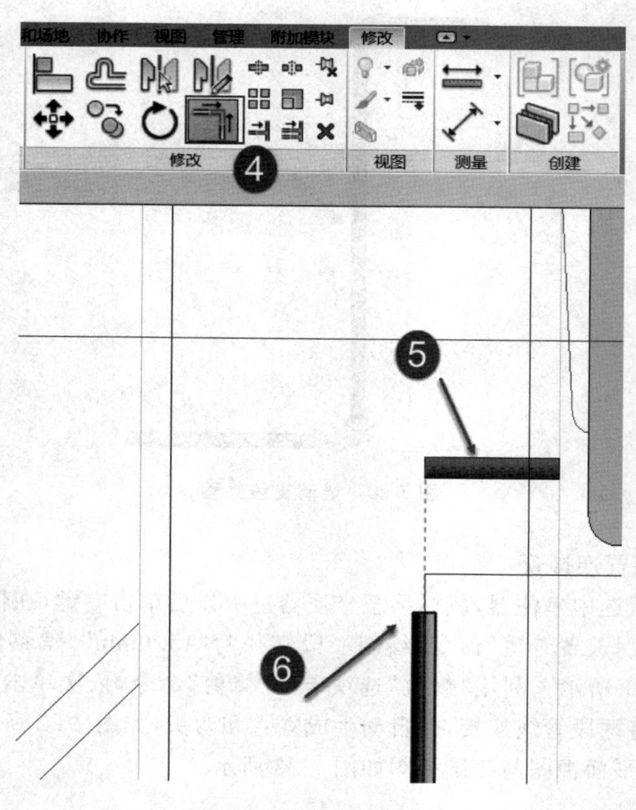

图 7-22　管段的修剪连接

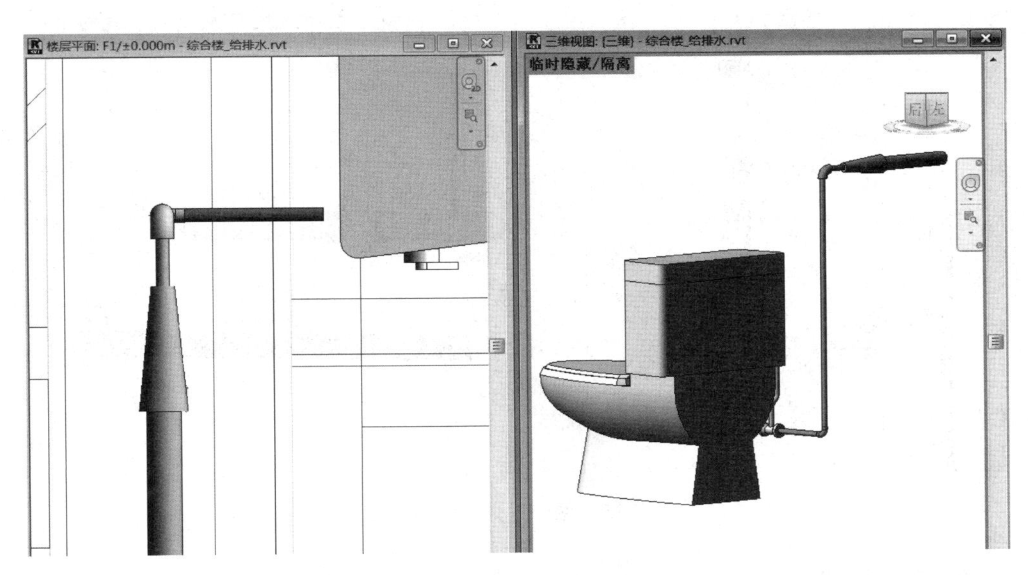

图 7-23　坐便器连接管平面视图和三维视图

必须保证一定的坡度。根据《建筑给水排水设计规范》(GB 50015—2003)(2009 年版)要求,排水横管的坡度一般应采用标准坡度,建筑排水塑料横支管的标准坡度为 0.026。

选择“系统”选项卡“卫浴和管道”面板中的“管道”,或直接输入“PI”(管道快捷键),进入管道绘制模式。在“属性”对话框的“类型选择器”中选择“室内_PVC_污水、废水管”管道类型,在“修改|放置管道”选项栏的“直径”下拉列表中选择或直接输入管道尺寸为“110.0mm”,在“偏移量”下拉列表中选择或直接输入管道始点偏移量为“−400.0mm”,在右上角“带坡度管道”面板中单击“向下坡度”,并将“坡度值”设置为“2.6000%”,在绘图区域中根据排水方向由高往低指定排水管线的始点和终点即可,如图 7-24 所示。

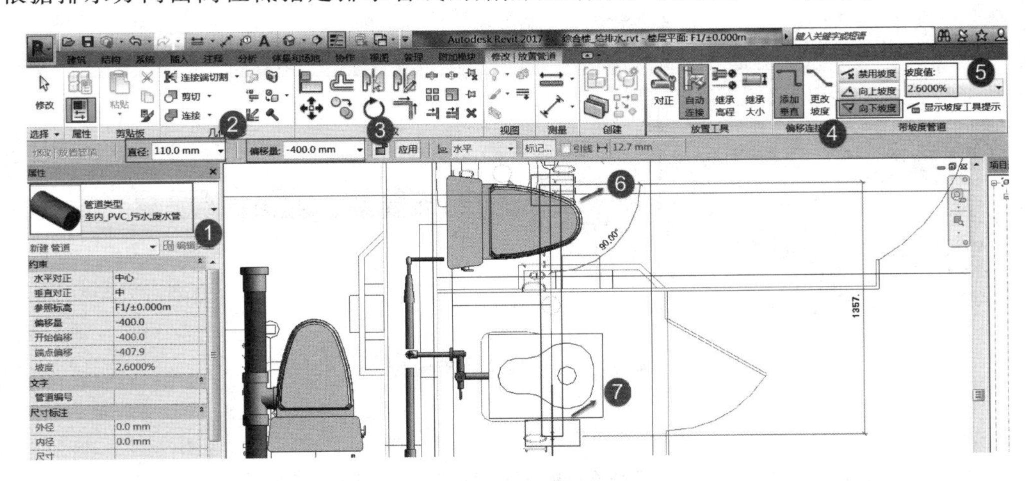

图 7-24　绘制坡度重力水管

绘制完成后的坡度重力水管,通过改变起点、终点和坡度值可控制管道的倾斜度,如图 7-25 所示。

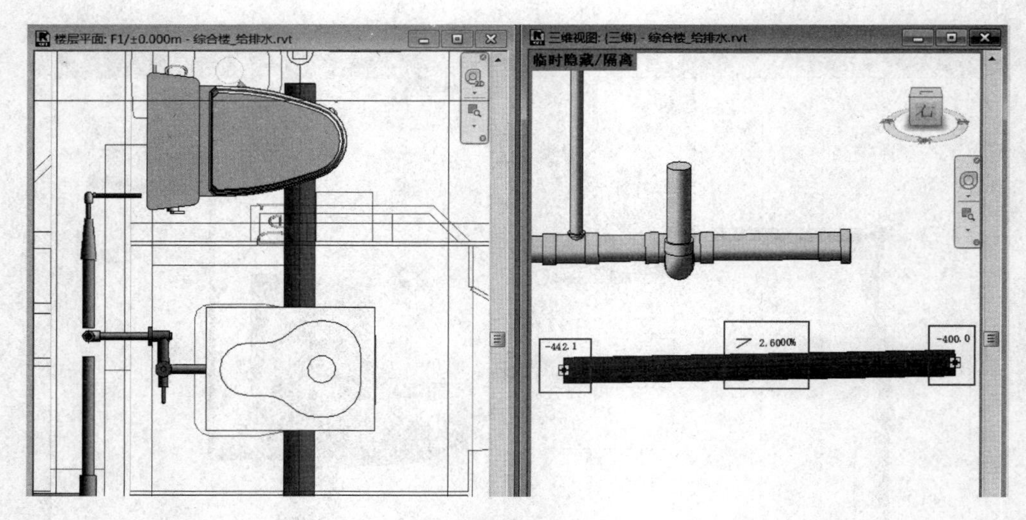

图 7-25　坡度重力水管完成图

6. 绘制变截面管段

绘制给排水管道过程中,往往会遇到管径大小不一致的管段连接,这时只需要在绘制完一段管道后,不退出绘制命令,修改选项栏中的“直径”大小,接着绘制一段管道,两段尺寸大小不同的管道将根据管路布局自动添加“类型属性”对话框中预设好的连接件,如图 7-26 所示。

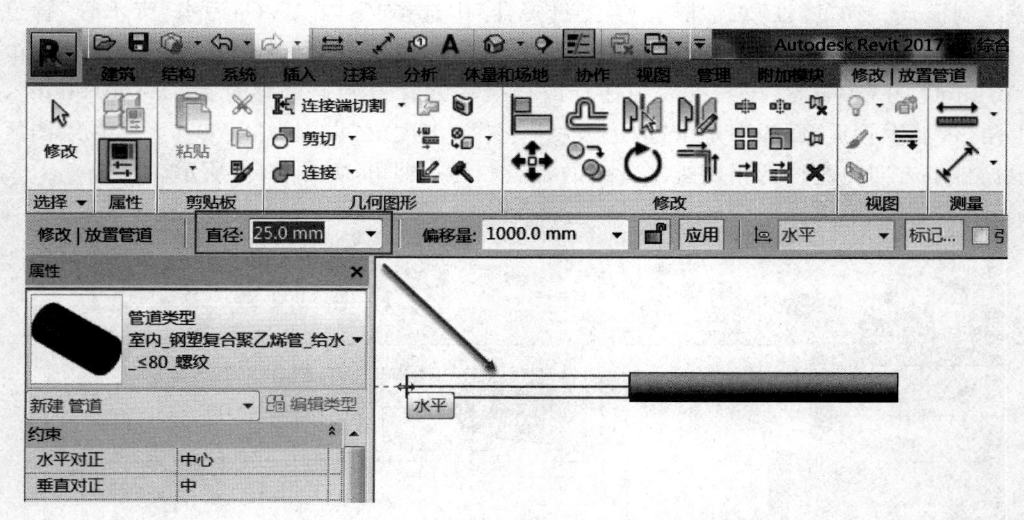

图 7-26　绘制变截面管段

7. 绘制软管

给排水系统在穿越伸缩缝、沉降缝的地方要采用金属软管连接管道。软管绘制方式与绘制管道相同,选择“系统”选项卡“卫浴和管道”面板中的“软管”,进入“修改|放置软管”模式,单击鼠标左键指定软管的始点和终点即完成软管的绘制,如图 7-27 所示。

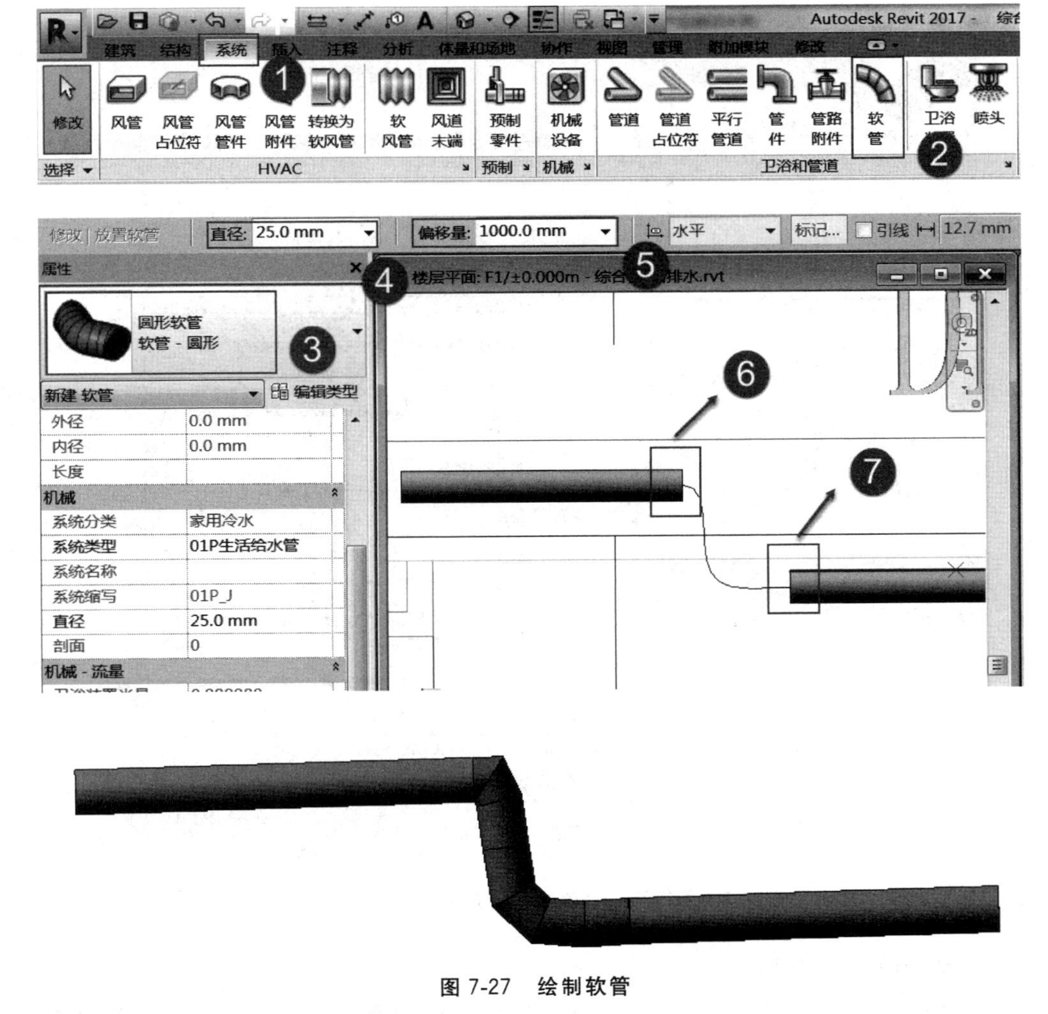

图 7-27　绘制软管

7.1.5　编辑给排水管道

编辑给排水管道

给排水管道绘制完成后，每个视图中都可以对管道进行编辑和修改。

1. 修改给排水管道实例参数

选中任意管段，在“属性”栏可以修改管道的“水平对正”“垂直对正”“参照标高”“偏移量”等实例参数，如图 7-28 所示。“水平对正”和“垂直对正”分别用来指定当前视图下两段管径大小不一的相邻管道之间的水平对齐方式和垂直对齐方式，也可以在绘制管道前通过“修改 | 放置管道”选项卡“放置工具”中的“对正”按钮来设置管道的默认对正方式，或者选中需要修改的管段后单击功能区中的“对正”按钮，进入“对正编辑器”，根据需要选择相应的对齐方式和对齐方向，如图 7-28 所示。通过修改“参照标高”和“偏移量”参数，可以指定管段的高度位置。

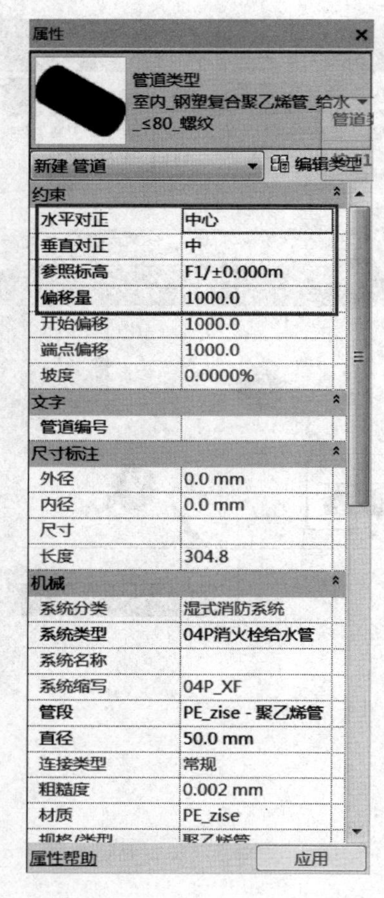

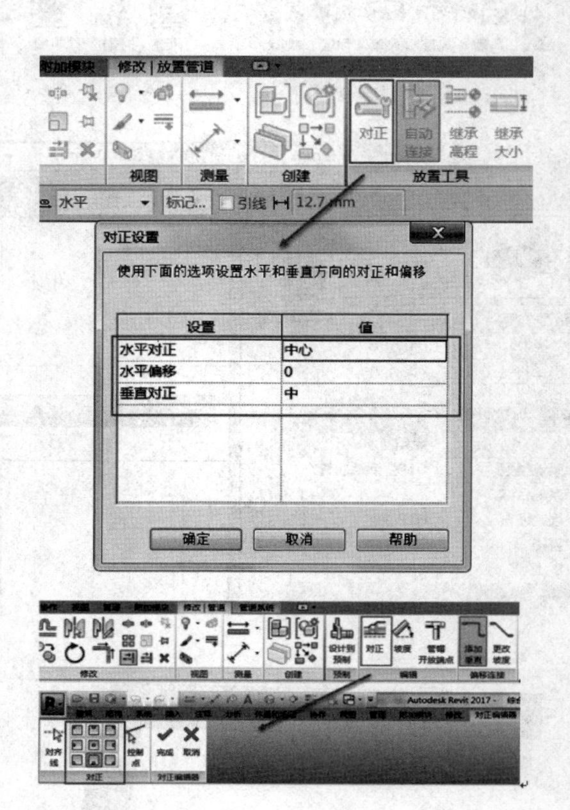

图 7-28 修改给水管道实例参数

2. 类型参数：布管系统设置

绘制管道过程中，随着管道尺寸的变化，管道材料、管道连接方式以及管件的选择都会发生变化，这时通过“布管系统配置”可以指定绘制不同管道类型时自动添加到管路中的管件，提高绘制复杂管路的效率。

在管道“属性”面板中选择管道类型，单击“编辑类型”按钮，弹出“类型属性”对话框，单击“布管系统配置”后面的“编辑”按钮，指定该管段的尺寸范围，并在构件列表中配置各类型管件族。可以指定绘制管道时自动添加到该管路中的管件，如果管件下拉菜单中没有需要的管件可供选择时，可以通过“载入族”按钮把需要的管件载入，如图 7-29 所示。可以在绘制管道时自动添加到管道中的管件类型有弯头、T 形三通、接头、四通、过渡件、活接头、法兰和管帽等，如果不能在列表中选取，则需要手动添加到管道系统中，如 Y 形三通、斜四通等。

3. 给排水系统填色

给排水系统绘制完后，由于管线布局交错复杂，可以利用过滤器给排水系统添加颜色以区分不同的管道系统。

在“属性”面板中单击“可见性/图形替换”(或直接输入快捷键“VG”)，进入“可见性/图

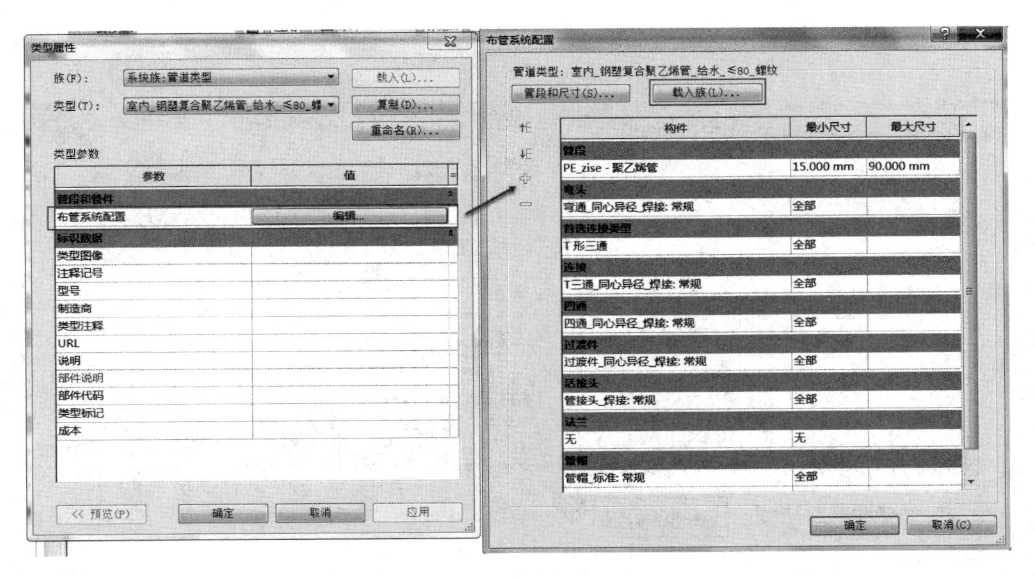

图 7-29　布管系统设置

形替换”对话框，确认选择“过滤器”，单击左下角的“添加”按钮，进入“添加过滤器”对话框，选择“01P 生活给水管”后单击“确定”，如图 7-30 所示。

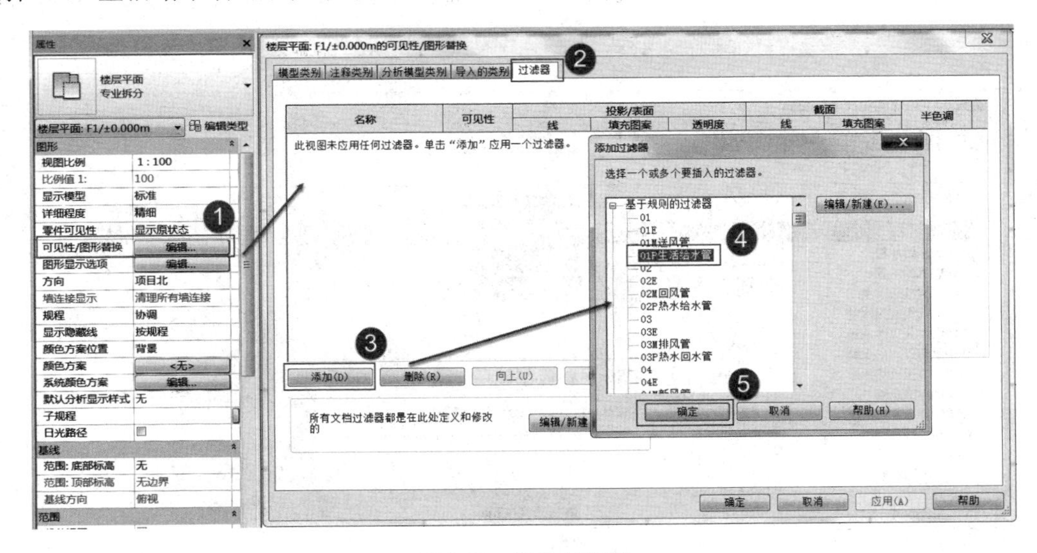

图 7-30　添加过滤器

选中“01P 生活给水管”过滤器，单击下面的“编辑/新建”按钮，在过滤器对话框中勾选要包含在过滤器中的类别，如管件、管道、管道附件等，待设置完成后这些类别会被着色，然后设置过滤条件，设置完毕后单击“确定”，如图 7-31 所示。

在“01P 生活给水管”过滤器一栏，单击“投影/表面”下的填充图案，设置颜色为“RGB 000-170-221”，填充图案为“实体填充”，设置完毕后单击“确定”，如图 7-32 所示。过滤器设置完成后，给排水系统填色如图 7-33 所示。

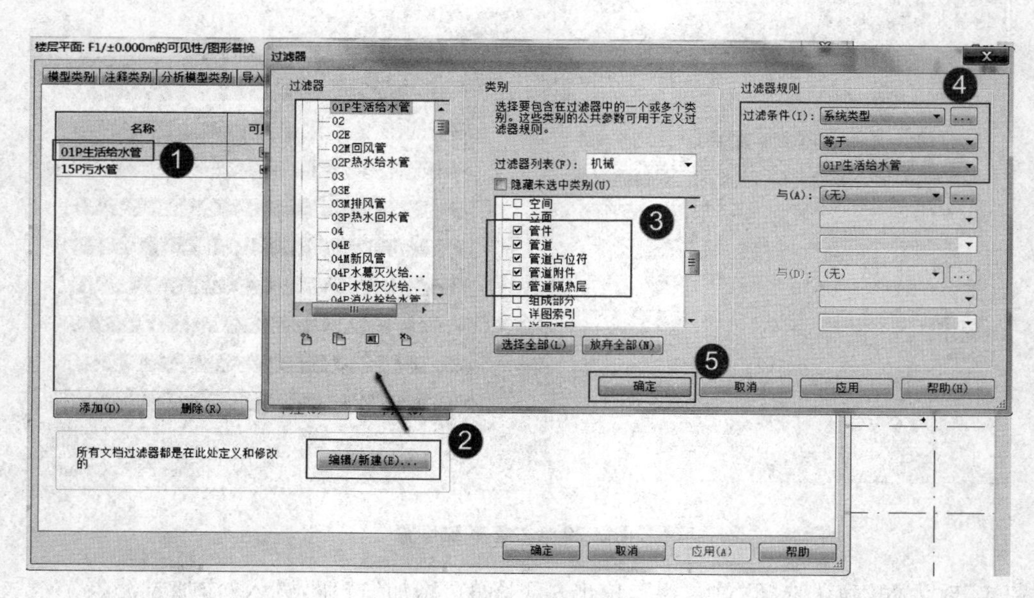

图 7-31 编辑过滤器

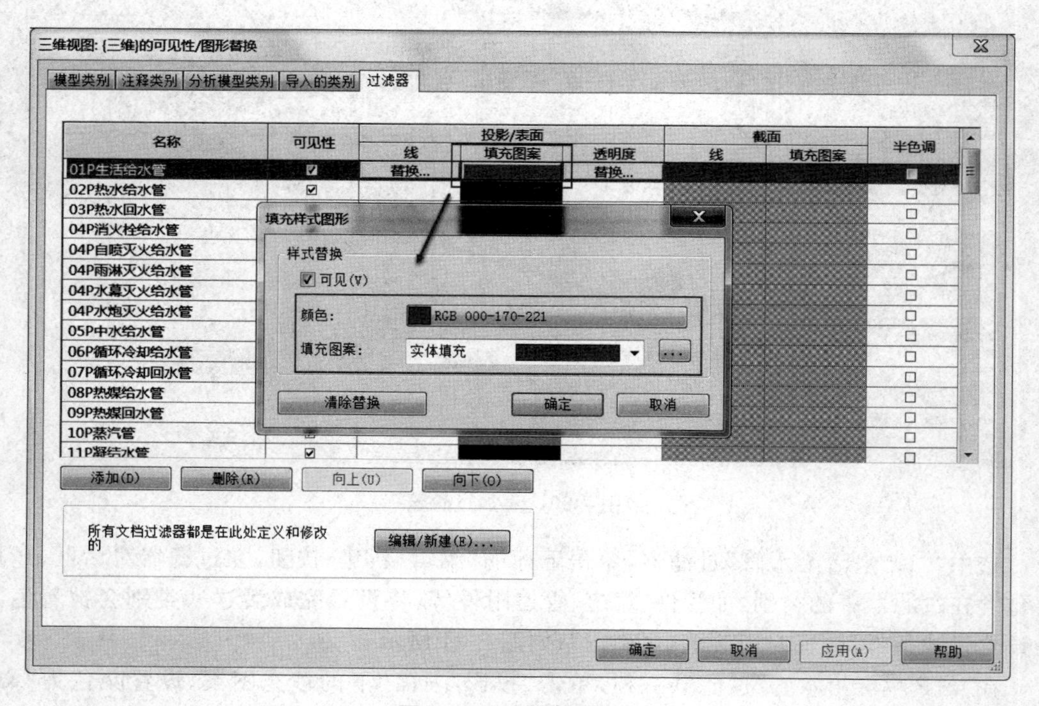

图 7-32 设置填充图案

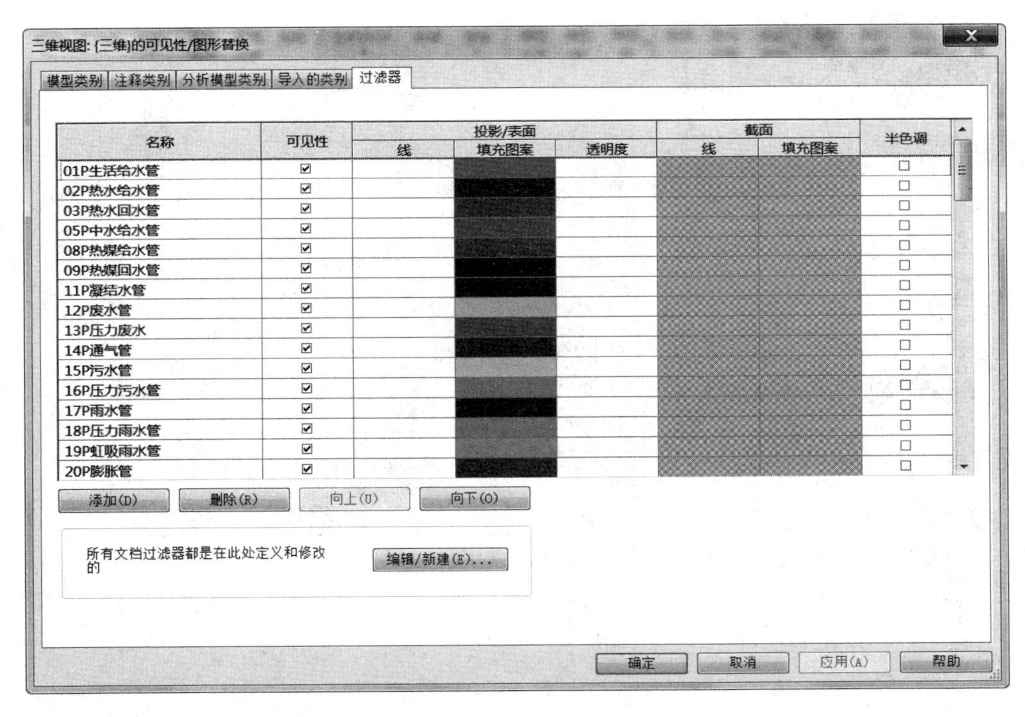

图 7-33　给排水系统填色

7.2　编辑和修改给排水系统

7.2.1　定义给排水系统管道类型和尺寸

编辑和修改给排水系统

1. 定义系统管道类型

单击“系统”选项卡中的“管道”命令，进入绘制管道状态，在“属性”面板中单击“编辑类型”进入“类型属性”对话框，在“类型属性”对话框中单击“复制”，输入管道新名称，单击“确定”，即创建出一个新的给排水管道类型，如图 7-34 所示。

按此方法可依次创建本项目所需的“室内_钢塑复合聚乙烯管_给水_≤80_螺纹”“室内_钢塑复合聚乙烯管_给水_＞80_卡箍”和“室内_PVC_污水，废水管”管道类型，如图 7-35 所示。

2. 定义系统管道尺寸

在 Revit MEP 中，通过“机械设置”中的“尺寸”选项可以设置当前项目文件中的管道尺寸信息。单击功能区中的“管理”选项卡，在“MEP 设置”下拉列表中单击“机械设置”，如图 7-36 所示。

在弹出的“机械设置”对话框中，选择左侧面板“管道和尺寸”，右侧面板会显示可在当前项目中使用的管道尺寸列表。当系统自带的管道尺寸不能满足需求时，可单击“新建尺寸”按钮来添加新的管道尺寸，如图 7-37 所示。新建管道的公称直径和现有列表中管道的公称

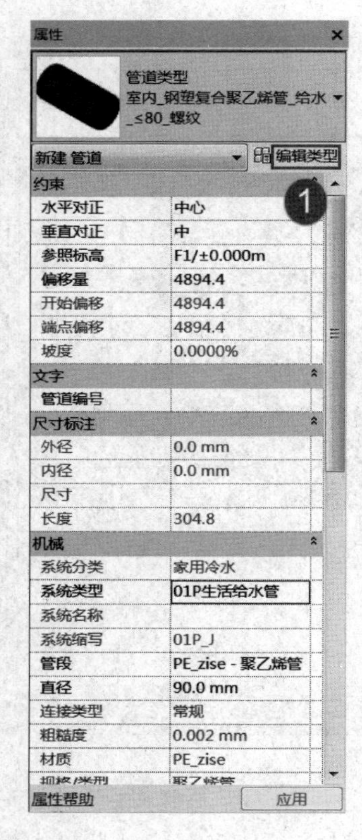

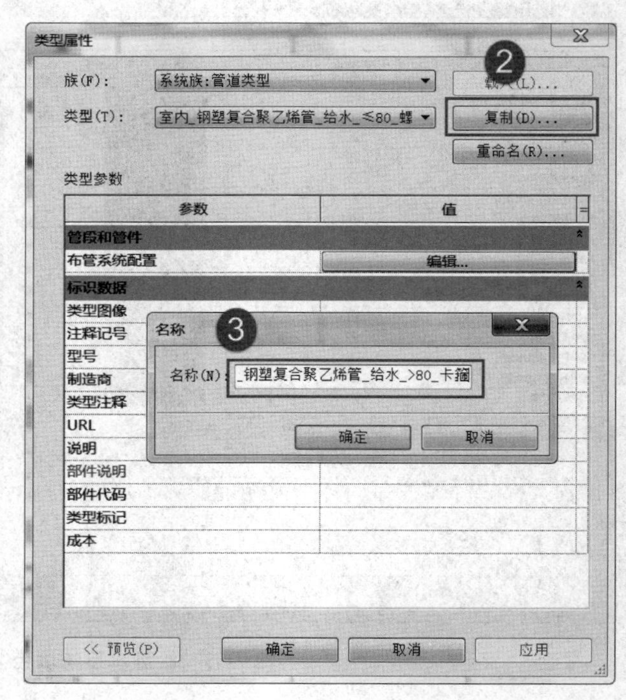

图 7-34 创建新的管道类型

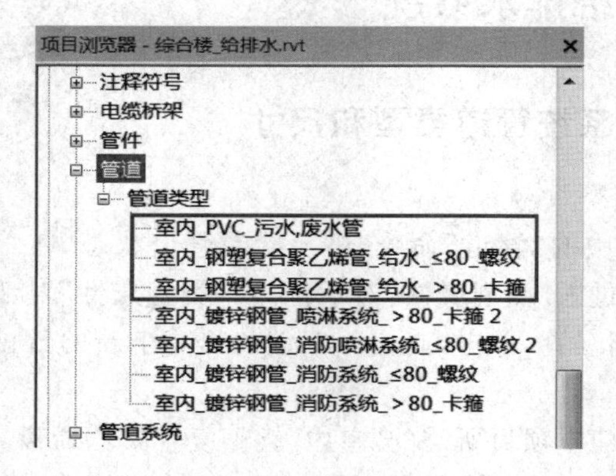

图 7-35 定义给排水系统管道类型

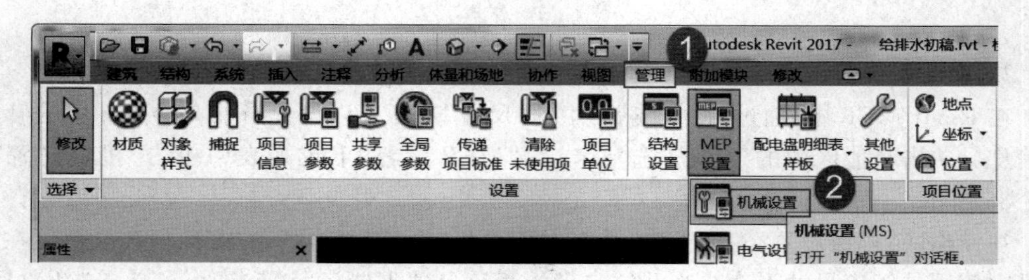

图 7-36 机械设置

直径不允许重复。如果在绘图区域已经绘制了某尺寸的管道，该尺寸在“机械设置”尺寸列表中不能删除，需要先删除项目中的管道后才能删除列表中的尺寸。

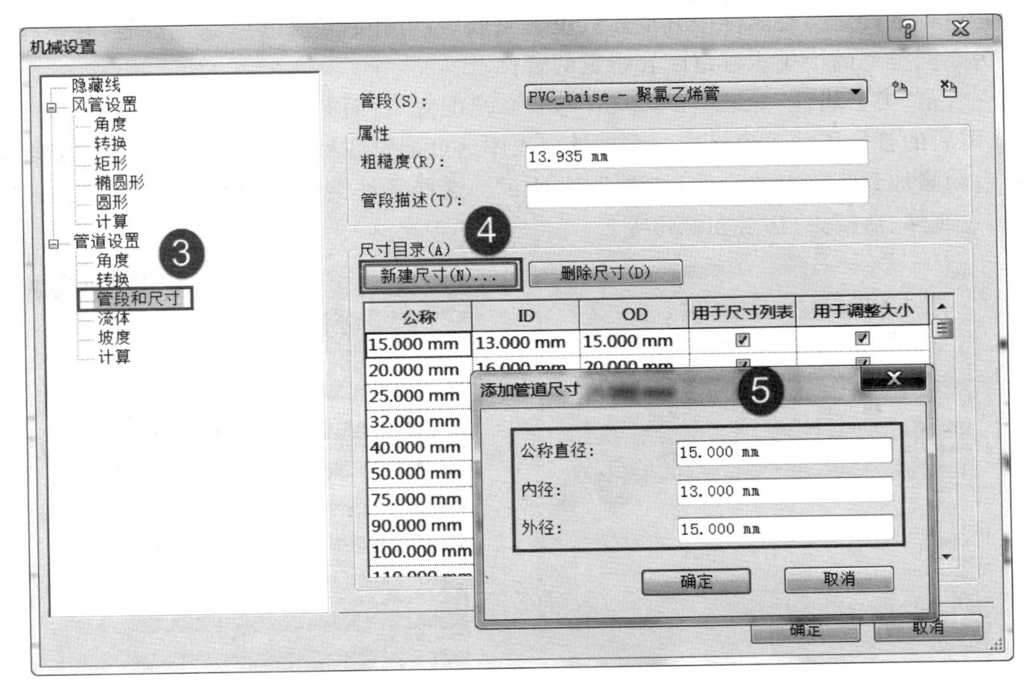

图 7-37　新建管道尺寸

在“机械设置”对话框中，通过勾选公称直径后面的“用于尺寸列表”和“用于调整大小”，可以调节管道尺寸在项目中的应用。如果勾选一段管道尺寸的“用于尺寸列表”，该尺寸可以被管道布局编辑器和“修改|放置管道”中管道“直径”下拉列表调用，在绘制管道时可以直接选择尺寸，如图 7-38 所示。

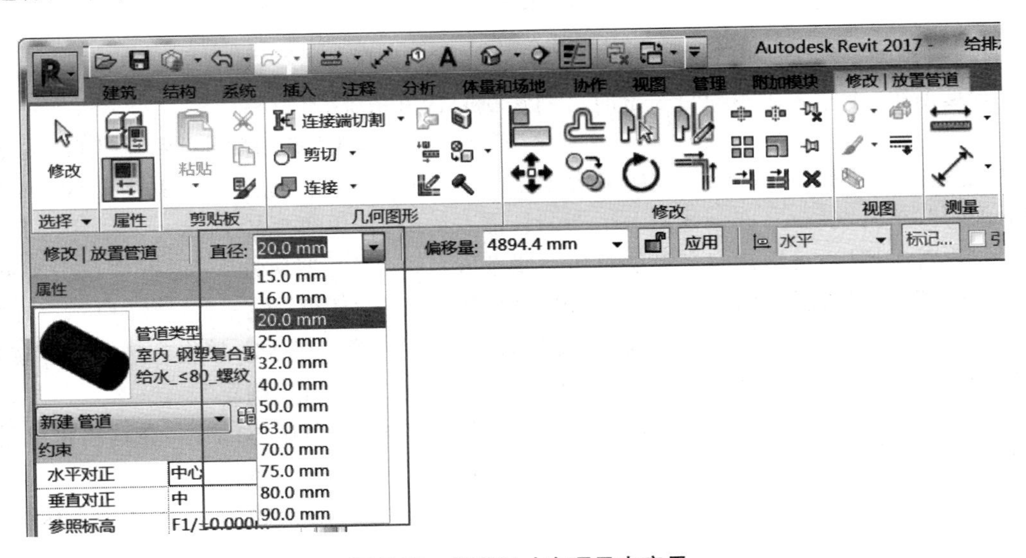

图 7-38　管道尺寸在项目中应用

7.2.2 定义给排水系统弯头和连接件

在给排水管道类型属性中其他参数设置完成后，可开始定义布管系统配置，在 Revit 中可以为不同类型的给排水管道配置特定的管件。

在管道“类型属性”对话框中，单击“布管系统配置”后面的“编辑”按钮，使用“载入族”命令，将需要的管件族载入项目中。在构件列表中通过配置各种类型管件族，可以指定绘制管道时自动添加到管路中的管件，如图 7-39 所示。这些管件类型包括弯头、T 形三通、接头、四通、过渡件、活接头、法兰和管帽等。

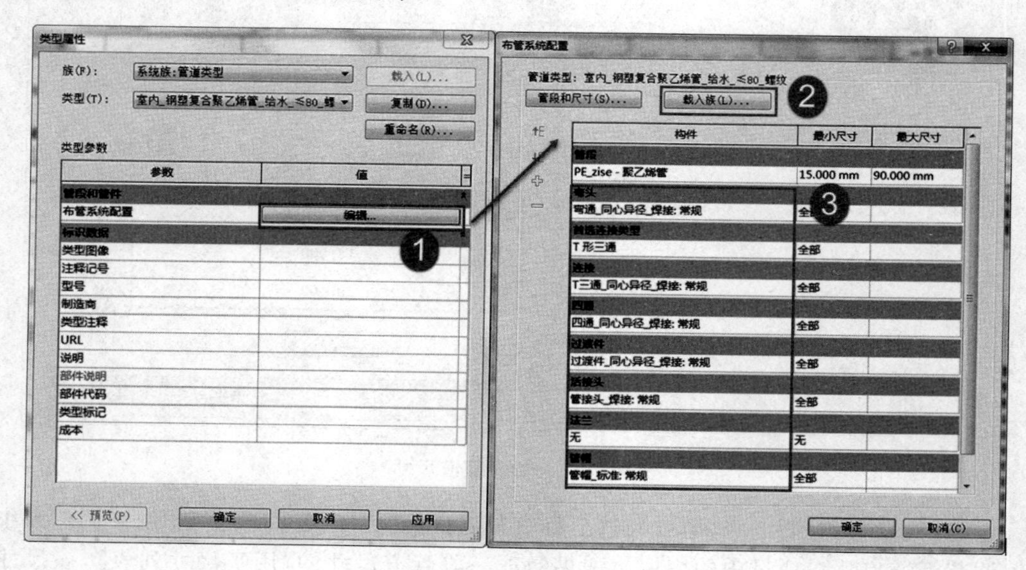

图 7-39　定义管道弯头和连接件

7.2.3 定义给排水系统材质和线条颜色

在“项目浏览器”—“族”—“管道系统”中，会自带“家用冷水”“家用热水”“卫生设备”等几个管道系统，不能满足本项目需求时可创建新的管道系统。

单击“项目浏览器”—“族”—“管道系统”前的加号，双击“家用冷水”系统打开“类型属性”对话框，确定“族”列表中的族为“系统族：管道系统”，单击“复制”，将其命名为“01P 生活给水管”，单击“确定”，即创建出一个新的管道系统类型，如图 7-40 所示。

创建新类型后，可继续定义系统材质和线条颜色。在“类型属性”对话框中单击类型参数中“材质”后面的按钮(图 7-41(a))，弹出“材质浏览器”对话框，如图 7-41(b)所示。在“材质类型”列表中选择“新建材质”，并将其命名为“钢塑复合聚乙烯管”，单击右边“外观”选项，在“颜色”一栏选择要定义的颜色，如“RGB 0 255 0”，完成后单击“确定”。

单击类型参数中“图形替换”后面的“编辑”按钮，弹出“线图形”对话框，在这里可以设置管道边线的宽度、颜色和填充图案，如图 7-42 所示。

按此方法可继续在“管道系统”中双击“卫生设备”，复制新建“15P 污水管”系统，如图 7-43 所示，并可对其材质和线条颜色进行设置。

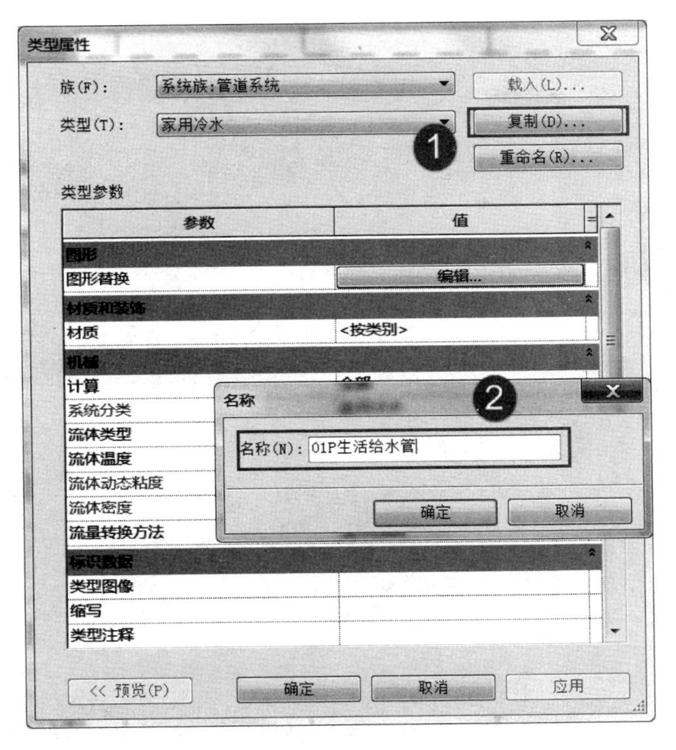

图 7-40　创建生活给水系统

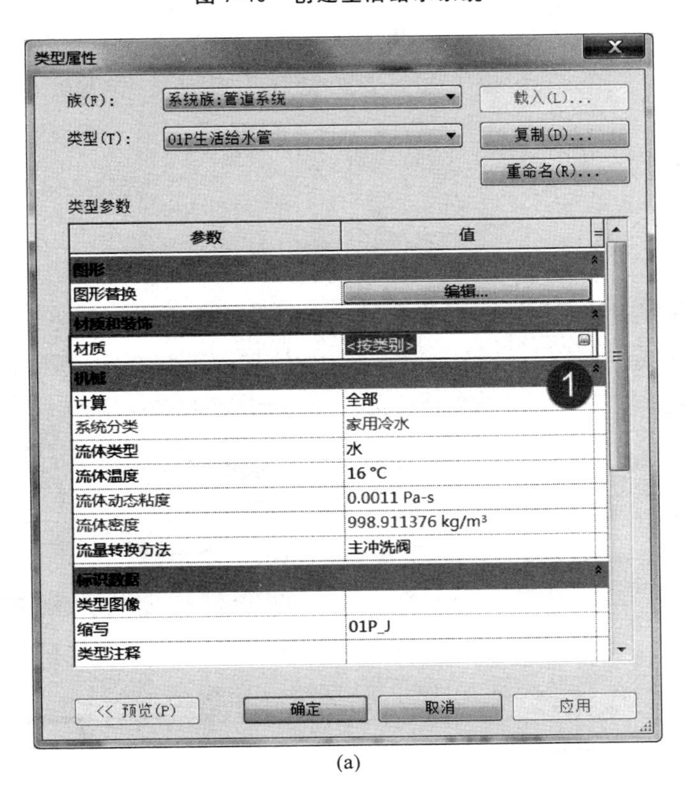

(a)

图 7-41　定义系统材质

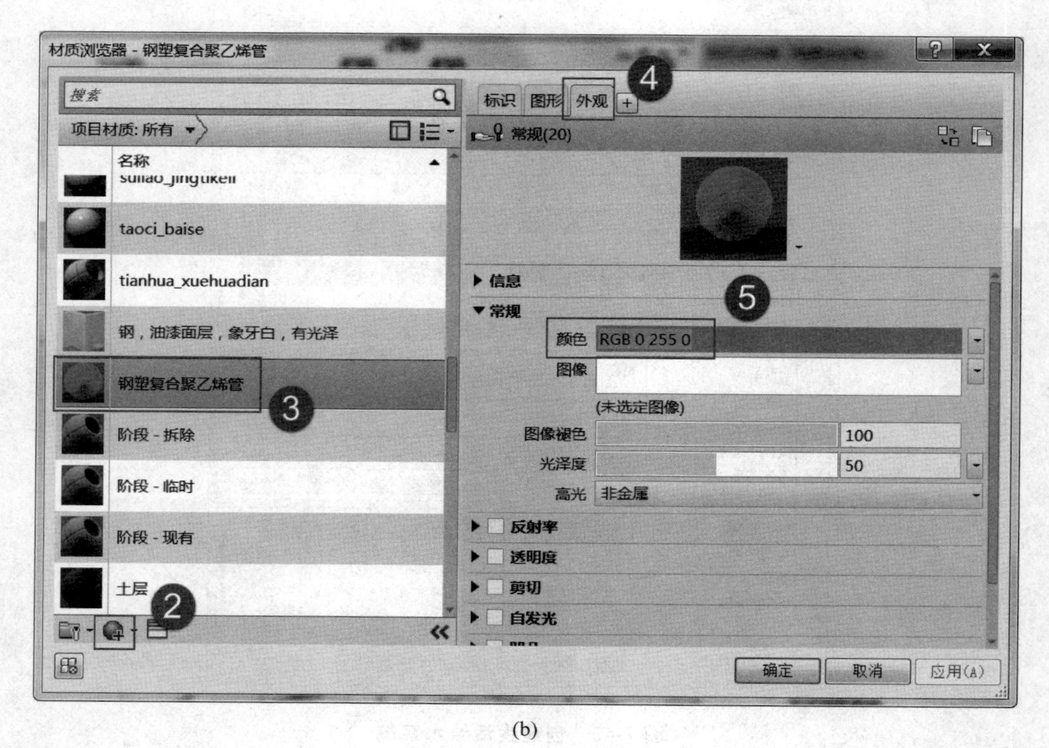

(b)

图 7-41 （续）

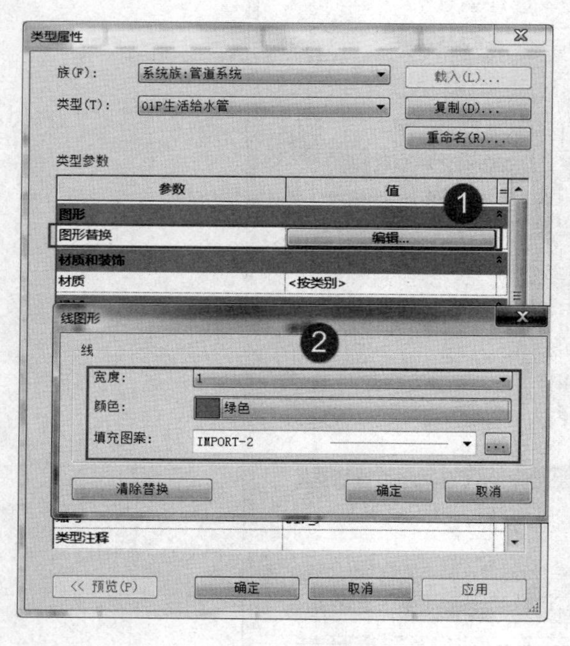

图 7-42 图形替换

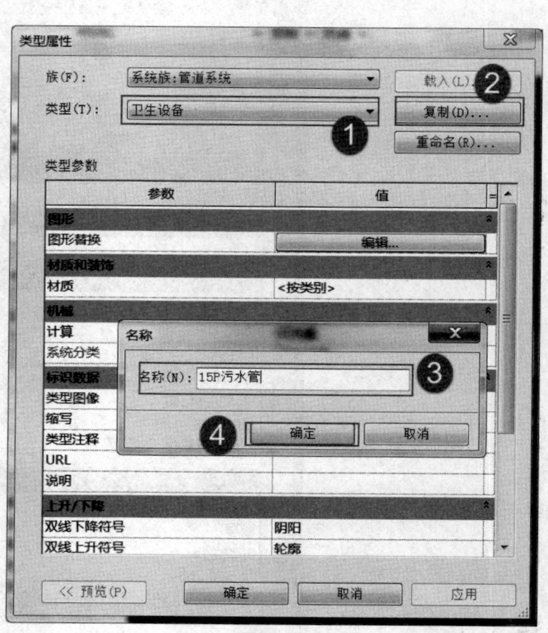

图 7-43 创建生活排水系统

7.3　添加给排水系统附件

7.3.1　添加阀门

给排水管道绘制完后，需要在管道上根据工程要求添加截止阀、旋塞阀、闸阀和止回阀等各类阀门，Revit 在平面视图和三维视图中都可以添加阀门。

添加阀门、存水弯及通气帽

首先，使用“载入族”命令将所需要的阀门载入到项目中，下面以旋塞阀为例讲解阀门的添加方法。单击“系统”选项卡“卫浴和管道”面板中的“管路附件”，或直接输入快捷键“PA”，自动弹出“修改|放置管道附件”选型卡，在“属性”下拉列表中选择所需要的阀门，如旋塞阀，修改属性栏“公称直径”“偏移量”等实例参数。将鼠标指针移动至管道中心线处，捕捉到中心线时(中心线高亮显示)，单击鼠标左键即可完成旋塞阀的添加，如图 7-44 所示。

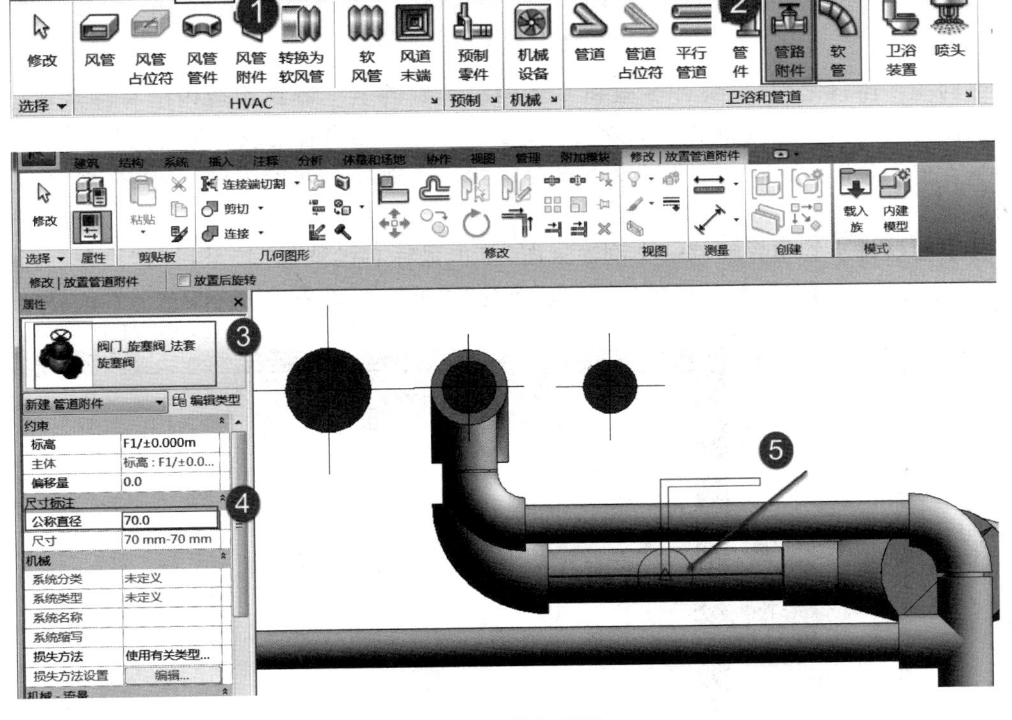

图 7-44　添加阀门

选择已添加的旋塞阀，单击阀门边上的旋转按钮，可调整阀门安装的方向，如图 7-45 所示。

7.3.2　添加存水弯

存水弯是在卫生器具内部或器具排水管段上设置的一种内有水封的配件，是建筑内排

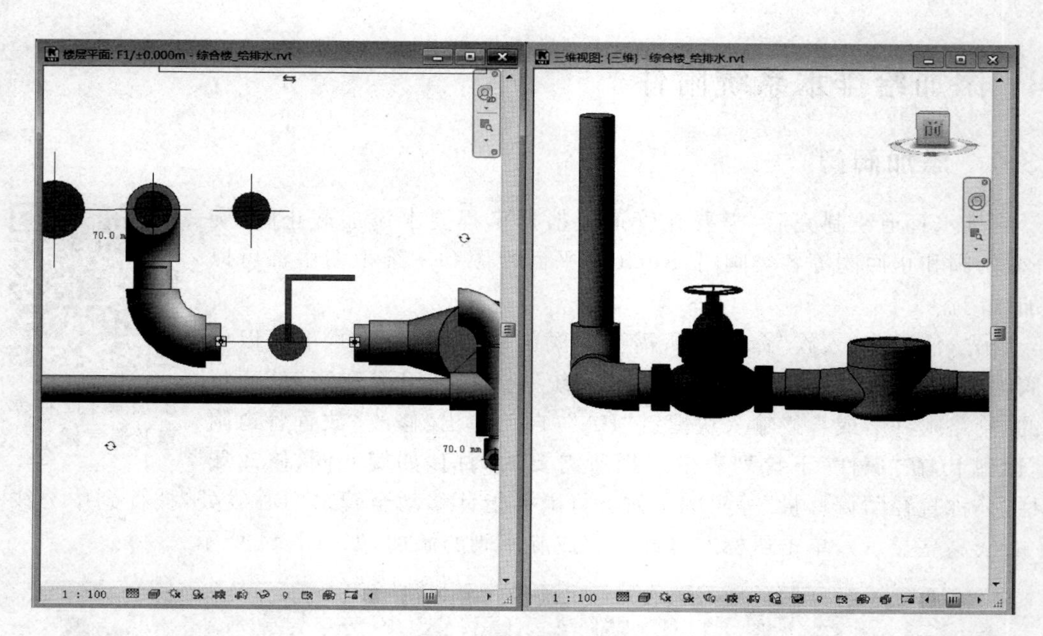

图 7-45 调整阀门方向

水管道的主要附件之一，主要有 S 型和 P 型两种。有的卫生器具构造内已有存水弯（例如坐式大便器），构造中不具备者和工业废水受水器与生活污水管道或其他可能产生有害气体的排水管道连接时，必须在排水口以下设存水弯。下面以小便器为例，介绍存水弯的添加方法。

在小便器排水管位置绘制一个剖面视图，单击鼠标右键选择“转至视图”。在剖面视图中将“详细程度”改为“精细”，将“视觉样式”改为“线框”，如图 7-46 所示。

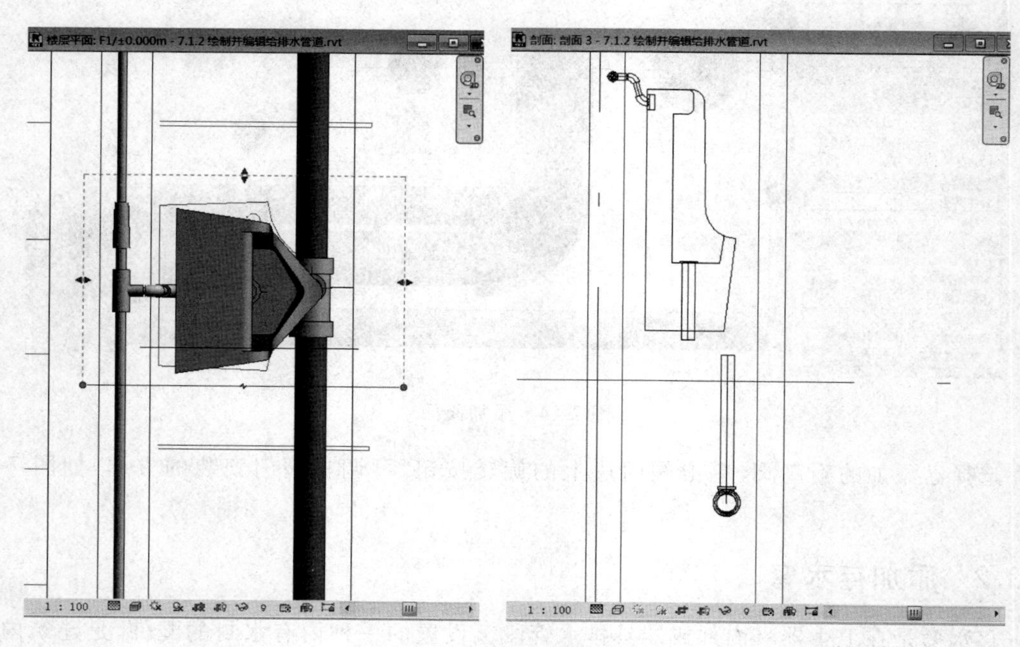

图 7-46 绘制剖面视图

单击“系统”选项卡“卫浴和管道”面板中的“管件”，自动弹出“修改|放置管件”选型卡，在“属性”下拉列表中选择“S 型存水弯-PVC-U-排水”，将鼠标移至小便器排水管顶端，当出现红色正方形框时单击鼠标左键即可添加存水弯，如图 7-47 所示。

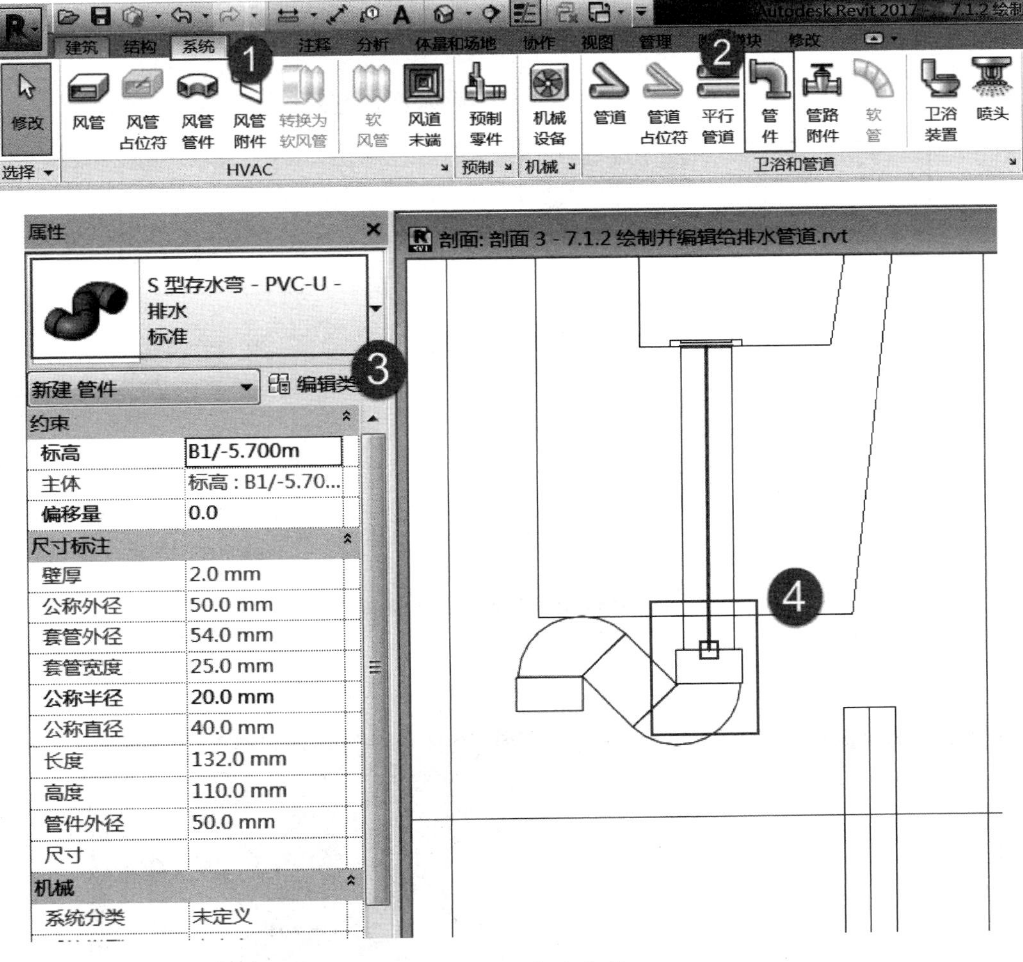

图 7-47　添加存水弯

选择已放置的存水弯，单击旋转按钮变换存水弯的安装方向，然后用“对齐”命令将存水弯的管中心与立管的管中心对齐，如图 7-48 所示。

单击要连接的排水立管，并拖曳至存水弯，当出现蓝色小圆点时即表示已连接，添加完成后的存水弯如图 7-49 所示。

7.3.3　添加通气帽

通气帽安装在排水通气管的顶部，用以维持排水立管内部与室外大气的贯通，并防止异物进入排水管道。通气帽有伸顶通气帽和侧墙式通气帽两种，分别用于排水管道允许伸出屋面和不允许伸出屋面的情况。伸顶通气帽设置在排水立管或通气立管的顶部，侧墙式通气帽设置在建筑物侧墙与大气连通的场所。

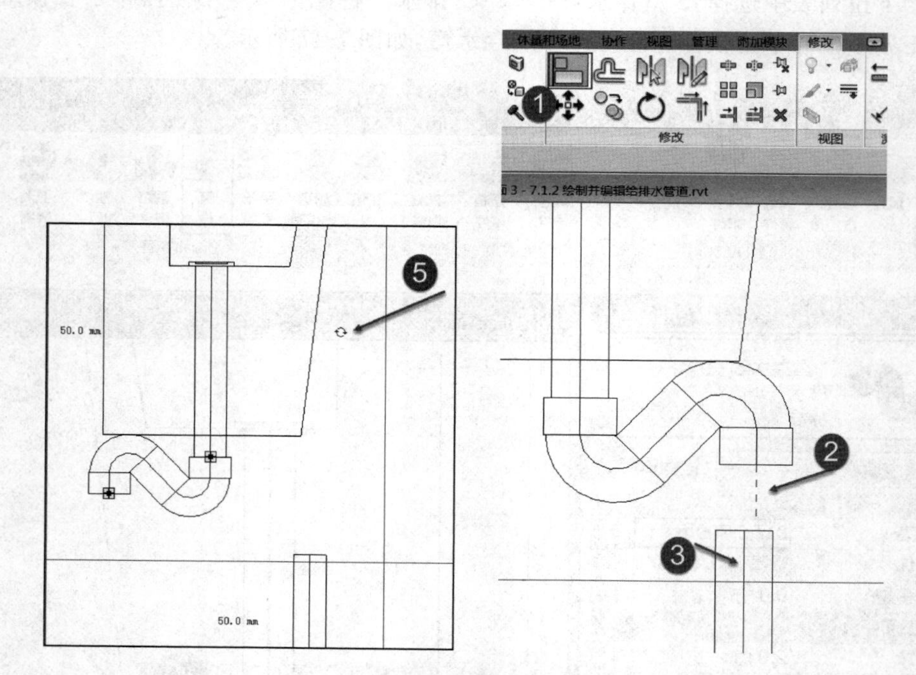

图 7-48 存水弯与管道的连接

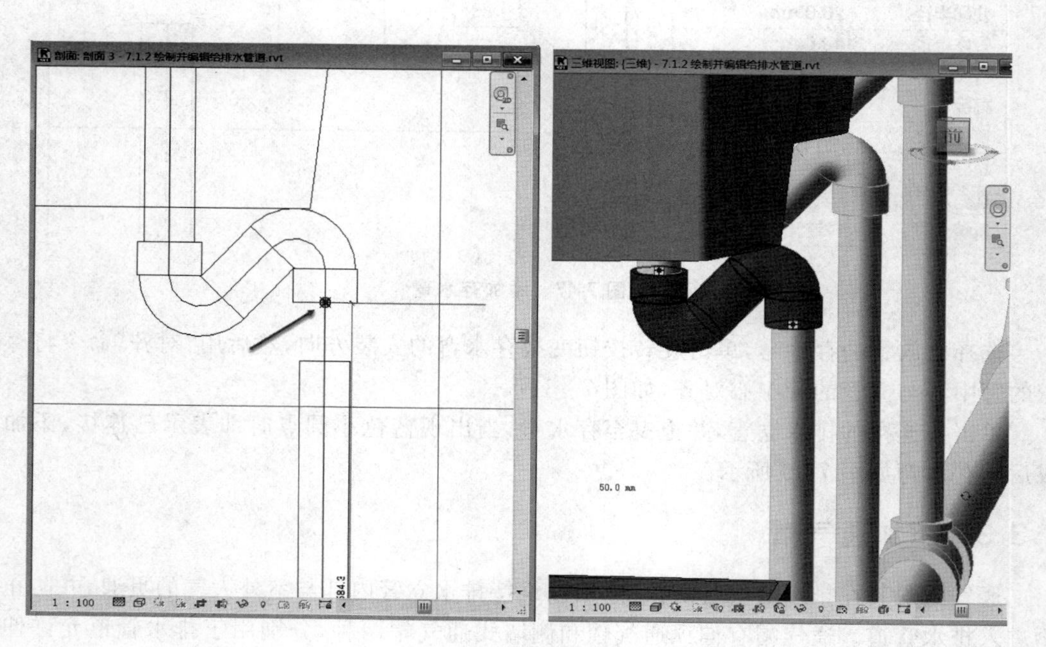

图 7-49 存水弯视图

下面以伸顶通气帽为例，介绍通气帽的添加方法。单击“系统”选项卡“卫浴和管道”面板中的“管路附件”，在“属性”下拉列表中选择合适的通气帽类型，将鼠标指针移动至排水立管顶端，捕捉到立管截面中点时单击鼠标左键即可完成通气帽的添加，如图 7-50 所示。

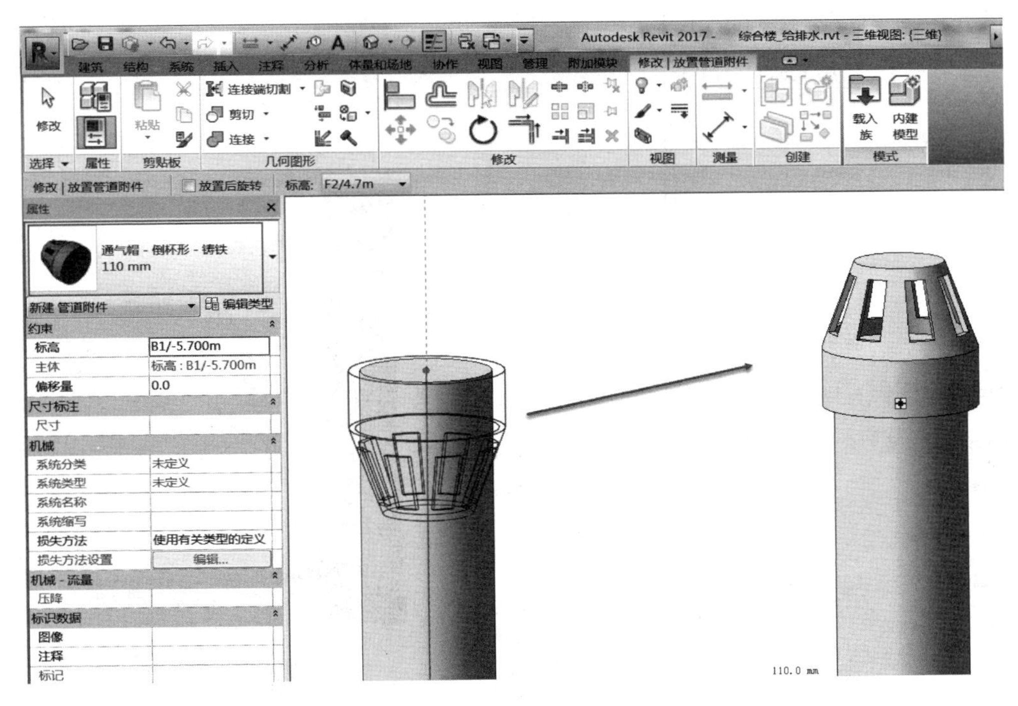

图 7-50　添加通气帽

7.3.4　添加清扫口

添加清扫口、地漏、管帽、保温层

清扫口一般安装于排水横管上，尤其是各层横支管连接卫生器具较多时，横支管起点均应装置清扫口（有时可用地漏代替），主要在管道被堵时起疏通作用，相当于管道尽头的堵头。

单击“系统”选项卡“卫浴和管道”面板中的“管路附件”，或直接输入快捷键“PA”，自动弹出“修改|放置管道附件”选型卡，在“属性”下拉列表中选择“清扫口_末端”，将鼠标指针移动至排水横管顶端处，捕捉到中心线时（中心线高亮显示）出现红色正方形框，单击鼠标左键即可完成清扫口的添加，如图 7-51 所示。

7.3.5　添加地漏和管帽

地漏主要设置在公共厕所、浴室、盥洗室、卫生间、厨房及其他需要从地面排水的房间内，用以排除地面积水。下面介绍绘制地漏的方法。

单击“系统”选项卡“卫浴和管道”面板中的“管路附件”，自动弹出“修改|放置管道附件”选型卡，在“属性”下拉列表中选择合适的地漏类型，单击右上角“放置在工作平面上”，然后

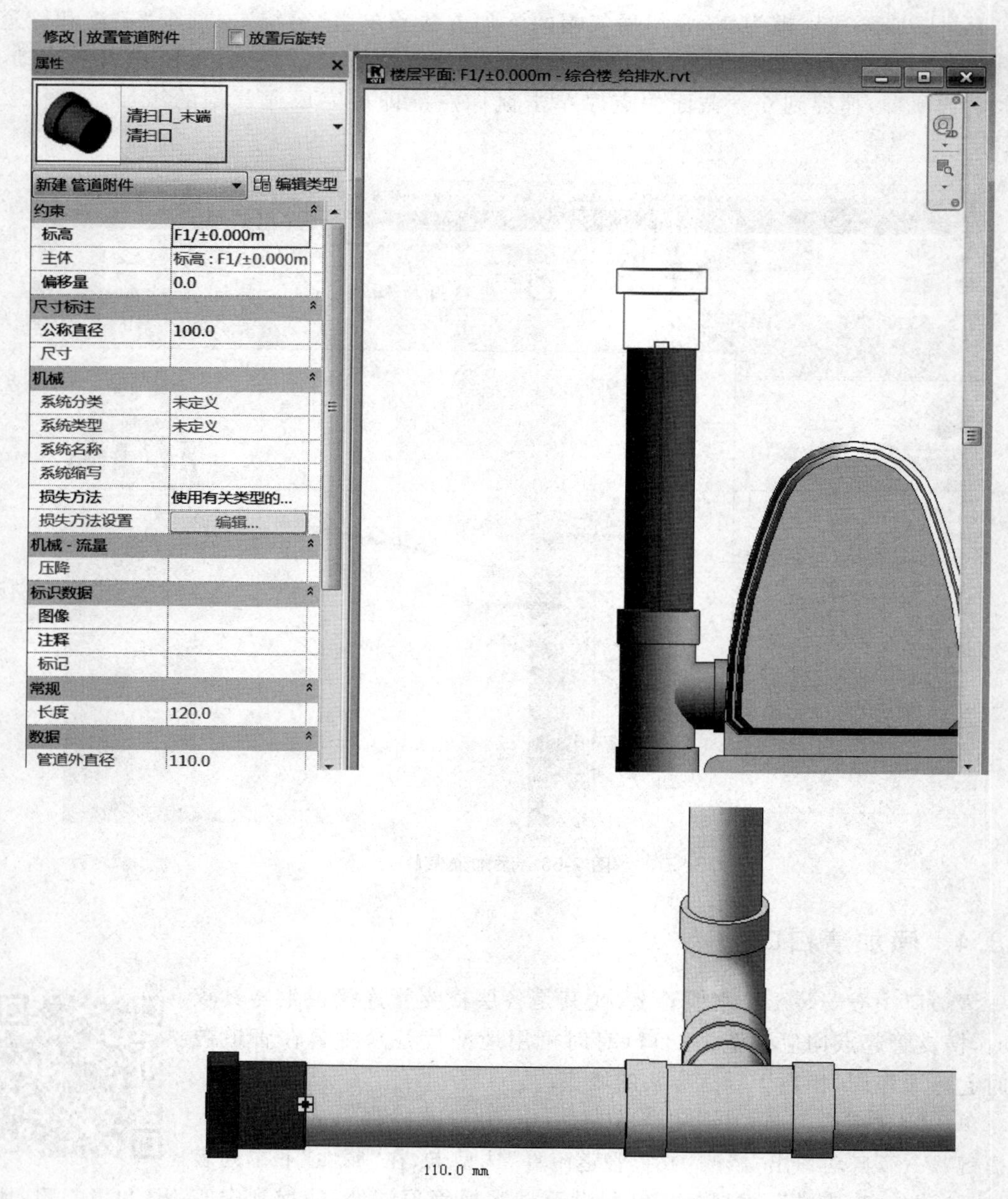

图 7-51 添加清扫口

将鼠标指针移动至排水横管顶端处，捕捉到中点时单击鼠标左键即可添加地漏。选中已添加的地漏，单击右上角“连接到”按钮，然后单击需要与地漏相连接的管道，会自动生成立管及管件，如图 7-52 所示。添加完成后的地漏如图 7-53 所示。

管帽又称封头、堵头、盖头等，安装在管端用来封闭管路的管件，作用与管堵相同。下面介绍管帽的绘制方法。

单击“系统”选项卡“卫浴和管道”面板中的“管件”，自动弹出“修改|放置管件”选型卡，在“属性”下拉列表中选择合适的管帽类型，根据管段尺寸设置管帽公称直径大小，将鼠标指

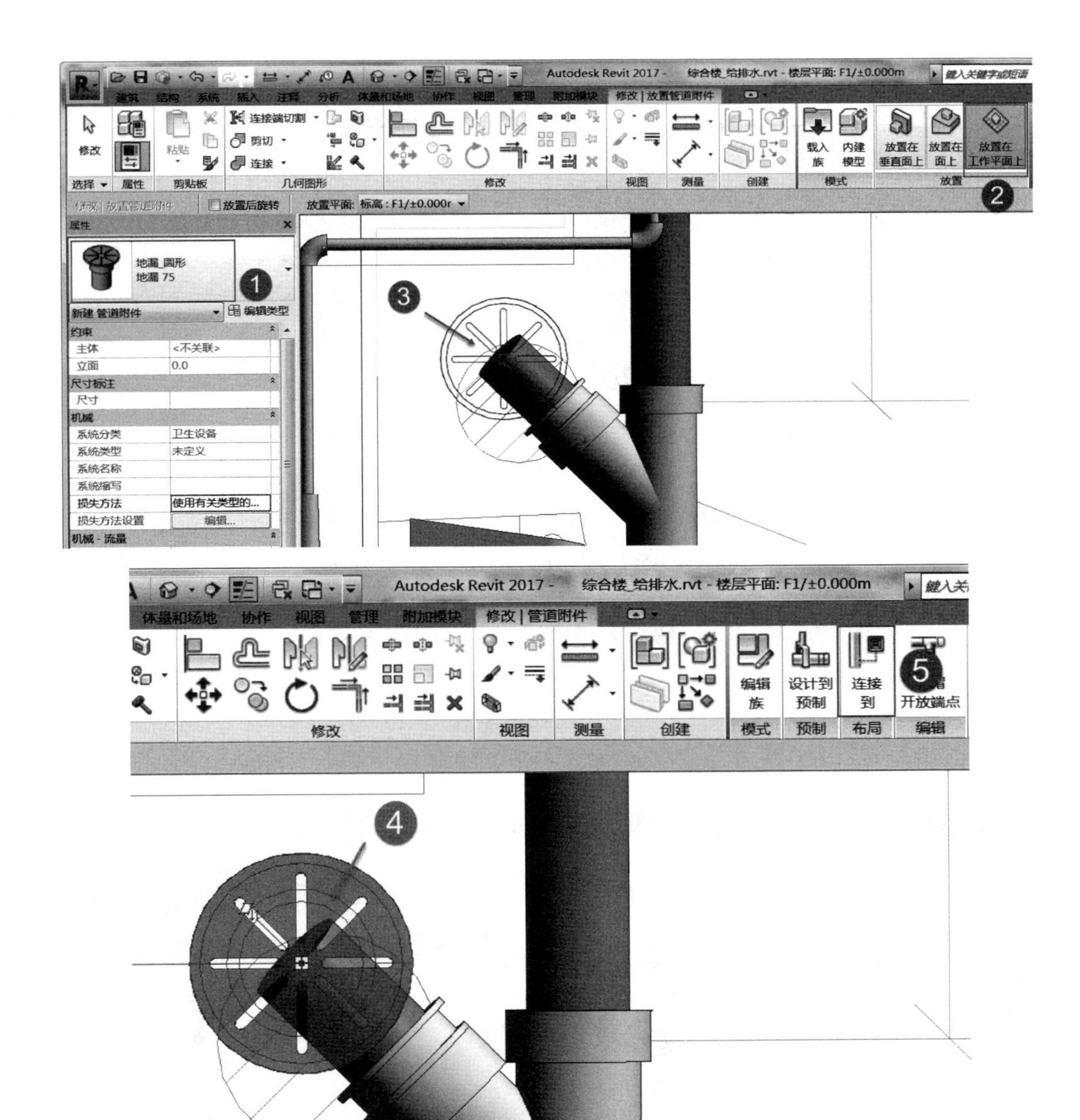

图 7-52　添加地漏

针移动至管道顶端处，捕捉到中点时单击鼠标左键即可添加成功，如图 7-54 所示。

7.3.6　添加保温层

管道保温的目的有两种，一是防止热量流失会导致热失衡，二是防结露。下面介绍管道保温层的添加方法。

选中需要添加保温层的管道，单击“管道隔热层”面板中的“添加隔热层”选项，自动弹出“添加管道隔热层”对话框，选择保温层类型，如没有合适的类型可单击“编辑类型”按钮，复制新建一个新类型，并设置其材质，完成后单击“确定”。然后选择新建的保温层类型，调整

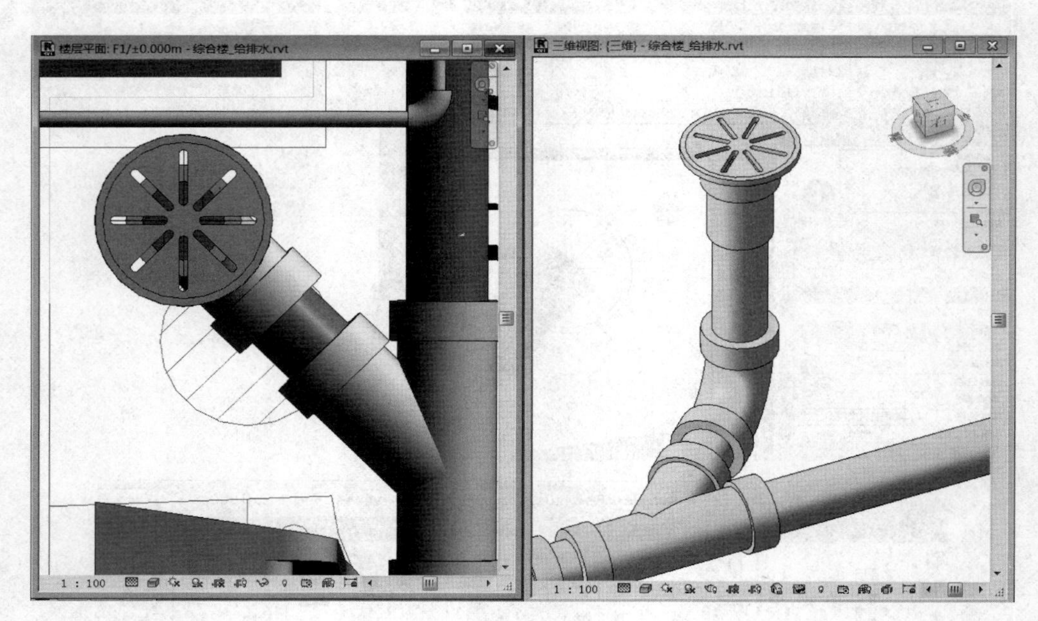

图 7-53　地漏视图

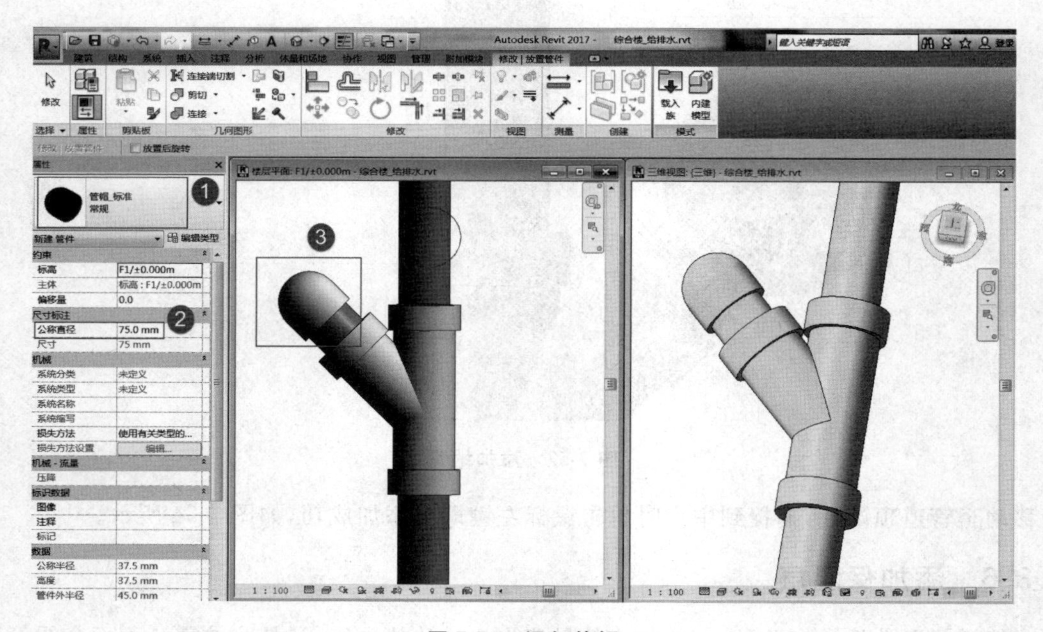

图 7-54　添加管帽

保温层厚度，单击“确定”，发现管道变粗，表示保温层添加成功，如图 7-55 所示。

选中已添加的管道保温层，单击“管道隔热层”面板中的“编辑隔热层”和“删除隔热层”命令，可分别对管道保温层进行编辑和删除等操作，如图 7-56 所示。

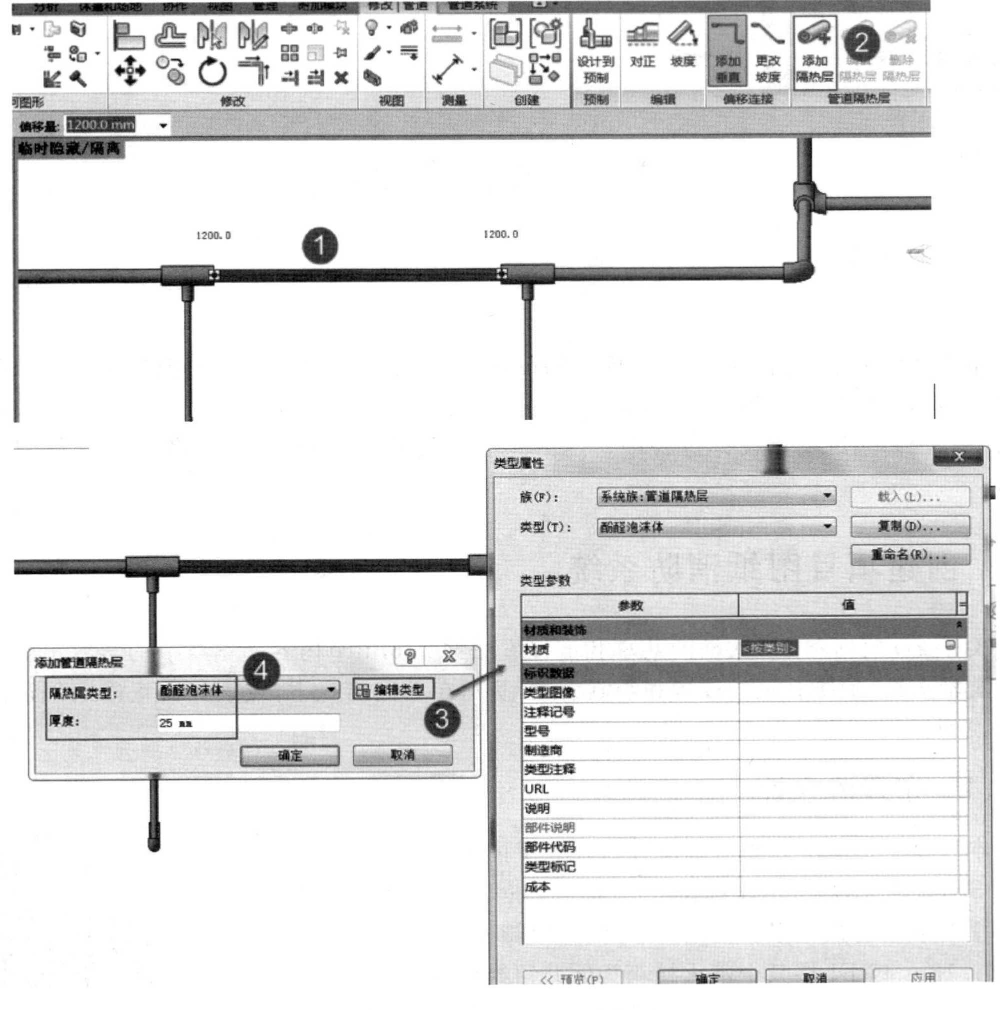

图 7-55　添加管道保温层

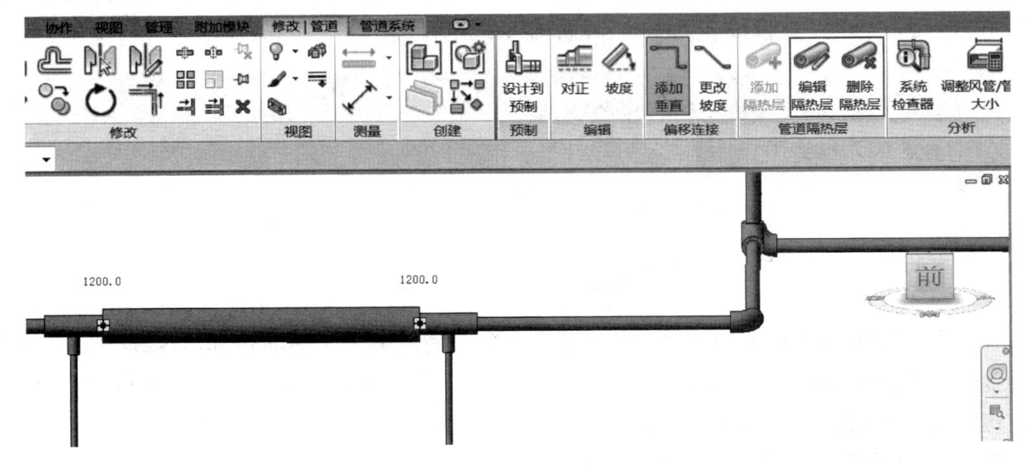

图 7-56　保温层的编辑和删除

第 8 章

消防系统模型设计

第 7 章完成了生活给排水系统模型的设计，本章创建的是消防系统模型文件。消防系统设计包括室内消火栓系统、自动喷水灭火系统、自动跟踪定位射流灭火系统以及灭火器的配置。在消防系统项目设计过程中，需要与建筑、结构、暖通和电气等各专业进行沟通和协调。

8.1 创建项目图纸消防系统

关于 2D 数据和 3D 数据的共享和链接方法详见 6.1 节内容。本章节的学习主要以如何放置消火栓、消防管道的设置和绘制为主，演示在不同情况下，应该如何正确地创建消防系统模型。

8.1.1 布置消火栓

本项目地下室及地面建筑每层均设置室内消火栓，每套消火栓箱内配置 SN65 消火栓、25mm 衬胶水带、d19 水枪以及消防水泵按钮、JPS1.0-19 消防软管卷盘。根据规范要求，消火栓箱安装时消火栓栓口应距离地面 1.1m。以 F1 层某个消火栓箱为例介绍绘制方法。

布置消火栓、消防系统选型及消防管道定位

双击“项目浏览器”中“楼层平面(专业拆分)”下的“F1/±0.000m”，切换到 F1 层平面视图。选择“系统”选项卡“机械”面板中的“机械设备”，进入“修改|放置机械设备”选项卡，如图 8-1 所示。

图 8-1　添加机械设备

在“属性”对话框的“类型选择器”中选择“室内消火栓箱_底面进水 1 1200×700×240 带卷盘”，设置“偏移量”为“1100.0”，如图 8-2 所示。移动鼠标至消火栓大概位置后单击鼠标左键或单击功能区最左边的“修改”即完成放置，单击消火栓边上的“翻转控件”箭头可以改变消火栓前后左右的方向，如图 8-3 所示。

图 8-2　消火栓属性

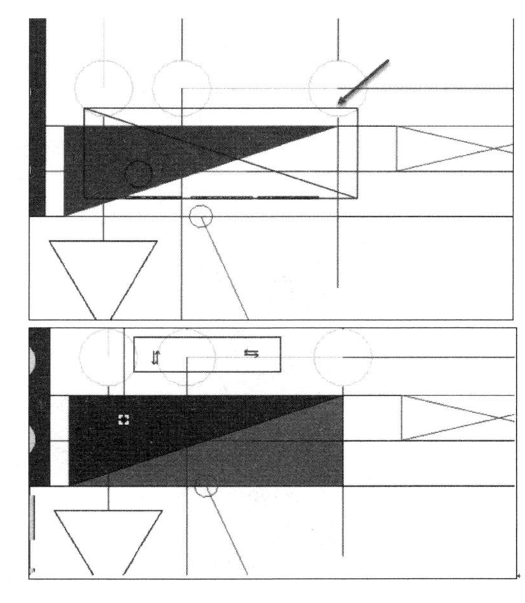

图 8-3　放置消火栓

在“修改|放置机械设备”选项卡中，如果勾选上“放置后旋转”，消火栓在放置时即可旋转任意角度，然后利用对齐命令把消火栓移动至合适位置，如图 8-4 所示。

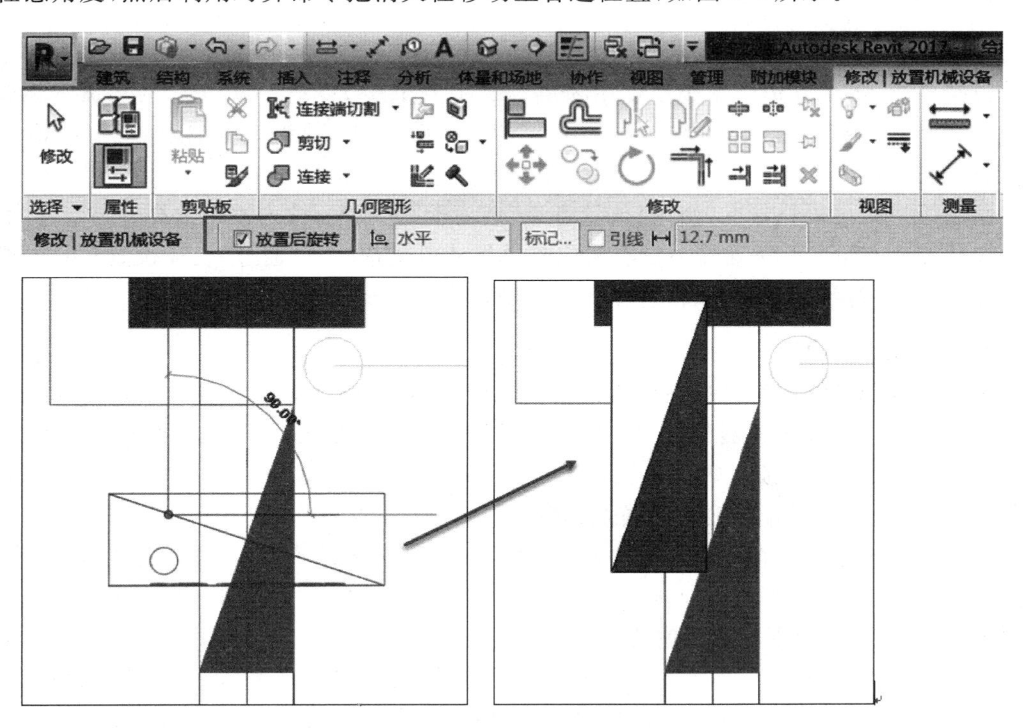

图 8-4　调整消火栓方向

放置完成后的消火栓箱，平面视图及 3D 视图如图 8-5 所示。根据上面的步骤可继续完成其他消火栓的布置。

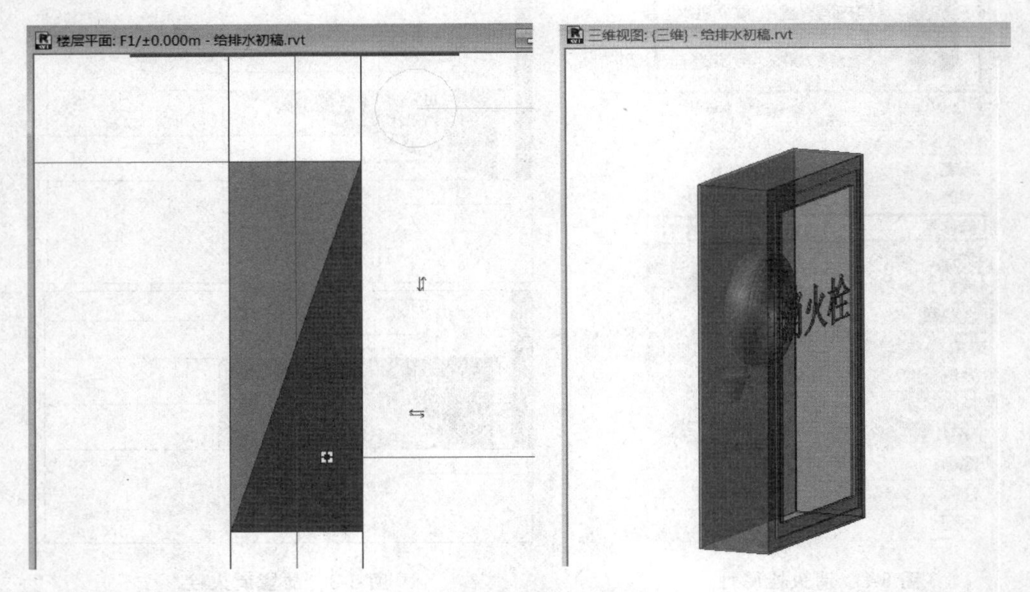

图 8-5 消火栓 3D 视图

8.1.2 消防系统选型

1. 选择管段尺寸

根据要求，本工程消防系统设计中喷淋管道主要采用 DN25～DN100 的热镀锌钢管和 DN150 的无缝钢管，消火栓管道主要采用 DN70～DN300 的热镀锌钢管和 DN15～DN300 的无缝钢管。

绘制管道时可以直接在“修改|放置管道”选项卡“直径”下拉列表中选择管道尺寸大小，如图 8-6 所示。如果下拉列表中没有相应管道尺寸可供选择，可通过“机械设置”中的“管道和尺寸”选项进行添加设置，具体详见 8.2.1 节内容。

2. 选择系统类型

本工程消防系统设计包括室内消火栓系统设计、自动喷水灭火系统和自动跟踪定位射流灭火系统设计以及灭火器的配置。地下室及地面建筑每层均设置室内消火栓，地下车库及 3＃楼整体设置自动喷水灭火系统，其中地下汽车库按中危Ⅱ级设置，3＃楼 1～8 层按中危Ⅰ级设置，各部分均合理配置手提式磷酸铵盐干粉灭火器。

绘制消防管道时要在绘图区域左侧“属性”对话框的“系统类型”栏中选择相应的管道系统类别，如绘制消火栓管道时应选择系统类型为“04P 消火栓给水管道”，绘制喷淋管道时选择系统类型为“04P 自喷灭火给水管”，如图 8-7 所示。

管道系统类型可在“项目浏览器”对话框的“族”中找到“管道系统”，加号展开后选择其中任意一个管道系统，单击鼠标右键复制一个，然后重命名即可为管道添加新系统，如图 8-8 所示。

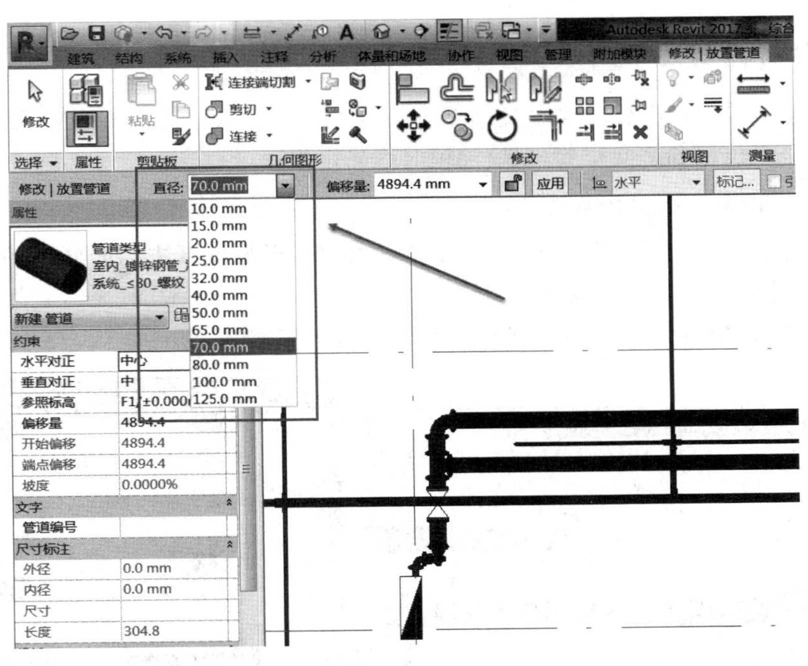
图 8-6　选择管道尺寸

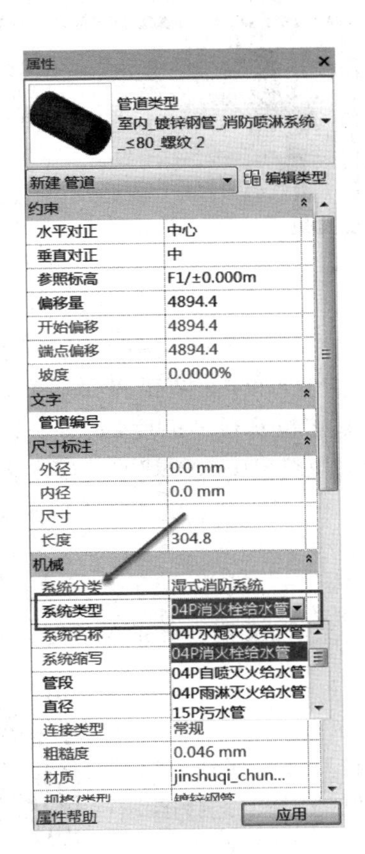
图 8-7　选择系统类型

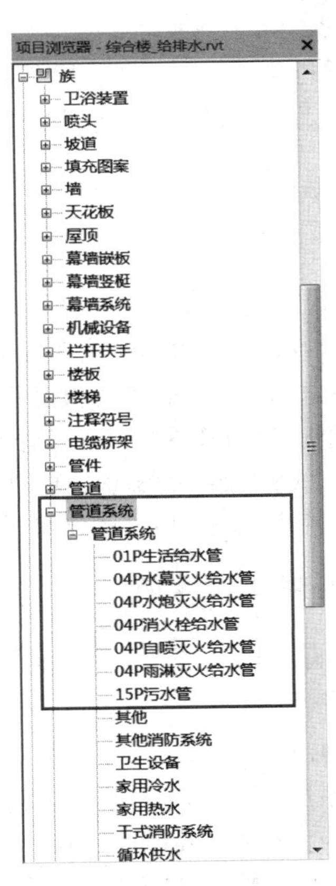
图 8-8　添加管道系统类型

8.1.3 消防管道定位

在绘制消防管道前要仔细查看工程项目 CAD 图纸消防系统平面图和系统图，明确各消防管段的平面位置和空间位置，以便建模时准确定位。

1. 确定管道平面位置和对齐方法

消防管道的平面位置可以参照导入的 CAD 底图，根据图纸中消防管道的位置进行绘制，如果绘制的管道与底图管线未对齐，可以使用“修改”中的“对齐”命令，依次单击 CAD 底图中的管线和 Revit 绘制管道的中心线来进行对齐，如图 8-9 所示。

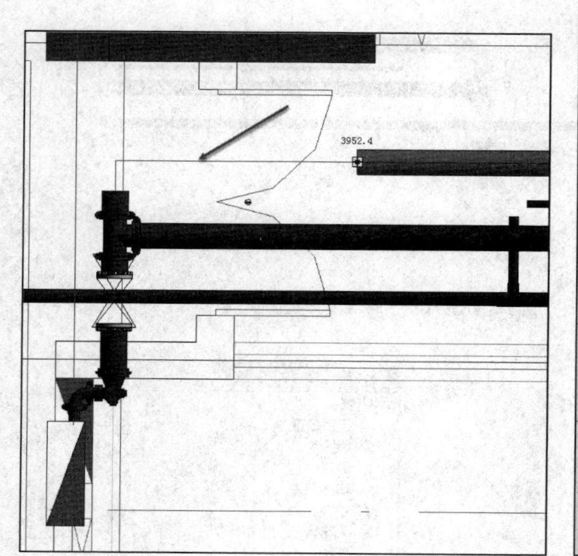

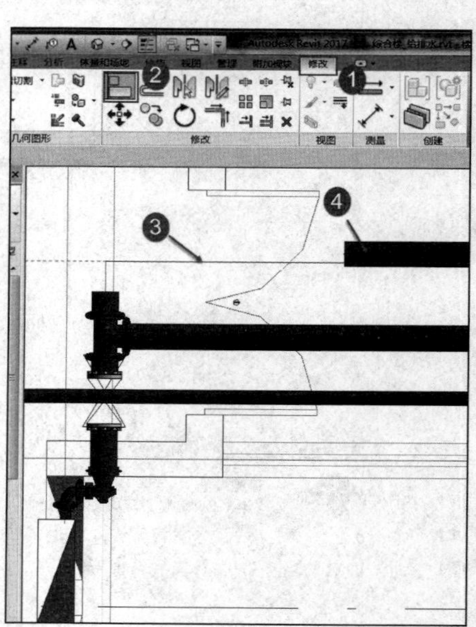

图 8-9 消防管道平面位置和对齐

2. 确定管道标高参照和对齐方法

消防管道的空间位置需要根据图纸明确其安装高度，如本工程消火栓系统的给水干管都贴梁底敷设，绘制管道时通过设置“偏移量”大小来定位管道的高度，如图 8-10 所示。图中偏移量“3952.4mm”表示该消防管道在“参照标高 F1/±0.000m”的基础上向上偏移了 3952.4mm 高度，即 F1 层梁底位置。

8.1.4 绘制消防管道

消防管道绘制时一般可按照消防系统立管、水平干管、支线立管的顺序进行，接下来分别介绍它们的绘制方法。

1. 绘制系统立管

选择“系统”选项卡“卫浴和管道”面板中的“管道”，或直接输入“PI”（管道快捷键），进入管道绘制模式。在“属性”对话框的“类型选择器”中选择“室内_镀锌钢管_消防系统>80_卡箍”管道类型，在“系统类型”中选择“04P 消火栓给水管”。具体绘制方法如下。

绘制消防管道

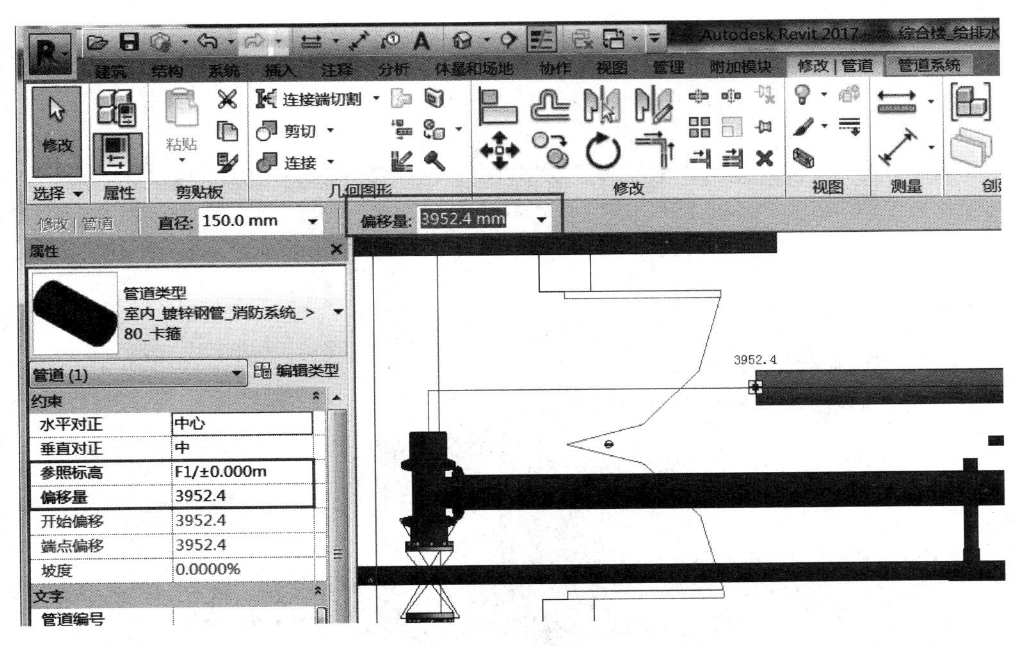

图 8-10　消防管道标高参照

方法一：在“修改|放置管道”选项栏的“直径”下拉列表中选择或直接输入管道尺寸为“150.0mm”，在“偏移量”下拉列表中选择或直接输入管道偏移量为“0.0mm”，将鼠标指针移至立管中心（用“SC”键可捕捉中心）单击左键，指定立管起点，然后再修改“偏移量”为“3900.0mm”，单击“修改|放置管道”选项栏的“应用”按钮，指定立管终点，按“ESC 键”退出管道绘制，如图 8-11 所示。

方法二：在“修改|放置管道”选项栏的“直径”下拉列表中选择或直接输入管道尺寸为“150.0mm”，在“偏移量”下拉列表中选择或直接输入管道偏移量为“0.0mm”，画一段管道，然后再修改“偏移量”为“3900.0mm”，继续画一段管道，按“ESC 键”退出管道绘制，把不要的水平管道及管件删掉即可，如图 8-12 所示。绘制完成的立管可在三维视图中通过修改底部和顶部偏移指大小来指定其高度。

2. 绘制水平管道

进入管道绘制命令后，在“修改|放置管道”选项栏中选择“直径”为“150.0mm”，“偏移量”为“3952.4mm”，移动鼠标至水平管道起点后单击左键，根据图纸管线走向移动至终点位置再次单击左键，即可完成一段水平管道的绘制。

若管线方向更换，可以继续移动鼠标绘制下一管段，管道将根据管路布局自动添加在“类型属性”对话框中预设好的管件，如水平管道转弯处会自动生成弯头，如图 8-13 所示。绘制完成后，按“ESC 键”退出管道绘制。

3. 绘制支线立管

支线立管的绘制方法与系统立管类似，可以通过修改“偏移量”来指定立管的终点高度。“偏移量”为“3952.4mm”的消防水平管道绘制完成后，修改“偏移量”为“0.0”，然后直接单

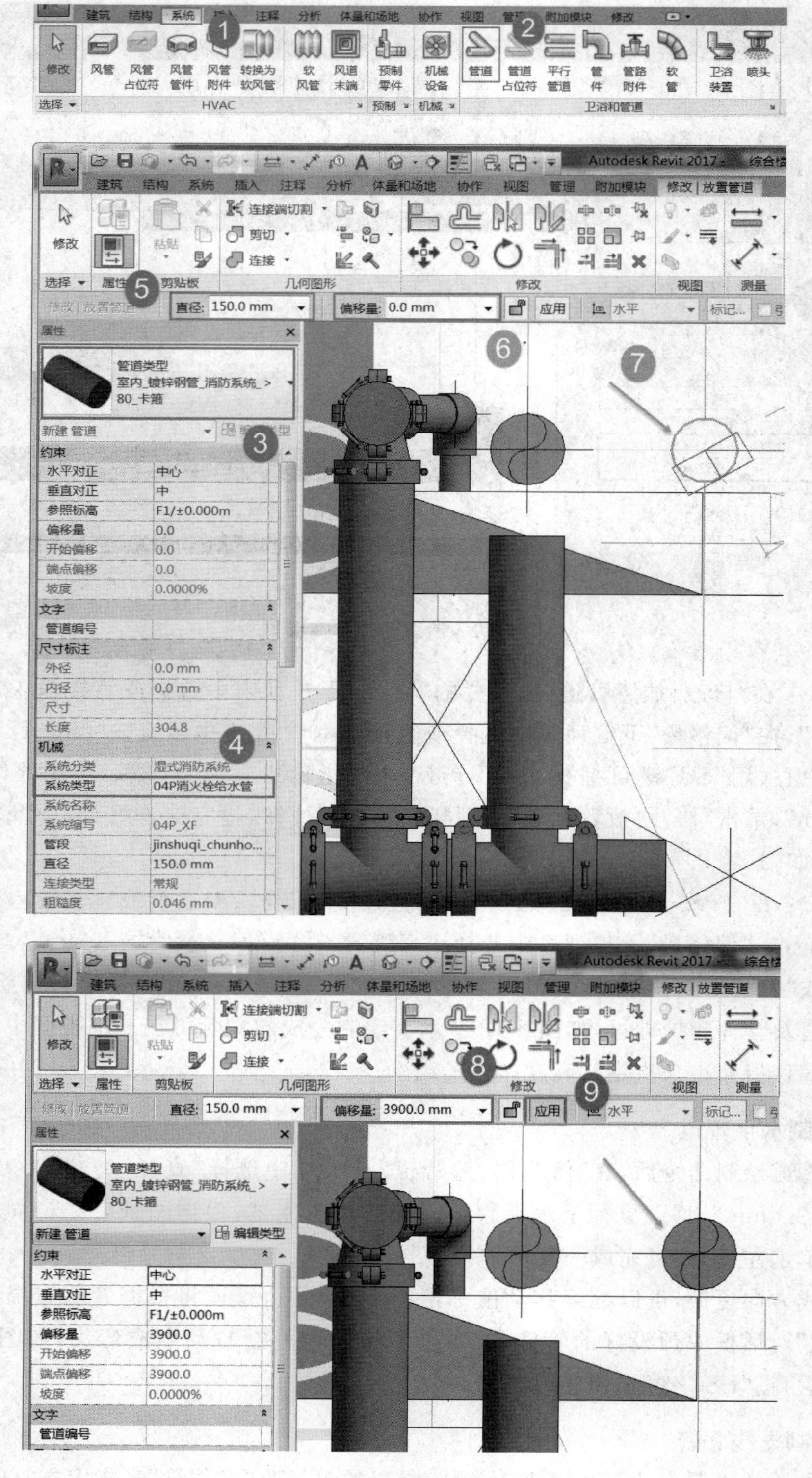

图 8-11　绘制消防立管（方法一）

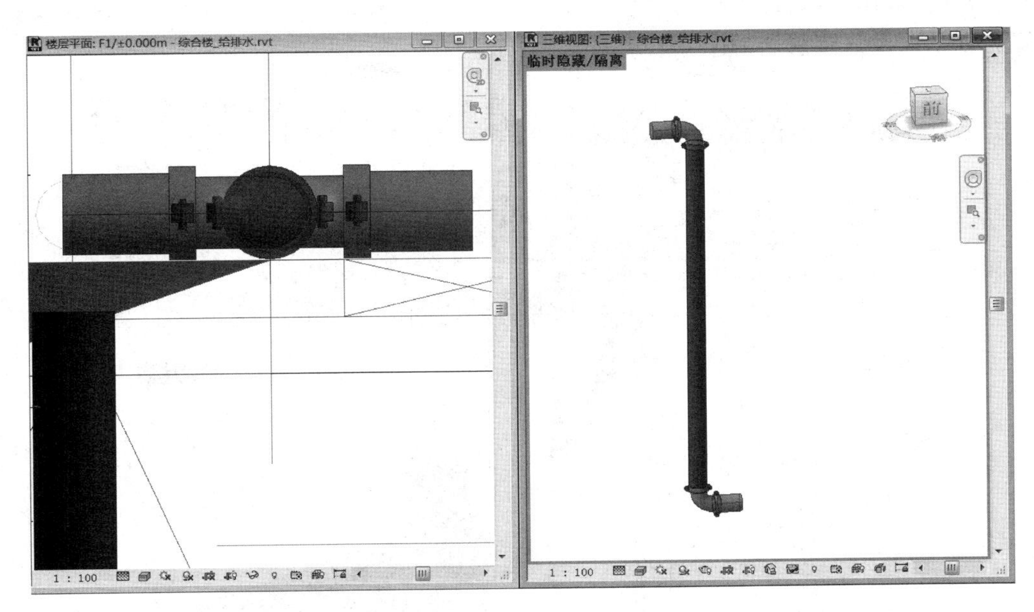

图 8-12　绘制消防立管（方法二）

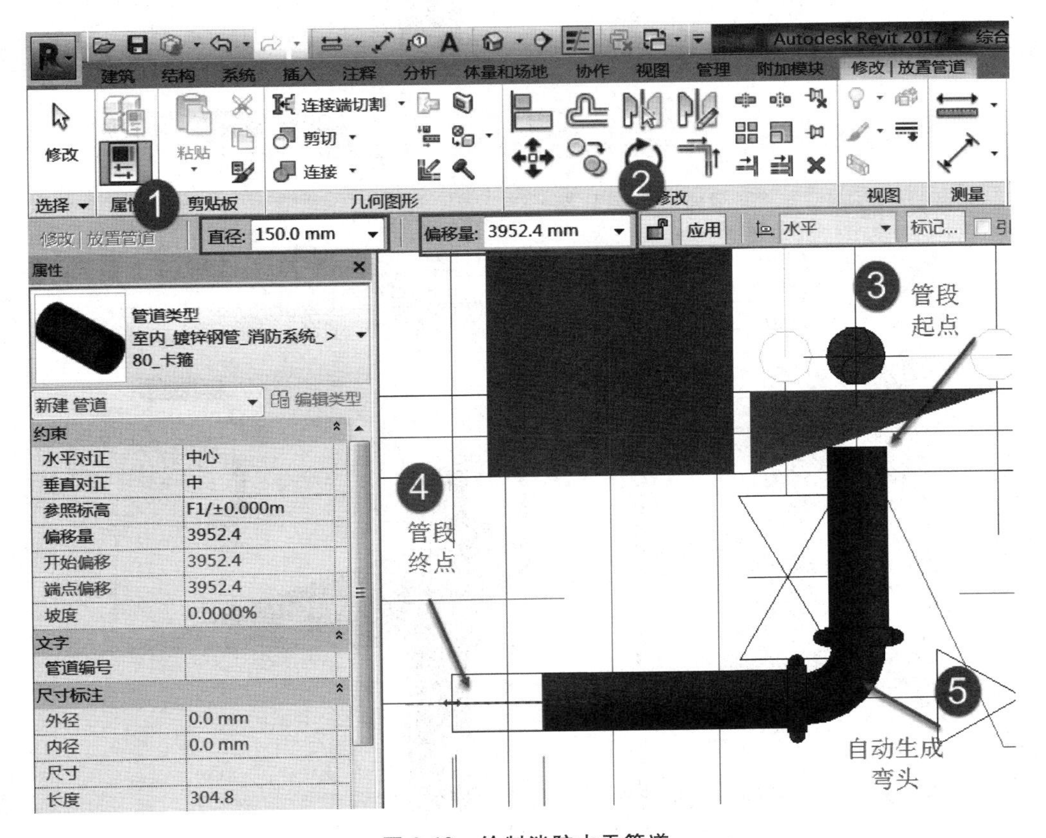

图 8-13　绘制消防水平管道

击选项栏的“应用”按钮即可绘制出水平管向下的支线立管，如图 8-14 所示。绘制完成后的支线立管平面及三维视图如图 8-15 所示。

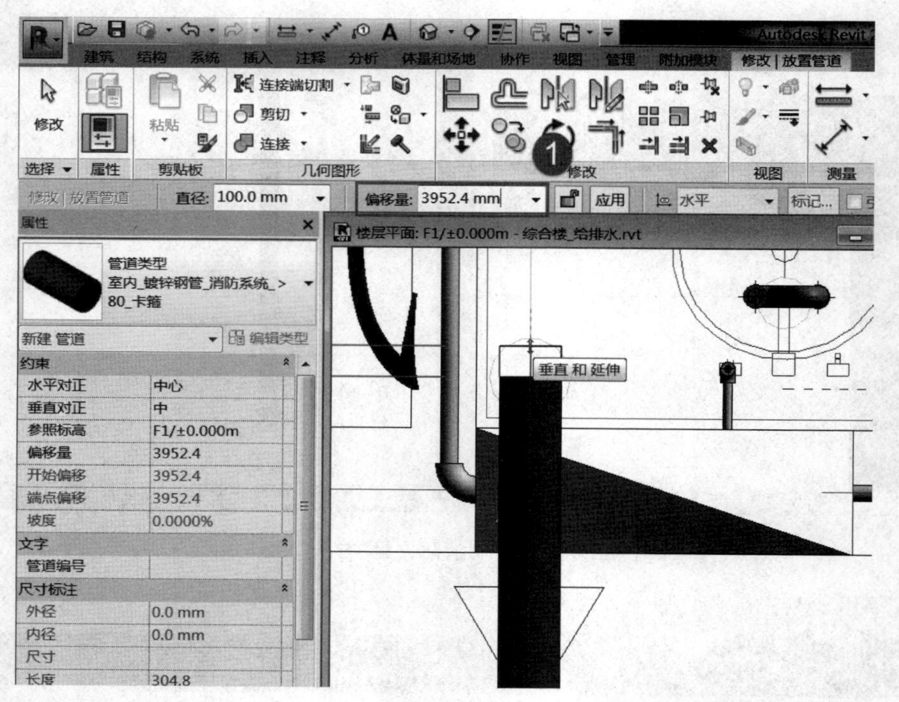

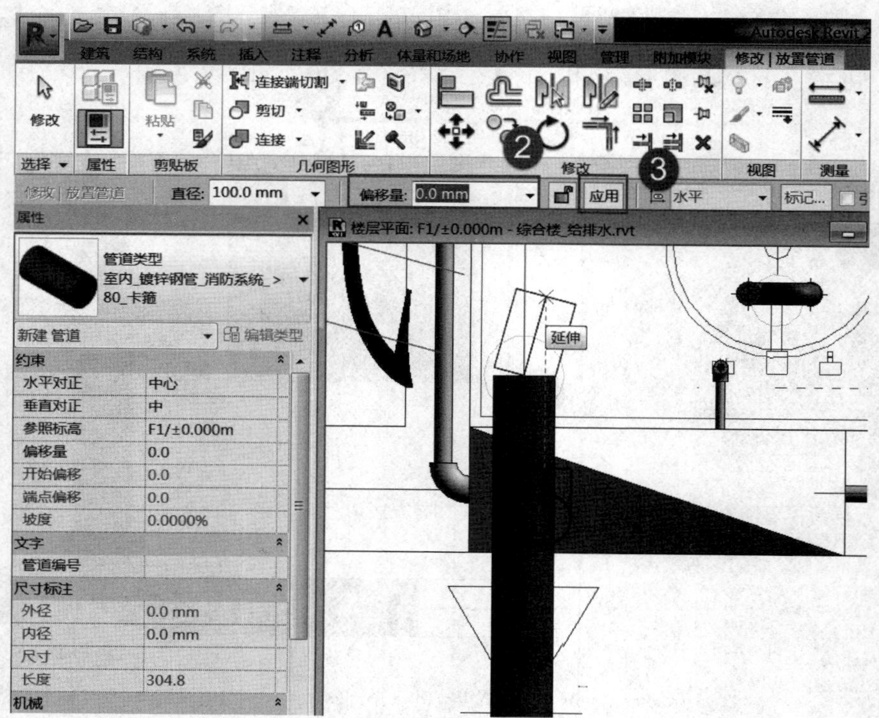

图 8-14 绘制消防支线立管

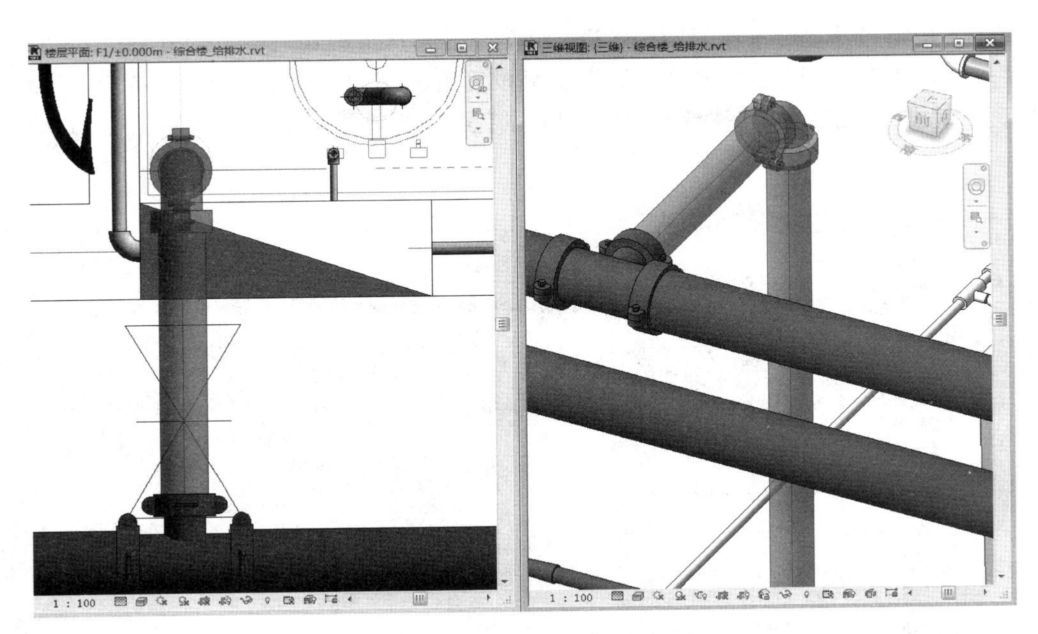

图 8-15　消防支线立管平面及三维视图

4. 绘制变截面管段

绘制消防管道过程中，往往会遇到管径大小不一致的管段连接，这时只需要修改选项栏中的“直径”大小即可绘制完成变截面管段，管道将根据管路布局自动添加“类型属性”对话框中预设好的管件，如图 8-16 所示。

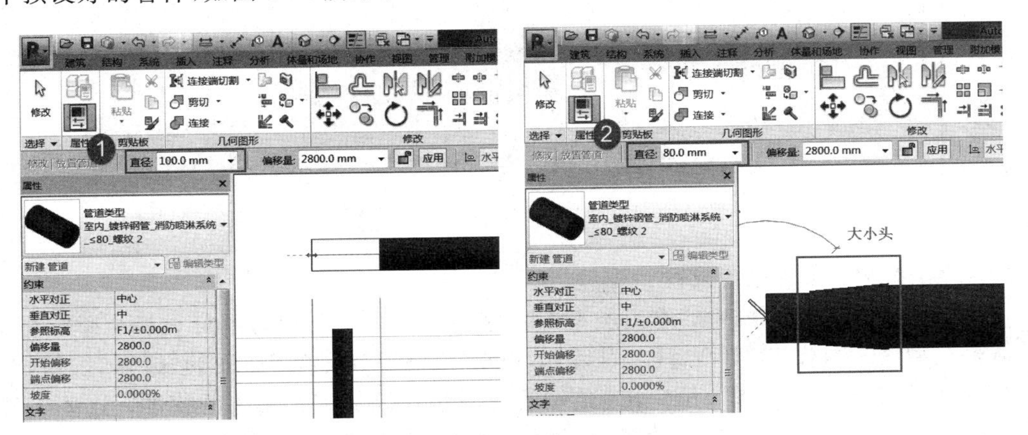

图 8-16　绘制消防变截面管段

8.1.5　编辑消防管道

编辑消防管道

消防管道绘制完成后，在每个视图中都可继续对管道进行编辑和修改。

1. 修改消防管道实例参数

选中任意消防管段，在“属性”栏可以修改管道的实例参数，如“水平对正”用来指定当前视图下相邻两段管道之间的水平对齐方式，有“中心”“左”和“右”3 种形式。“垂直对正”用来指定当前视图下相邻两段管道之间的垂直对齐方式，有“中”“底”和“顶”3 种形式。通过修改“参照标高”和“偏移量”参数，可以指定管段的高度位置，如图 8-17 所示。

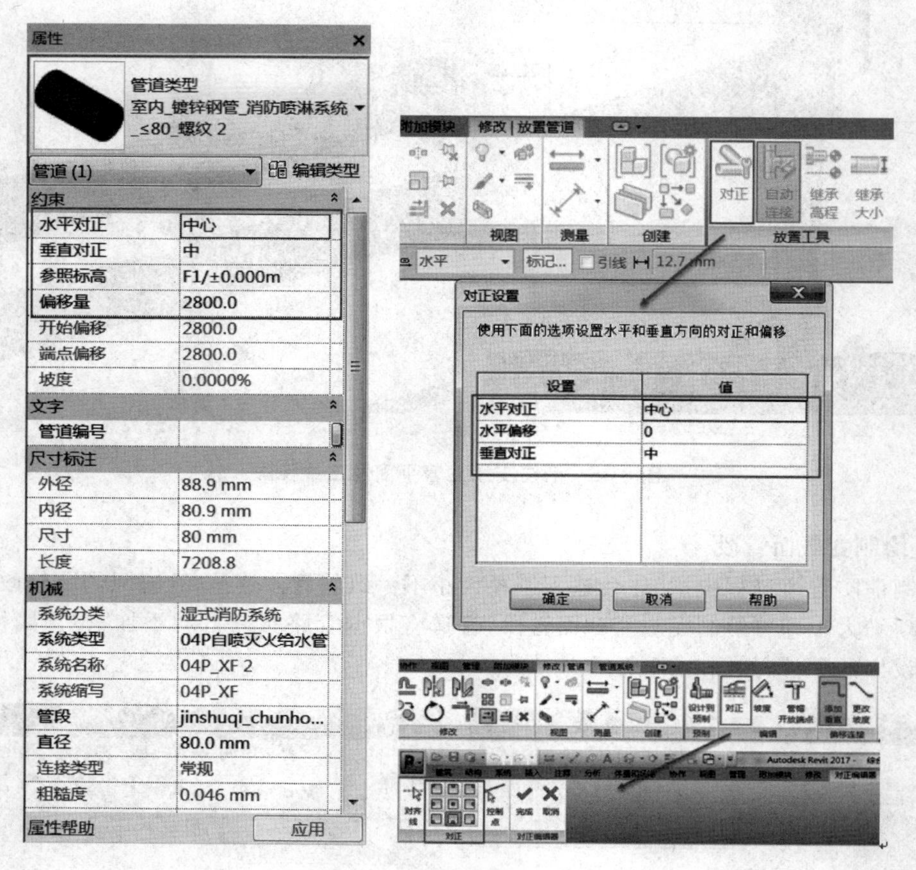

图 8-17 修改消防管道实例参数

2. 类型参数：布管系统设置

在管道“属性”面板中选择“管道类型”为“室内_镀锌钢管_消防系统_≤80_螺纹 2”，单击“编辑类型”按钮，弹出“类型属性”对话框，单击“布管系统配置”后面的“编辑”按钮，在构件列表中配置各类型管件族，可以指定绘制管道时自动添加到管路中的管件。这些管件类型有弯头、T 形三通、接头、四通、过渡件、活接头、法兰和管帽。如“弯头”下拉菜单点开后有“弯通_同心异径_卡箍：消防”“弯通_同心异径_套管：常规”“弯通_同心异径_焊接：常规”“弯通_同心异径_焊接：消防”可供选择，如图 8-18 所示。

3. 消防系统填色

消防系统绘制完成后，由于管线布局交错复杂，可以利用过滤器给消防系统添加颜色以区分不同的管道系统。

在“属性”面板中单击“可见性|图形替换”(或直接输入快捷键“VG”)，进入“可见性|图形替换”对话框，确认选择“过滤器”，单击左下角的“添加”按钮，进入“添加过滤器”对话框，

选择“04P 消火栓给水管”后单击“确定”，如图 8-19 所示。

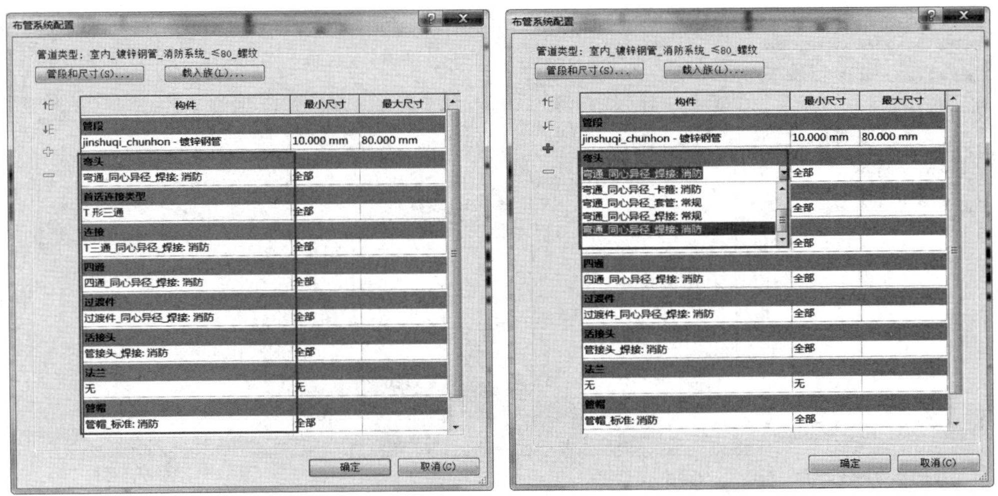

图 8-18　布管系统配置

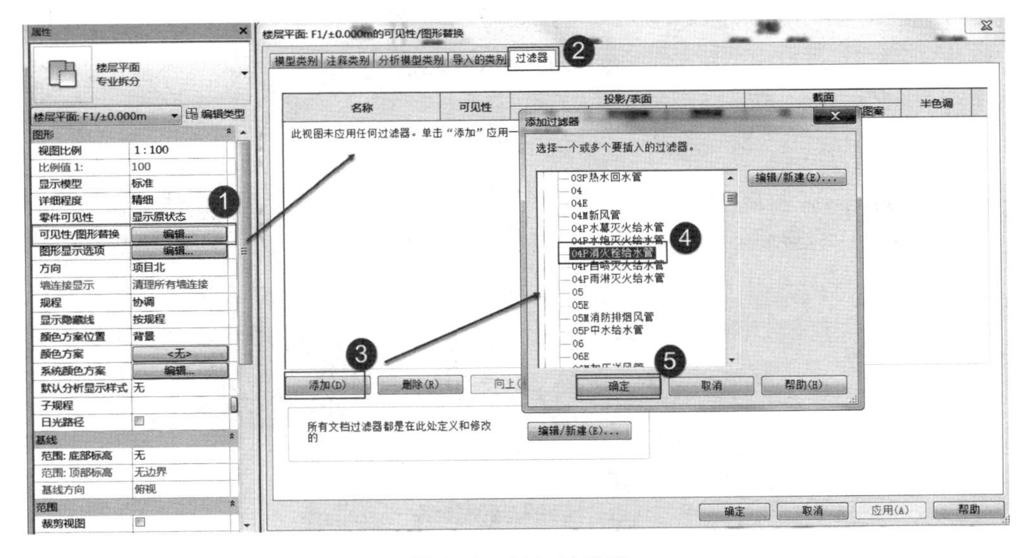

图 8-19　添加过滤器

在“添加过滤器”对话框中选择“04P 消火栓给水管”，单击下面的“编辑|新建”按钮，在过滤器对话框中勾选要包含在过滤器中的类别，如管件、管道、管道附件等，待设置完成后这些类别会被着色，然后设置过滤条件，设置完毕后单击“确定”，如图 8-20 所示。

回到“可见性|图形替换”对话框，单击“04P 消火栓给水管”后面“投影|表面”下的填充图案，设置颜色为“红色”，填充图案为“实体填充”，设置完毕后单击“确定”，如图 8-21 所示。

按照上述操作步骤，可继续对“04P 自喷灭火给水管”进行填色。过滤器设置完成后，消防系统填色如图 8-22 所示。

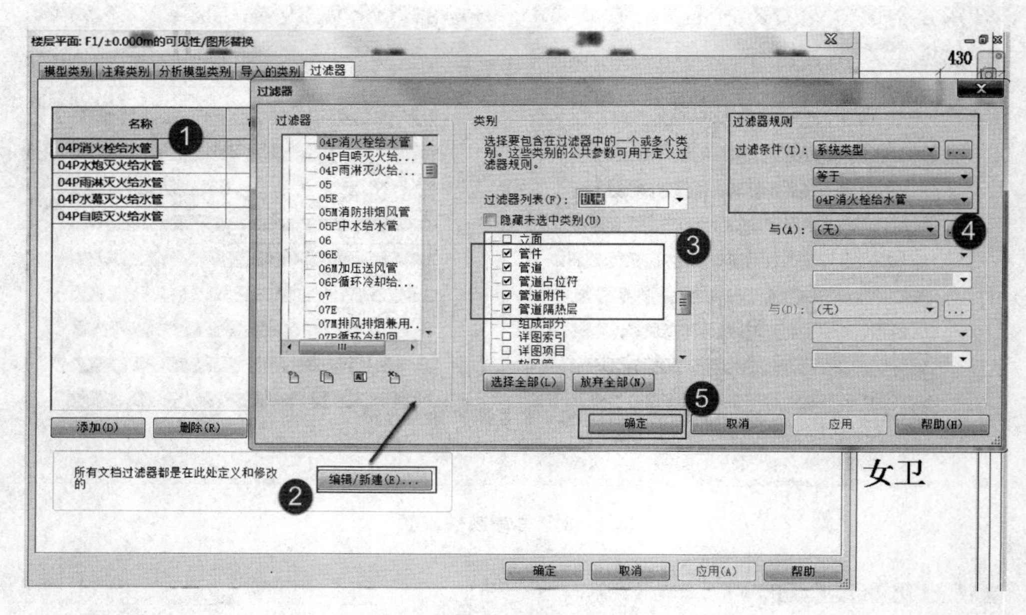

图 8-20　编辑过滤器

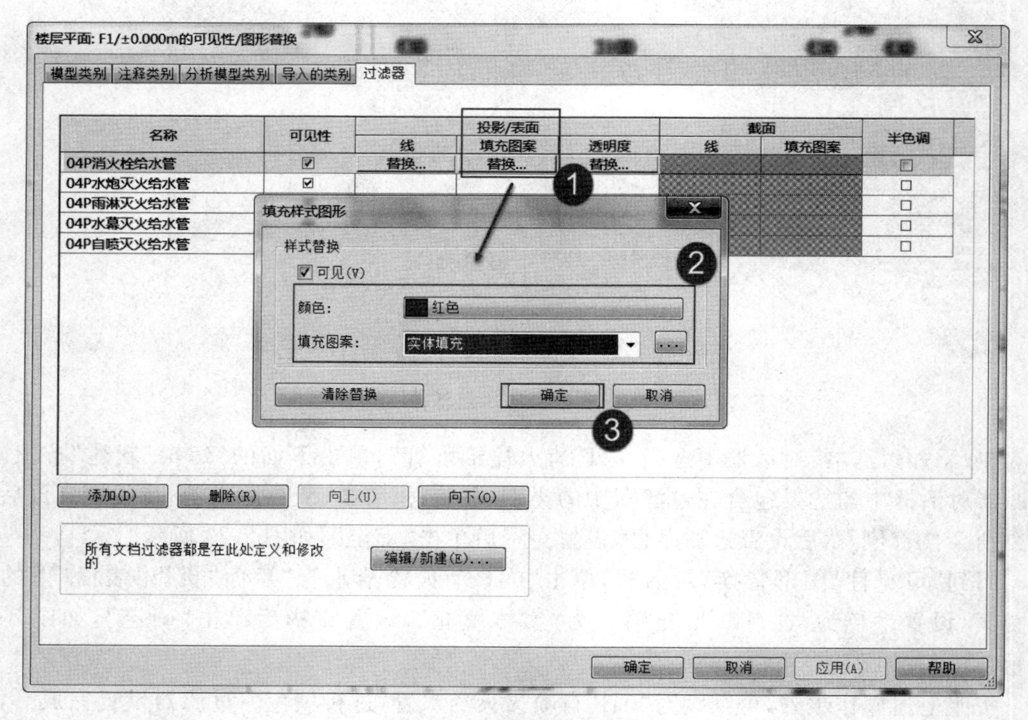

图 8-21　设置填充图案

图 8-22　消防系统填色

8.2　编辑和修改消防系统

8.2.1　定义消防系统管道类型和尺寸

编辑和修改消防系统

1. 定义消防系统管道类型

单击“项目浏览器”面板中的“族”，单击“管道”前的加号，选中任意一个管道类型，单击鼠标右键复制一个管道，并将其重命名为“室内_镀锌钢管_消防系统_≤80_螺纹”，如图 8-23 所示。

按此方法可依次创建本项目所需的“室内_镀锌钢管_消防系统_>80_卡箍”“室内_镀锌钢管_喷淋系统_>80_卡箍”和“室内_镀锌钢管_消防喷淋系统_≤80_螺纹 2”管道类型。

2. 定义消防系统管道尺寸

双击鼠标左键新建的“室内_镀锌钢管_消防系统_≤80_螺纹”管道系统，打开“类型属性”对话框，单击“类型参数”中“布管系统配置”后面的“编辑”按钮，弹出“布管系统配置”对话框，在“构件”下的管段选择“最小尺寸”为“10.000mm”，“最大尺寸”为“80.000mm”，如图 8-24 所示。

在“布管系统配置”对话框中单击“管段和尺寸”，弹出“机械设置”对话框，选择“管段与尺寸”，右侧面板会显示可在当前项目中使用的管段尺寸列表，如图 8-25 所示。单击“新建尺寸”或“删除尺寸”按钮可以添加或删除管段的尺寸，新建管段的公称直径和现有列表中

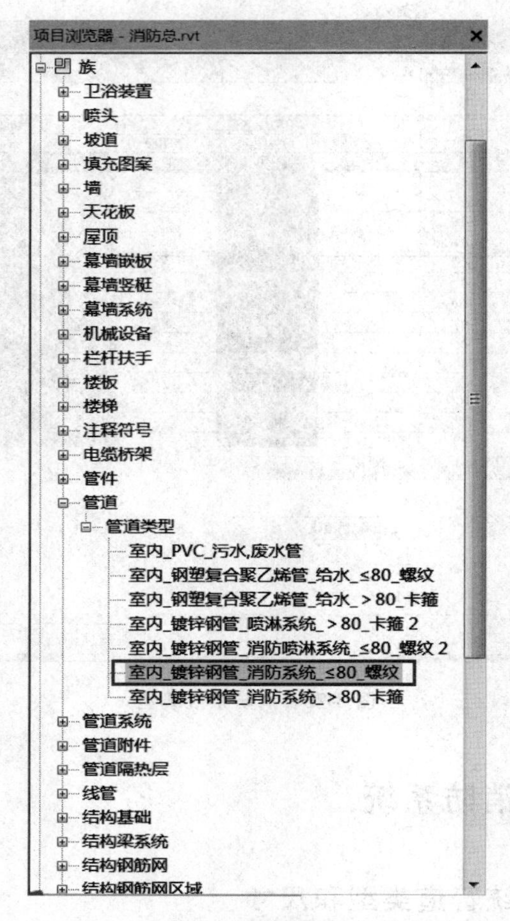

图 8-23 创建新的消防系统管道类型

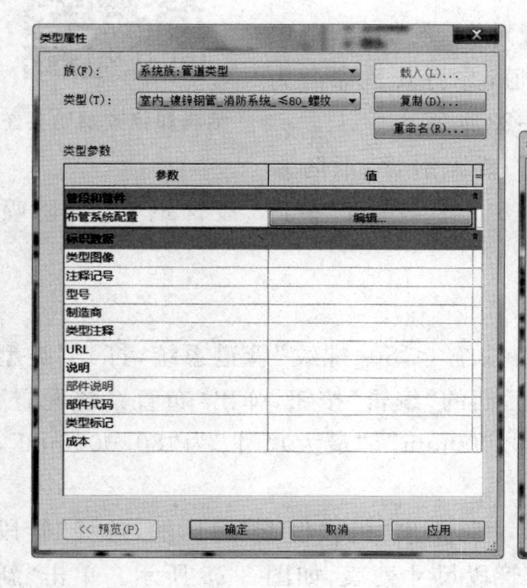

图 8-24 定义管段尺寸

管段的公称直径不允许重复。如果在绘图区域已经绘制了某尺寸的管段，该尺寸在“机械设置”尺寸列表中将不能删除，需要先删除项目中的管段，才能删除列表中的尺寸。通过勾选公称直径后面的“用于尺寸列表”和“用于调整大小”可以调节管段尺寸在项目中的应用。

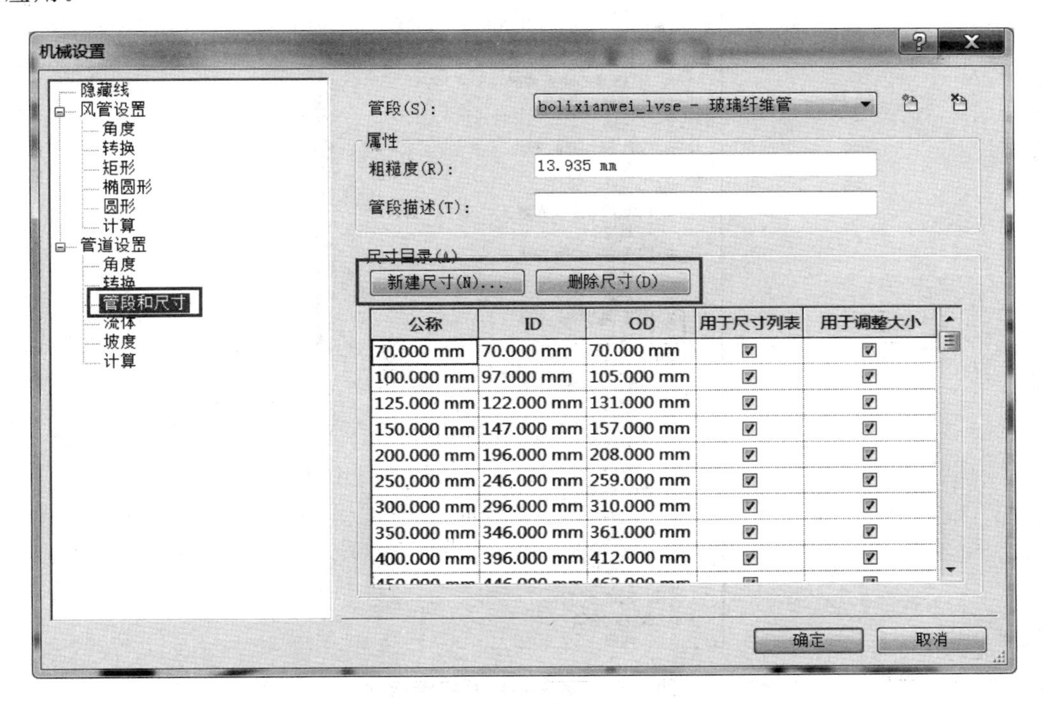

图 8-25　新建管段尺寸

按照此步骤继续定义“室内_镀锌钢管_消防系统_>80_卡箍”“室内_镀锌钢管_喷淋系统_≤80_螺纹”“室内_镀锌钢管_喷淋系统_>80_卡箍”管道系统和尺寸。

8.2.2　定义消防系统弯头和连接件

消防管道“布管系统配置”中如果遇到没有可供选择的消防管件时，可定义新的消防系统弯头和其他连接件。

单击“项目浏览器”面板中的“族”，单击“管件”前的加号，选中“弯通_同心异径_卡箍”下的“常规”选项，单击鼠标右键复制一个，并将其重命名为“消防”，即定义了新的消防系统弯头，如图 8-26 所示。

同样方法可定义消防系统其他连接件，如 T 形三通、四通等。

8.2.3　定义消防系统材质和线条颜色

单击“项目浏览器”面板中的“族”，单击“管道系统”前的加号，左键双击“04P 消火栓给水管”，打开“类型属性”对话框，单击“类型参数”中“图形替换”后面的“编辑”选项，弹出“线图形”对话框，设置“颜色”为“红色”，“填充图案”为“实线”，设置完成后单击“确定”，如图 8-27 所示。

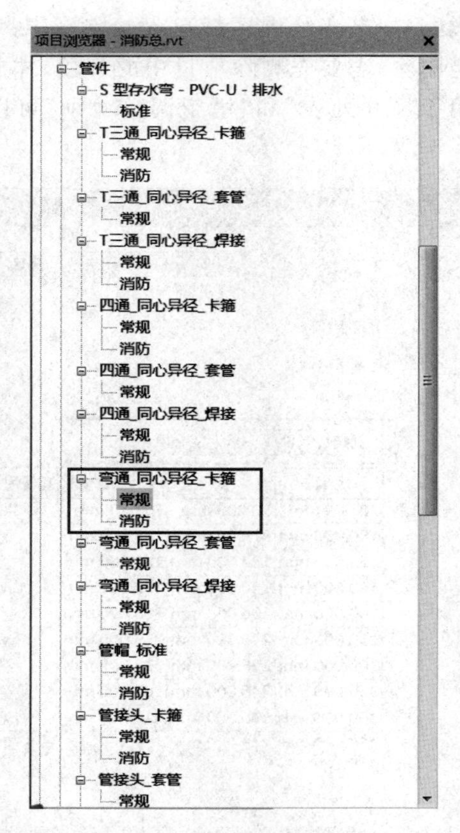

图 8-26　定义消防系统连接件

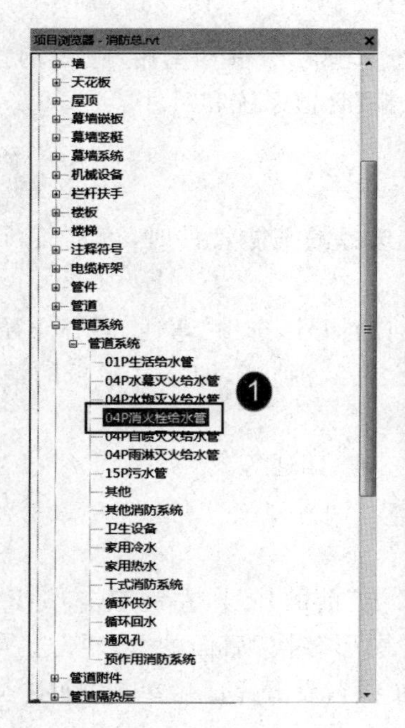

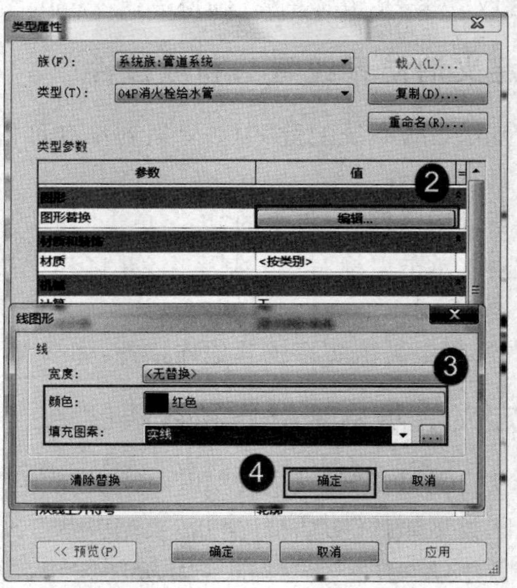

图 8-27　定义线条颜色

在“类型属性”对话框中，单击“类型参数”中“材质”后面的“编辑”按钮，弹出“材质浏览器”对话框，在“材质类型”列表中新建材质，并将其命名为“镀锌钢管”。单击右边“外观”选项，在“颜色”一栏选择要定义的颜色，并在“图形”选项中勾选“使用渲染外观”项，完成后单击“确定”，如图 8-28 所示。

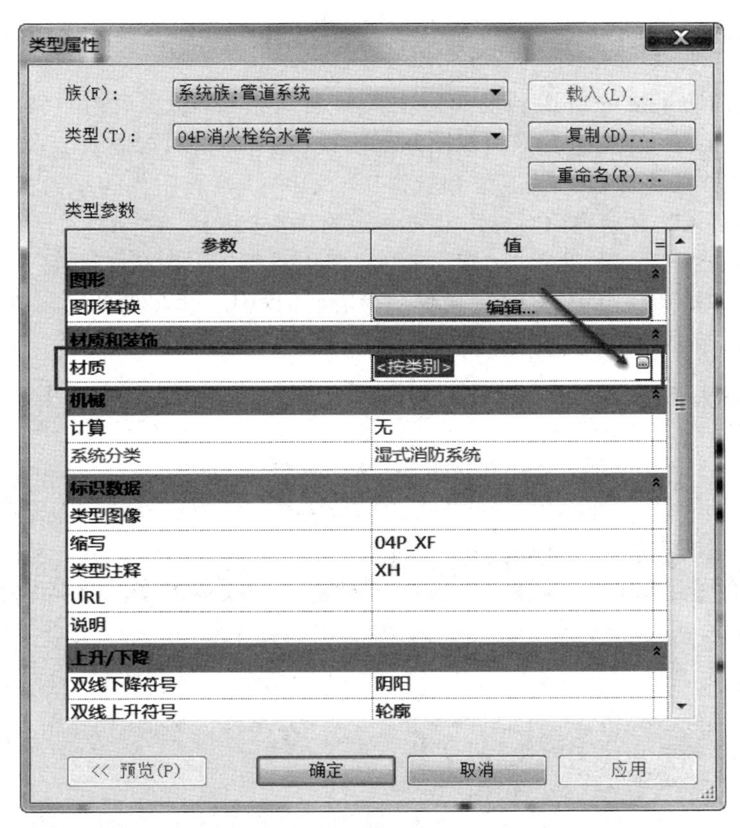

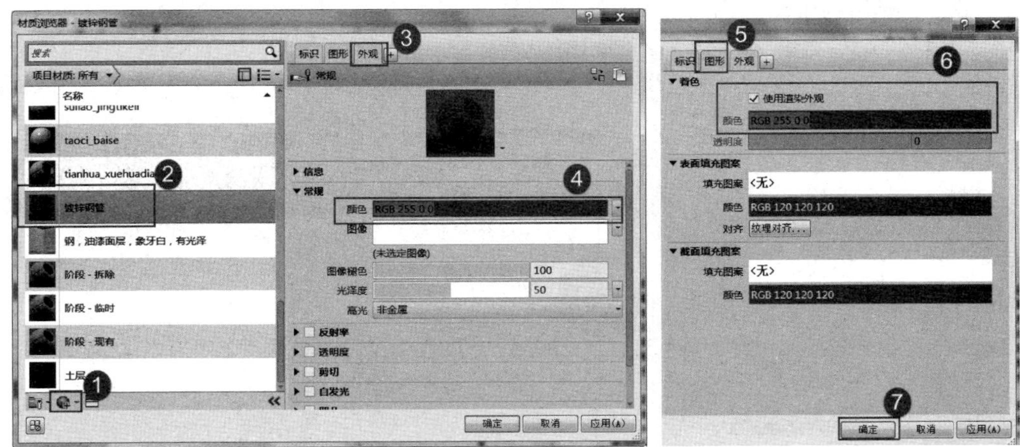

图 8-28　定义消防系统材质

8.3 添加消防系统附件

8.3.1 添加阀门

添加消防系统附件

本项目消防系统中所用到的阀门主要有湿式报警阀、水流指示器、闸阀、止回阀和信号闸阀，在平面视图和三维视图中都可以添加阀门。

(1) 单击“系统”选项卡“卫浴和管道”面板中的“管路附件”，或直接输入快捷键“PA”，自动弹出“修改|放置管道附件”选型卡，在“属性”下拉列表中选择所需要的阀门，如“闸阀”，修改“公称直径”为“150.0”。将鼠标指针移动至消防管道中心线处，捕捉到中心线时(中心线高亮显示)，单击左键即可完成闸阀的添加，如图 8-29 所示。

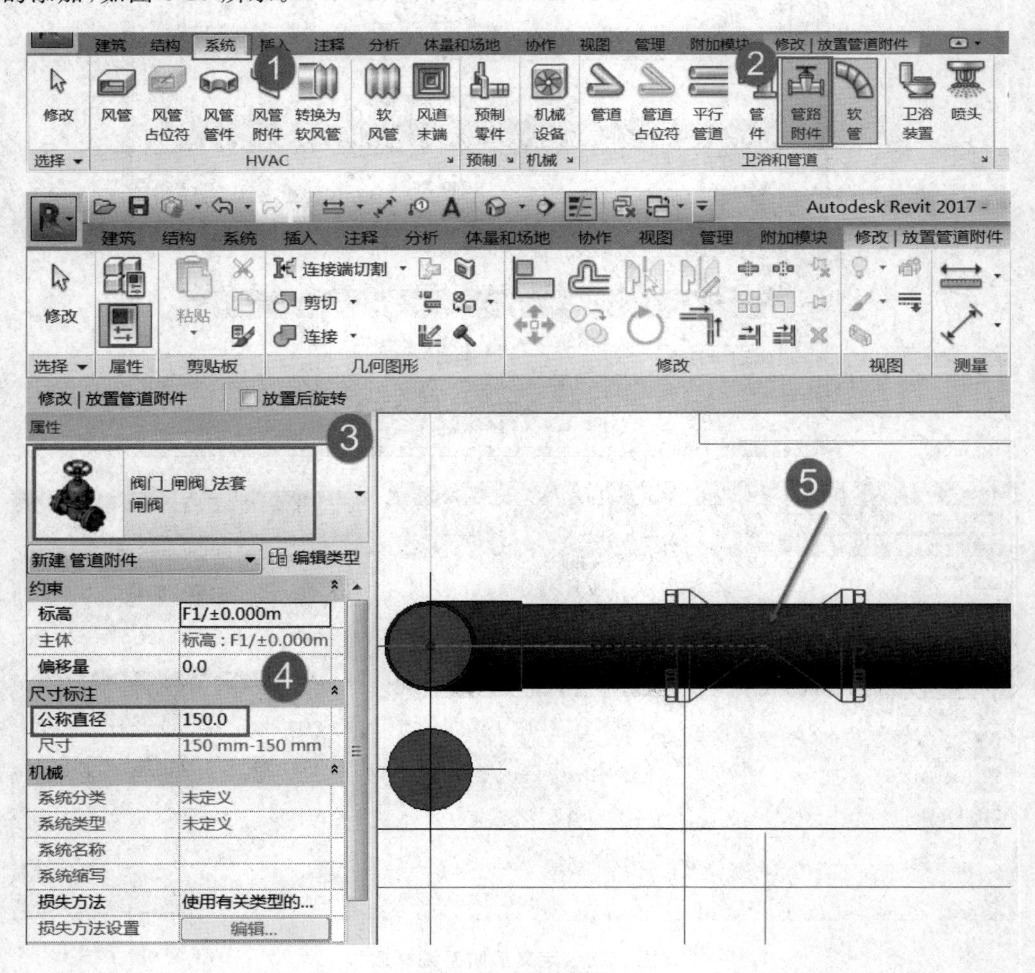

图 8-29 添加阀门

（2）选择已添加的闸阀，单击阀门边上的旋转按钮，可调整阀门安装的方向，如图 8-30 所示。

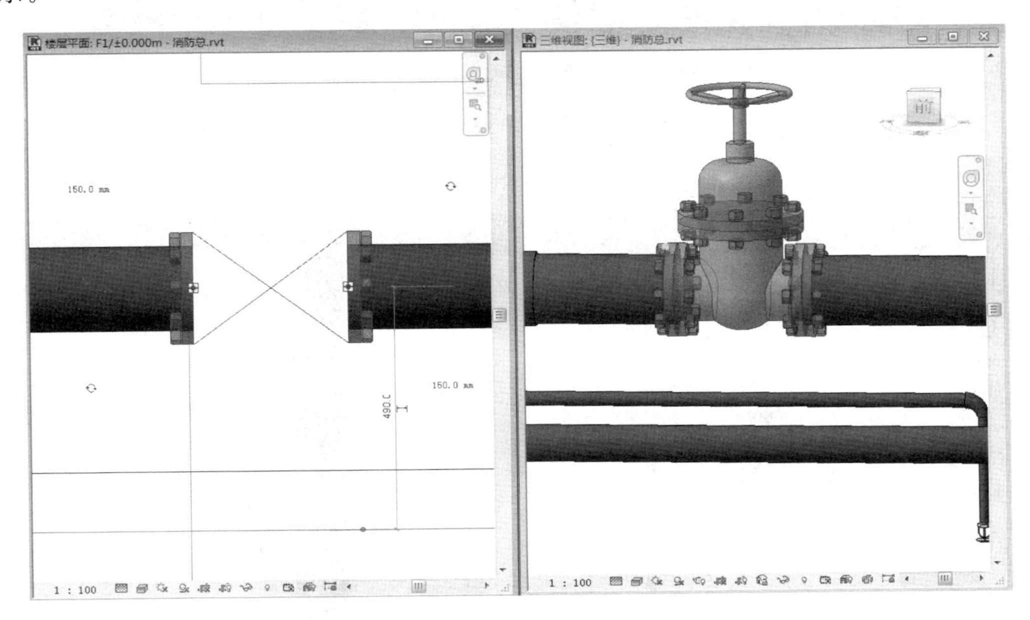

图 8-30　调整阀门方向

8.3.2　添加喷头

本项目地下车库及无吊顶场所自动喷水灭火系统采用 DN15 直立型玻璃球喷头，有吊顶处采用下垂型喷头，局部采用侧喷。喷头距灯和风口距离不得小于 0.4m，除吊顶型喷头及吊顶下安装的喷头外，直立型、下垂型标准喷头溅水盘与顶板的距离为 75～150mm。

（1）单击“系统”选项卡“卫浴和管道”面板中的“喷头”，或直接输入快捷键“SK”，自动弹出“修改|放置喷头”选型卡，如图 8-31 所示。

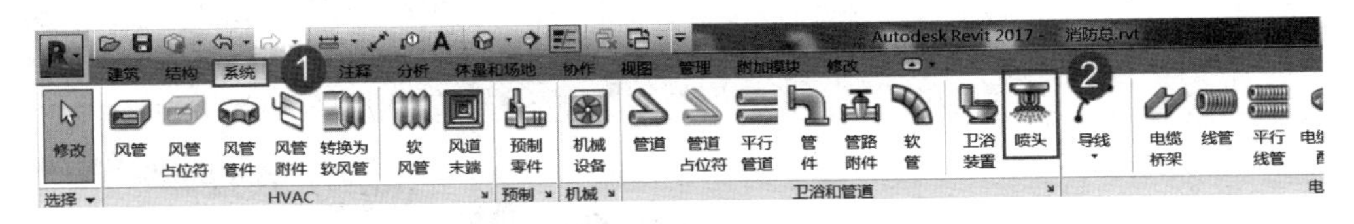

图 8-31　修改放置喷头

（2）在“属性”下拉列表中选择喷头类型为“喷头_下垂_ZST15(中心)DN15”，修改“偏移量”为“2500.0”，将鼠标指针移动至自喷管道中心线处，捕捉到中心线时(中心线高亮显示)，单击左键即可完成喷头的添加，如图 8-32 所示。

（3）在三维视图中选中刚添加的喷头，单击“布局”面板中的“连接到”按钮，然后单击需要连接的水平管道，喷头将会自动连接并生成三通和 DN15 的支管，如图 8-33 所示。

（4）添加成功的喷头平面图与三维图如图 8-34 所示。按此方法继续完成其他喷头的添加。

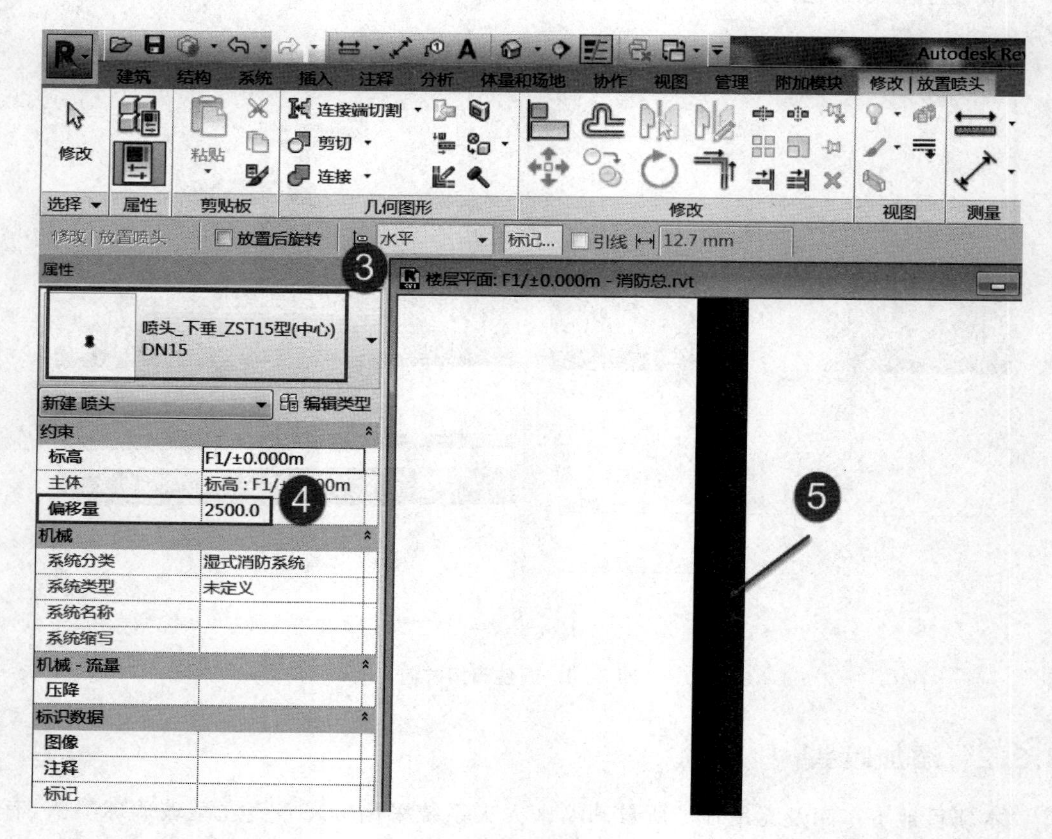

图 8-32 添加喷头

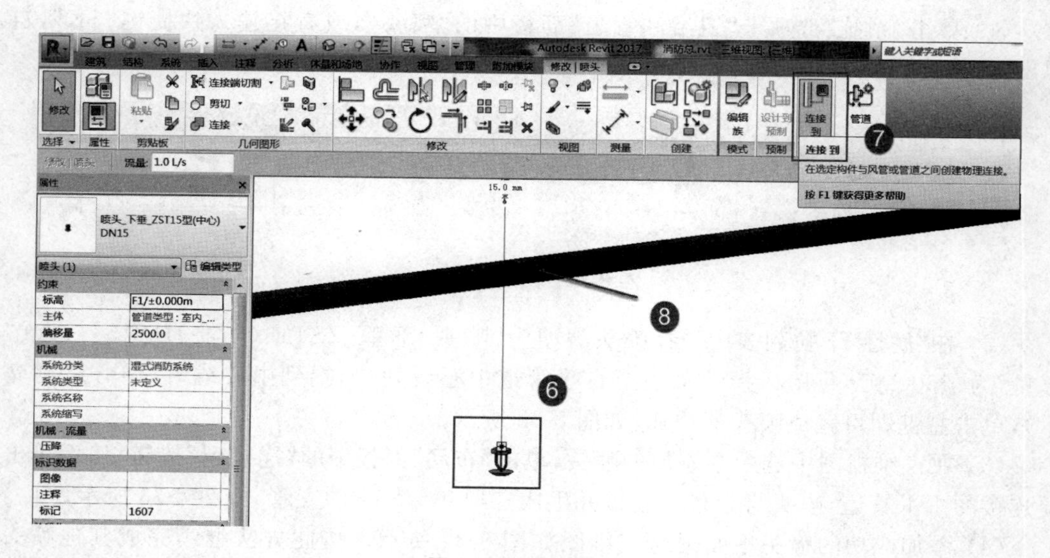

图 8-33 连接喷头

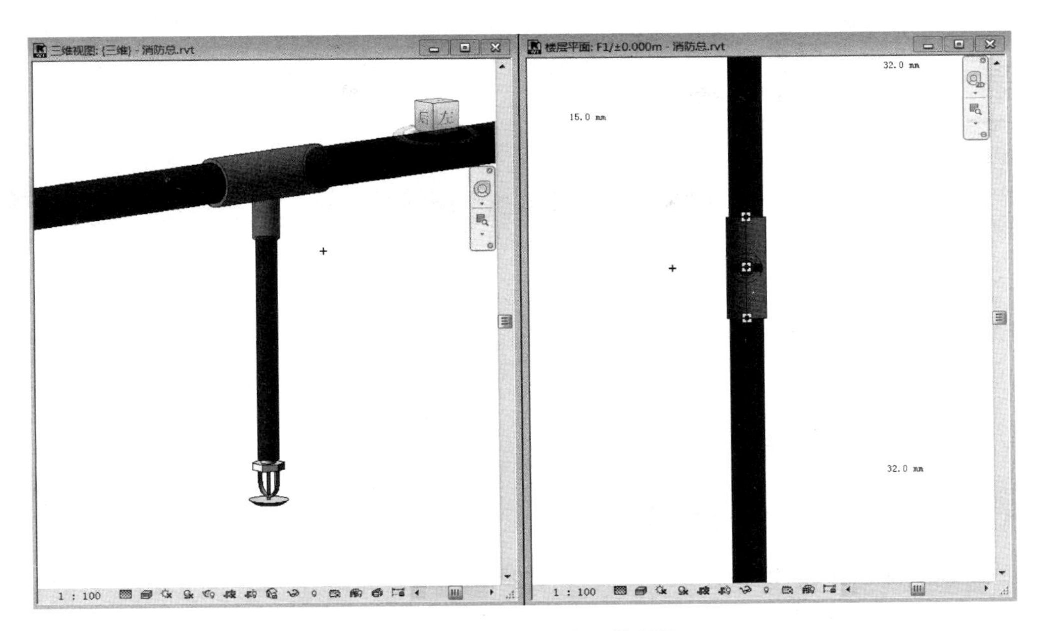

图 8-34　喷头平面和三维视图

第 9 章

电气系统模型设计

9.1 电气照明系统

9.1.1 创建项目电气照明系统

(1) 打开 Revit 软件,新建 Revit 项目,选择"综合楼_电气-样板.rte",选择"项目(P)",单击"确定",如图 9-1 所示。

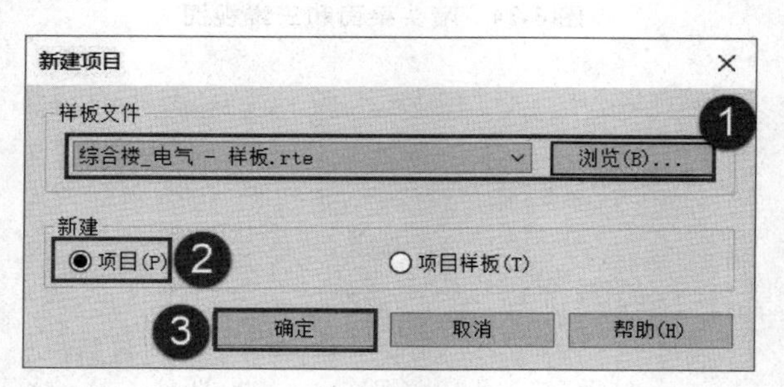

图 9-1 载入样板新建项目

双击"项目浏览器"中"楼层平面(专业拆分)"下的"1F±0.000m"选项,切换到 F1 楼层平面图,如图 9-2 所示。

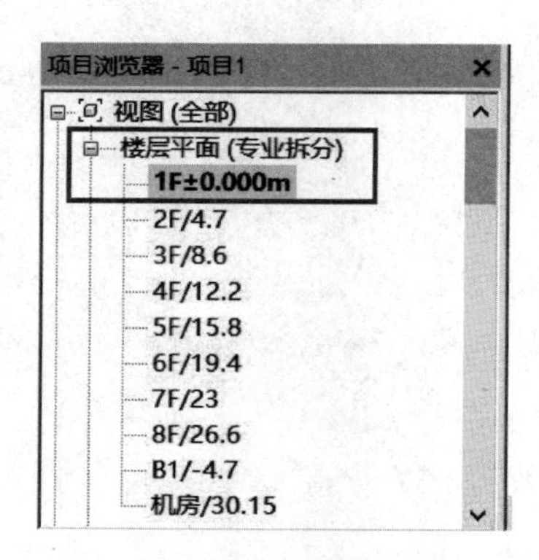

图 9-2 切换到 F1 楼层平面图

(2) 选择"插入"选项卡"链接"面板中的"链接 CAD",弹出"链接 CAD 格式"对话框,选择"建筑_F1",勾选"仅当前视图",导入单位选择"毫米",单击"打开",如图 9-3 所示。

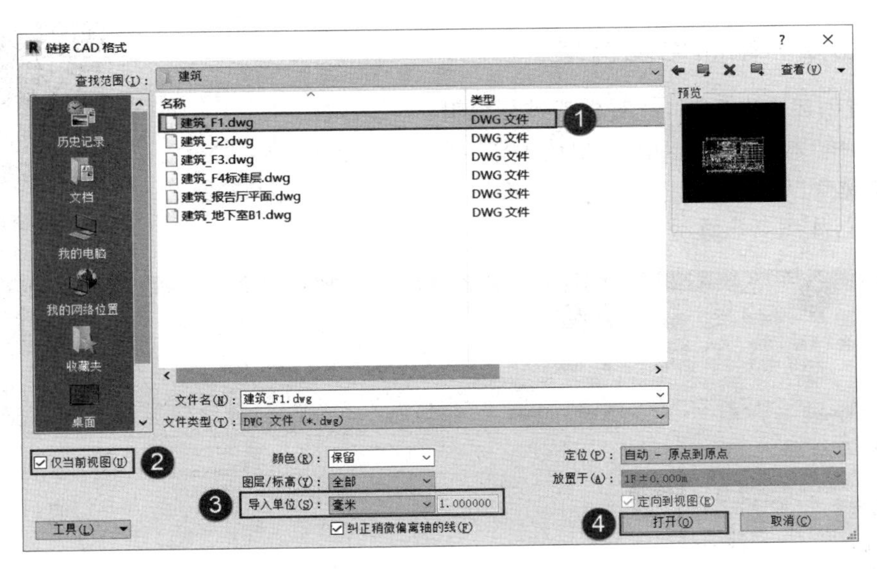

图 9-3　链接 CAD

(3) 单击刚导入的“建筑_F1. dwg”文件，选择“修改 | 建筑_F1. dwg”选项“移动”，选择“建筑_F1. dwg”中的 A1 焦点，移动到 Revit 的轴网 A1 处，使两者重合，单击“锁定”，如图 9-4 所示。

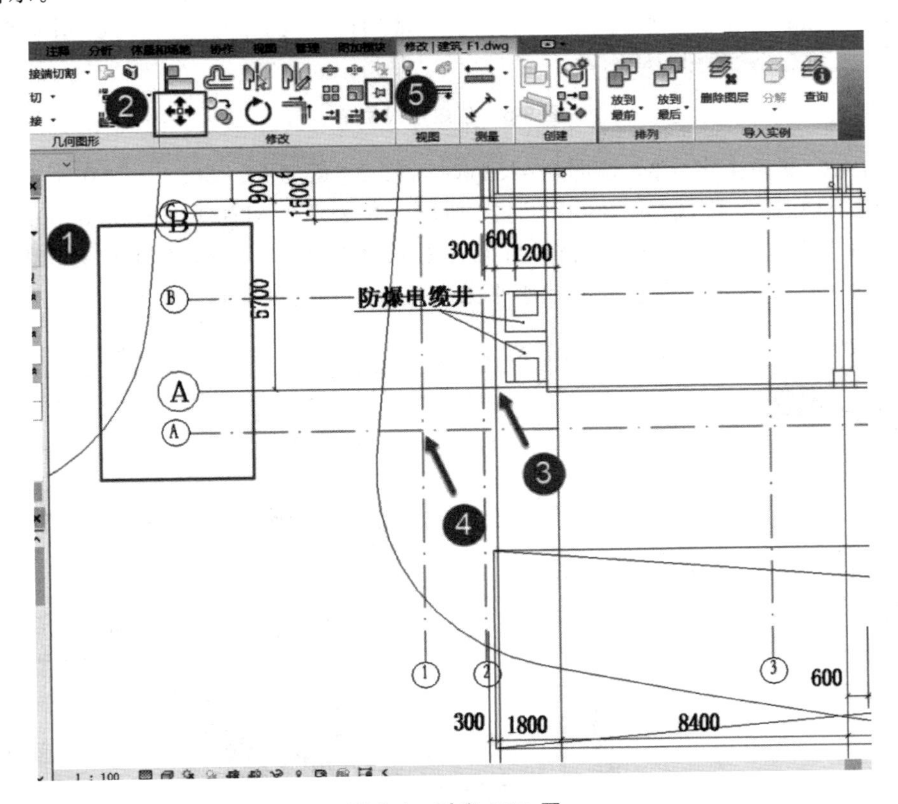

图 9-4　对齐 CAD 图

9.1.2 创建和编辑电缆桥架

创建和编辑电缆桥架

本节将创建强电桥架，并对桥架进行编辑。

(1) 选择“系统”选项卡中的“电缆桥架”，在“属性”面板“带配件的电缆桥架”中选择“02E_槽式_强电系统”，修改“偏移量”参数为“2800.0”，单击“应用”，如图 9-5 所示。

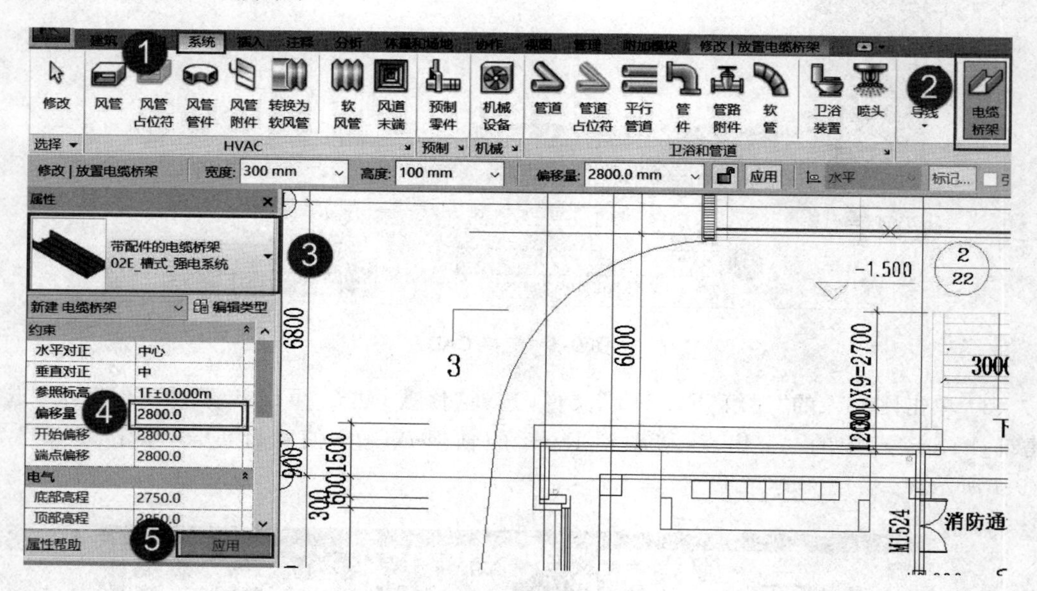

图 9-5　创建电缆桥架

(2) 当光标变为十字光标，说明桥架已选择，修改“宽度”为“200mm”，在图 9-6 中的位置单击左键，鼠标往下移，输入“3800.0”，按“回车键”表示桥架往下长度为 3800mm。光标往右移，输入“47500”，按“回车键”表示桥架往右长度为 47500mm，按“Esc 键”退出当前画桥架操作，如图 9-6 所示。垂直方向和水平方向桥架的相交处会自动生成弯通。

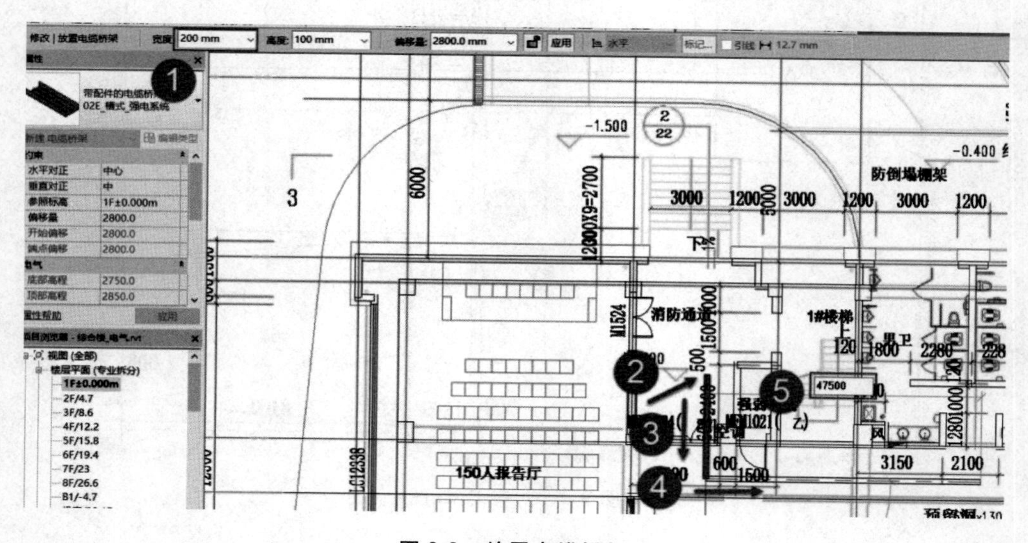

图 9-6　放置电缆桥架

(3) 光标依旧是十字光标，说明当前命令还是画桥架。单击已画好的桥架，光标往下移，输入"3000"并按"回车键"，按"Esc 键"退出当前画桥架操作，如图 9-7 所示。图 9-8 中三通弯头为自动生成。

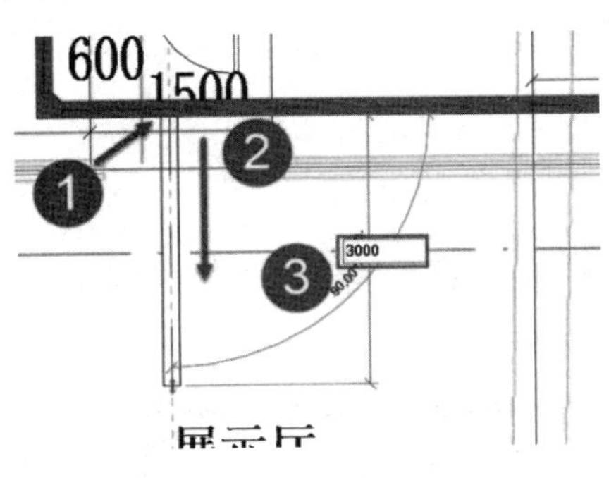

图 9-7　画电缆桥架

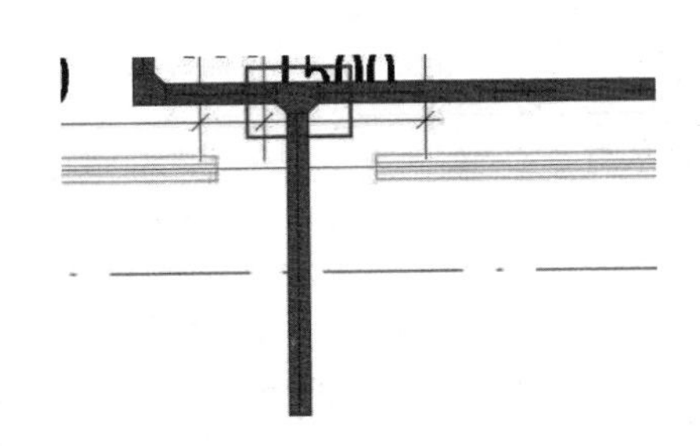

图 9-8　自动生成三通弯头

(4) 在已画好桥架下方任意画一段桥架，单击该桥架，选择"修改"选项卡中的"修剪|延伸单个图元"，单击要延伸到的桥架，再单击需要延伸的桥架，按"Esc 键"退出当前延伸命令，如图 9-9 所示。图 9-10 中三通弯头为延伸生成的弯头。

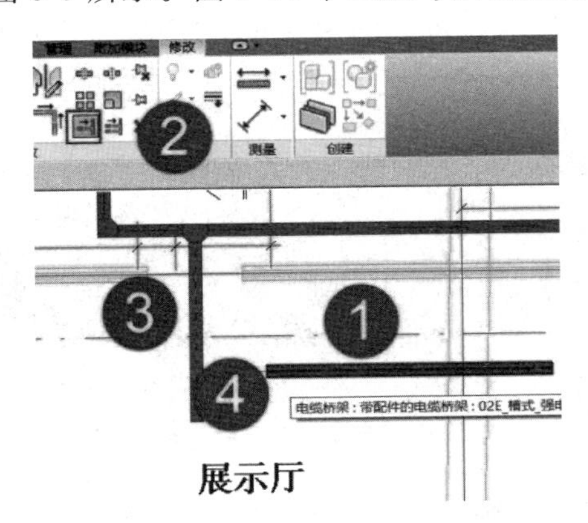

图 9-9　延伸桥架

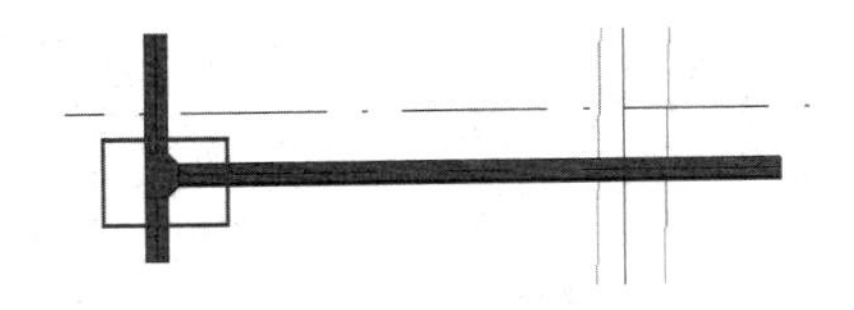

图 9-10　自动生成三通弯头

(5) 单击在步骤(4)中画好的桥架，修改桥架长度为"6000"，按"回车键"，然后按"Esc 键"退出当前命令。这样就能修改桥架的长度，如图 9-11 所示。

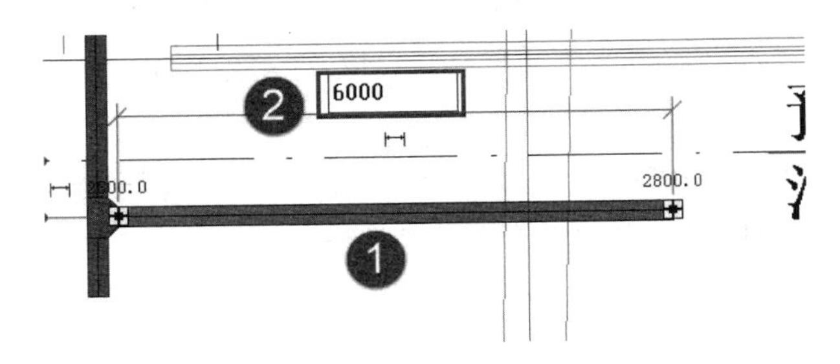

图 9-11　修改桥架长度

(6) 单击“修改”选项卡中的“拆分图元”，在已画好的桥架中单击②处，删除拆分的部分，如图 9-12 所示。

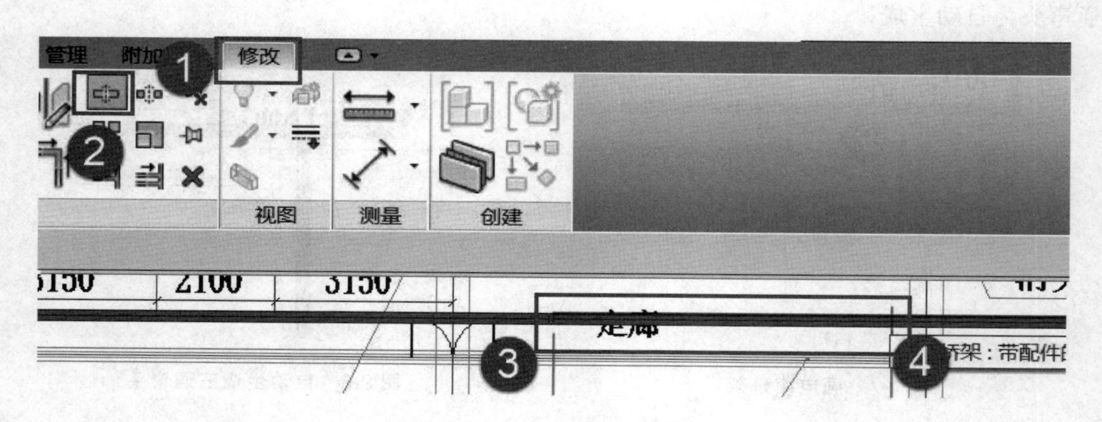

图 9-12 拆分桥架

(7) 单击已画好的桥架，选择“修改|电缆桥架”选项卡中的“创建类似”，在步骤(6)删除的地方根据提示，与左右两边的桥架对齐画桥架，修改新桥架的偏移量为“2400.0”，如图 9-13 所示。

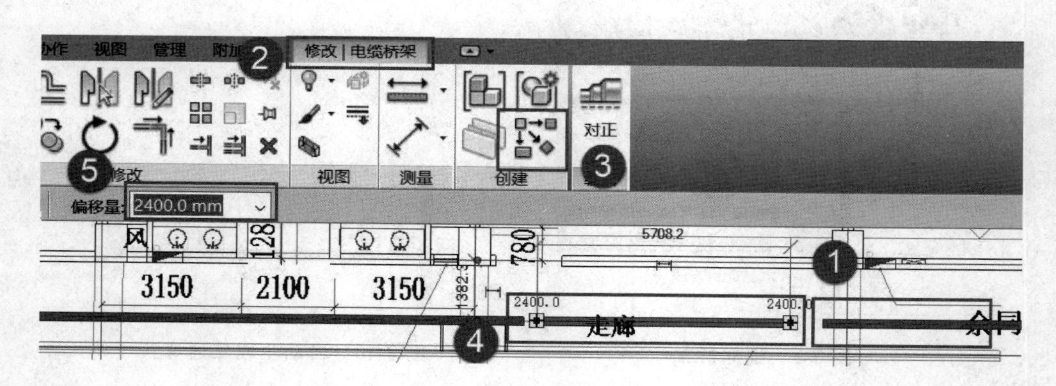

图 9-13 修改桥架高度

(8) 双击“项目浏览器”—“立面”—“南”，打开立面图，找到之前 1F 画好的桥架，单击桥架，在“修改|放置电缆桥架”选项卡中选择“创建类似”，根据提示，选择桥架的中心位置往下画桥架，如图 9-14 所示。

(9) 单击“修改”选项卡中“修剪|延伸为角”，选择图 9-15 中的两桥架，桥架会自动添加弯通，结果如图 9-15 右侧弯通。双击“项目浏览器”—“立面”—“南”，打开立面图，找到之前画好的桥架，单击桥架，在“修改|放置电缆桥架”中选择“创建类似”选项，根据提示选择桥架的中心位置往下画桥架。

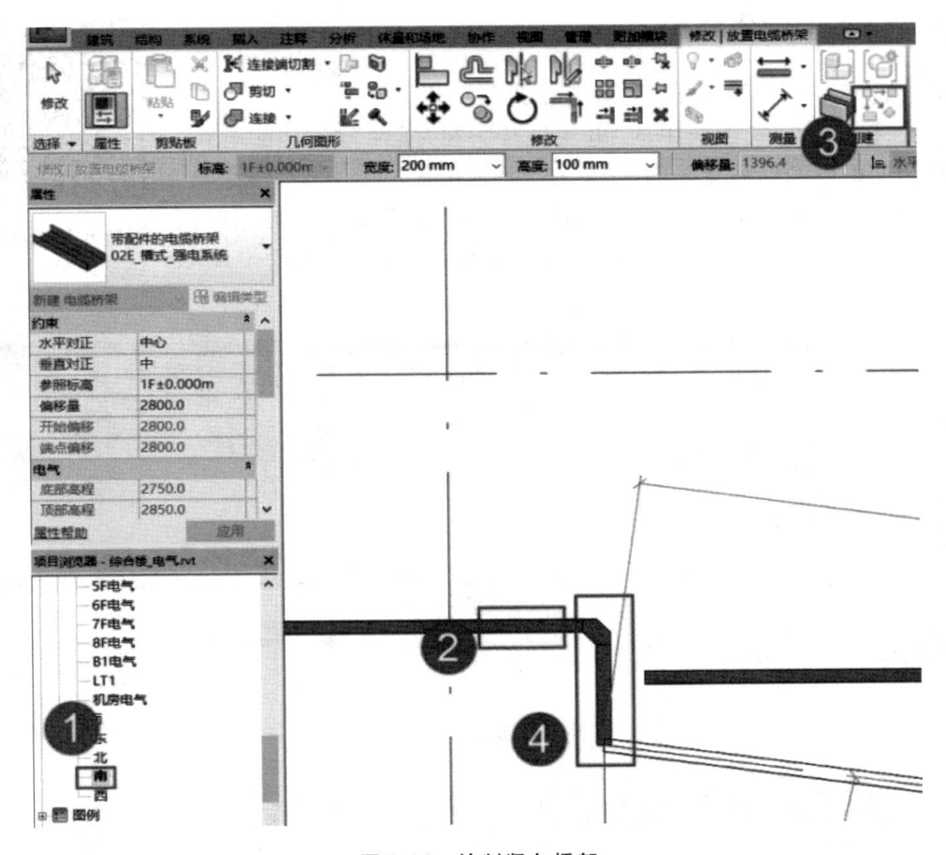

图 9-14　绘制竖向桥架

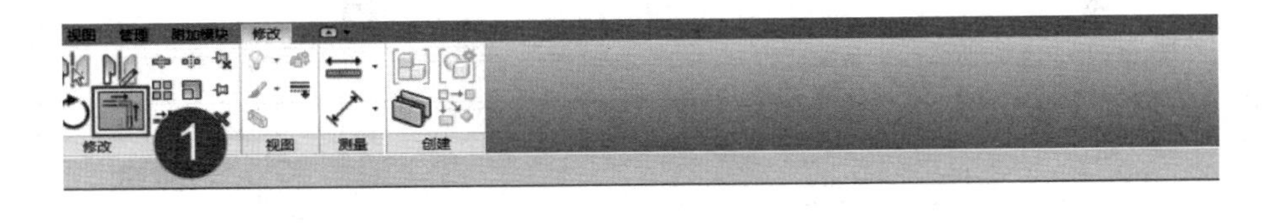

图 9-15　连接桥架

9.1.3 创建和编辑照明系统

本节将介绍照明系统，并对照明系统进行编辑。

(1) 选择“系统”选项卡中的“电气设备”，在“属性”面板“配电箱”中选择“照明配电箱”，放置于图 9-16 中④所示位置。

(2) 修改“配电箱”属性中的“偏移量”为“1000.0”，放置配电箱时注意配电箱方向，图 9-17 中②所指方向为配电箱背面，将配电箱沿墙壁放置。

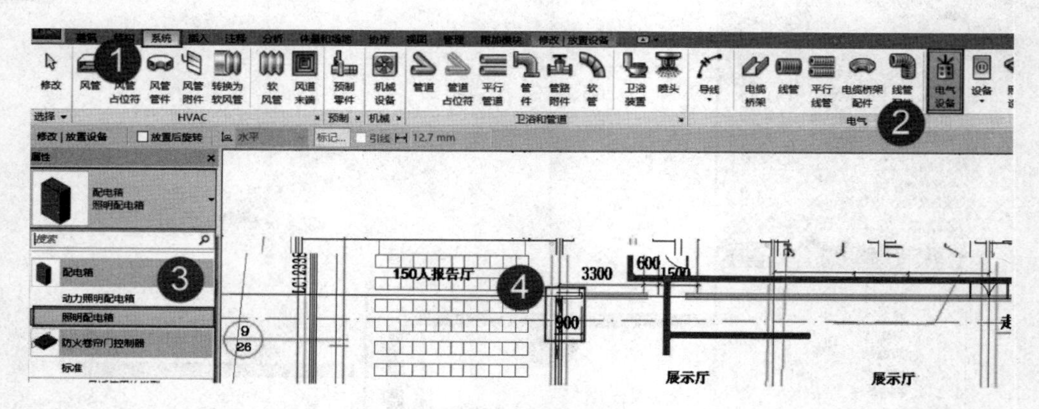

图 9-16 放置照明配电箱

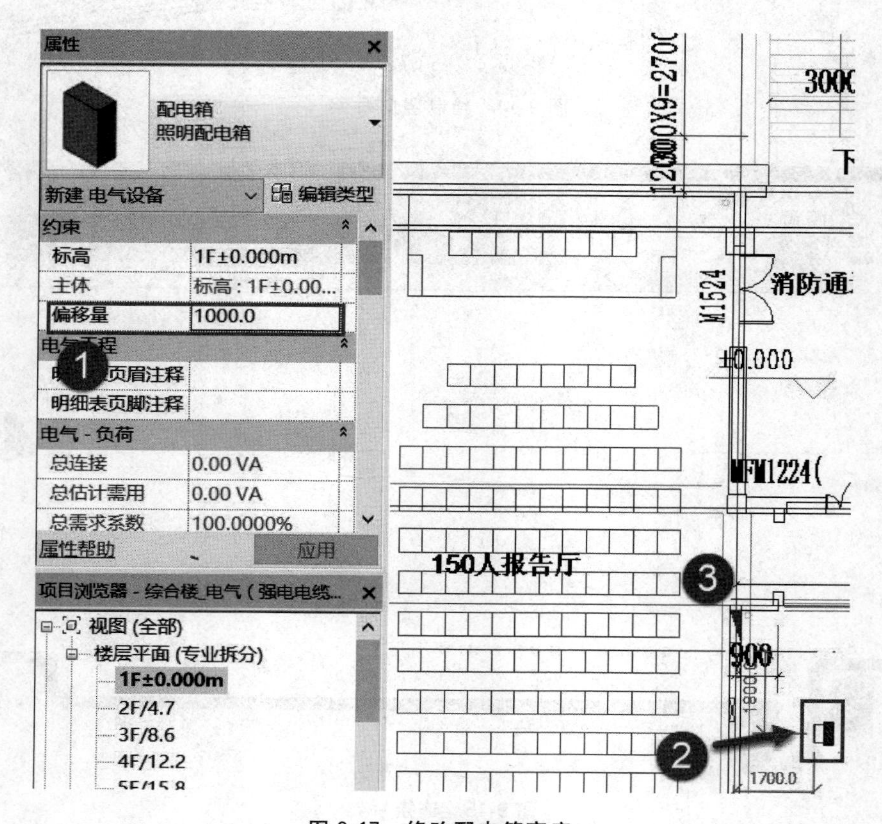

图 9-17 修改配电箱高度

（3）接下来放置灯具，由于灯具放置于天花板上，在“项目浏览器”中双击“天花板平面”中的“1F±0.000m”，切换到天花板平面，如图 9-18 所示。

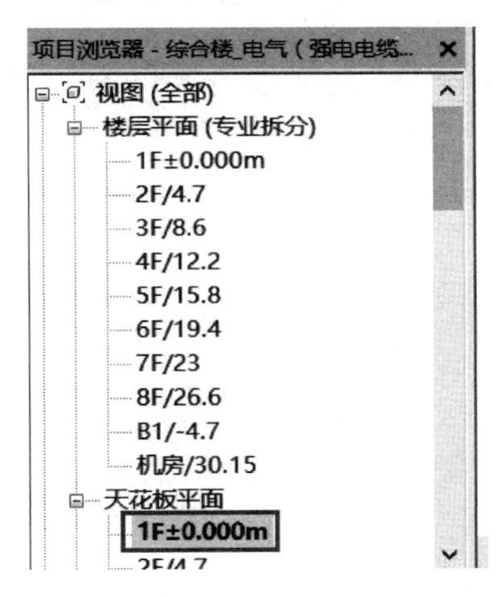

图 9-18　切换到天花板界面

（4）此时天花板平面中没有之前放置的电缆桥架及配电箱，这是由于视图范围设置未达到我们的要求。单击天花板平面“属性”中“视图范围”的“编辑按钮”，弹出“视图范围”设置对话框，将“顶部”设为“无限制”，标高设为“无线制”，剖切面偏移设为“1200.0”，单击“确定”，如图 9-19 所示。

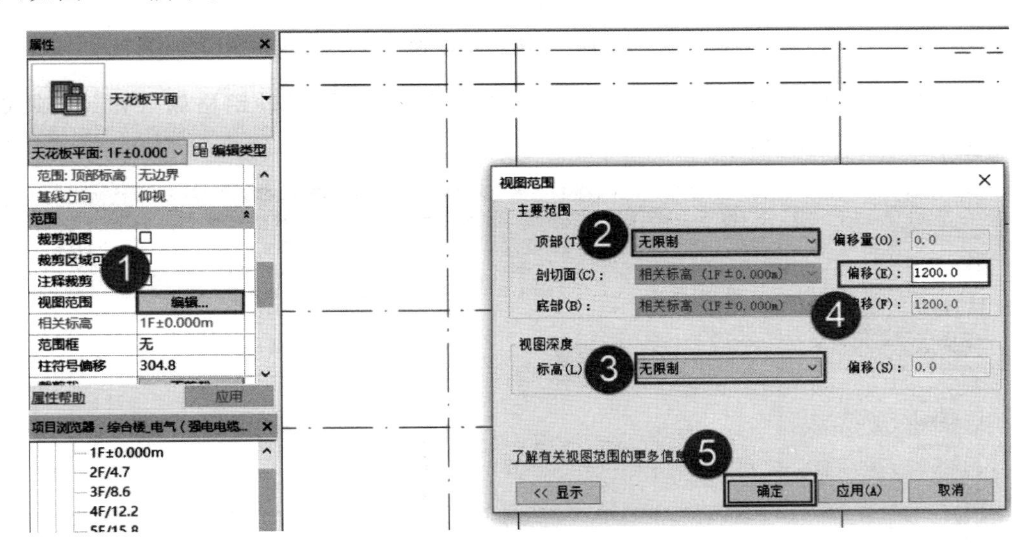

图 9-19　设置天花板平面视图范围

（5）为了放置照明设备时能有个位置做参考，在天花板平面链接 CAD，步骤同 9.1.1 节，此处不做赘述。有时链接的 CAD 显得太杂乱影响正常作图，可以将链接的 CAD 隐藏掉。单击天花板平面“属性”中“视图范围”的“可见性|图形替换”按钮，弹出“可见性|图形替换”设置对话框（也可直接输入“VG”快捷键），在“导入的类别”中去掉“建筑_F1.dwg”的勾选，单击“确定”，CAD 图就可被隐藏，如图 9-20 所示。

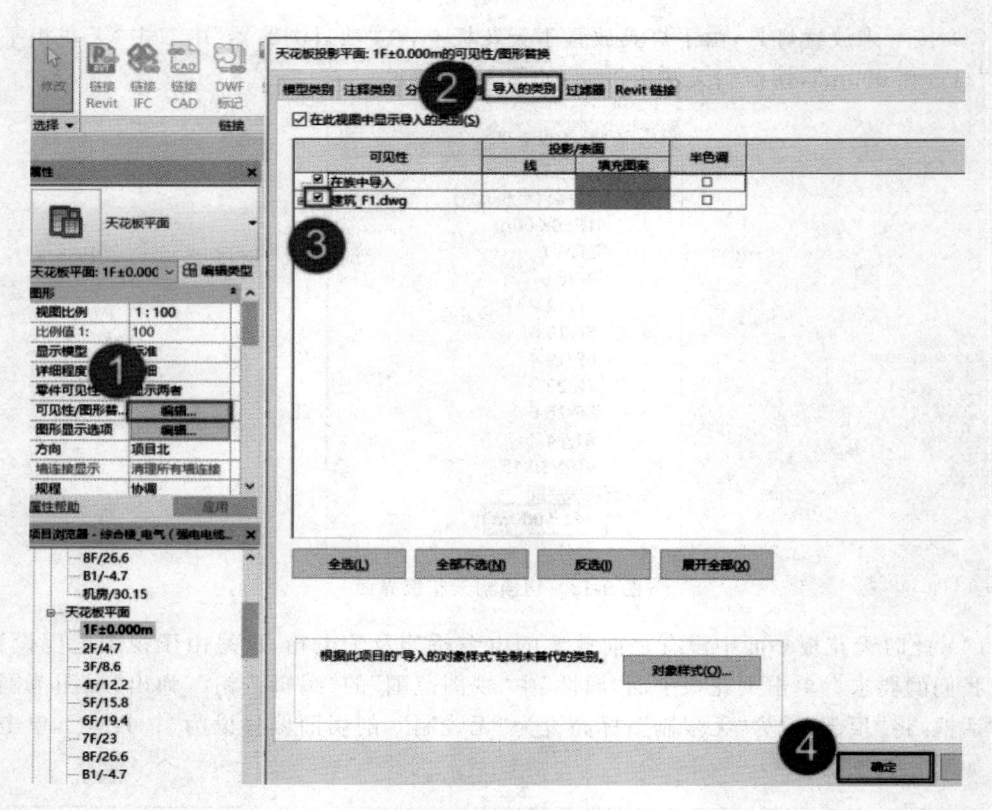

图 9-20　隐藏 CAD 图

(6) 在“系统”选项卡中选择“照明设备”,下拉框中选择“磨砂铝格栅灯盘(吸顶式)-003”中的“DP6060”,如图 9-21 所示。

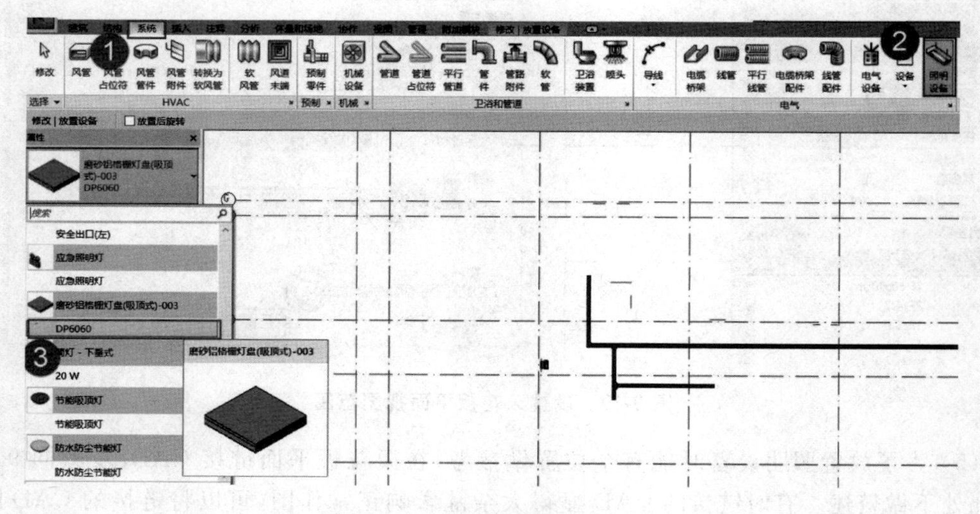

图 9-21　选择“磨砂铝格栅灯盘”

(7) 在“修改|放置设备”选项卡中选择“放置在工作平面上”,“属性”选项卡中“偏移量”设置为“2500.0”,放置灯具,按两次“Esc 键”退出放置灯具,如图 9-22 所示。

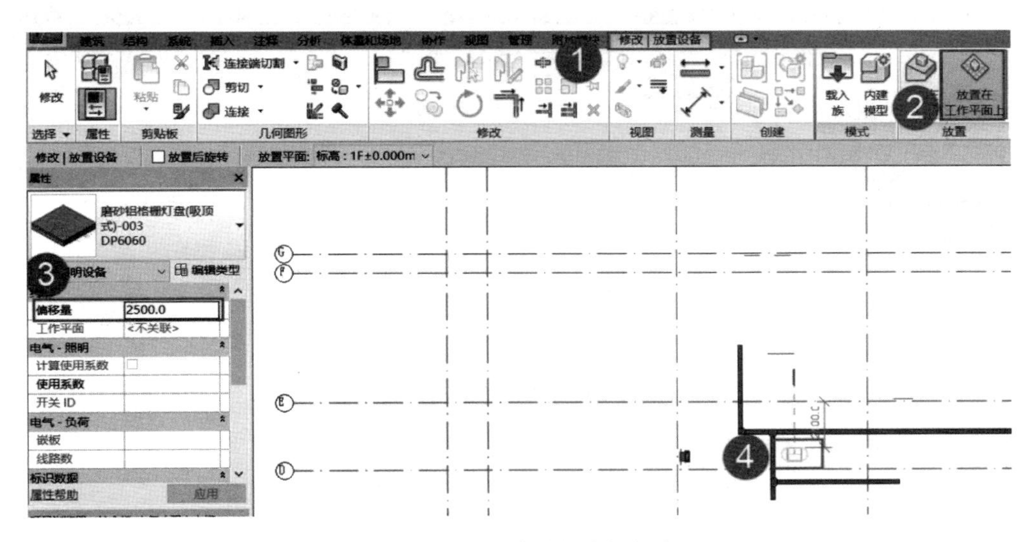

图 9-22　放置"磨砂铝格栅灯盘"

（8）单击已画好的灯具设备，在"修改|照明设备"选项卡中选择"复制"，选择要复制设备的一个基点，光标稍微往右移动，输入"2500"，按"回车键"，第二个设备即被复制出来放置在距离原设备 2500mm 处，如图 9-23 所示。用同样的操作步骤，连续复制 4 个照明设备。

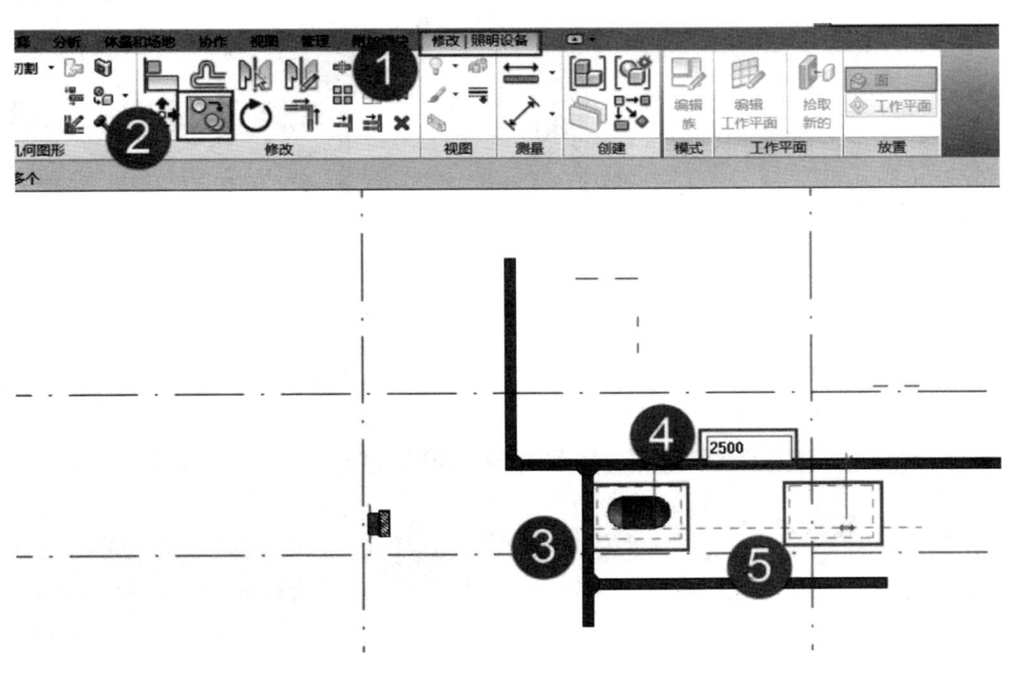

图 9-23　复制"磨砂铝格栅灯盘"

（9）显示"建筑_F1.dwg"方便放置开关。在"系统"选项卡中选择"设备"，在"属性"选项卡中选择"单控暗开关"中的"1 位"，如图 9-24 所示。

（10）修改"单控暗开关"的偏移量为"1200.0"，在图 9-25 所示墙的位置放置开关。

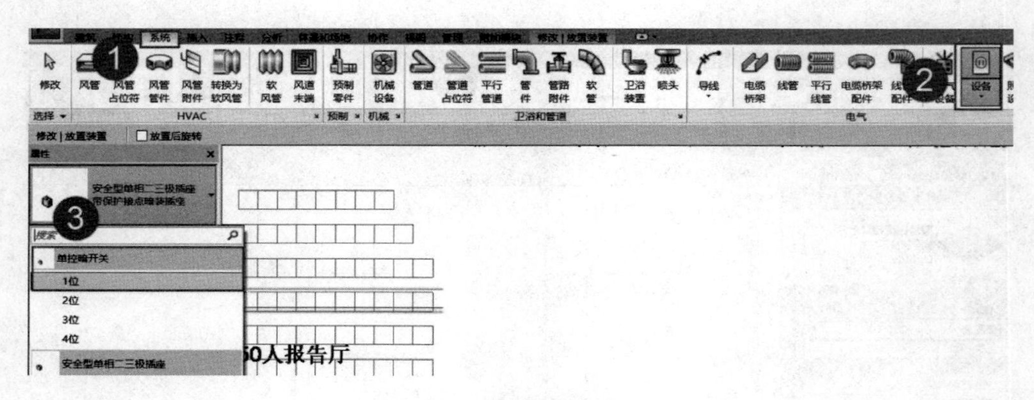

图 9-24 选择“单控暗开关”

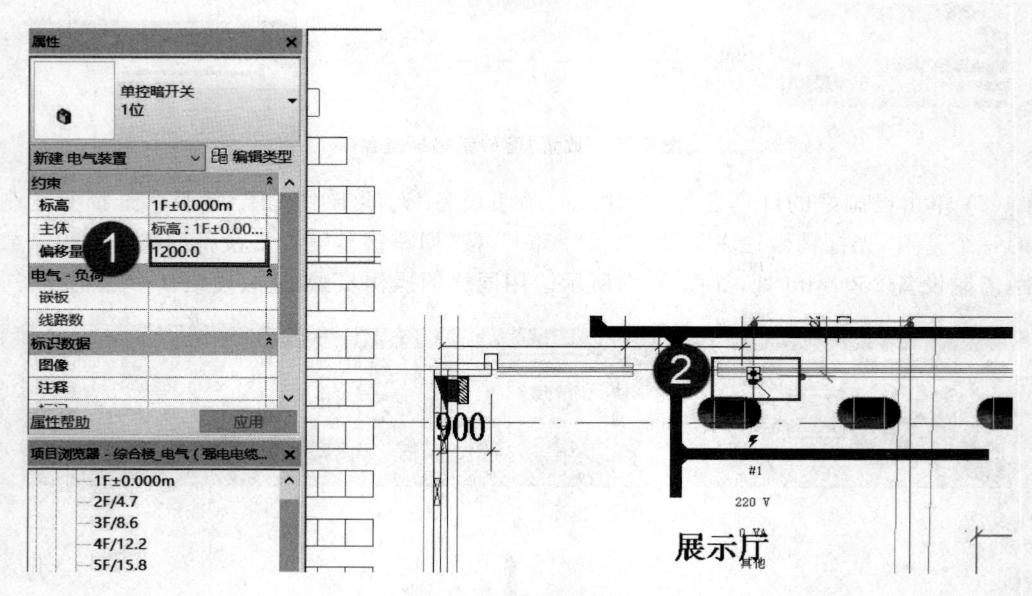

图 9-25 修改“单控暗开关”高度

(11) 按住“Ctrl 键”或者框选之前放置的 5 个灯具及 1 个开关,单击“修改|选择多个”选项卡中的“电力”按钮,如图 9-26 所示。

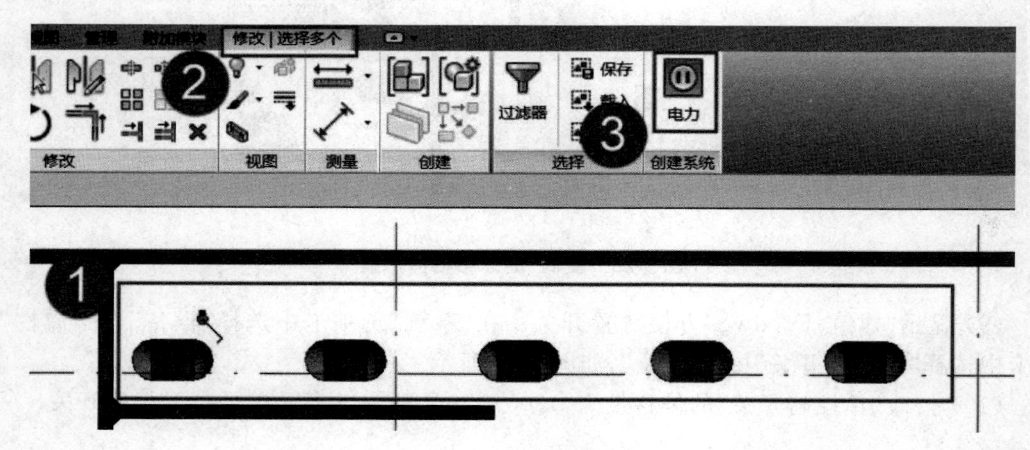

图 9-26 创建电力系统

（12）单击“修改|选择多个”选项卡中的“选择配电盘”，选择之前放置的配电盘，最后选择“弧形导线”，如图9-27所示。

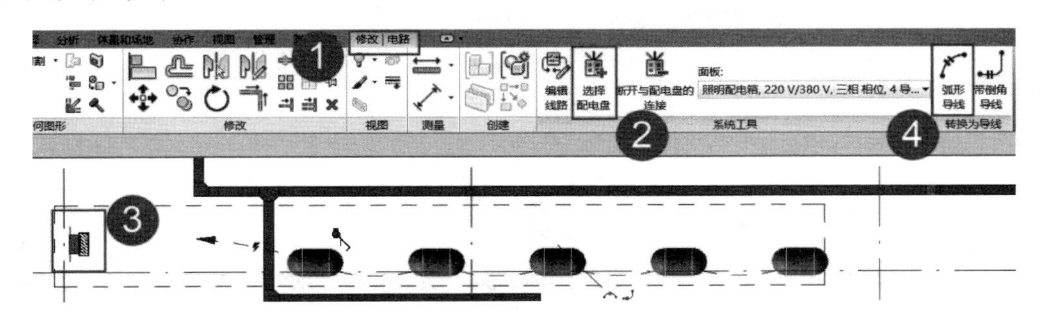

图9-27　选择配电盘

（13）完成后的图如图9-28所示，调整图9-28框中的位置可以微调弧形导线。

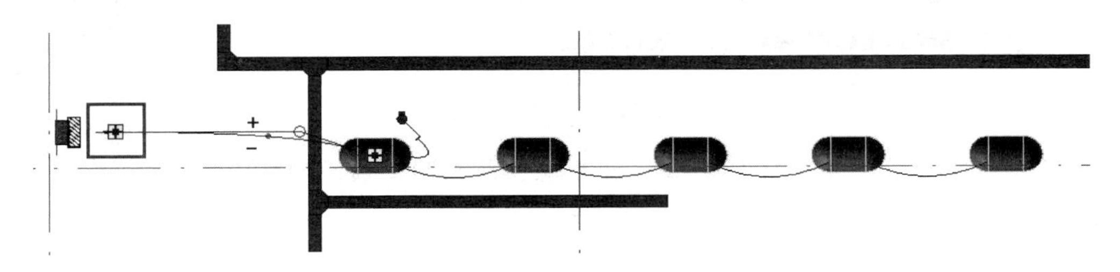

图9-28　完成后的电力系统

9.1.4　创建和编辑线管

（1）选择“系统”选项卡下的“线管”，选择“电气线管”，修改“属性”中的“参照标高”为“1F±0.000m”，偏移量为“3000.0”，如图9-29所示。

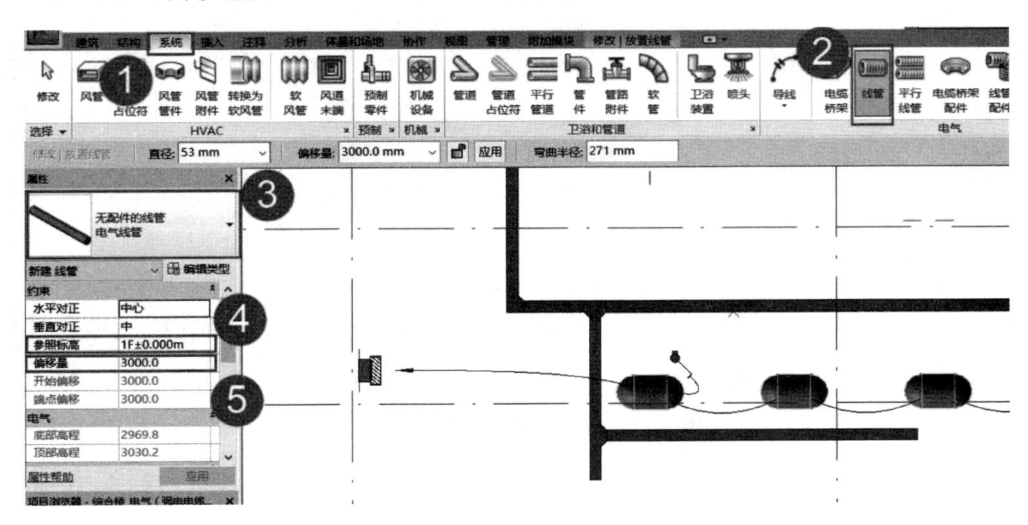

图9-29　设置“电气线管”

（2）在第一个灯具的中心位置单击鼠标左键，光标往右移动，输入“10000.0”，按“回车键”，双击“Esc 键”，完成此次命令，如图 9-30 所示。

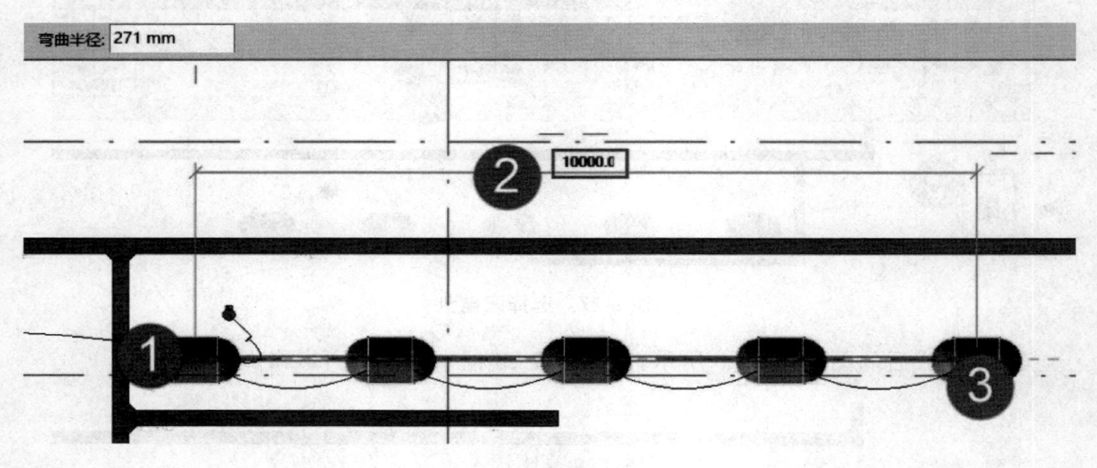

图 9-30　绘制“电气线管”

（3）为了方便绘制线管配件，调整天花板视图范围的剖切面偏移为“2800.0”，如图 9-31 所示。

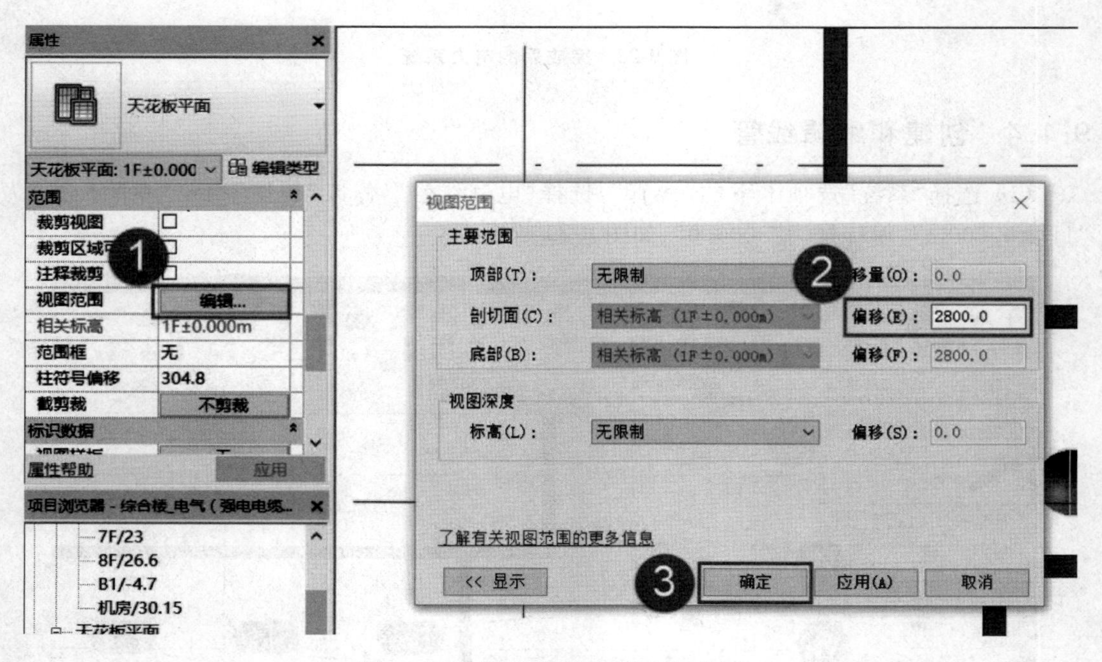

图 9-31　设置天花板界面的视图范围

（4）选择“系统”选项卡中的“线管配件”，在左侧“属性”中选择“线管接线盒-四通-PVC 标准”，“偏移量”改为“3000.0”，如图 9-32 所示。

（5）单击上述步骤放置的线管配件，选择“修改|线管配件”下的“移动”命令，选择线管配件的基点，移动到线管连接处，如图 9-33 所示。

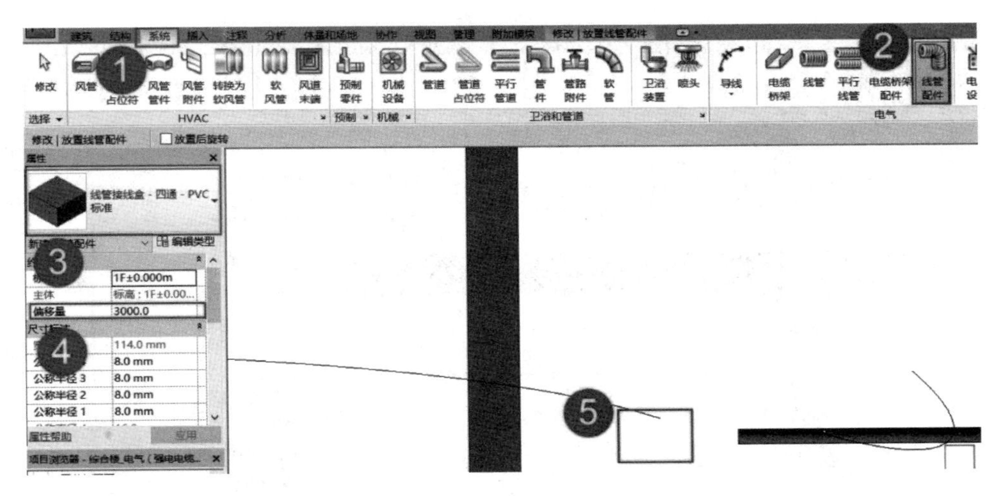

图 9-32　设置线管配件的属性

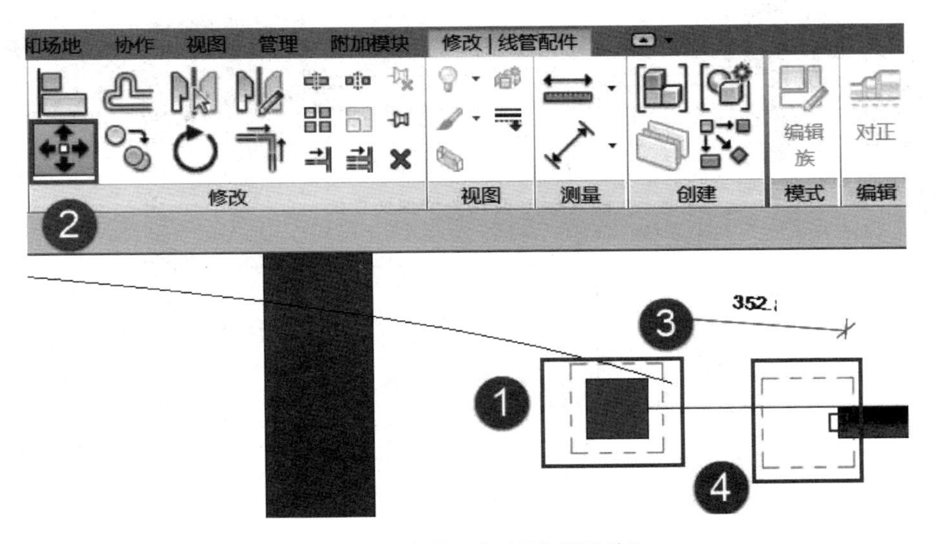

图 9-33　放置和移动"线管配件"

(6) 为了放置竖向的线管，需要切换到一个剖面。选择"视图"选项卡中的"剖图"，在所需剖面的位置单击，从左往右画出剖面位置，调整剖面的深度。右击画好的剖面，转到剖面视图，如图 9-34 所示。

(7) 图 9-35 为我们所需的剖面，默认详细程度为"粗略"，修改为"精细"，如图 9-35 所示。

(8) 单击"系统"选项卡下的"线管"放置竖向线管，如图 9-36 所示，完成后输入 2 次"Esc 键"退出当前命令。

(9) 双击"项目浏览器"中"天花板平面"下的"1F±0.000m"选项，看到步骤(8)里画的竖向线管未在接线盒下方。单击竖向线管，选择"移动"命令，选择基点，移动到接线盒中心位置，如图 9-37 所示。

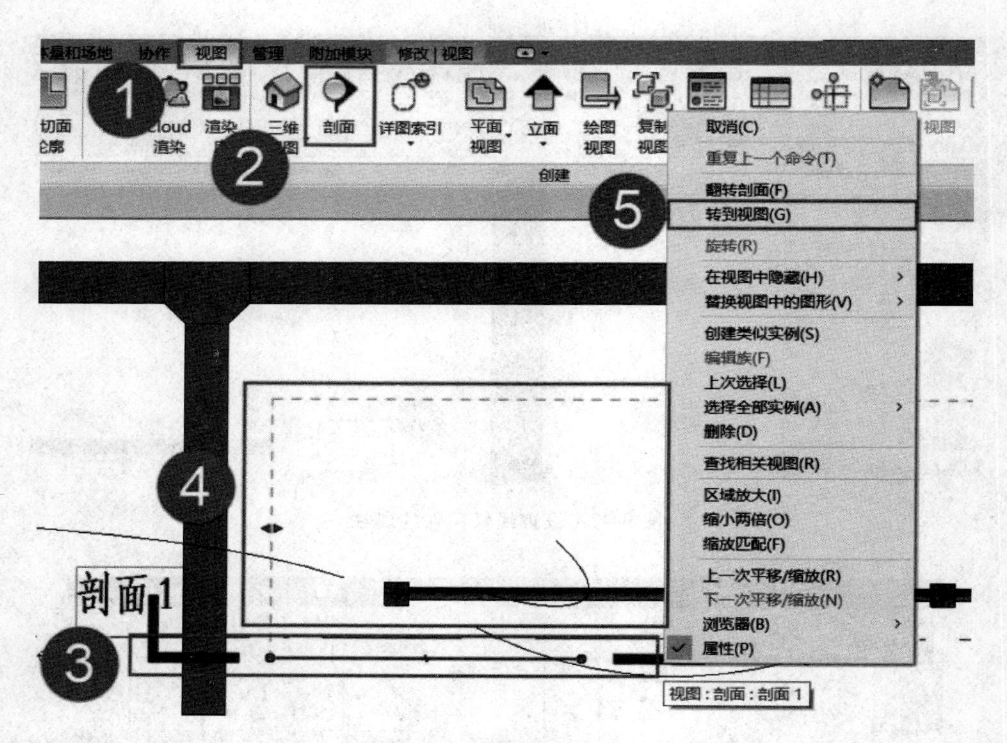

图 9-34 创建一个剖面视图

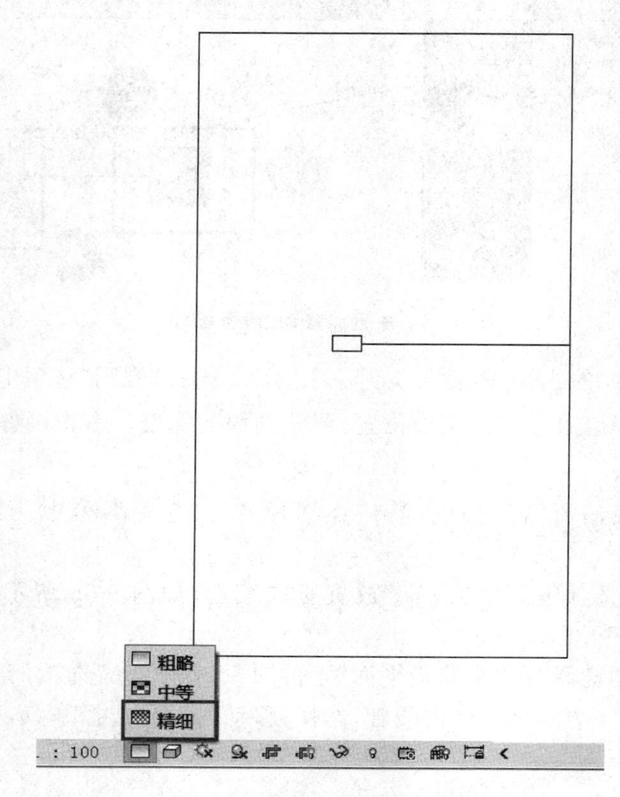

图 9-35 修改剖面的精细程度

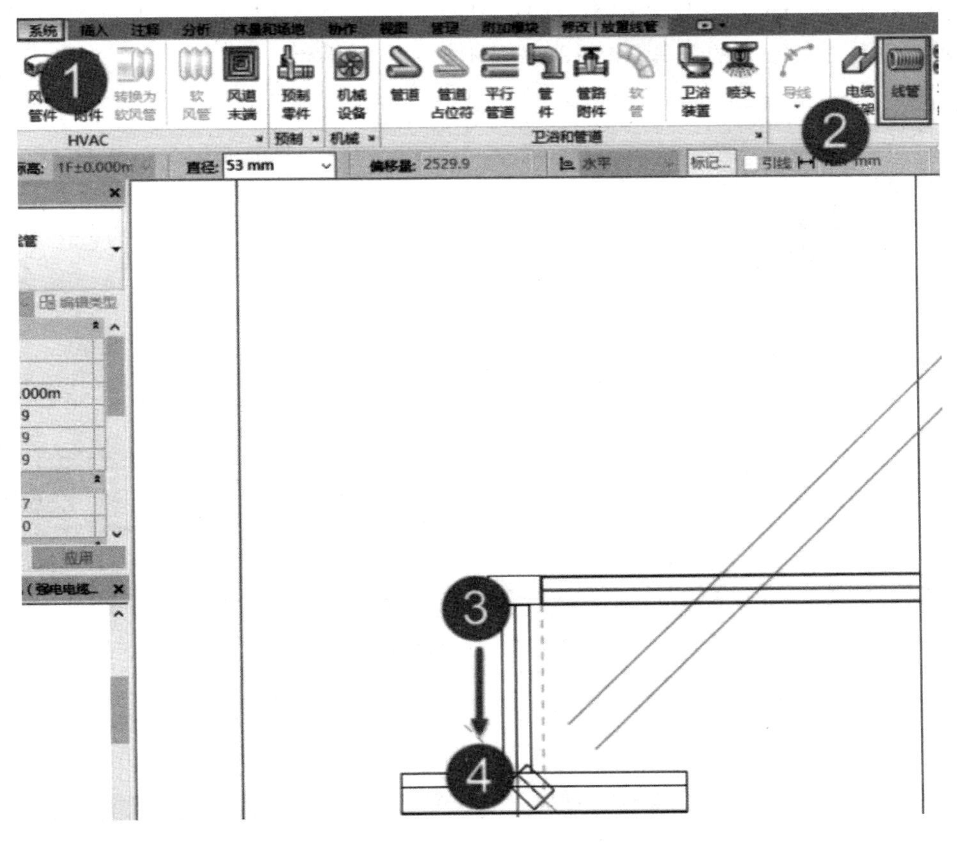

图 9-36　放置竖向“线管”

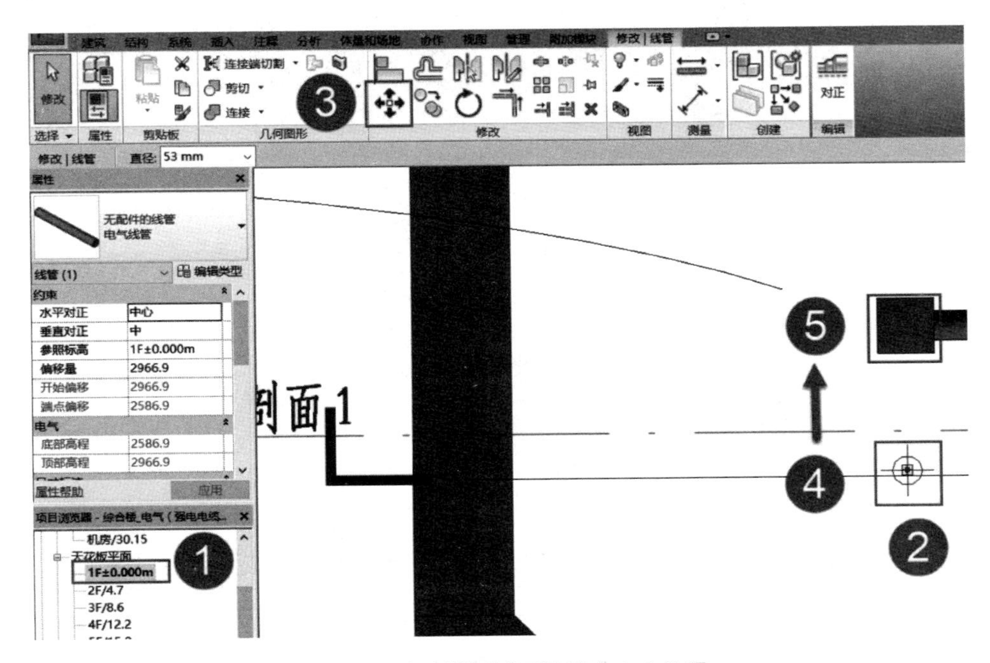

图 9-37　移动“线管”至接线盒中心位置

(10) 双击“项目浏览器”中“剖面(局部详图)”下的“剖面 1”,单击右侧的边框,往右侧拉,将看到其他之前放置的灯具,如图 9-38 所示。

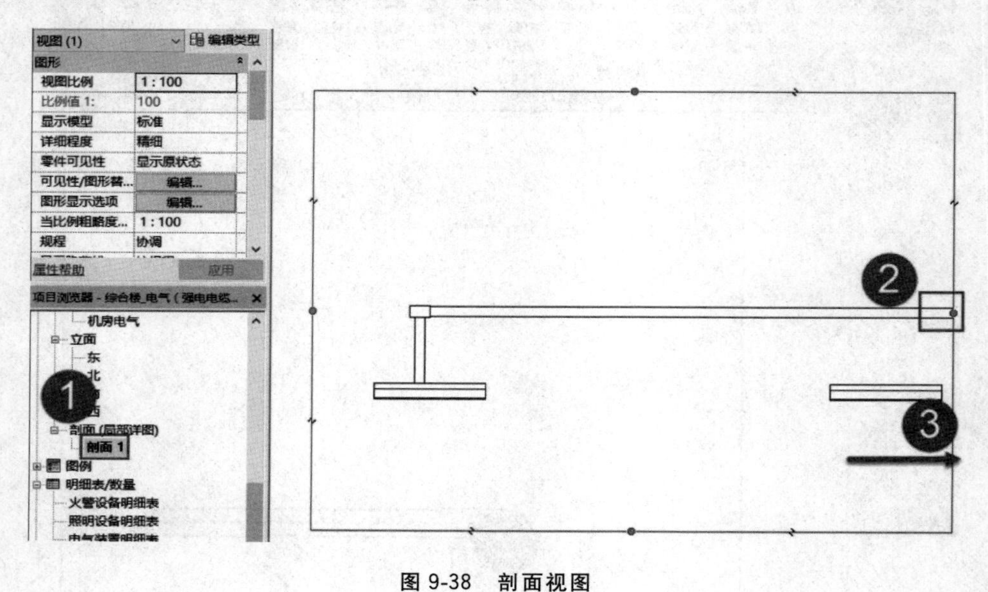

图 9-38　剖面视图

(11) 按住“Ctrl 键”或者框选竖向线管和接线盘,选择“修改|选择多个”下的“复制”命令,选择基点,平移到右侧灯具之上,如图 9-39 所示。

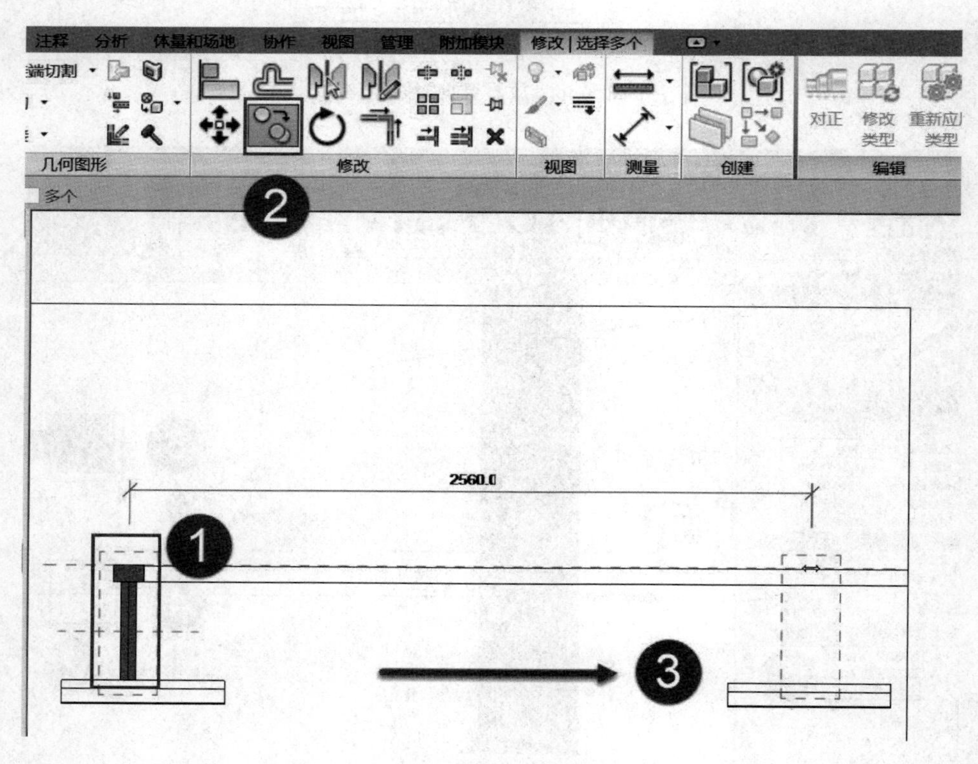

图 9-39　复制“线管”

（12）按照步骤（11），依次放置接线盘和线管。切换到“三维视图（局部详图）”的“1F 电气”图，如图 9-40 所示。

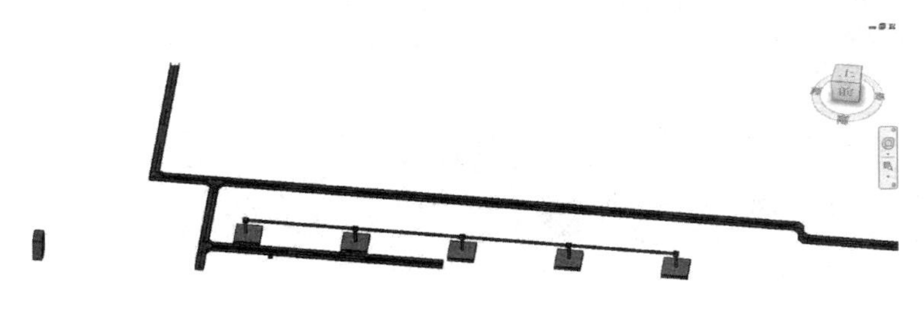

图 9-40　三维视图

9.2　消防照明系统

9.2.1　创建和编辑消防照明系统

消防照明系统

（1）选择“系统”选项卡中的“照明设备”，选择“安全出口（前）”，修改“属性”中的偏移量为“2000.0”，在图 9-41 中的⑤、⑥、⑦位置放置安全出口灯（前），输入“空格键”可以旋转方向。选择“安全出口（左）”，在图 9-41 中的⑧、⑨位置放置安全出口灯（左）。

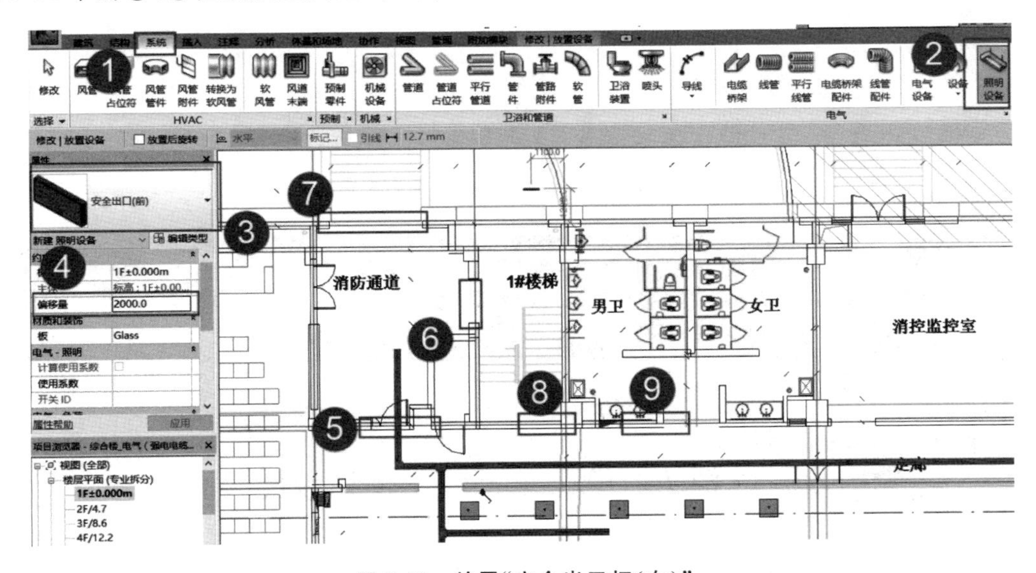

图 9-41　放置“安全出口灯（左）”

（2）选择“系统”选项卡中的“照明设备”，选择“应急照明灯”，修改“属性”中的偏移量为“2400.0”，在图 9-42 中的⑤、⑥位置放置应急照明灯，如图 9-42 所示。

（3）选择“系统”选项卡中的“照明设备”，选择“节能吸顶灯”，修改“属性”中的偏移量为“2500.0”，在图 9-43 中的⑤位置放置应急照明灯。

（4）选择“系统”选项卡中的“设备”，选择“单控暗开关”，修改“属性”中的偏移量为“1200.0”，在图 9-44 中的⑤位置沿墙放置单控暗开关，如图 9-44 所示。

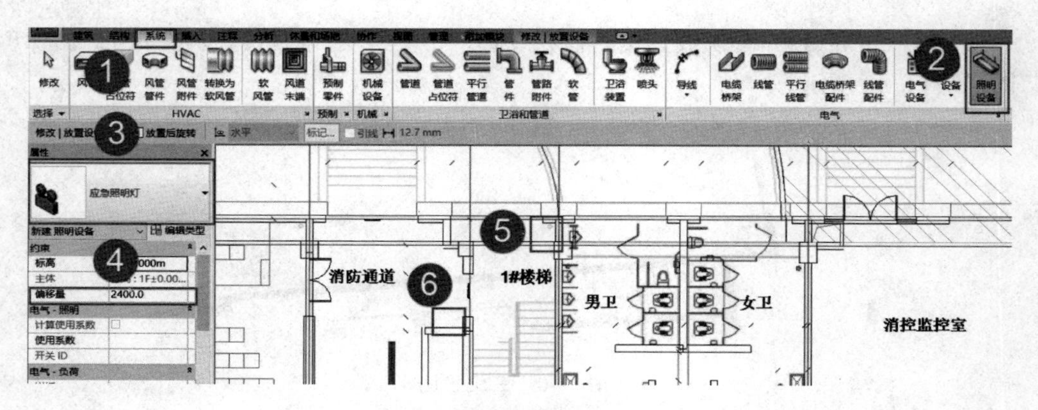

图 9-42　放置“应急照明灯”

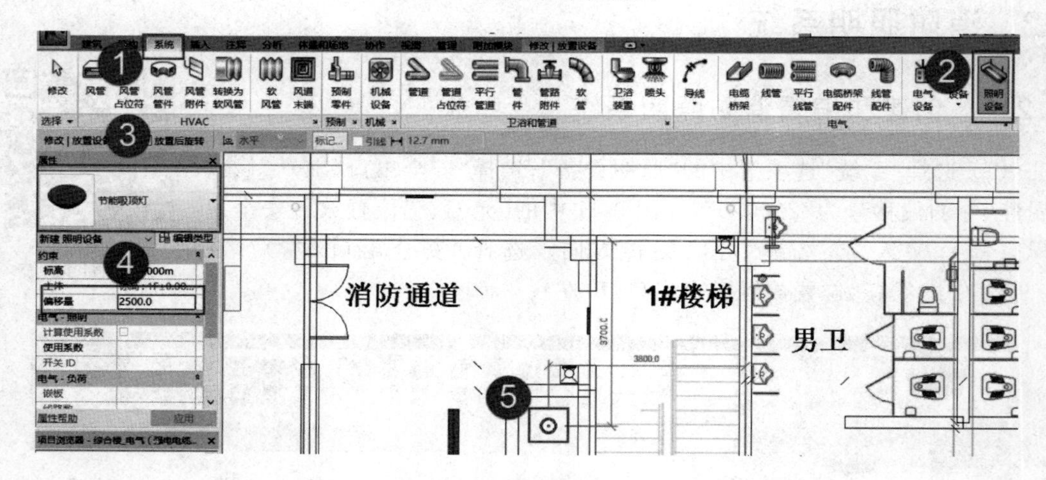

图 9-43　放置“节能吸顶灯”

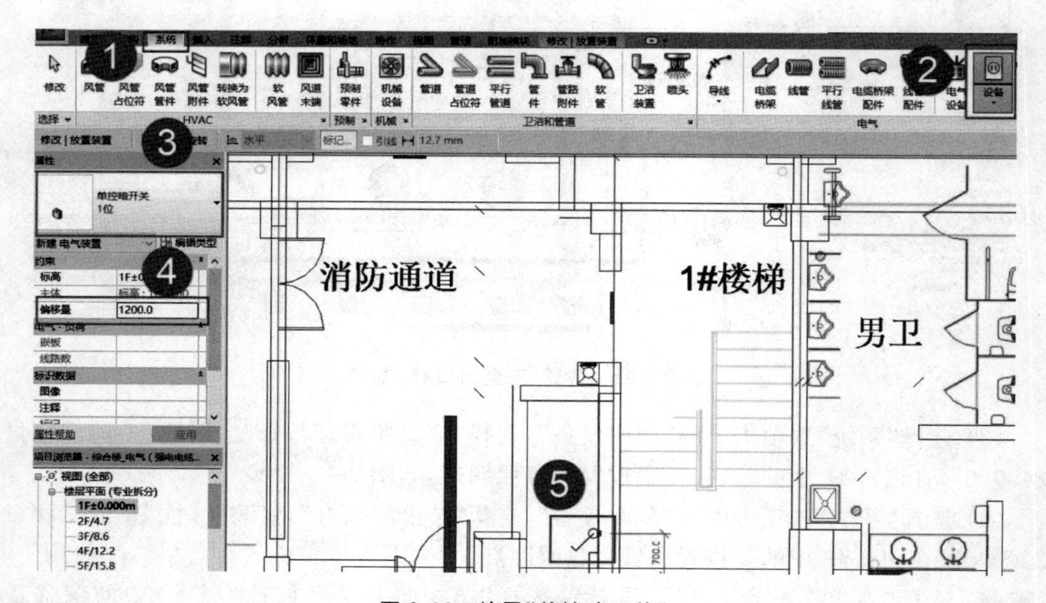

图 9-44　放置“单控暗开关”

(5) 选择“系统”选项卡中的“电气设备”，选择“电源自动切换箱-照明配电箱”，修改“属性”中的“偏移量”为“1000.0”，在图9-45中的⑤位置沿墙放置配电箱。

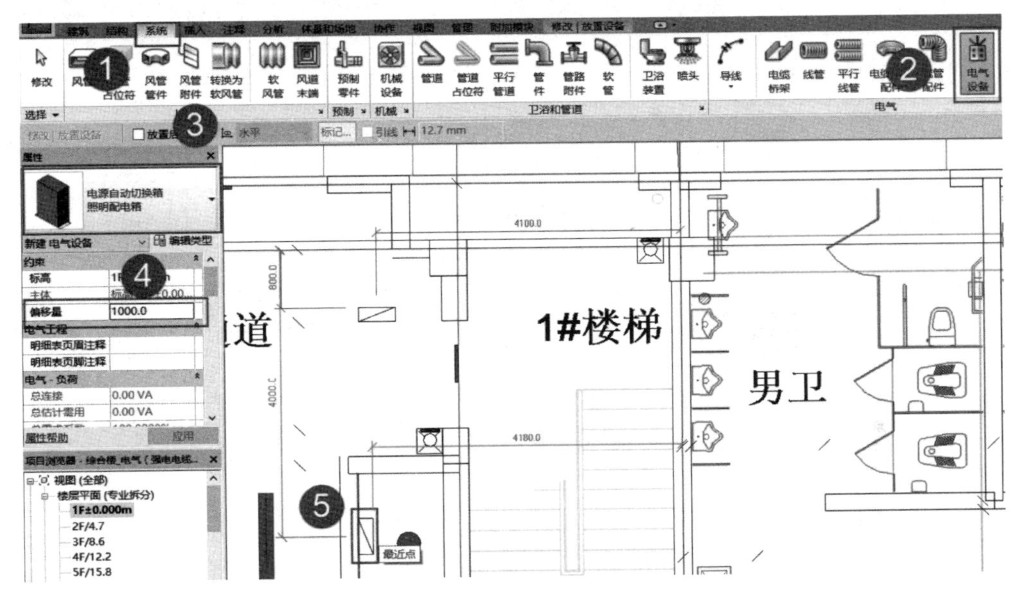

图 9-45　放置“配电箱”

(6) 按住“Ctrl键”，选择之前放置的安全出口灯、应急照明灯、节能吸顶灯和单控暗开关，单击“修改|选择多个”下的“电力”创建系统，如图9-46所示。

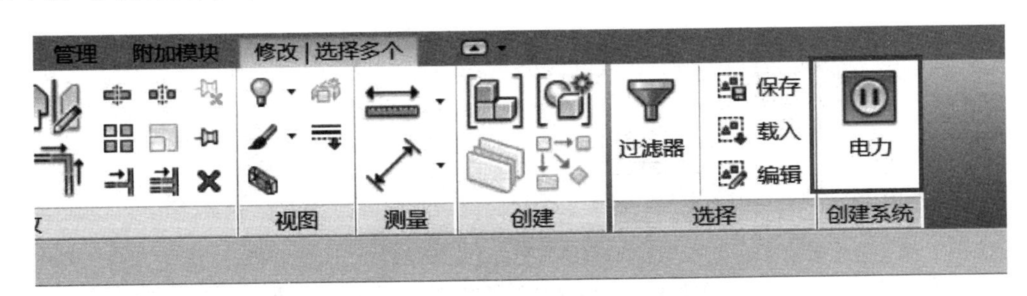

图 9-46　创建“电力系统”

(7) 单击“选择配电盘”，选择步骤(5)放置的配电盘，单击“弧形导线”，如图9-47所示。

(8) 图9-48左侧是平面图，右侧为三维视图下的设备布局。

9.2.2　创建和编辑火警设备

(1) 部分火警设备需要放置在墙上，所以需要连接建筑Revit图。单击“载入”选项卡下的“链接Revit”，选择“综合楼_建筑.rvt”，定位选择“自动-原点到原点”，单击“打开”，如图9-49所示。

(2) 单击刚链接的模型，在“修改|RVT链接”选项卡中选择“锁定”，当模型上出现图钉按钮说明模型已经锁定，锁定后模型不可移动，可以防止误操作移动模型，导致定位不准，如图9-50所示。

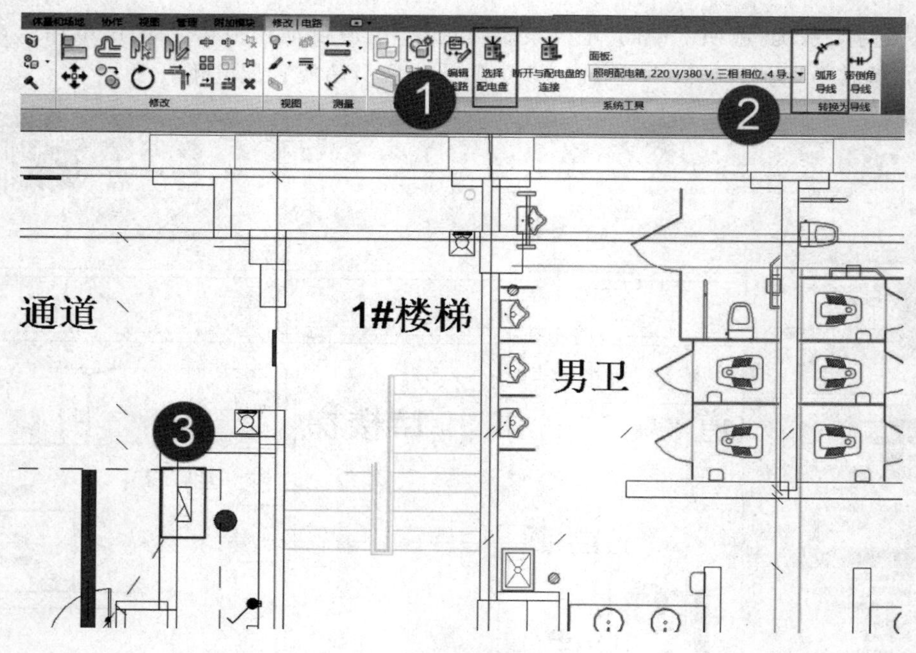

图 9-47　选择配电盘

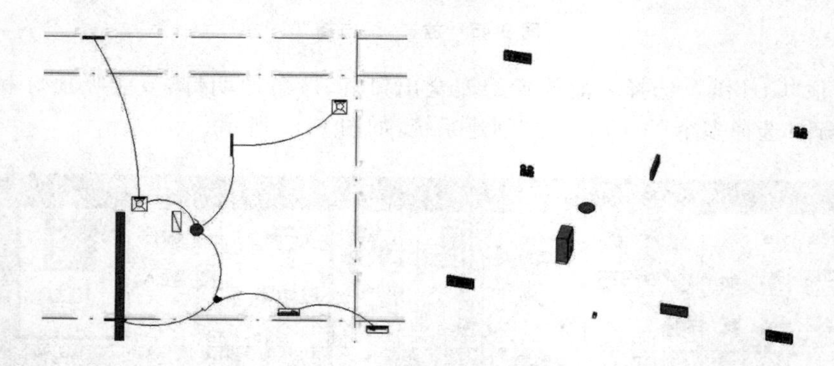

图 9-48　平面图及三维视图

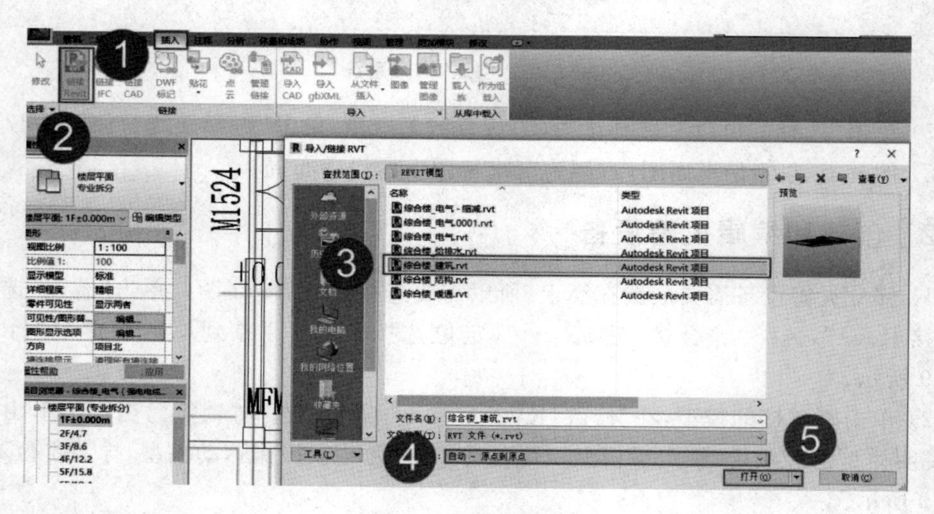

图 9-49　链接 Revit

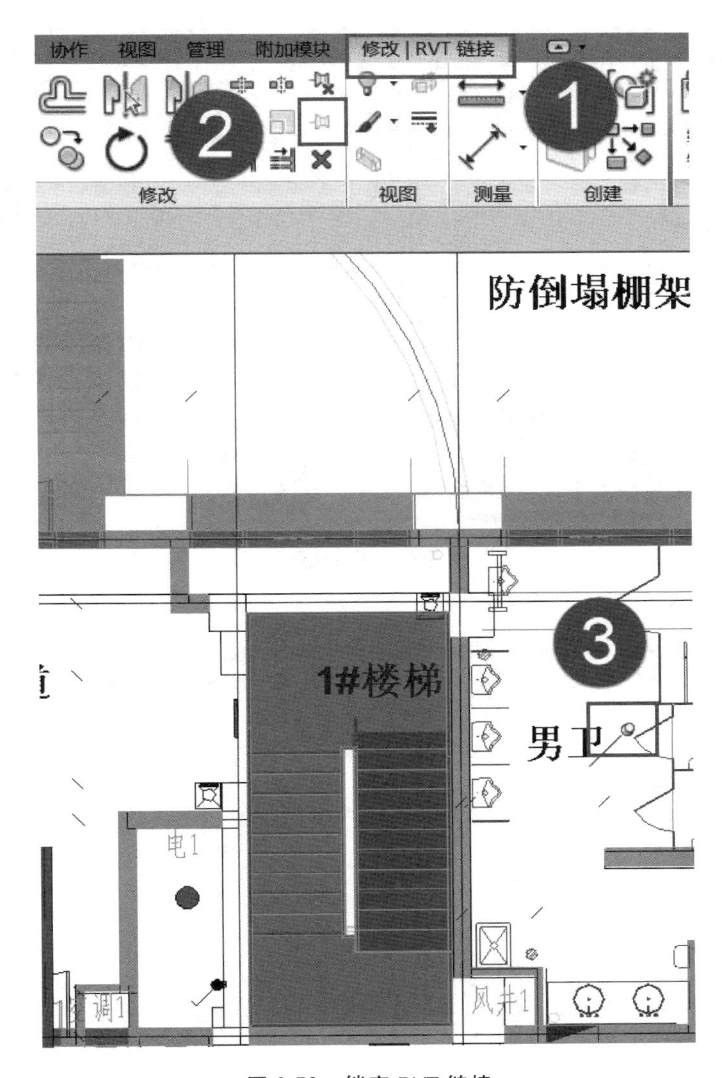

图 9-50　锁定 RVT 链接

(3) 单击“系统”选项卡下的“设备—火警”,选择“模块箱—28 模块”,修改“属性”中的立面为“1200.0”,在图 9-51 中的⑥位置沿墙放置模块箱。如图 9-50 所示。

(4) 单击“系统”选项卡下的“设备—火警”,选择“手动报警按钮”,修改“属性”中的立面为“1200.0”,在图 9-52 中的⑤位置沿墙放置模块箱。

(5) 单击“系统”选项卡下的“设备—火警”,选择“手动报警按钮(残疾人)”,修改“属性”中的立面为“450.0”,在图 9-53 中的男卫⑤位置沿墙放置模块箱。

(6) 单击“系统”选项卡下的“设备—火警”,选择“带火灾插孔的手动报警按钮”(输入输出模块同样的操作,此处不做赘述),修改“属性”中的立面为“1200.0”,在图 9-54 中的⑤位置沿墙放置模块箱。图 9-54,右侧为三维视图下的设备。

(7) 双击“项目浏览器”中“1F±0.000m”,输入“VG”打开“可见性|图形替换”对话框,选择“导入类别”选项卡,勾选“建筑_1F.dwg”,选择“Revit 链接”选项卡,取消勾选“综合楼_建筑.rvt”,单击“确定”,如图 9-55 所示。

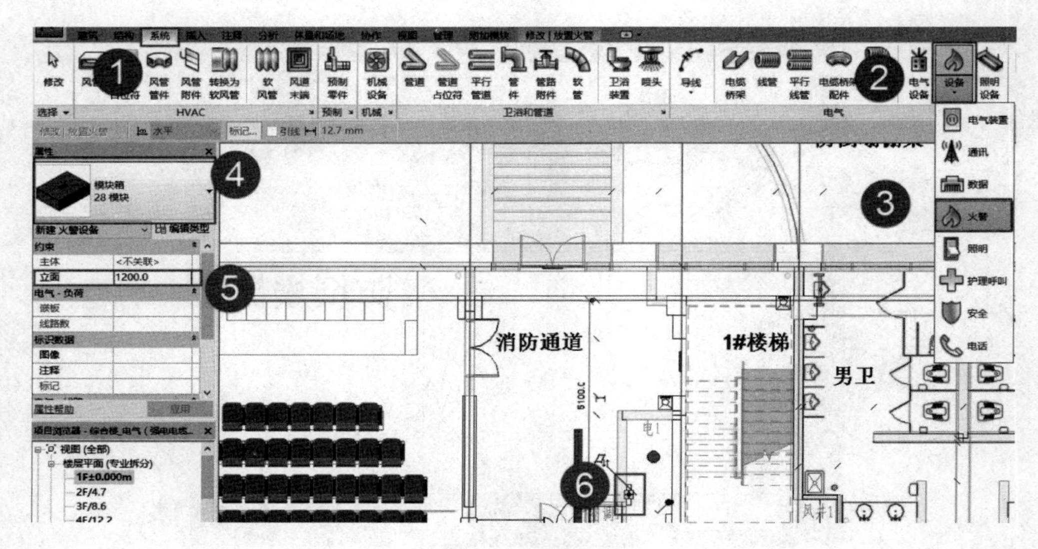

图 9-51 放置模块箱

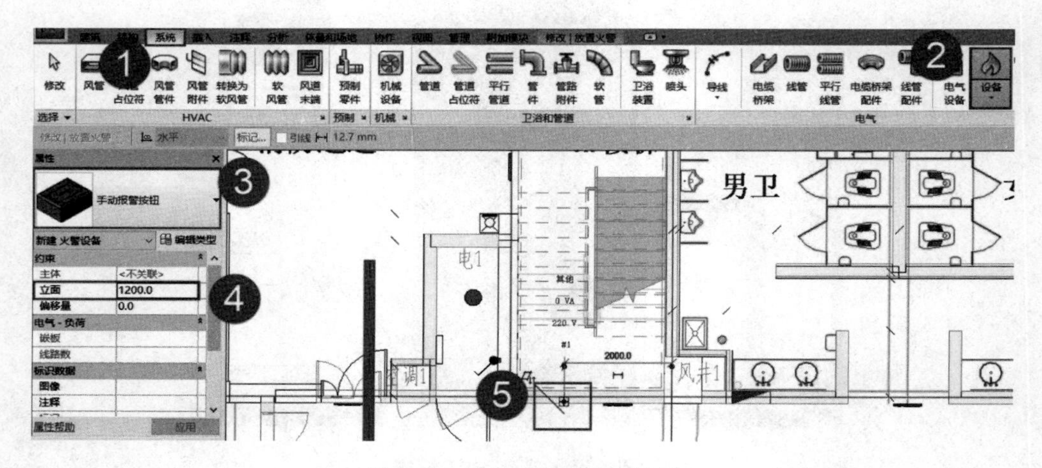

图 9-52 放置“手动报警按钮”

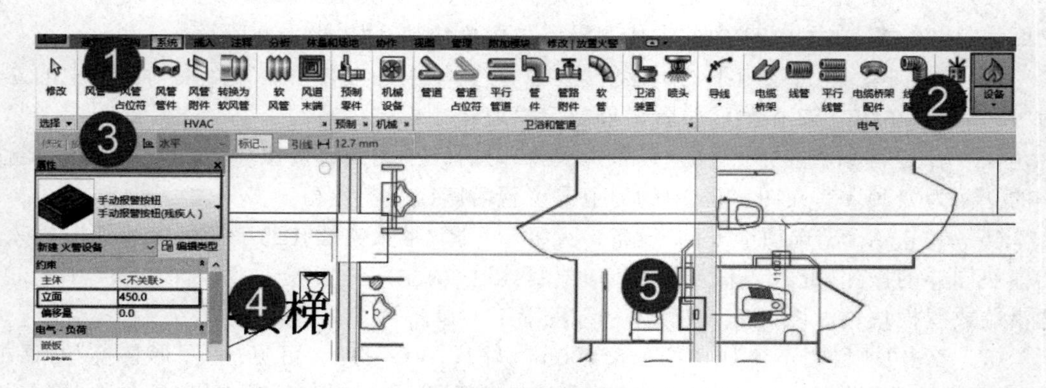

图 9-53 放置“手动报警按钮(残疾人)”

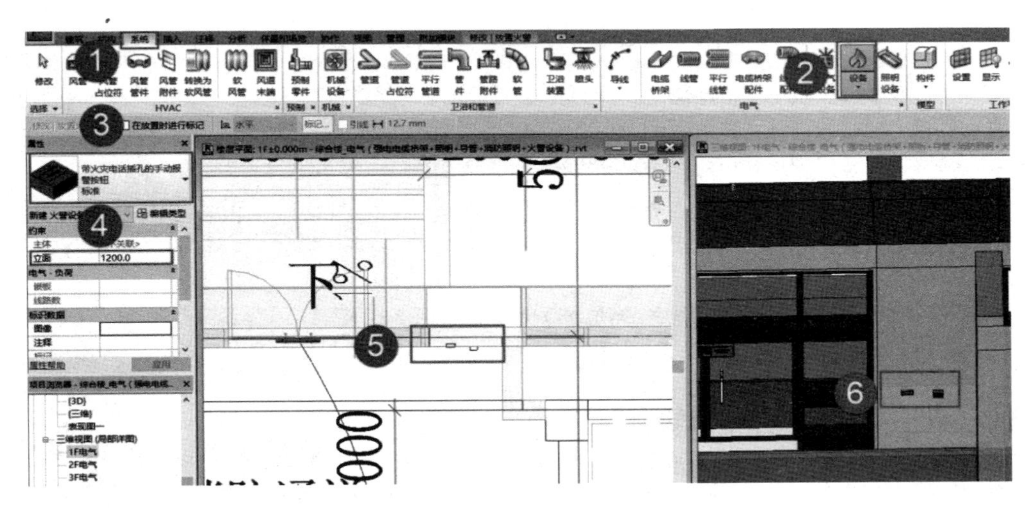

图 9-54　放置模块箱

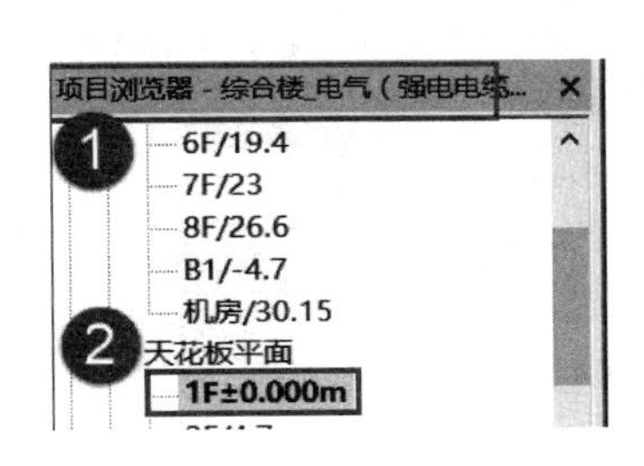

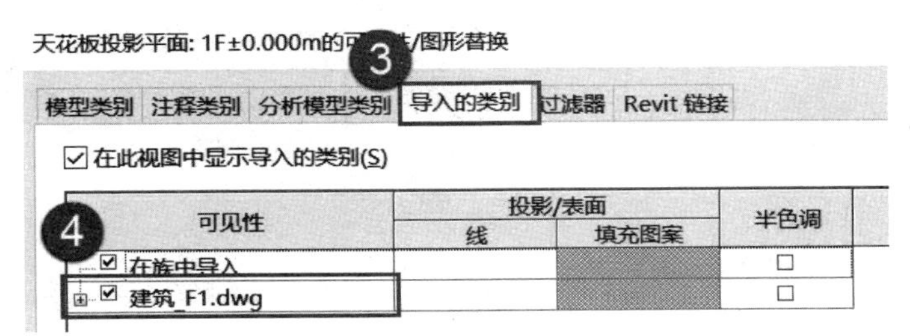

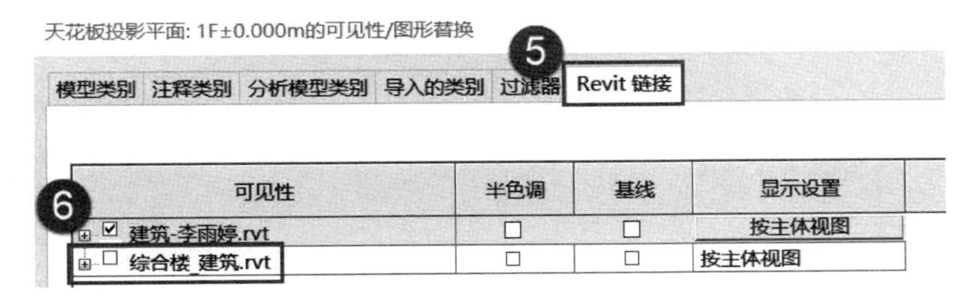

图 9-55　取消“综合楼_建筑.rvt”可见

(8) 单击“系统”选项卡下的“设备—火警”，选择“电子感温探测器”，选择“修改|放置火警”选项卡下的“放置在工作平面上”。在图 9-56 中⑥的位置放置，弹出“警告”对话框，在天花板平面刚放置的设备不可见，可以切换到三维界面查看。读者也可以修改天花板平面“视图范围”下“剖切面”的“偏移量”，“偏移量”改为“2500.0”即可，如图 9-56 所示。火警设备“光电感烟探测器”放置方式同“电子感温探测器”，此处不再赘述。

(9) 单击放置的“电子感温探测器”出现“翻转工作平面”的图标，单击图标可以对设备进行翻转。图 9-57 右侧，上面的设备是翻转后的设备，下面的设备是未翻转的设备。

(10) 至此电气照明系统和消防系统的制图完成，学有余力的读者可以在此基础上继续绘制，完成整层楼的系统绘制。

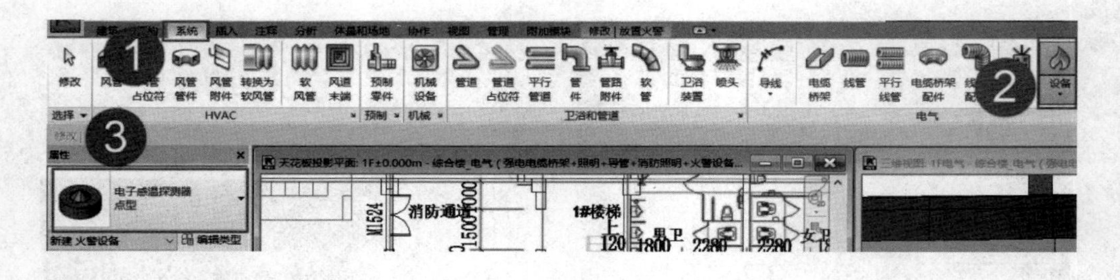

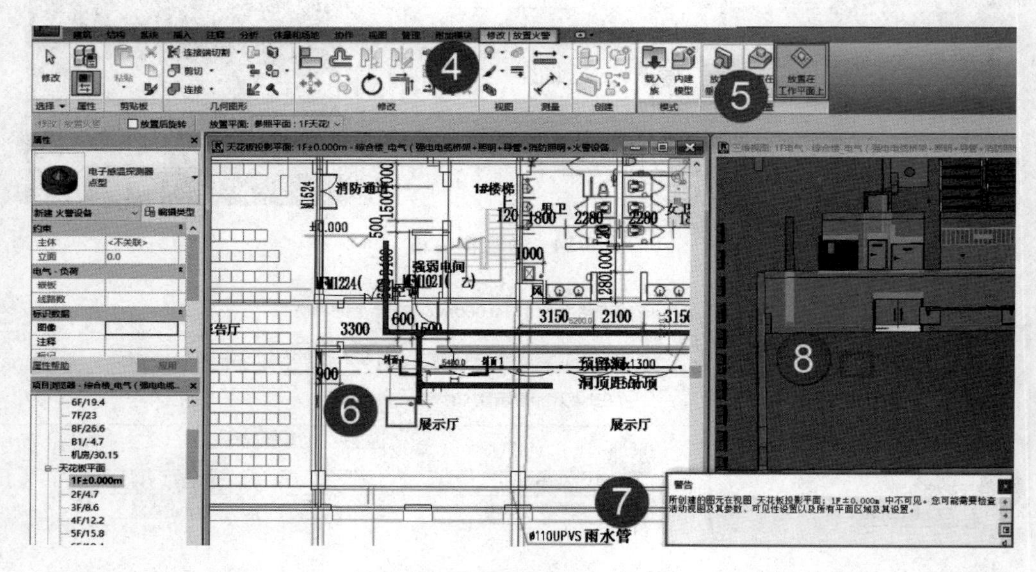

图 9-56　放置“电子感温控测器”

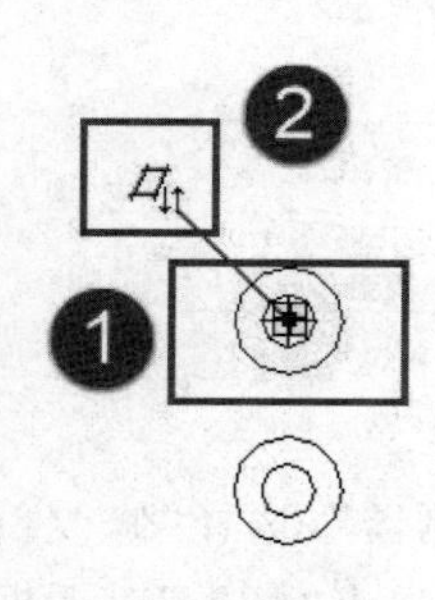

图 9-57　翻转前后的设备

第 10 章

BIM 成果输出

10.1 图像和动画

在 Revit 软件中可以实时查看模型的透视效果、创建漫游动画、设置材质、贴花等，无须导入到其他软件就可以完成。设计师在与甲方交流时能充分表达其设计意图，甲方可更清楚地看到设计效果。

10.1.1 图形和表现

1. 5 种不同显示的区别

单击视图底部的“视觉样式”按钮，弹出“图形显示选项”，如图 10-1 所示。共有 6 种显示模式选择，图 10-2 给出了其中 5 种显示效果。

图 10-1 图形显示选项

图形和表现

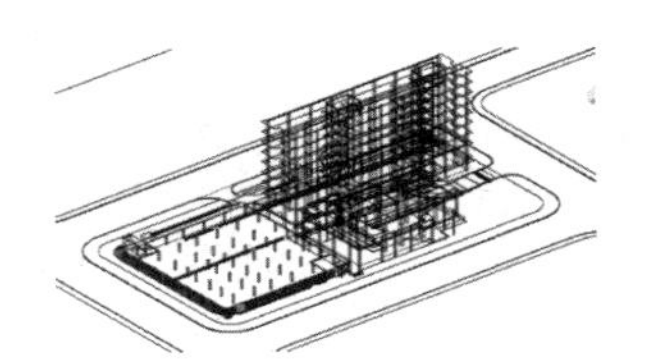

(a) 线框模式

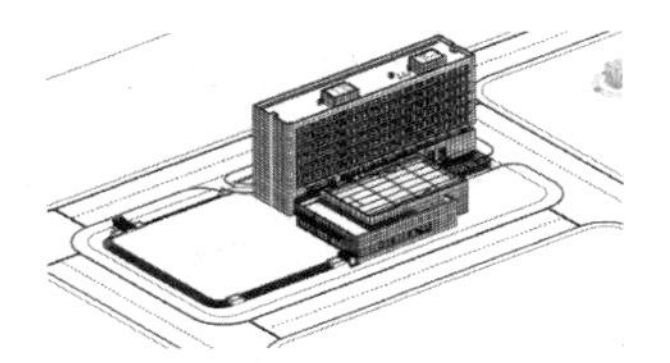

(b) 隐藏线模式

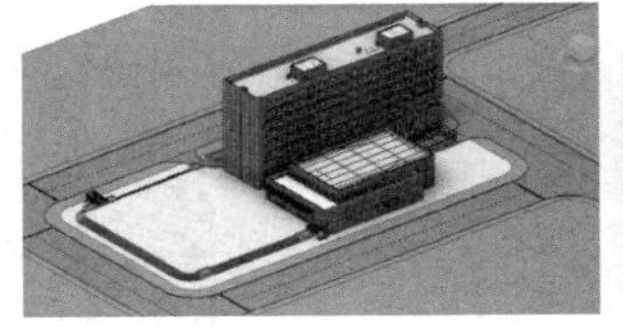

(c) 着色模式

(d) 一致的颜色模式

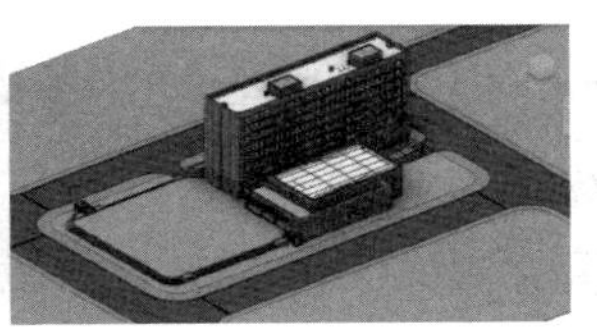

(e) 真实模式

图 10-2 5 种显示样式

2."图形显示选项"的设置

对"图形显示选项"对话框中的参数进行设置,可以对已有的显示模式进行调整,得到更多的显示效果。

(1) 单击视图底部的"视觉样式"按钮,弹出"模型图形样式"列表,在列表中选择"图形显示选项"按钮,弹出"图形显示选项"对话框,如图 10-3 所示。

(2) 在"模型显示"板块中,可以选择显示"样式""透明度"和"轮廓"。在勾选"显示边缘"时才可以选择"轮廓"的线样式,如图 10-4 所示。

图 10-3 "图形显示选项"对话框

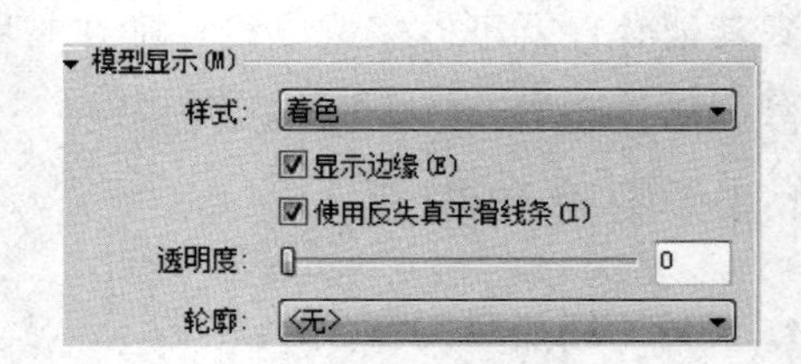

图 10-4 "模型显示"对话框

(3) "阴影"板块中的参数主要控制视图中模型的阴影显示。"投射阴影"显示模型在受到日光或灯光等光源投射后所得到的阴影。"显示环境阴影"可以解决或改善漏光、阴影不实的问题,增强空间的层次感、真实感,如图 10-5 所示。

(4) 在"背景"板块中,可以选择背景为"天空""渐变""图像"等,选择"天空"时,可以设置"地面颜色",如图 10-6 所示。背景选择"渐变"时,可以设置"天空颜色""地平线颜色""地面颜色",如图 10-7 所示。背景选择"图像"时,可以自定义图像。背景选择"无"时,为系统默认的背景。

图 10-5 阴影

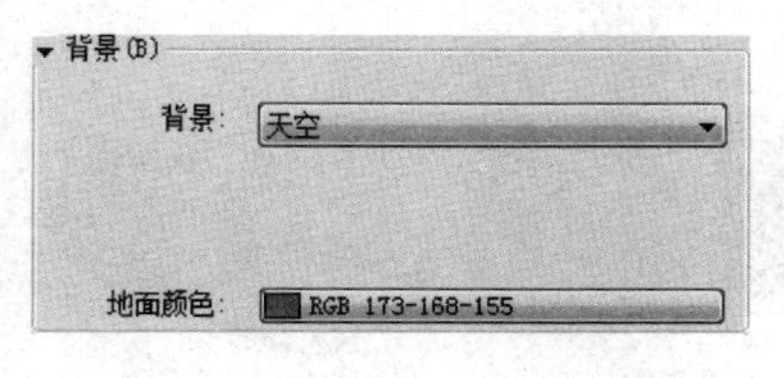

图 10-6 天空

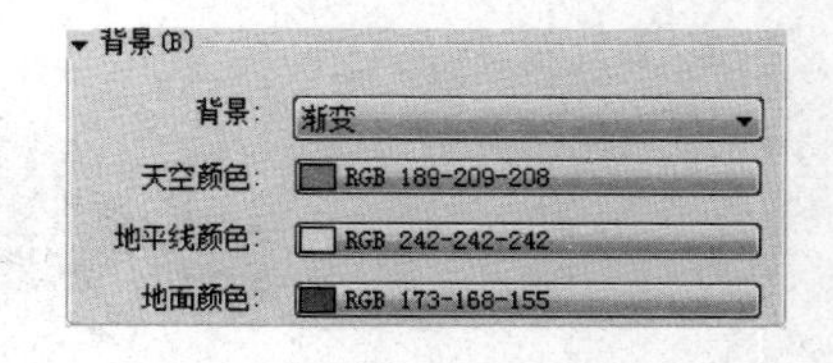

图 10-7 渐变

10.1.2 设置材质

以综合楼建筑内墙为例,设置材质外观。在绘制墙体时,已经设置了表面填充图案和截面填充图案,但是与渲染没有关系。

(1) 在"项目浏览器"中浏览至"三维视图(局部详图)"中"F1 三维视图",任意选择一面内墙,在"属性"对话框中单击"编辑类型",弹出"类型

设置材质

属性”对话框，单击“结构”后的“编辑”按钮，如图 10-8 所示，弹出“编辑部件”对话框。

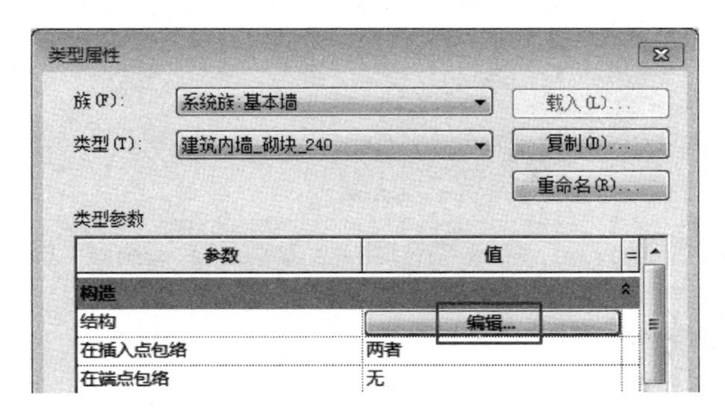

图 10-8 类型属性

(2) 在“编辑部件”对话框中单击“结构[1]”后“材质”按钮，如图 10-9 所示，弹出“材质浏览器”对话框，切换至“外观”选项卡，替换默认的材质外观，单击“替换此资源”按钮，如图 10-10 所示，弹出“资源浏览器”对话框。

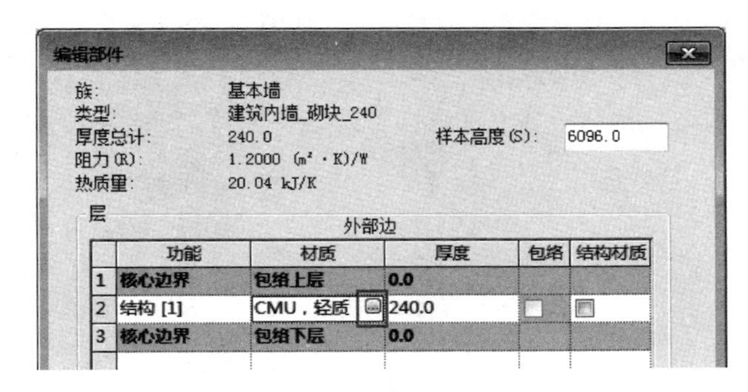

图 10-9 编辑部件

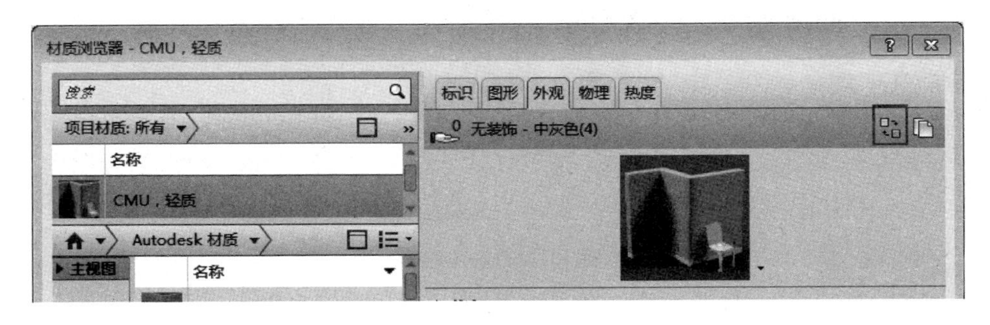

图 10-10 材质浏览器

(3) 在“资源浏览器”对话框中浏览至“外观库”—“砖石”—“CMU”，选择“喷砂-灰色”，单击“替换”按钮，如图 10-11 所示，完成后单击“关闭”按钮。

(4) 在“外观”板块中设置颜色为“RGB 192 192 192”，单击“平铺”下的“编辑”按钮，弹出“纹理编辑器”对话框，进行外观纹理编辑，设置完成后单击“完成”，如图 10-12 所示。本项目采用默认设置，其他参数默认，单击“确定”，退出“编辑”对话框。完成后显示如图 10-13 所示。

资源浏览器

外观库：砖石：CMU

默认 / 木材 / 其他 / 墙面装饰... / 墙漆 / 石料 / 大理石 / 花岗岩 / 塑料 / 陶瓷 / 屋顶 / 现场工作 / 液体 / 油漆 / 织物 / 砖石 / CMU / 石料

资源名称	特征	类型	类别
加筋 - 叠层砌	外观	常规	砖石：CMU
喷沙 - 茶色	外观	常规	砖石：CMU
喷沙 - 灰色	外观	常规	砖石：CMU
顺砌 - 浅灰色	外观	砖石	砖石：CMU
顺砌砖 - 叠层砌	外观	常规	砖石：CMU
顺砌砖 - 叠层砌釉面蓝色	外观	常规	砖石：CMU
顺砌砖 - 顺砌	外观	常规	砖石：CMU

图 10-11 资源浏览器

图 10-12 纹理编辑

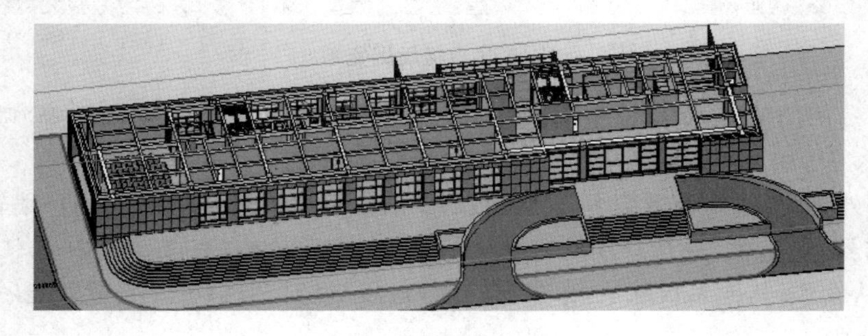

图 10-13 外观显示

(5) 导入材质库。切换至“管理”选项卡“设置”面板,单击“材质”工具,弹出“材质浏览器”对话框,选择“打开现有库”,如图10-14所示,选择需要导入的材质库,单击“打开”。

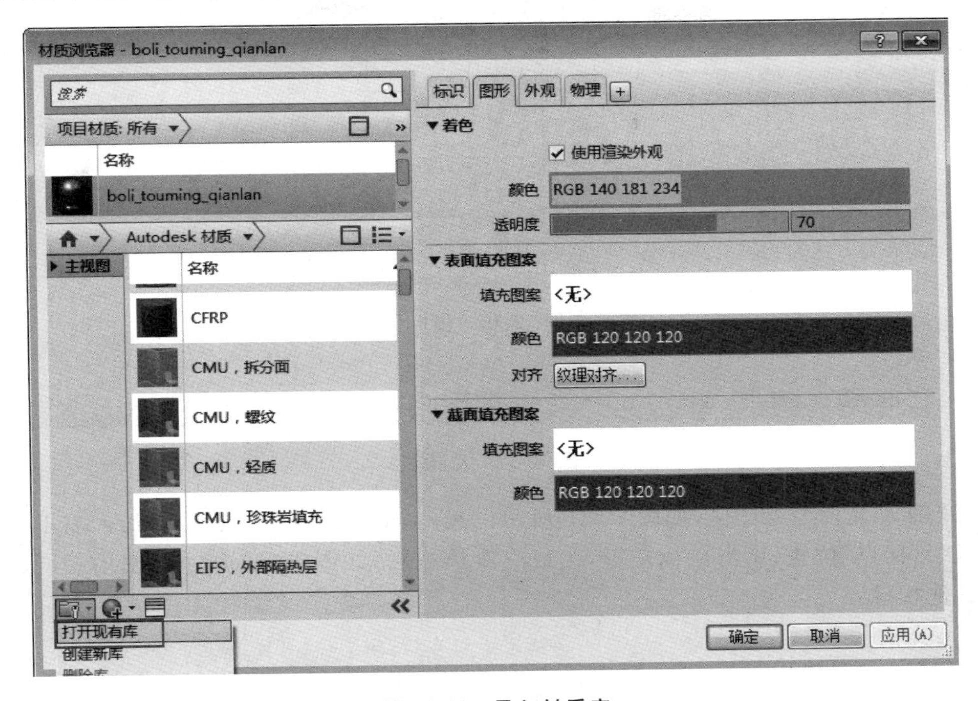

图10-14 导入材质库

(6) 单击“主视图”,可以看到导入的材质库,如图10-15所示,本项目使用新导入的“Icwmt”材质库。

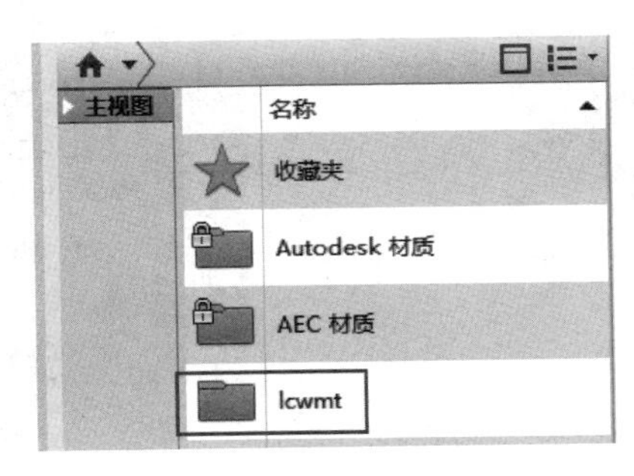

图10-15 项目使用材质库

10.1.3 镜头和相机

使用相机工具可以为综合楼项目创建任意的视图,添加相机,可以得到不同的视点。

镜头和相机

(1) 切换至F1楼层平面视图,选择“视图”选项卡,在“创建”面板“三维视图”下拉列表中选择“相机”工具,如图10-16所示。勾选选项栏中的“透视图”,“偏移量”为默认值“1750.0”,如图10-17所示。

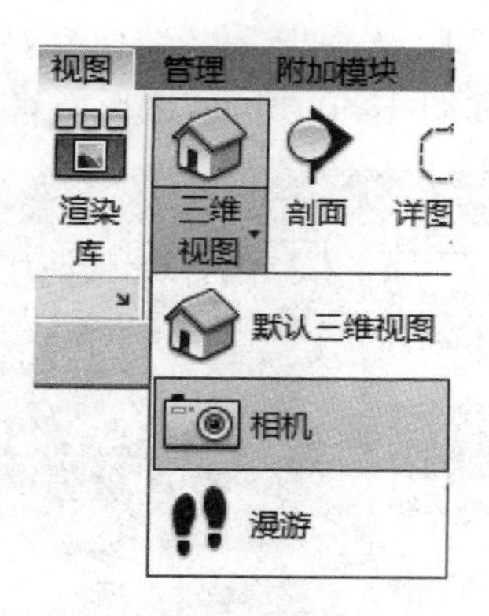

图 10-16 相机

图 10-17 选项栏

(2) 移动光标至绘图区，如图 10-18 所示位置，单击鼠标左键，放置相机，向右上方移动鼠标至"目标点"位置，单击鼠标左键，生成三维透视图，如图 10-19 所示。使用相同的方式添加其他相机。

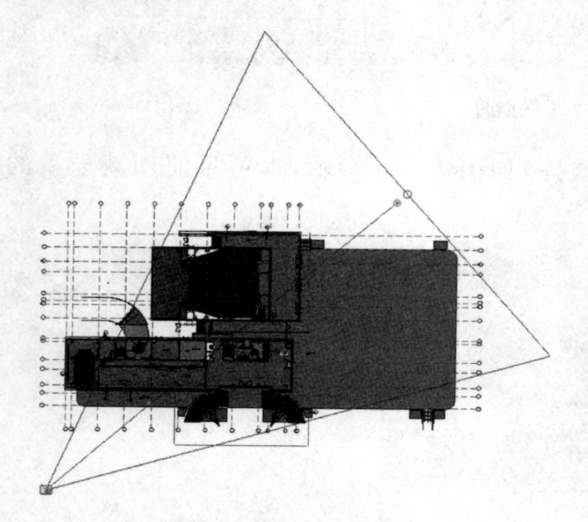

图 10-18 相机位置

图 10-19 三维透视图

(3) 确定好透视三维视图，为了防止不小心移动相机改变视图，可以将三维视图保存并锁定，单击底部视图控制栏中的" "按钮，选择"保存方向并锁定视图"，如图 10-20 所示。如果需要改变视图，则需再次单击" "按钮，选择"解锁视图"。

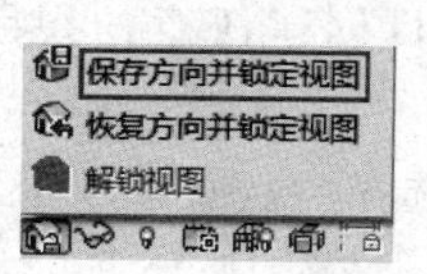

图 10-20 保存方向并锁定视图

10.1.4　渲染设计和输出

相机创建完成之后，可以启动渲染器对三维视图进行渲染。需要根据不同的三维视图进行渲染设置，以得到更好的渲染效果。

1. 室外渲染

(1) 切换至 10.1.3 节创建的三维透视图，适当调整剪裁框，如图 10-21 所示。单击底部视图控制栏中"　"按钮，弹出"渲染"对话框。

图 10-21　室外三维透视图

渲染设计和输出

(2) 不勾选"区域"，"质量"设置为"高"，输出设置选择"打印机"并选择分辨率为"300DPI"，照明"方案"选择为"室外：仅日光"，"日光设置"为"来自右上角的日光"，背景"样式"设置为"天空：多云"，设置完成后单击"渲染"，如图 10-22 所示。

(3) 完成渲染之后单击"导出"，弹出"保存图像"对话框，将图片保存到指定目录下即可。单击"关闭"按钮，退出"渲染"对话框。

(4) 渲染完成之后效果如图 10-23 所示。

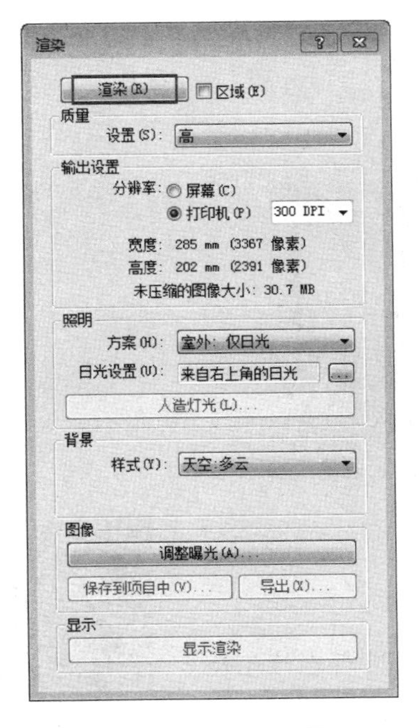

图 10-22　渲染设置

图 10-23　室外渲染效果

2. 室内渲染

（1）切换至 F2 楼层平面视图，渲染已经创建天花板平面且创建照明设备的房间。在室内添加一个相机，适当调整视图，如图 10-24 所示。

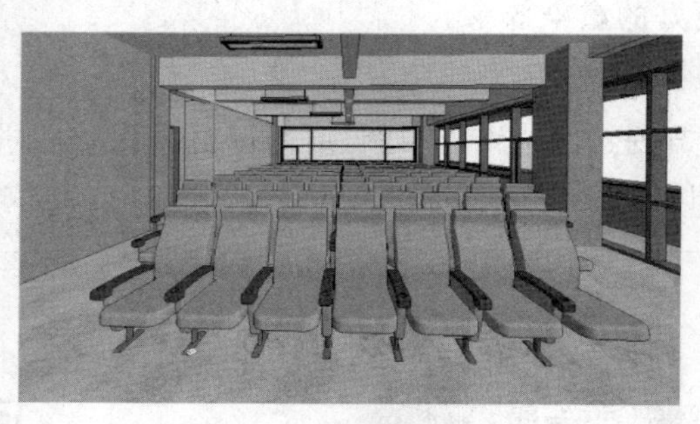

图 10-24 室内三维透视图

（2）打开“渲染”对话框，修改“照明方案”为“室内：日光和人造光”，“日光设置”为“来自右上角的日光”，“人造灯光”设置如图 10-25(b)所示。其他设置不变，单击“渲染”，实现渲染效果。

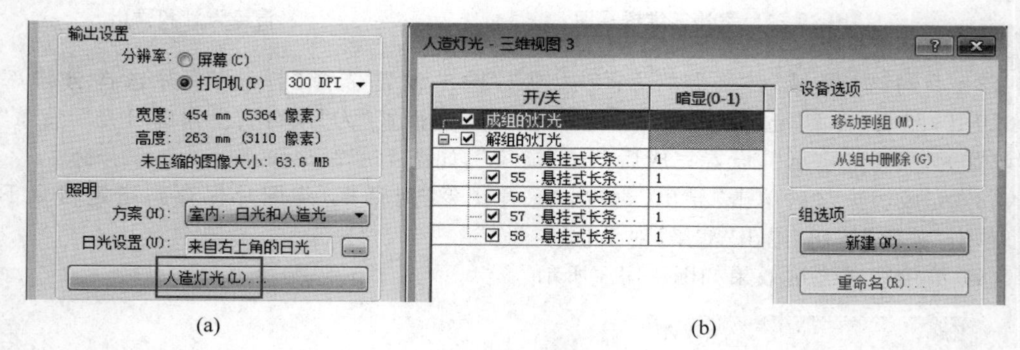

(a) (b)

图 10-25 人造灯光设置

（3）完成后渲染效果如图 10-26 所示。

图 10-26 室内渲染效果图

10.1.5 云渲染

云渲染

云渲染允许客户将 Revit 模型上传到云渲染服务器进行在线渲染，并且可以在云中对多个项目进行同时渲染，对计算机硬件的要求较低。

(1) 切换至“视图”选项卡,在“图形”面板中单击“Cloud 渲染”弹出“Autodesk-登录”对话框,输入账号,单击“下一步”,输入密码,单击“SIGN IN”,如图 10-27 所示。

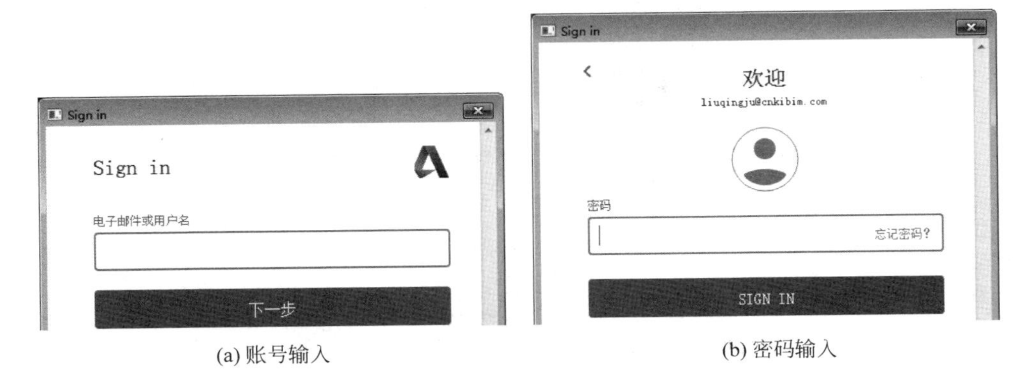

(a) 账号输入　(b) 密码输入

图 10-27　登录

(2) 若没有注册则需单击“创建账户”进行注册,输入相应信息注册即可,如图 10-28 所示。

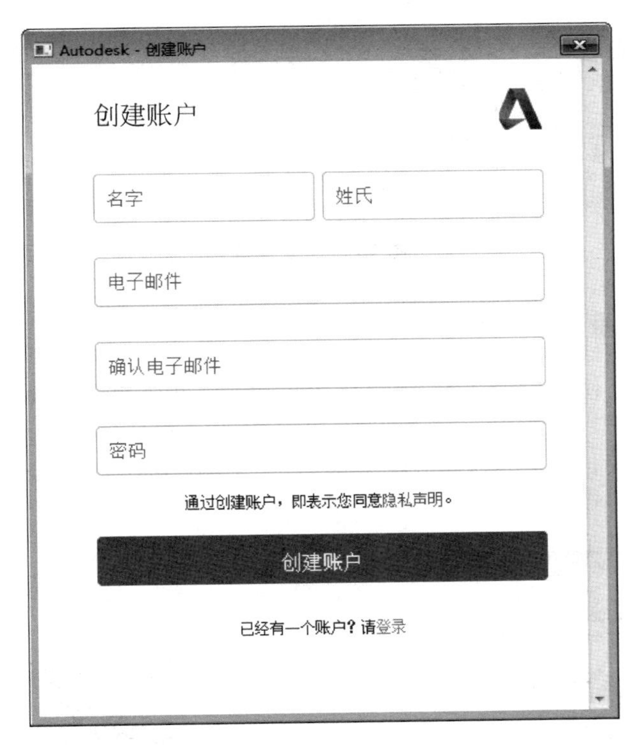

图 10-28　创建账户

(3) 登录后,自动弹出“在 Cloud 中渲染”对话框,单击“关闭”,选择需要渲染的三维视图,单击“Cloud 中渲染”,弹出“在 Cloud 中渲染”对话框,进行渲染设置,设置如图 10-29 所示,单击“开始渲染”。

(4) 完成之后单击“渲染库”按钮,查看渲染的进度及下载完成的图像,如图 10-30 所示。

在 Cloud 中渲染
AUTODESK® 360
选择要在云中渲染的三维视图
三维视图 三维视图 2
输出类型 静态图像
渲染质量 最终
图像尺寸 最大 (16 兆像素)
曝光 高级
文件格式 PNG (无损)
Alpha (透明度背景)
云积分 常见问题解答
需要 16
可用 25
剩余 9
预计等待时间 <10 分钟
完成后，向我发送电子邮件 开始渲染

图 10-29 渲染设置

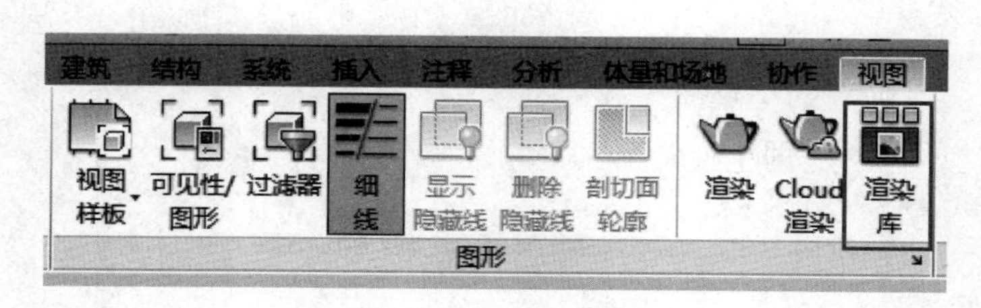

图 10-30 渲染库

10.1.6 漫游动画

在 Revit 中，可以使用“漫游”工具制作漫游动画，可以更加直观地向客户展示设计成果。

(1) 切换至 F1 楼层平面视图，单击“视图”选项卡，在“创建”面板“三维视图”下拉列表中选择“漫游”工具，如图 10-31 所示。

图 10-31 漫游

漫游动画

(2) 移动鼠标至绘图区，依次单击放置漫游路径中关键帧相机位置，如图 10-32 所示，完成之后将自动创建“漫游”视图类别，并在该类别下建立“漫游 1”视图。

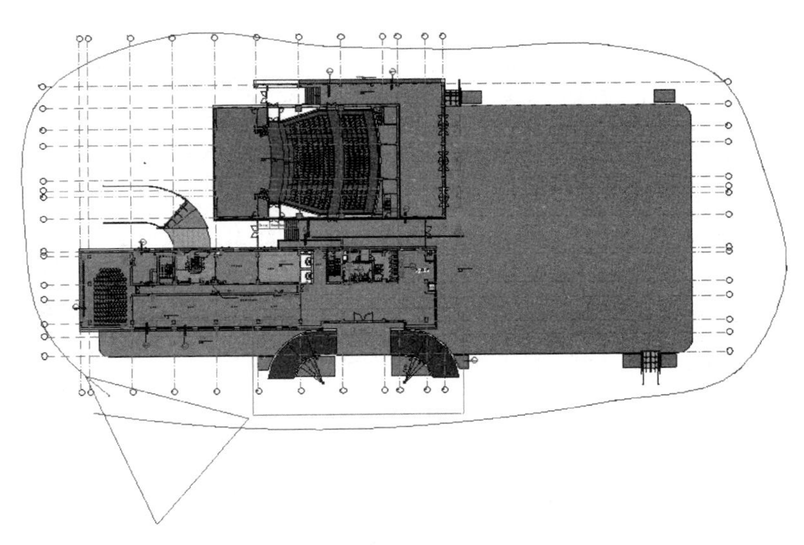

图 10-32　漫游路径

(3) 路径绘制完成后，需要进行适当的调整。在平面图中选择漫游路径，自动切换至“修改|相机”选项卡，单击“漫游”面板中“编辑漫游”工具，漫游路径呈现为可编辑状态，如图 10-33 所示。

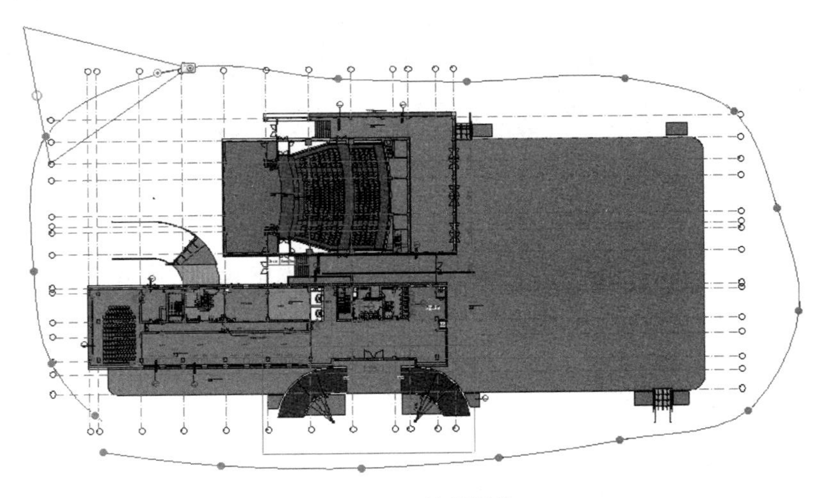

图 10-33　编辑漫游

(4) 修改控制方式为“活动相机”，路径出现红色圆点，表示关键帧相机位置及可视范围，如图 10-34 所示。

(5) 按住并拖动路径中的相机图标，分别控制各相机设置。修改控制方式为“路径”，此时路径以蓝色点显示，拖动路径进行修改即可。

(6) 在“属性”对话框中，单击“漫游帧”后的按钮，打开“漫游帧”对话框，可以修改“总帧数”和“帧/秒”，勾选“匀速”选项，完成后单击“确定”按钮，如图 10-35 所示。

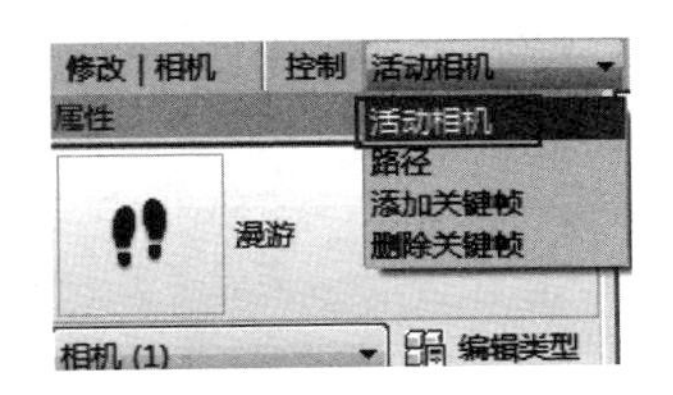

图 10-34　活动相机

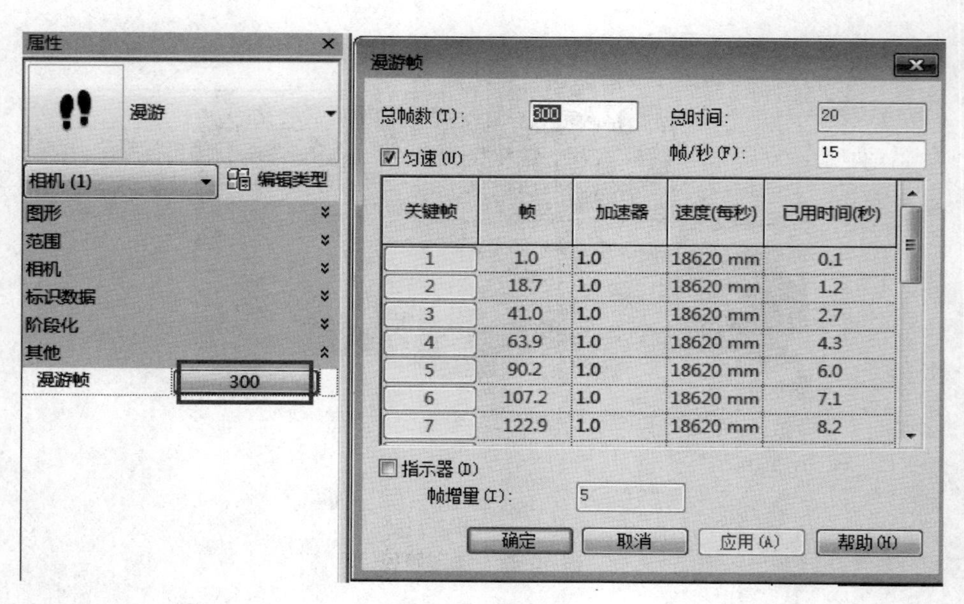

图 10-35　漫游帧设置

(7) 设置完成后,切换至漫游视图,选择漫游视图中剪裁框,自动切换至“修改|相机”选项卡,单击“漫游”面板中“编辑漫游”,单击“播放”,进行漫游播放,如图 10-36 所示。

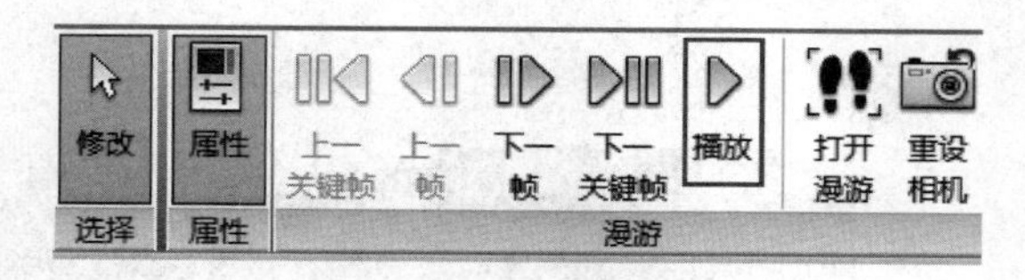

图 10-36　漫游播放

(8) 预览完成后,单击“应用程序菜单”按钮,在列表中选择“导出”—“图像和动画”—“漫游”选项,如图 10-37 所示。弹出“长度/格式”对话框,采用默认设置,单击“确定”按钮,保存在指定目录下即可。

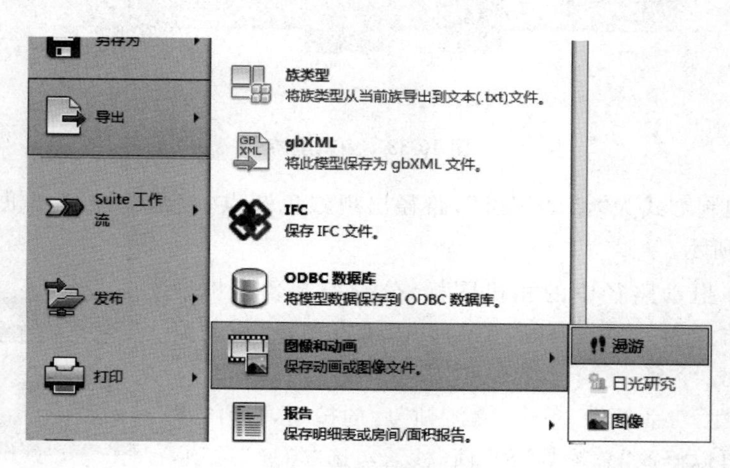

图 10-37　漫游导出

10.2　BIM 图纸和布局

本节根据已经完成的综合楼模型，利用 Revit 的注释、视图和图纸等功能进行图纸的深化设计、完成施工图出图和打印。通过修改视图中各图元的截面线型、投影，给视图添加尺寸标注、文字注释等，实现对图纸的表达。

10.2.1　对象管理和视图控制

在 Revit 中创建施工图，需要修改各类模型图元在不同视图中的截面、投影的线型、打印线宽、颜色等图形信息，以完成施工图表达设置。

对象管理和视图控制

1. 对象样式管理

在 Revit 中主要是通过"对象样式"和"可见性/图形替换"工具的方式来实现对象类别和子类别图元的管理。"对象样式"工具可以控制当前项目中"对象类型"和"子类别"的线宽、线型、颜色等信息。

1）线型和线宽设置。设置线型和线宽属性可以在视图中控制各类模型对象的视图投影线或截面线，适用于所有类别的图元对象。

（1）打开综合楼项目文件。切换至 F1 楼层平面视图，在"管理"选项卡"设置"面板"其他设置"下拉列表中单击"线型图案"选项，弹出"线型图案"对话框，如图 10-38 所示。

（2）在"线型图案"对话框中显示出此项目中所有可用线型图案和名称。单击"新建"按钮，弹出"线型图案属性"对话框，输入名称"轴网线_综合楼"。第一行类型定义为"划线"，值为"12mm"；第二行类型定义为"空间"，值为"3mm"；第三行类型定义为"圆点"，圆点线段类型不需要设置值；第四行类型定义为"空间"，值为"3mm"，如图 10-39 所示。设置完成后单击"确定"按钮，返回"线型图案"对话框，继续单击"确定"按钮。

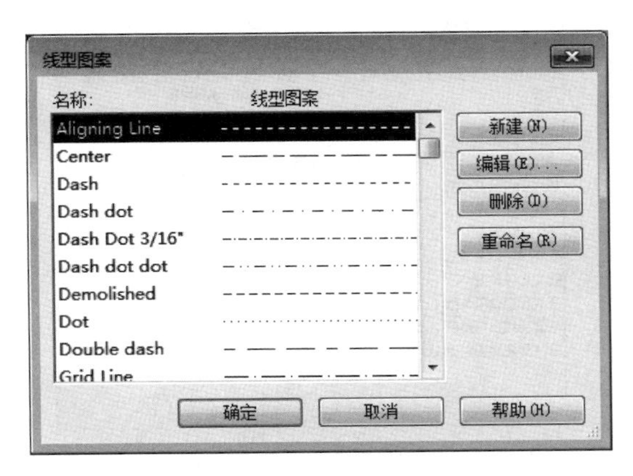

图 10-38　线型图案

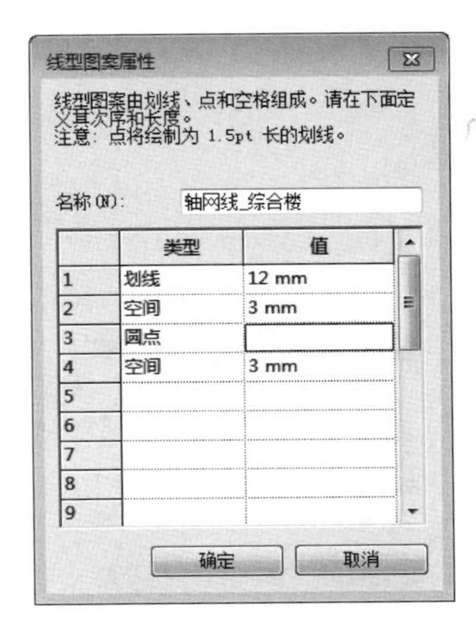

图 10-39　线型图案属性

(3) 在“管理”选项卡“设置”面板中的下拉列表中选择“线宽”,弹出“线宽”对话框,如图 10-40 所示。可以分别为模型类型对象设置模型线宽、透视视图线宽和注释线宽。在“模型线宽”选项卡中单击“添加”按钮,可以添加视图比例,并设置该比例下各代号线宽的值。在“透视视图线宽”和“注释线宽”选项卡中,可以修改不同代号的线宽值,设置完成后,单击“确定”按钮,退出“线宽”对话框。

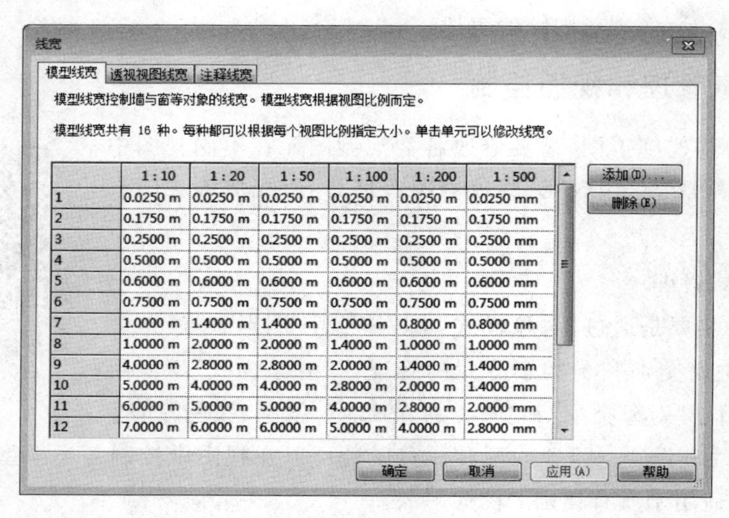

	1:10	1:20	1:50	1:100	1:200	1:500
1	0.0250 m	0.0250 m	0.0250 m	0.0250 m	0.0250 m	0.0250 mm
2	0.1750 m	0.1750 m	0.1750 m	0.1750 m	0.1750 m	0.1750 mm
3	0.2500 m	0.2500 m	0.2500 m	0.2500 m	0.2500 m	0.2500 mm
4	0.5000 m	0.5000 m	0.5000 m	0.5000 m	0.5000 m	0.5000 mm
5	0.6000 m	0.6000 m	0.6000 m	0.6000 m	0.6000 m	0.6000 mm
6	0.7500 m	0.7500 m	0.7500 m	0.7500 m	0.7500 m	0.7500 mm
7	1.0000 m	1.4000 m	1.4000 m	1.0000 m	0.8000 m	0.8000 mm
8	1.0000 m	2.0000 m	2.0000 m	1.4000 m	1.0000 m	1.0000 mm
9	4.0000 m	2.8000 m	2.8000 m	2.0000 m	1.4000 m	1.4000 mm
10	5.0000 m	4.0000 m	4.0000 m	2.8000 m	2.0000 m	1.4000 mm
11	6.0000 m	5.0000 m	5.0000 m	4.0000 m	2.8000 m	2.0000 mm
12	7.0000 m	6.0000 m	6.0000 m	5.0000 m	4.0000 m	2.8000 mm

图 10-40 线宽

(4) 在 F1 楼层平面视图中选择任意轴线,在“属性”中单击“编辑类型”,如图 10-41 所示,弹出“类型属性”对话框,修改“轴线中段”为“自定义”,修改“轴线中段填充图案”为新建的“轴网线_综合楼”,修改“轴线中段宽度”和“轴线末段宽度”为“2”,修改“轴线末段填充图案”为“实线”,“轴线末段长度”为“25.0”,其余参数如图 10-42 所示。设置完成之后,单击“确定”按钮,退出“类型属性”对话框。

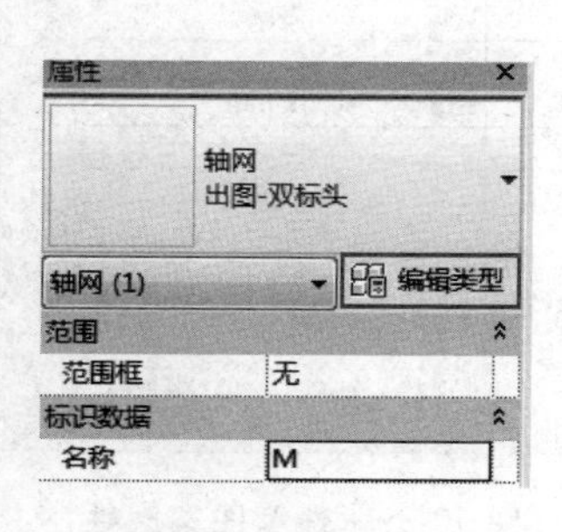

图 10-41 属性

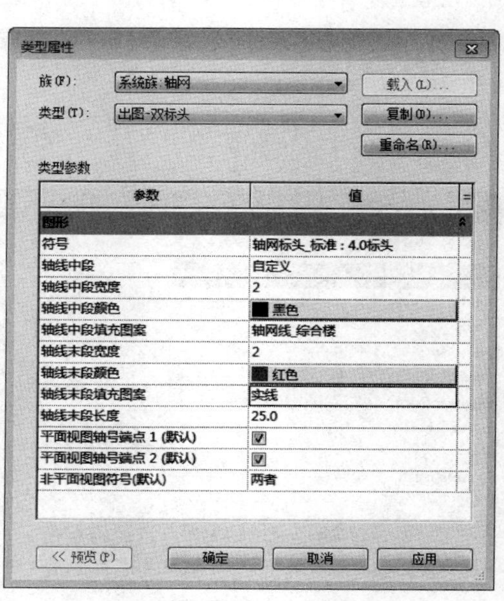

图 10-42 类型属性

2）对象样式设置。通过设置综合楼项目各对象类别和子类别截面和投影的线型和线宽，来控制模型在视图中显示样式。

（1）在“管理”选项卡“设置”面板中单击“对象样式”，弹出“对象样式”对话框，在“模型对象”选项卡中，列出了当前项目规程中所有对象类别，以及投影和截面线宽、线颜色、线型图案等信息，如图 10-43 所示。

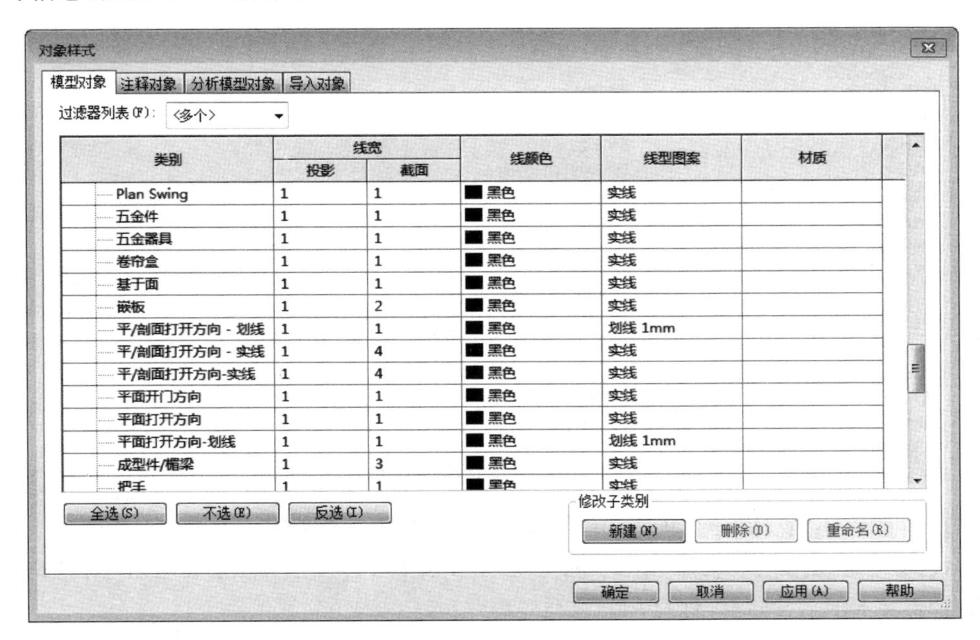

图 10-43　对象样式

（2）浏览至“幕墙系统”类别，修改“幕墙系统”类别“投影”线宽代号为“2”，“截面”线宽代号为“2”，也就是坡道的投影和被剖切时轮廓都显示为代号为“2”的线宽。修改“线颜色”为“RGB 000-127-000”，确认“线型图案”为“实线”。单击“幕墙系统”前“+”，修改“隐藏线”颜色为“RGB 000-127-000”，其他参数默认，如图 10-44 所示。采用相同的方式设置其他对象类别的对象样式。

类别	线宽		线颜色	线型图案	材质
	投影	截面			
⊞ 天花板	1	3	黑色	实线	
⊞ 家具	1		黑色	实线	
⊞ 家具系统	1		黑色	实线	
⊞ 屋顶	1	4	黑色	实线	
⊞ 常规模型	1	3	黑色	实线	
⊞ 幕墙嵌板	1	2	黑色	实线	
⊞ 幕墙竖梃	1	3	黑色	实线	
⊟ 幕墙系统	2	2	RGB 000-127-0	实线	
隐藏线	2	2	RGB 000-127-00	划线	
⊞ 机械设备	4		黑色	实线	
⊞ 柱	1	3	黑色	实线	
⊞ 栏杆扶手	1	2	黑色	实线	
⊞ 植物	1		黑色	实线	
⊞ 楼板	1	4	黑色	实线	

图 10-44　坡道对象样式设置

（3）切换至“注释对象”选项卡，修改“云线批注”类别“投影”线宽代号为“5”，“线颜色”为“红色”，修改“剖面框”类别的“投影”线宽代号为“1”，“线颜色”修改为“PANTONE Process Blue C”，修改“参照平面”“参照线”以及“范围框”类别的“投影”线宽代号为“1”，“线颜色”修改为“RGB 000-127-000”，修改“详图索引边界”类别的“投影”线宽代号为“4”，“线颜色”修改为“紫色”，如图 10-45 所示。完成之后单击“确定”按钮。

类别	线宽	线颜色	线型图案
	投影		
体量楼层标记	1	黑色	
停车场标记	1	黑色	实线
剖面标头	1	黑色	实线
剖面框	1	PANTONE Proce	
剖面线	1	黑色	实线
卫浴装置标记	1	黑色	实线
参照平面	1	RGB 000-127-00	对齐线
参照点	1	黑色	实线
参照线	1	RGB 000-127-00	实线
图框	1	黑色	实线
场地标记	1	黑色	实线
墙标记	1	黑色	实线
多类别标记	1	黑色	实线
天花板标记	1	黑色	实线

图 10-45 注释对象设置

（4）切换至“模型对象”选项卡，单击“新建”按钮，弹出“新建子类别”对话框，输入名称“散水”，选择子类别属于“墙”。单击“确定”按钮，如图 10-46 所示，完成之后单击“确定”按钮，退出“对象样式”对话框，保存项目文件。

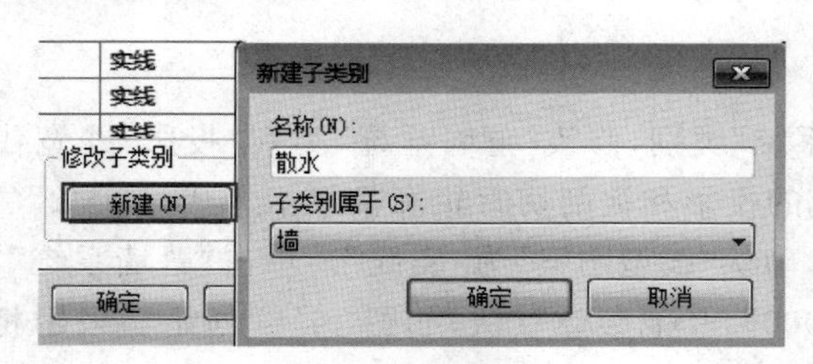

图 10-46 新建子类别

2. 视图控制

在 Revit 中，视图根据显示类别可以分为平面视图、立面视图、剖面视图、详图索引视图、绘图视图、图例视图和明细表。根据项目需要，控制各视图的显示范围、显示比例，设置视图中对象类别和子类别的可见性。

1）视图显示属性。在视图“属性”面板中，可以修改视图的显示范围、显示比例等属性。

（1）切换至 F2 楼层平面，在“属性”对话框中，确认“视图比例”为“1：100”，“显示模型”为“标准”，“详细程度”为“精细”，“规程”为“协调”，“显示隐藏线”为“按规程”，“基线”“范围：底部标高”为“无”，其他参数默认，单击“应用”，如图 10-47 所示。

（2）在“管理”选项卡“设置”面板“其他设置”下拉列表中单击“半色调/基线”，弹出“半色调|基线”对话框，可以修改基线的宽度、填充图案、半色调的亮度。在本项目中采用默认值，如图 10-48 所示。

图 10-47　视图属性

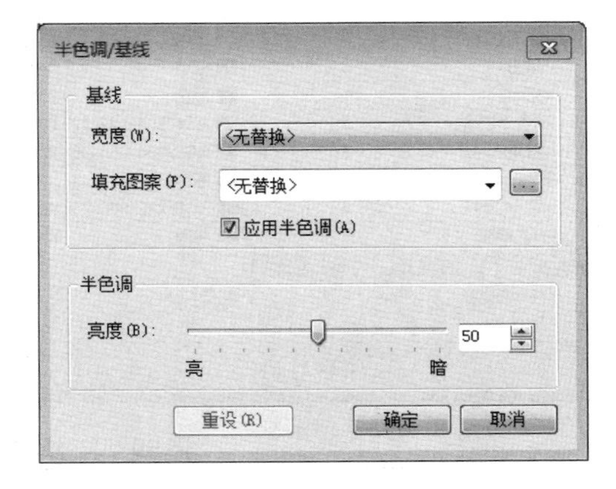

图 10-48　半色调/基线设置

(3) 修改视图范围。在“属性”面板中单击“视图范围”后的“编辑”按钮，打开“视图范围”对话框，确认“顶部”偏移量为“2300.0”，“剖切面”偏移量为“1200.0”，修改“底部”偏移量为“500.0”，“视图深度”偏移量为“0.0”，如图 10-49 所示，完成之后单击“确定”按钮。

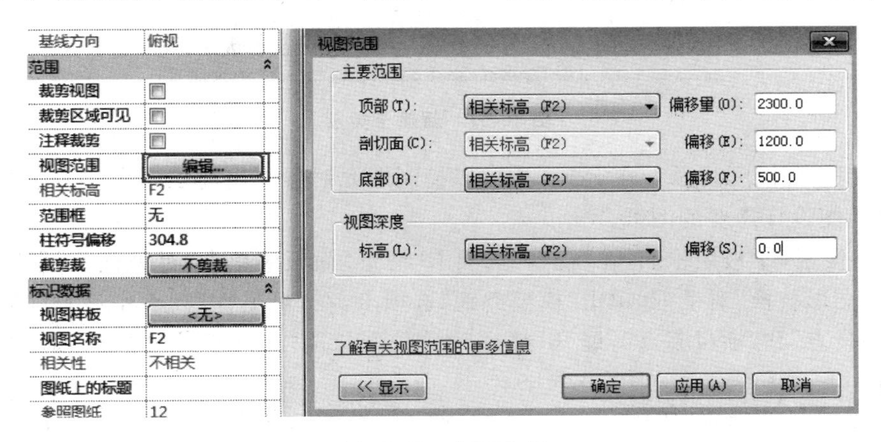

图 10-49　视图范围

(4) 在“管理”选项卡“设置”面板“其他设置”下拉列表中选择“线样式”，弹出“线样式”对话框，可以修改不同线类别的投影线宽、线颜色、线型图案，如图 10-50 所示，本项目中采用默认设置。在“线样式”对话框中可以单击“新建”，弹出“新建子类别”对话框，在对话框中输入名称，选择子类别属于“线”，单击“确定”即可，如图 10-51 所示。

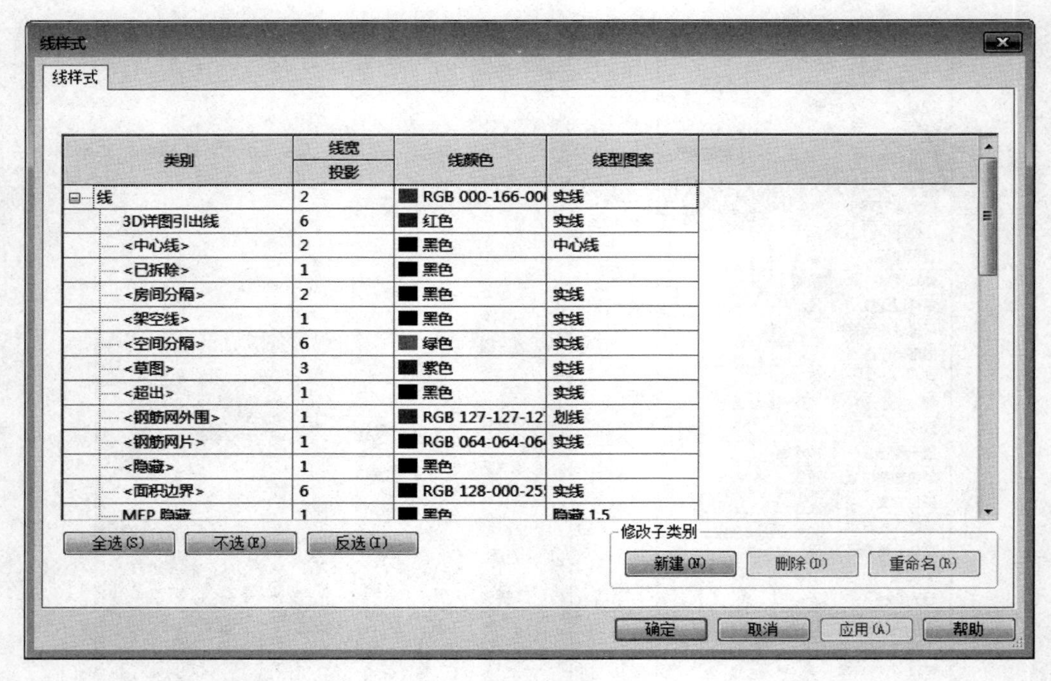

图 10-50 线样式

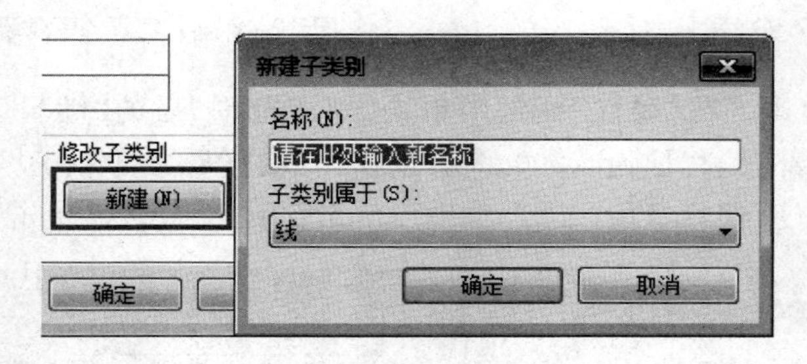

图 10-51 新建子类别

2）控制视图图元显示。在 Revit 中可以控制图元对象在当前视图中的显示或隐藏，生成符合施工图设计需要的图纸。

(1) 切换至 F1 楼层平面，在“视图”选项卡“图形”面板中单击“可见性/图形”，弹出“F1 的可见性/图形替换”对话框，单击“模型类别”选项卡，在“可见性”列表中展开“场地”类别，不勾选“测量点”和“项目基点”，展开“楼梯”类别，不勾选“＜高于＞”的子类别，如图 10-52 所示。

(2) 单击“注释类别”选项卡，不勾选“参照平面”和“参照线”，如图 10-53 所示，设置完成之后单击“确定”按钮。设置完成后 F1 楼层“1＃楼梯”显示如图 10-54 所示。

(3) 切换至 F2 楼层平面视图。在“视图”选项卡“图形”面板中单击“可见性/图形”，弹出“F2 的可见性/图形替换”对话框，选择“模型类别”，浏览至“结构柱”类别单击“截面填充图案”“替换”按钮，弹出“填充样式图形”对话框，修改“颜色”为“黑色”，修改“填充图案”为“实体填充”，如图 10-55 所示。完成后之后单击“确定”按钮。

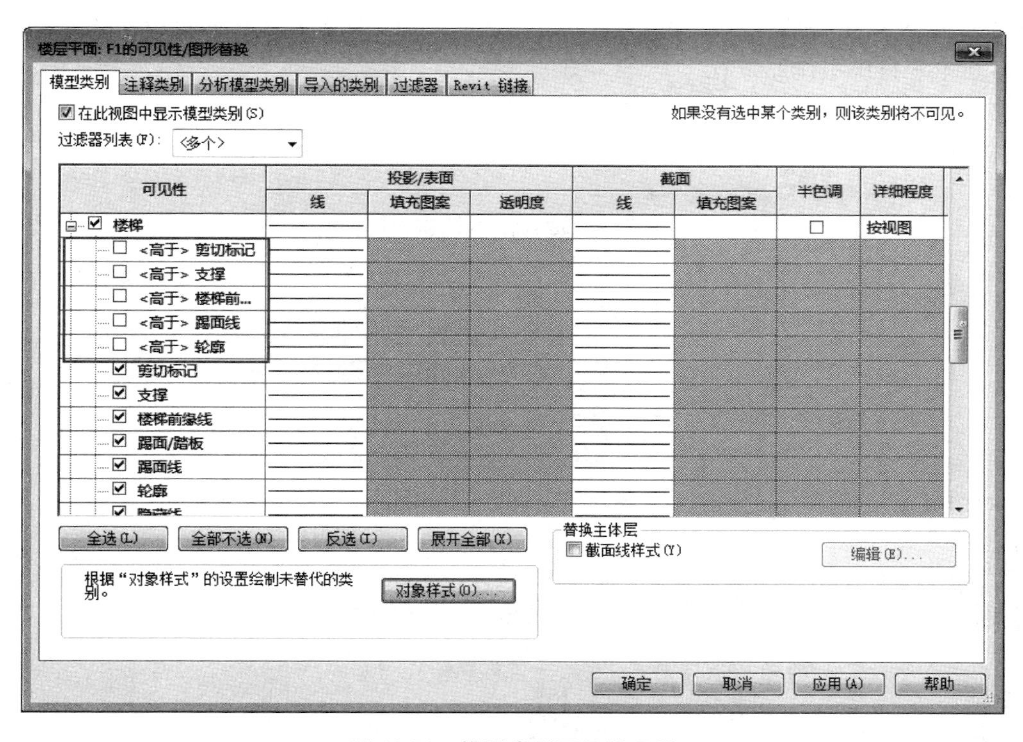

图 10-52　模型类别可见性设置

可见性	投影/表面 线	半色调
☐ 参照平面		☐
☑ 参照点		☐
☐ 参照线		☐
☑ 图框		☐
☑ 场地标记		☐
☑ 基础跨方向符号		☐
☑ 墙标记		☐
☑ 多类别标记		☐
☑ 天花板标记		☐
☑ 家具标记		☐
☑ 家具系统标记		☐
☑ 导向轴网		

图 10-53　注释类别设置

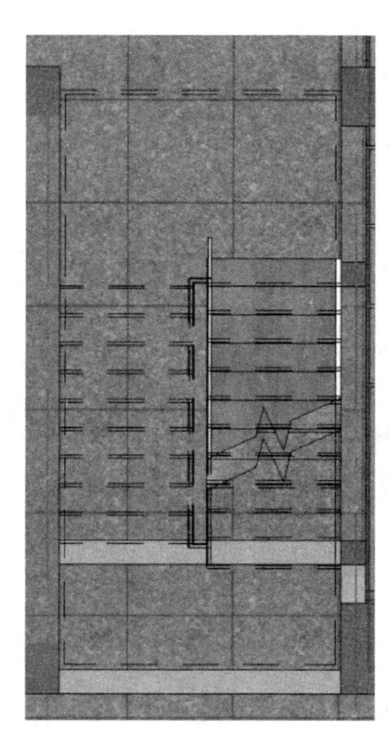

图 10-54　楼梯显示样式

（4）在“模型类别”对话框中，勾选“截面线样式”，单击“编辑”按钮，弹出“主体层线样式”对话框，修改“结构[1]”“线宽”为“3”，其他“线宽”为“1”，其他参数默认，如图 10-56 所示。完成后单击“确定”按钮，退出“截面线样式”对话框，完成所有设置后单击“确定”按钮，退出“F2 的可见性/图形替换”对话框，完成后显示如图 10-57 所示。此设置用以举例讲解工具，在本项目中不作此设置。

图 10-55 填充样式图形

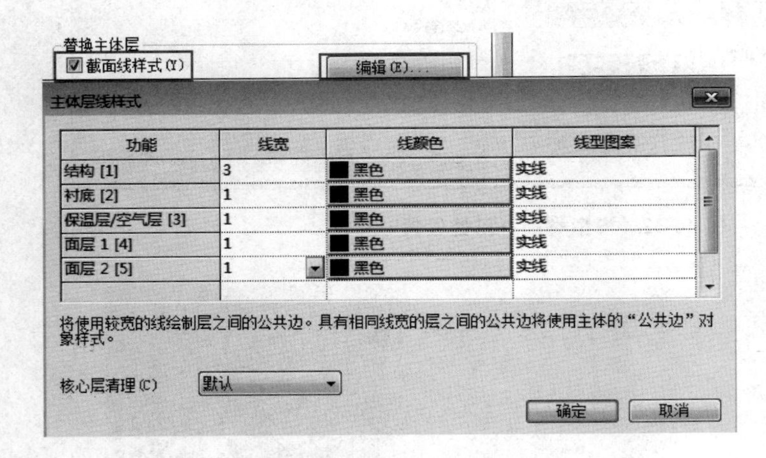

图 10-56 主体层线样式

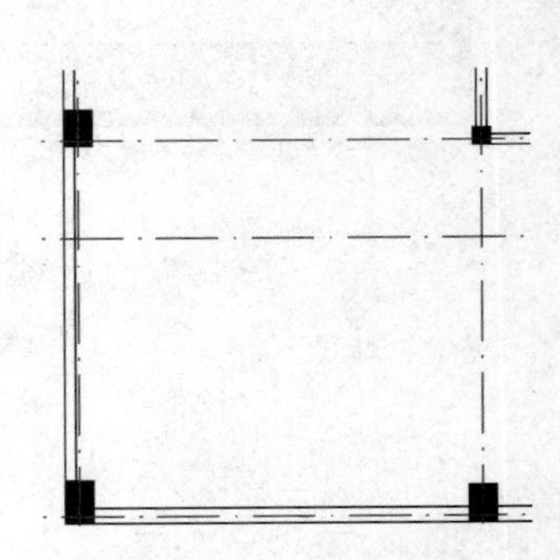

图 10-57 结构柱显示样式

3. 视图管理和视图创建

1）视图管理

使用视图样板。设置“可见性/图形替换”相关参数只能用于当前视图，若有多个相同视图需要设置相同的可见性，则可以使用视图样板的功能实现。

（1）在 F1 楼层平面视图中，在“视图”选项卡“图形”面板“视图样板”下拉列表中选择“从当前视图创建样板”选项，弹出“新视图样板”对话框，输入名称“综合楼_平面视图”，单击“确定”按钮，如图 10-58 所示。弹出“视图样板”对话框，单击“确定”按钮，如图 10-59 所示。

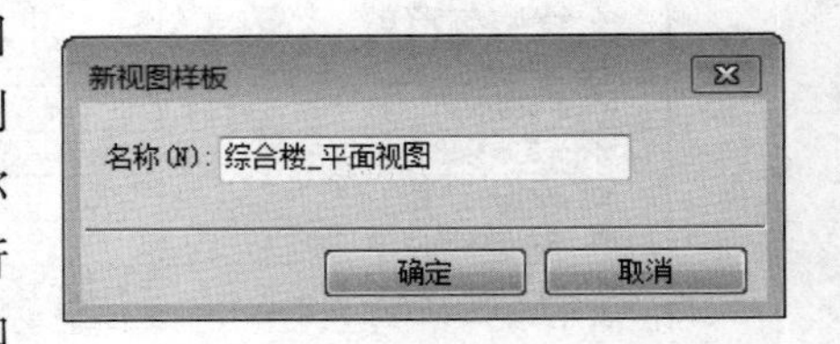

图 10-58 新视图样板

（2）切换到 F2 楼层平面，在“视图”选项卡“图形”面板“视图样板”下拉列表中选择“将样板属性应用于当前视图”选项，弹出“应用视图样板”对话框，选择上一步创建的视图样板“综合楼_平面视图”，单击“确定”按钮，如图 10-60 所示。

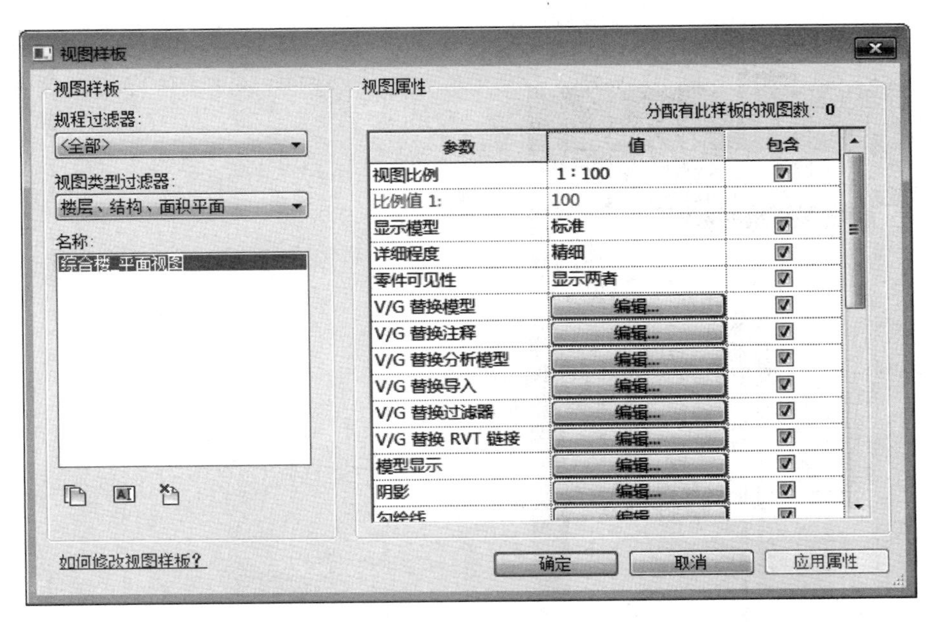

图 10-59　视图样板

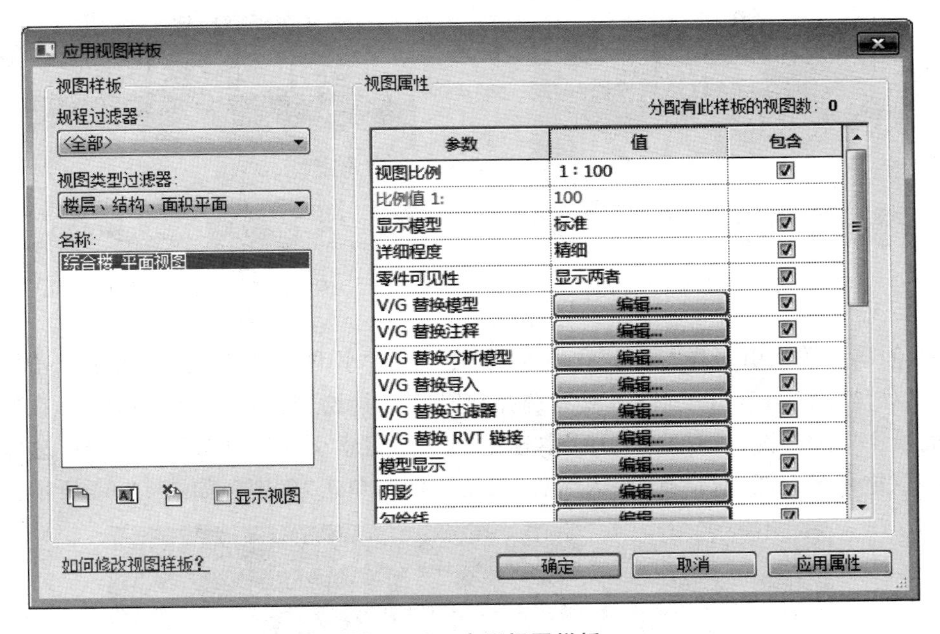

图 10-60　应用视图样板

2）创建视图。根据施工图纸的需要创建任意剖面视图、详图及其他视图。

（1）创建剖面视图。在“视图”选项卡“创建”面板中单击“剖面”，绘制“1＃楼梯”的剖面线，调整视图范围及视图深度，如图 10-61 所示。在“项目浏览器”面板中切换至“剖面(楼梯坡道)”，选中“剖面 1”单击鼠标右键，选择“重命名”，或者选中“剖面 1”，按键盘“F2”，弹出“重命名视图”对话框，输入名称“1＃楼梯”，单击“确定”按钮，如图 10-62 所示。

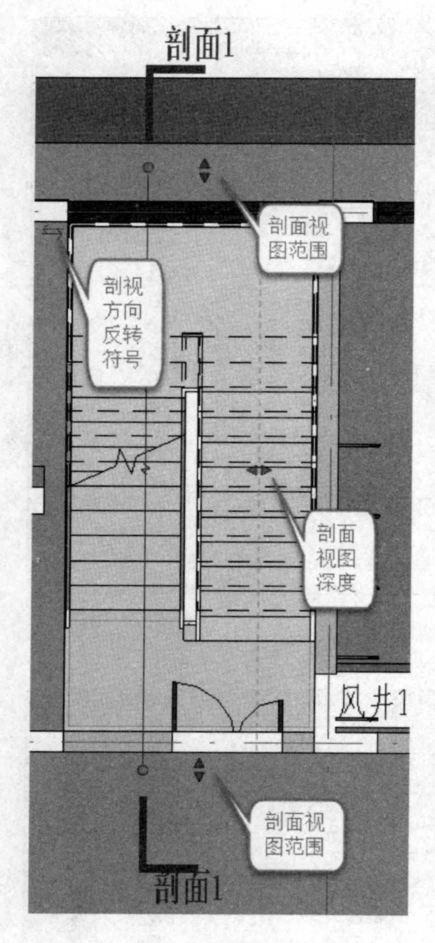

图 10-61 创建剖面视图

图 10-62 重命名视图

(2) 创建详图索引。在“视图”选项卡“创建”面板“详图索引”下拉列表中单击“矩形”,绘制入口处坡道详图索引矩形框,或者选择“草图”工具绘制。如图 10-63 所示,在“项目浏览器”面板中“楼层平面(专业拆分)”中选中“F1-详图索引 1”,单击鼠标右键,选择“重命名”,弹出“重命名视图”对话框,输入名称“坡道详图”,单击“确定”,如图 10-64 所示。

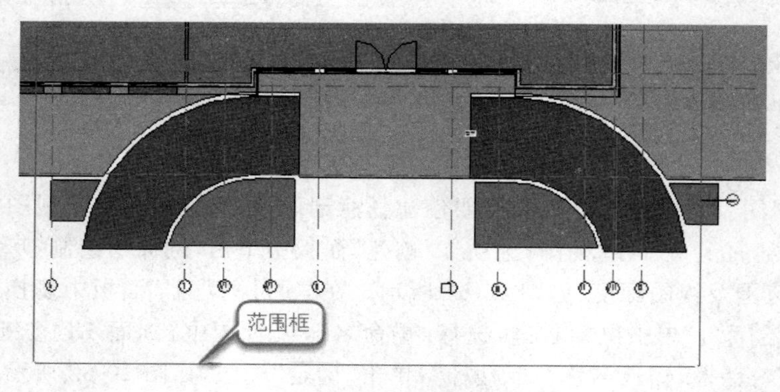

图 10-63 详图显示

(3) 创建完成后，选中剖面符号或者详图索引的范围框，单击鼠标右键，单击“转到视图”，查看创建的视图，如图 10-65 所示。视图显示如图 10-66 所示。

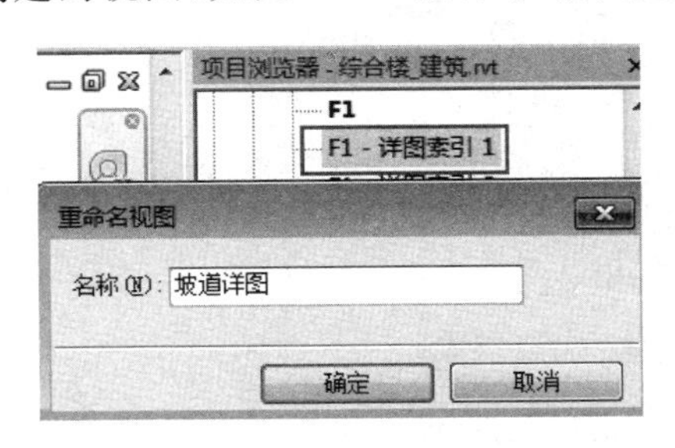

图 10-64　重命名详图

图 10-65　转到视图

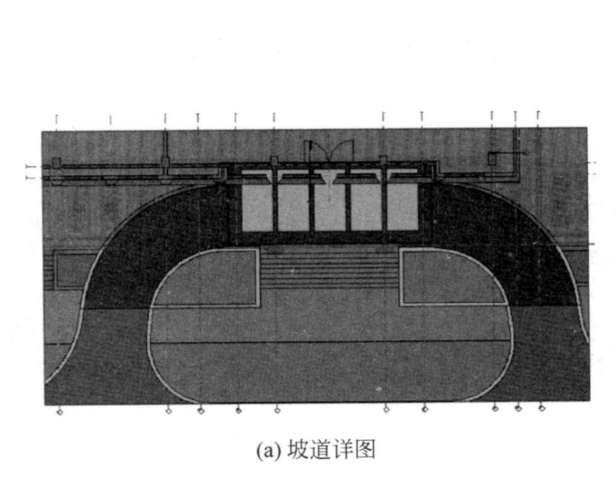

(a) 坡道详图

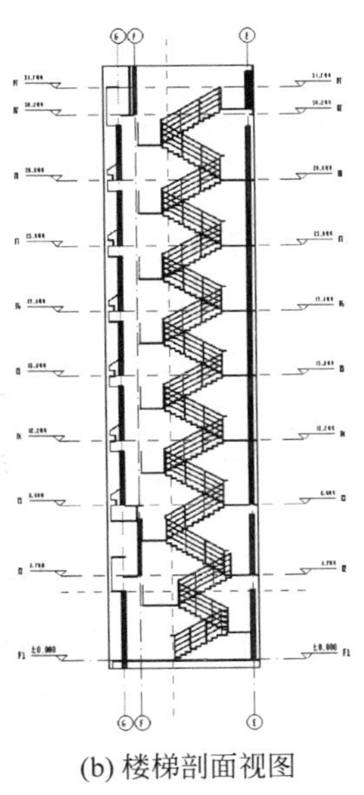

(b) 楼梯剖面视图

图 10-66　详图显示

4. 视图过滤器设置

需要在视图中使用过滤器，必须先设置过滤器。

1) Revit 过滤器设置使用

(1) 设置建筑墙过滤器。在“视图”选项卡“图形”面板中，单击“过滤器”，弹出“过滤器”对话框，单击 图标，弹出“过滤器名称”对话框，输入名称“建筑外墙”，单击“确定”按钮，如图 10-67 所示。在“类别”选项框中勾选“墙”，“过滤器规则”设置“过滤条件”为“类型名称”“包含”“外”，如图 10-68 所示。完成之后，单击“确定”按钮。

(2) 过滤器使用。切换至 F2 楼层平面，在“视图”选项卡“图形”面板中单击“可见性/图形”，弹出“可见性/图形替换”对话框，切换到“过滤器”选项卡，单击“添加”按钮，弹出“添加过滤器”对话框，选择“建筑外墙”过滤器，单击“确定”，如图 10-69 所示。

(3) 修改“投影/表面”和“截面”的填充图案，单击“替换”按钮，弹出“填充样式图形”对话框，修改“颜色”为“紫色”，“填充图案”为“实体填充”。设置颜色是为了显示对比更加明

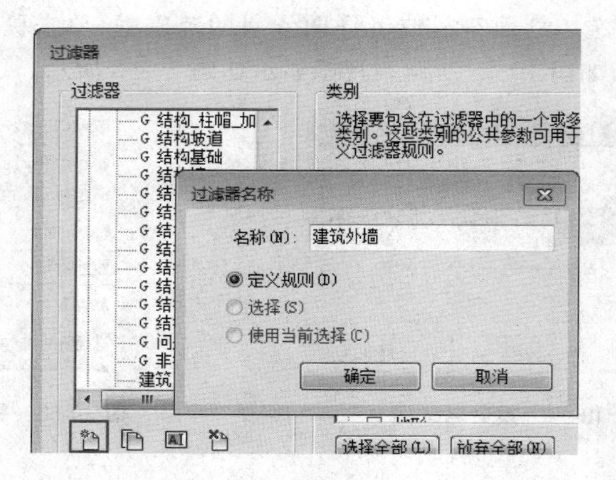

图 10-67　过滤器名称

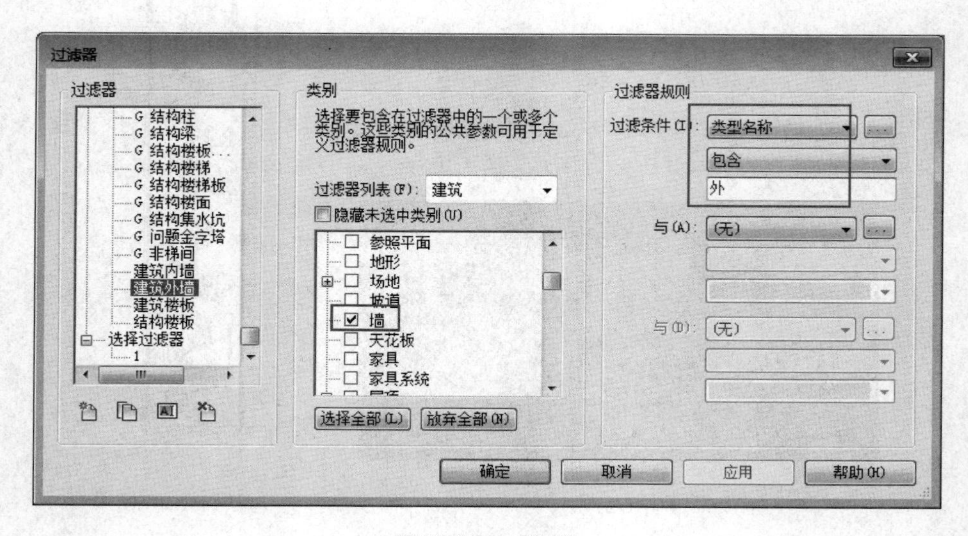

图 10-68　过滤器

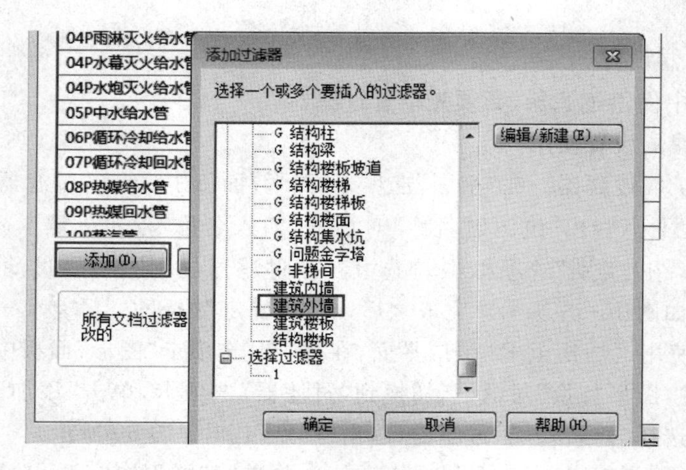

图 10-69　添加过滤器

显，完成之后单击“确定”，如图 10-70 所示。继续单击“确定”，退出“可见性/图形替换”对话框，完成之后，显示如图 10-71 所示。

名称	可见性	投影/表面			截面	
		线	填充图案	透明度	线	填充图案
建筑外墙	☑	替换...	替换...	替换...	替换...	替换...
03P热水回水管	☑					
04P消火栓给水管	☑					
04P自喷灭火给水管	☑					
04P雨淋灭火给水管	☑					
04P水幕灭火给水管	☑					
04P水炮灭火给水管	☑					
05P中水给水管	☑					
06P循环冷却给水管	☑					
07P循环冷却回水管	☑					
08P热媒给水管	☑					
09P热媒回水管	☑					

填充样式图形
样式替换
☑可见(V)
颜色：紫色
填充图案：实体填充
清除替换　确定　取消

图 10-70　填充样式图形

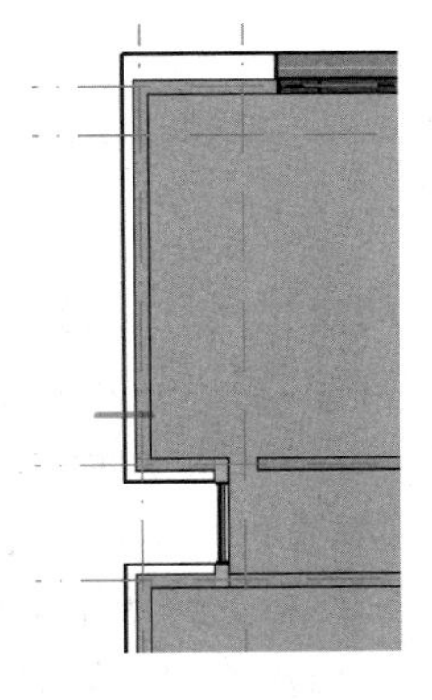

图 10-71　外墙样式

2）模术师中过滤器使用

（1）图元过滤器使用。打开 F1 楼层平面视图，切换至“isBIM 通用”选项卡，在“通用工具”面板中选择“图元过滤”工具，如图 10-72 所示。框选需要过滤的视图部分，弹出“元素过滤器”对话框，如图 10-73 所示。模术师过滤器可以分三级过滤“族-类别-类型”，选择需要过滤的图元即可。

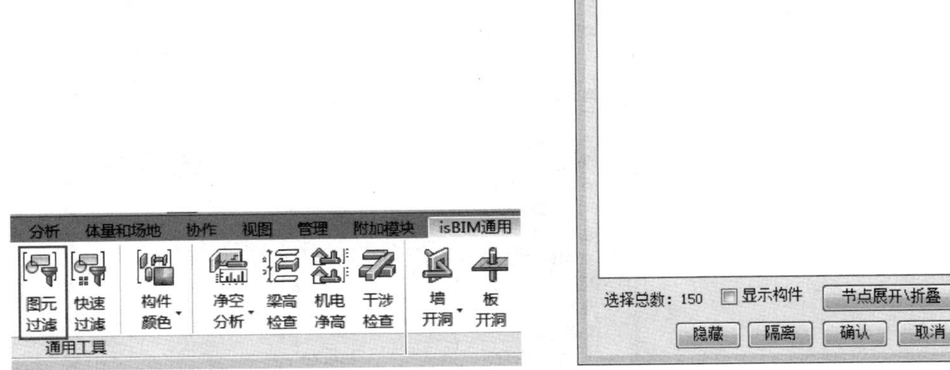

图 10-72　图元过滤　　　　图 10-73　元素过滤器

（2）快速过滤器使用。在“通用工具”面板中选择“快速过滤”工具，弹出“快速过滤”对话框，如图 10-74 所示。选择“选择构件”“隐藏构件”或“隔离构件”，然后选择需要选择、隐藏或隔离的构件，单击“退出”，即可快速过滤。

5. 尺寸标注、符号及字体设计

在 Revit 平面视图中，需要对视图进行总尺寸、轴网尺寸、门窗定位尺寸以及其他图元

图 10-74 快速过滤

的定位尺寸进行标注，即施工图中的“三道尺寸线”。对于首层平面图纸，还必须添加指北针符号，用以指示建筑的方位。接下来以首层平面图为例进行平面设计讲解。

1）尺寸标注。在 Revit 2017 中有“对齐”“线型”“角度”“半径”“直径”“弧长”等 6 种不同的尺寸标注形式，如图 10-75 所示，在尺寸标注时对标注属性进行设置。

(1) 切换至 F1 楼层平面视图，在“注释”选项卡“尺寸标注”面板中单击“对齐”工具，自动切换至“修改|放置尺寸标注”选项卡，如图 10-76 所示。

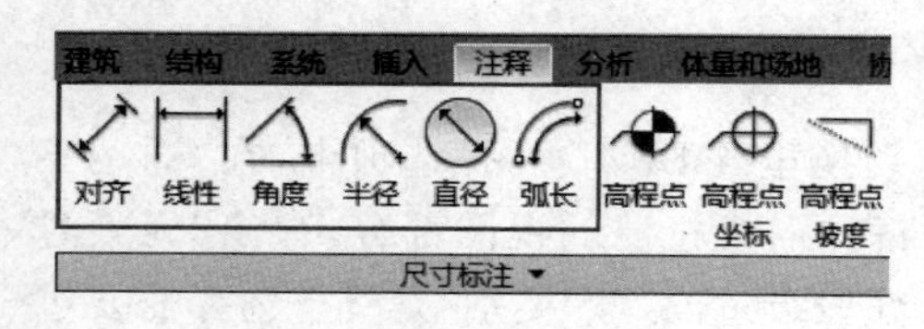

图 10-75 尺寸标注

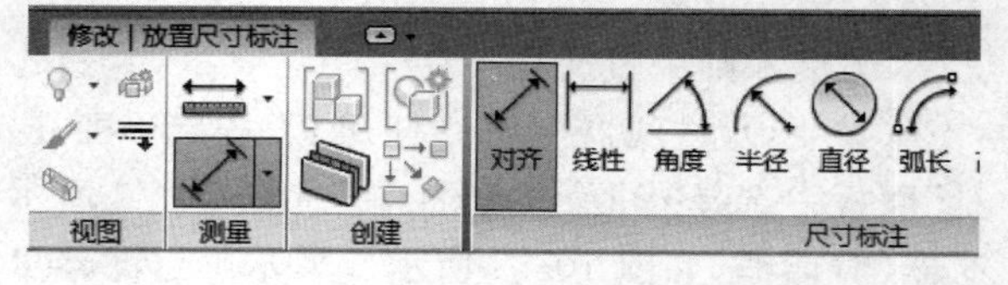

图 10-76 修改|放置尺寸标注

(2) 在“属性”面板中单击“编辑类型”，弹出“类型属性”对话框，修改图形参数分组中“记号线宽”为“3”，“尺寸标注线延长”为“0.0000mm”，“尺寸界线延伸”为“2.0000mm”，其他参数默认，如图 10-77 所示。

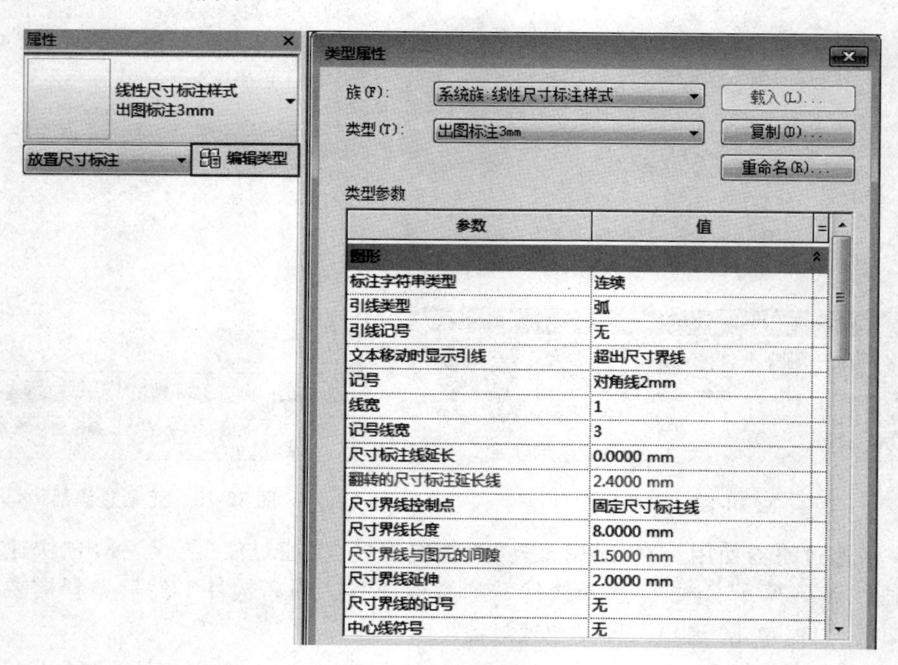

图 10-77 图形参数设置

(3) 修改文字参数分组中“宽度系数”为“1”,“文字大小”为“3.5000mm”,即打印后图纸上标注尺寸文字高度,修改“文字字体”为“仿宋”,“文字背景”为“透明”,其他参数默认,如图 10-78 所示,完成之后,单击“确定”,退出“类型属性”对话框。

类型参数

参数	值
文字	
宽度系数	1.000000
下划线	☐
斜体	☐
粗体	☐
文字大小	3.5000 mm
文字偏移	0.5000 mm
读取规则	向上，然后向左
文字字体	仿宋
文字背景	透明
单位格式	1235 [mm] (默认)
备用单位	无
备用单位格式	1235 [mm]
备用单位前缀	
备用单位后缀	
显示洞口高度	☐

<< 预览(P)　确定　取消　应用

图 10-78　文字参数设置

(4) 确认“修改|放置尺寸标注”参照为“参照墙面”,“拾取”为“单个参照点”,如图 10-79 所示。拾取①轴和⑫轴,单击空白处,作为第一道尺寸线,继续依次拾取各轴线及外墙面,单击空白处作为第二道尺寸线,接下来依次拾取轴线、洞口边以及其他构件边缘,作为第三道尺寸线,完成之后,如图 10-80 所示。

图 10-79　参照设置

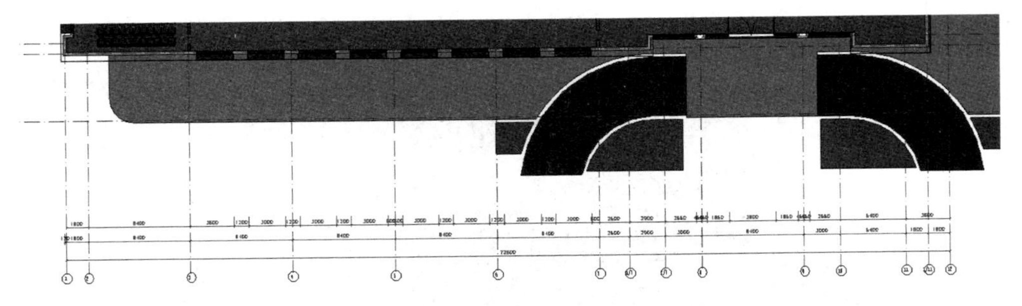

图 10-80　显示样式

(5) 接下来修改“拾取”为“整个墙”,单击“选项”,弹出“自动尺寸标注选项”对话框,勾选“洞口”,选择“宽度”,同时勾选“相交墙”和“相交轴网”,如图 10-81 所示,完成之后,单击“确定”。选择需要标注尺寸的墙,如图 10-82 所示。

(6) 接下来标注坡道半径。在“注释”选项卡“尺寸标注”面板选择“半径”工具,单击坡道边圆弧,单击空白处放置尺寸线,完成之后,如图 10-83 所示。使用类似的方式标注其他尺寸,完成之后如图 10-84 所示。

图 10-81　拾取样式设置

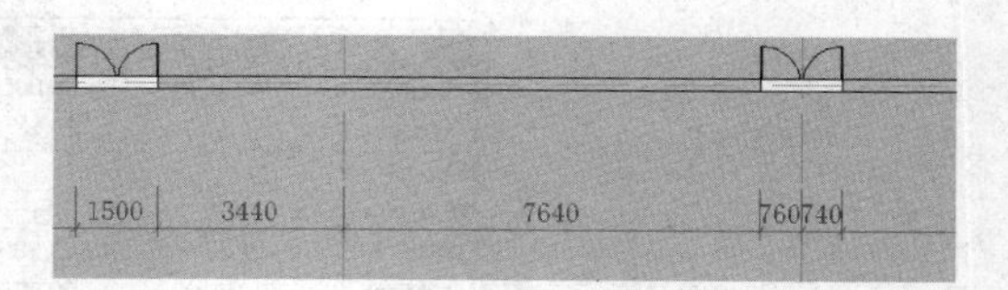

图 10-82　拾取整个墙

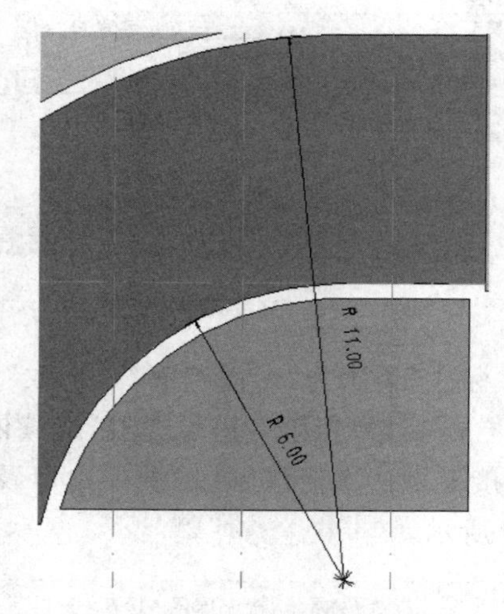

图 10-83　半径尺寸标注

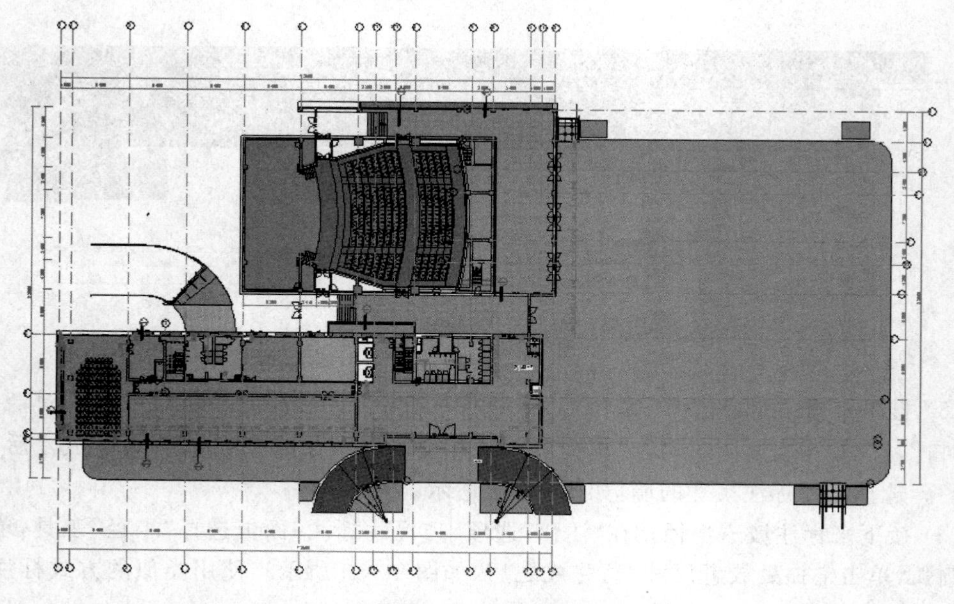

图 10-84　显示效果

2）标记。在添加门窗标记时可以选择“全部标记”或者“按类别标记”。

（1）在“注释”选项卡“标记”面板中单击“按类别标记”工具，单击需要标记的门或窗进行单个标记。

（2）在“注释”选项卡“标记”面板中单击“全部标记”工具，弹出“标记所有未标记的对象”对话框，选择“当前视图中的所有对象（V）”，配合使用键盘“Ctrl 键”，选择“窗标记”和“门标记”，不勾选“引线”，如图 10-85 所示。完成之后，单击“确定”按钮，显示样式如图 10-86 所示。

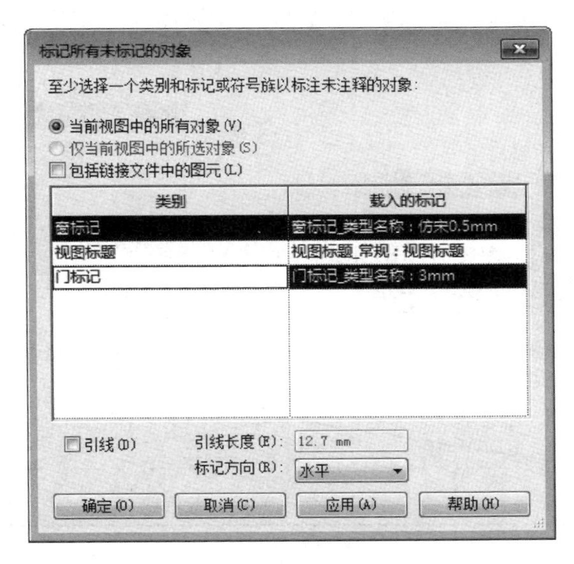

图 10-85　标记所有未标记对象

（3）适当调整标记位置。选中添加的标记，使用“拖拽”符号移动到合适位置，调整之后如图 10-87 所示。使用相同的方式标记其他楼层门窗。

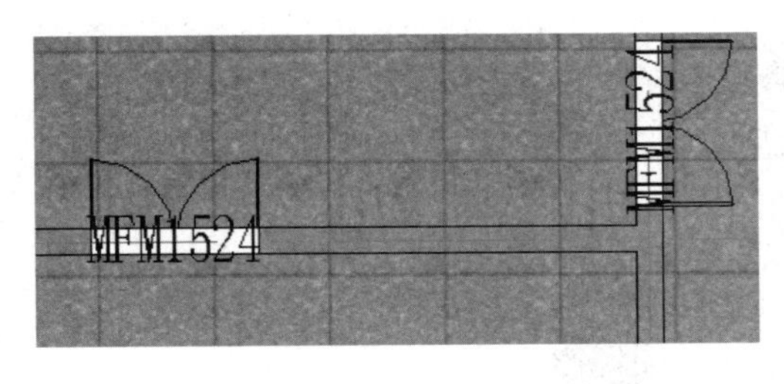

图 10-86　未调整显示样式

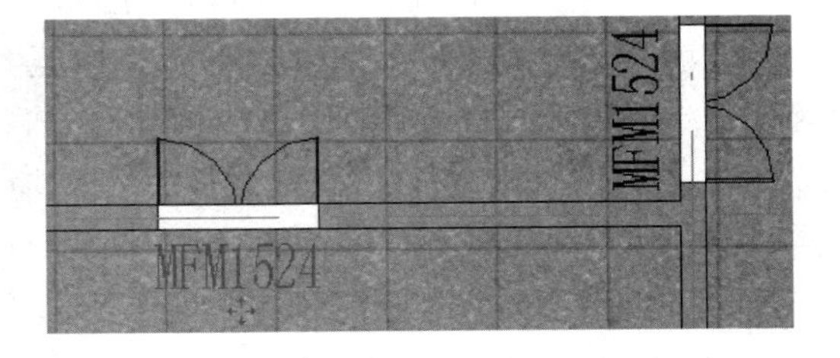

图 10-87　调整后显示样式

3）符号。以屋顶排水符号为例讲解符号的使用。

（1）在“注释”选项卡“详图”面板中单击“详图线”工具，自动切换至“修改|放置详图线”选项卡，选择“直线”工具进行绘制，完成后如图 10-88 所示。

（2）切换至 F8 楼层平面视图，在“注释”选项卡“符号”面板中单击“符号”工具，自动切换至“修改|放置符号”选项卡，单击“载入族”工具，如图 10-89 所示，将需要的“符号_排水箭头”载入到项目中。

（3）在绘制详图线处放置排水符号，按键盘“Esc 键”退出放置状态，选中放置的符号，

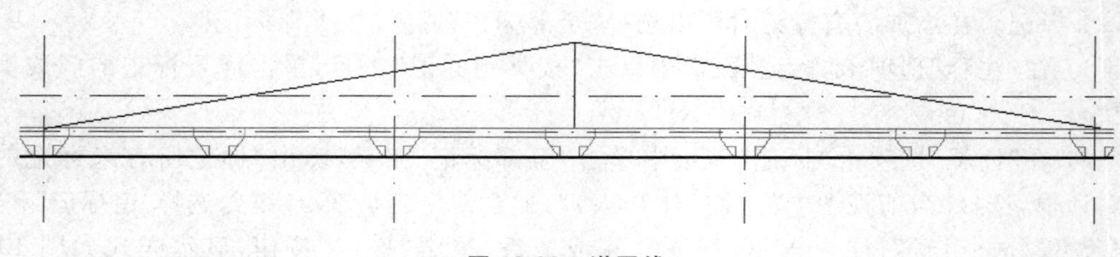

图 10-88　详图线

在“属性”面板“文字”中修改“排水坡度”为“1%”，如图 10-90 所示，完后之后如图 10-91 所示。

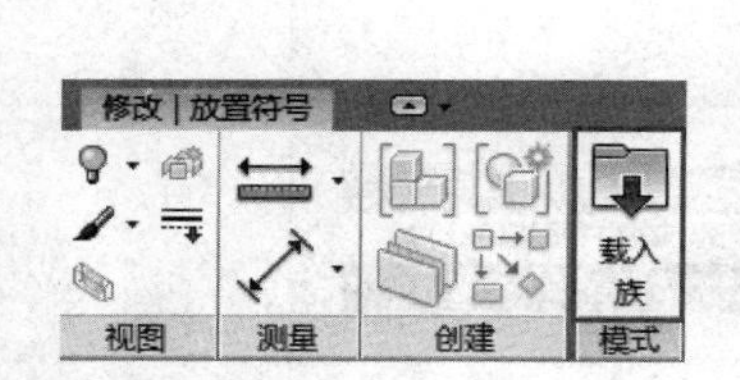

图 10-89　载入族

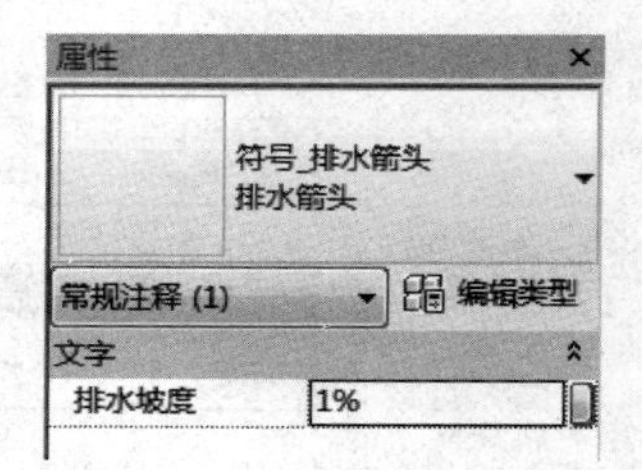

图 10-90　修改排水坡度

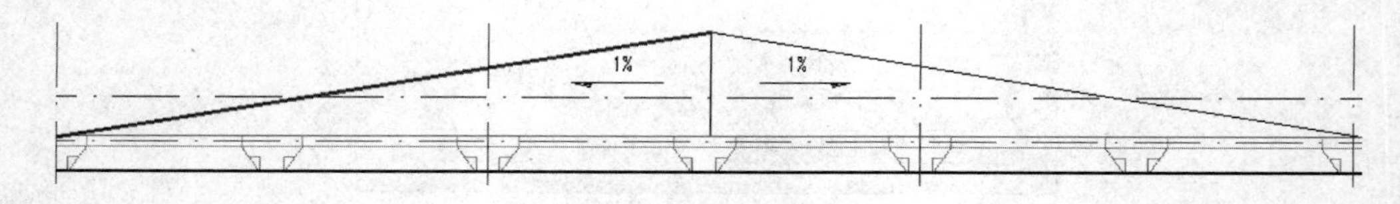

图 10-91　符号显示样式

4）文字说明和注释。在 Revit 图纸中的设计说明，以及其他注释都是通过文字功能来实现的。接下来以西立面为例进行讲解。

（1）切换至立面视图西立面，在“注释”选项卡“文字”面板中单击“文字”工具，自动切换至“修改|放置文字”选项卡，选择“两段”式对立面外墙材质进行注释，绘制引线后进入“编辑文字”状态，输入“花岗石”，输入完成后单击空白处，如图 10-92 所示，按键盘“Esc 键”两次退出当前状态。

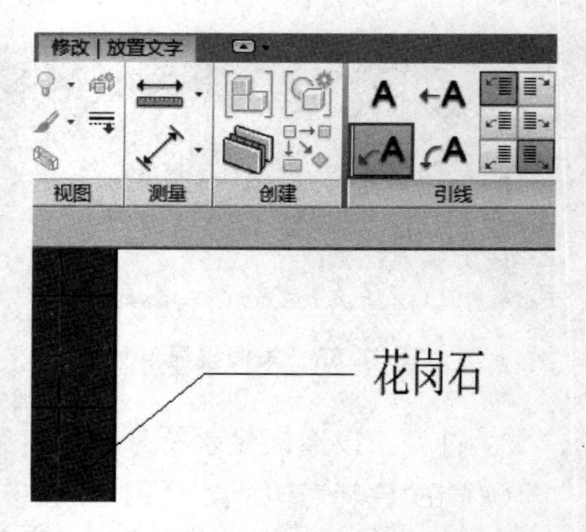

图 10-92　带引线文字注释

（2）选择添加的文字注释，在“属性”面板中单击“编辑类型”，弹出“类型属性”对话框，修改“文字大小”为“4.0000mm”，其他参数默认，如图 10-93 所示，完成之后单击“确定”按钮。

（3）添加设计说明。在“注释”选项卡“文字”面板中单击“文字”工具，自动切换至“修改|放置文字”选项卡，选择“无引线”式在视图左上方添加设计说明，进入“编辑文字”状态，在“段落”面板中选择“None”，输入“设计说明”，如图 10-94 所示。输入完成后按“回车键”，在“段落”面板中选择“ ”，输入说明文字，完成后如图 10-95 所示。

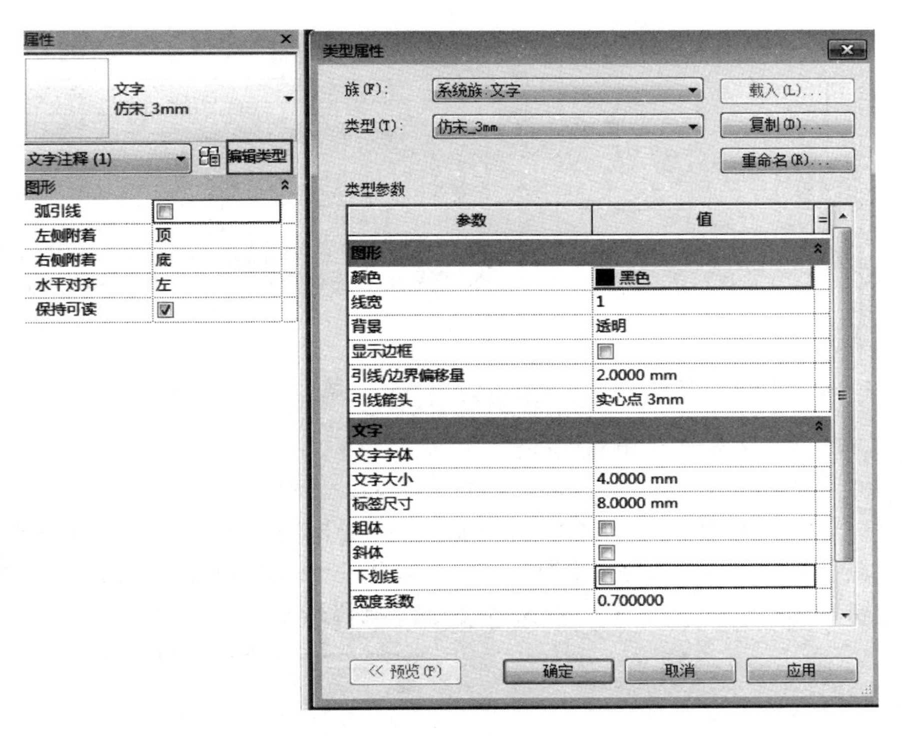

图 10-93　类型属性

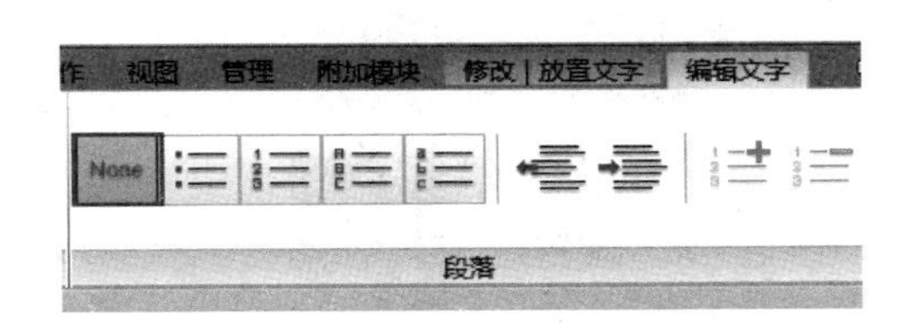

图 10-94　编辑文字

设计说明：
1. 建筑结构安全等级：　二级
2. 结构的设计使用年限：　50年

图 10-95　无引线文字注释

5）钢筋字体设计。

（1）钢筋字体。Revit 中仅用 Microsoft Windows 字库文件，尚不支持. shx 等字库的显示，因此需要安装钢筋字体。在第 10 章辅助文件中附有钢筋符号的输入字库文件 Revit_CHSRebar. ttf，字体名称为 Revit。

（2）复制字体文件 Revit_CHSRebar. ttf 至目录 C:\Windows\Fonts 下。

（3）钢筋符号对应关系。在编辑环境输入字体为 Revit 的情况下，符号对照如下：

$——HPB300；

%——HPB335；

&——HPB400；

#——HPB500。

（4）钢筋注释。在“注释”选项卡“文字”面板中选择“文字”工具，在钢筋处输入对应的钢筋符号，如图 10-96 所示，在“属性”对话框中单击“编辑属性”，弹出“类型属性”对话框，修改“文字字体”为“Revit”，如图 10-97 所示，单击“确定”按钮。

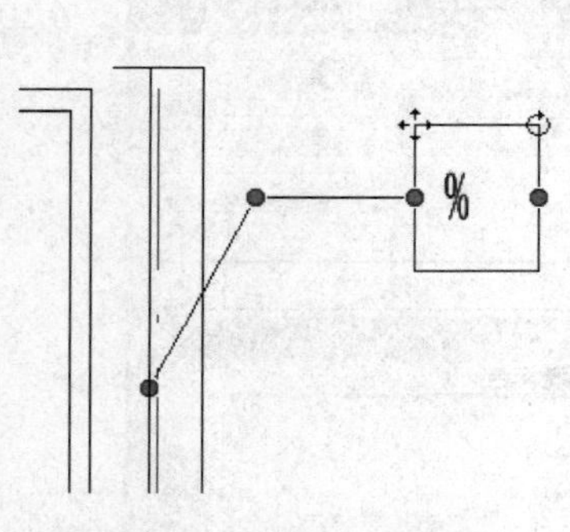

图 10-96 钢筋输入符号

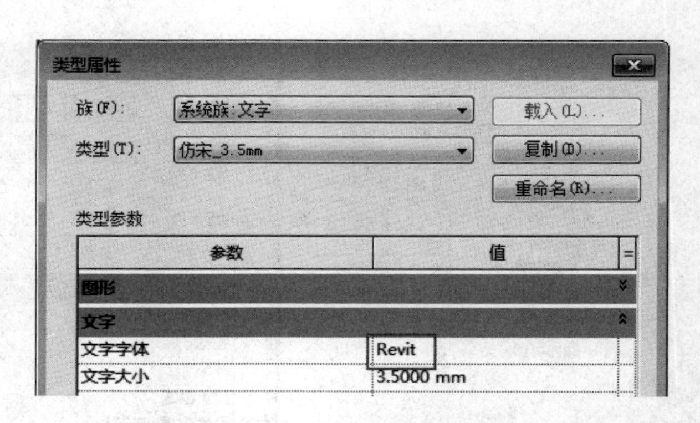

图 10-97 字体设置

(5) 完成之后,显示如图 10-98 所示。

6) 构件二维码使用。利用模术师插件为构件添加二维码。

(1) 打开模型三维视图,切换至"isBIM 通用"选项卡,在"效率工具"面板中选择"构件二维码"工具,弹出"二维码内容指定"对话框,勾选全部"二维码内容",如图 10-99 所示。框选模型,单击"完成"按钮,如图 10-100 所示,完成二维码添加。

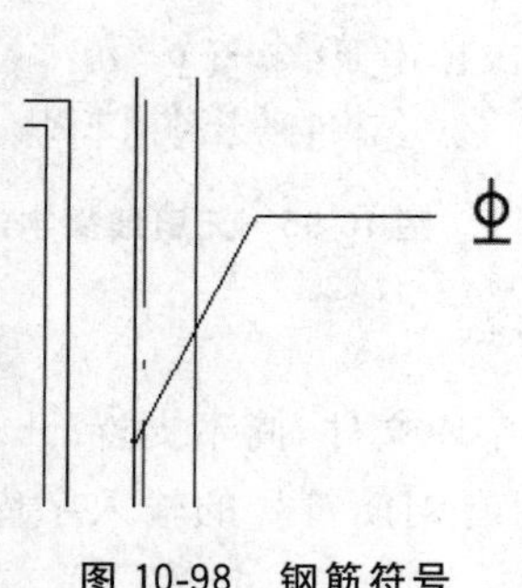

图 10-98 钢筋符号

图 10-99 二维码内容指定

(2) 在创建明细表时添加"图像"字段,如图 10-101 所示,将明细表放入图纸后,可以查看二维码图像信息,如图 10-102 所示。明细变和图纸创建在后面会详细讲解。

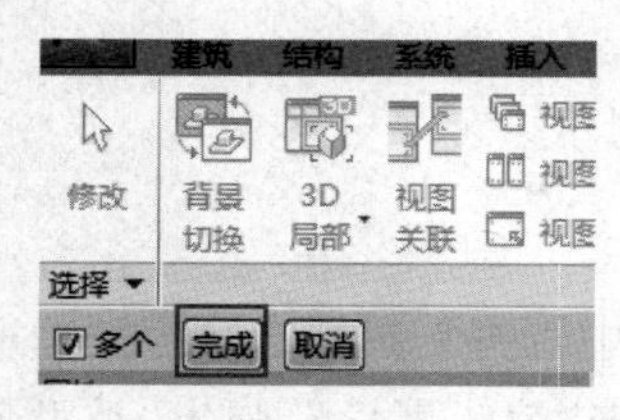

图 10-100 二维码添加完成

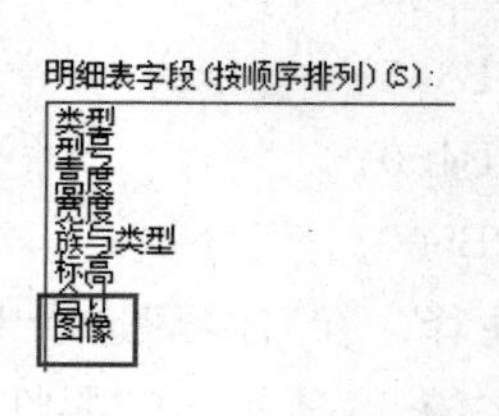

图 10-101 图像字段

LM3042		4200	3000	组合门_4层3列(10定+2平开门): LM3042	F1	1
LM6348		4800	6300	四扇双平开玻璃门: LM6348	F1	1
LM6748		4800	6700	四扇双平开玻璃门: LM6748	F1	1
LM7048		4800	7000	四扇双平开玻璃门: LM7048	F1	1
LMC12930		3000	12840	组合门_3层9列(1定_2平_1平开门): LMC12930	F2	1

图 10-102　二维码显示

10.2.2　图框和图纸布局

在项目样板中已经设置了图纸模板，给出了本项目出图的图框，接下来以创建 F1 楼层平面图纸为例进行讲解。

图框和图纸布局

（1）在“项目浏览器”面板中浏览至“图纸”，单击“图纸”前“+”按钮，双击“01-未命名”图纸，如图 10-103 所示。

（2）切换至“视图”选项卡“图纸组合”面板，选择“视图”工具，弹出“视图”对话框，选择“楼层平面：F1”，单击“在图纸中添加视图”按钮，如图 10-104 所示。

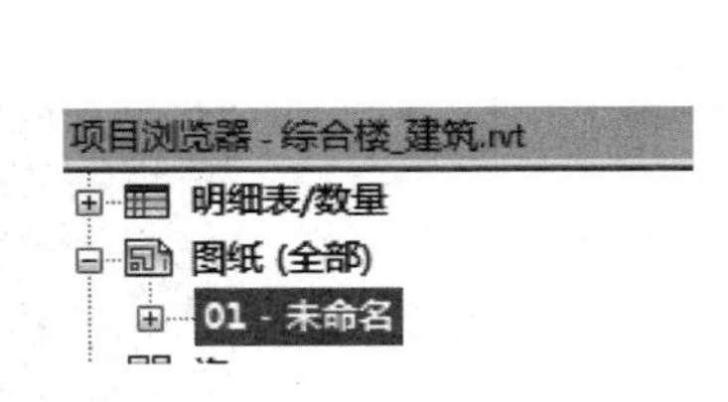

图 10-103　图纸

图 10-104　视图

(3) 打开“属性”对话框，修改“图纸上的标题”为“一层平面图”，单击“应用”按钮完成修改，如图 10-105 所示。

(4) 切换至“插入”选项卡，载入族“视图标题”。选择视图标题，单击“编辑类型”，弹出“类型属性”对话框，修改“标题”为载入的“视图标题”，其他参数默认，如图 10-106 所示。单击“确定”按钮，显示结果如图 10-107 所示。

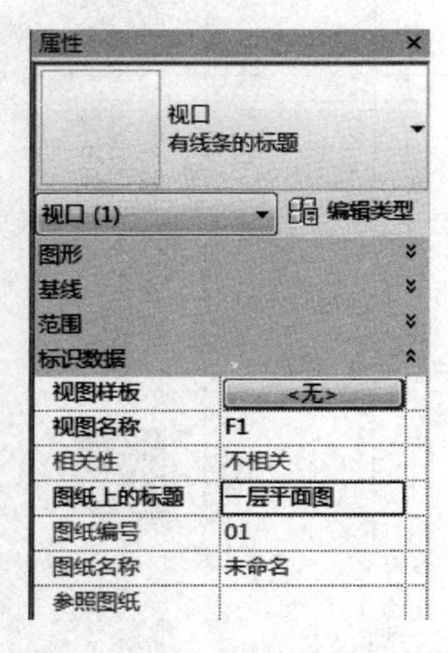

图 10-105　图纸上的标题设置

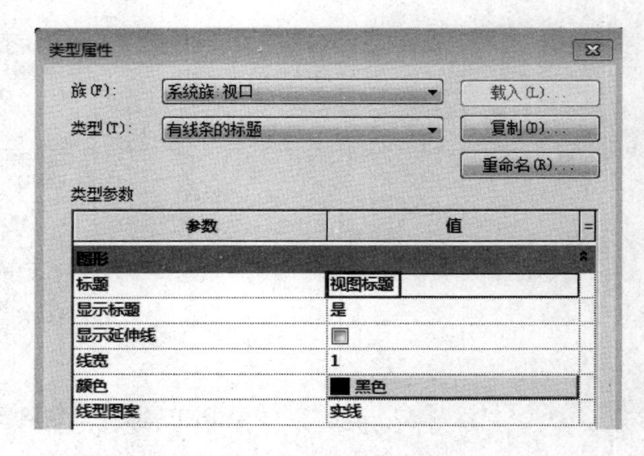

图 10-106　类型属性

(5) 在“注释”选项卡的“符号”面板中选择“符号”工具，进入“修改|放置符号”选项卡，单击“载入族”，载入族“指北针 2”，设置当前符号类型为“指北针”，在图纸右上角空白处单击放置指北针符号，如图 10-108 所示。

(6) 在图纸“属性”对话框中修改“图纸名称”为“一层平面图”，“图纸编号”为“JS-03”，其他参数根据实际情况设置，完成后单击“应用”按钮，如图 10-109 所示。

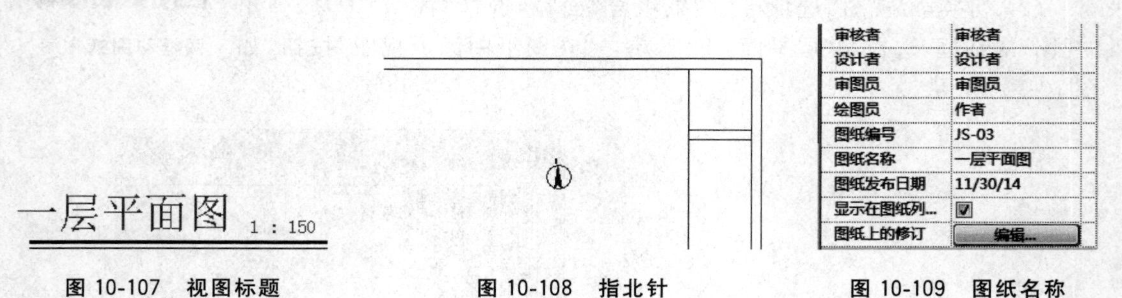

图 10-107　视图标题　　图 10-108　指北针　　图 10-109　图纸名称

(7) 使用类似的方法创建其他视图图纸。

10.2.3　平面图纸设计

1. F1 楼层图纸创建

平面图纸设计

(1) 切换至 F1 楼层平面，为该平面视图添加尺寸标注，在 10.2.1 节中已经介绍了尺寸标注、门窗标记以及文字注释的方法，且已经为 F1 楼层平面添加了几道尺寸线、半径尺寸及门窗标记。继续为视图添加门窗细部尺寸，在“注释”选项卡“尺寸标注”面板选择“对齐”工具，依次单击需要标注尺寸的门窗，完成后如图 10-110 所示。或者使用模术师“isBIM 出图”选项卡“建筑施工图”面板中“快速标注”工具，单击“快速标注”选项，在绘图区框选整个视图，单击“完成”按钮，如图 10-111 所示，完成后适当调整尺寸线位置以及补齐未标注尺寸即可。

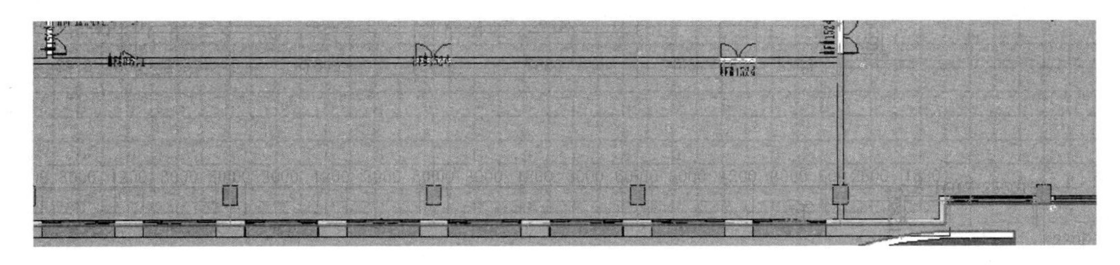

图 10-110 门窗尺寸标注

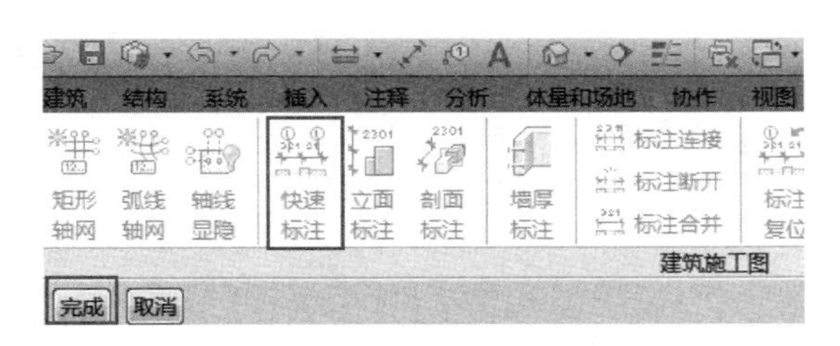

图 10-111 模术师快速标注

（2）接下来为平面视图中需要注释说明的部位添加文字注释。在“注释”选项卡“文字”面板中选择“文字工具”，在烟道洞口处添加带引线的文字注释，在“标记”面板选择“房间标记”工具，为房间添加标记，区分房间用途，完成之后如图 10-112 所示。在视图下方为视图添加注释说明，完成之后如图 10-113 所示。

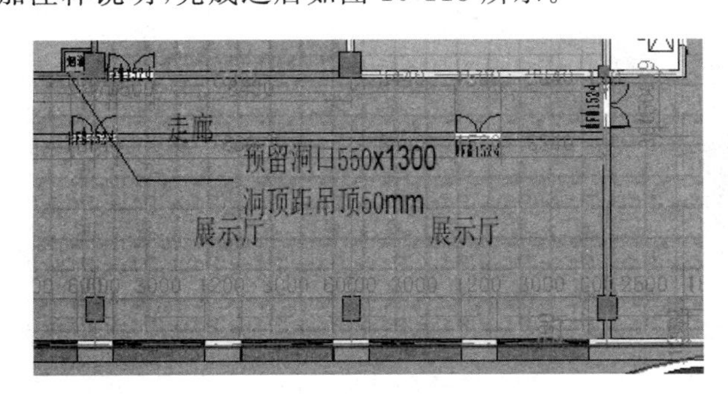

图 10-112 文字注释图

注:
1#汽车坡道大样图详见 JS-13，JS-14;
2#汽车坡道大样图详见 JS-21;
1#楼梯大样图详见 JS-17;
2#楼梯大样图详见 JS-18 JS-19;
3#楼梯大样图详见 JS-20;
池座剖面大样图详见JS-20;
卫生间大洋详装修设计图;

图 10-113 视图注释

（3）在平面视图中添加相应的高程注释。在“注释”选项卡“尺寸标注”面板中选择“高程点”工具，不勾选选项栏中的“引线”，在室内和室外分别单击鼠标添加高程点注释，完成后如图 10-114 所示。

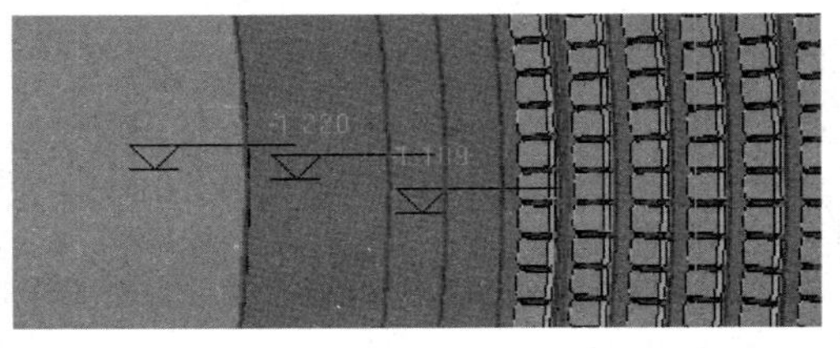

图 10-114 高程注释

（4）调整视图显示。在“视图”选项卡“图形”面板中选择“可见性/图形”中，切换至“注释类别”，不勾选“参照平面”和“立面”，如图 10-115 所示。

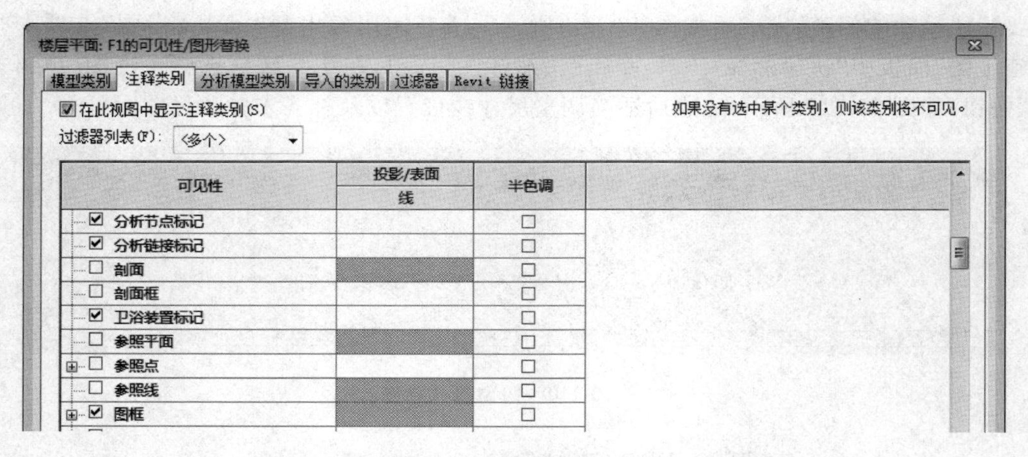

图 10-115 可见性设置

(5) 图纸调整完成后，切换至图纸的"JS-03-一层平面视图"，将 F1 楼层平面视图拖拽到图框中，放置在适当位置，如图 10-116 所示。

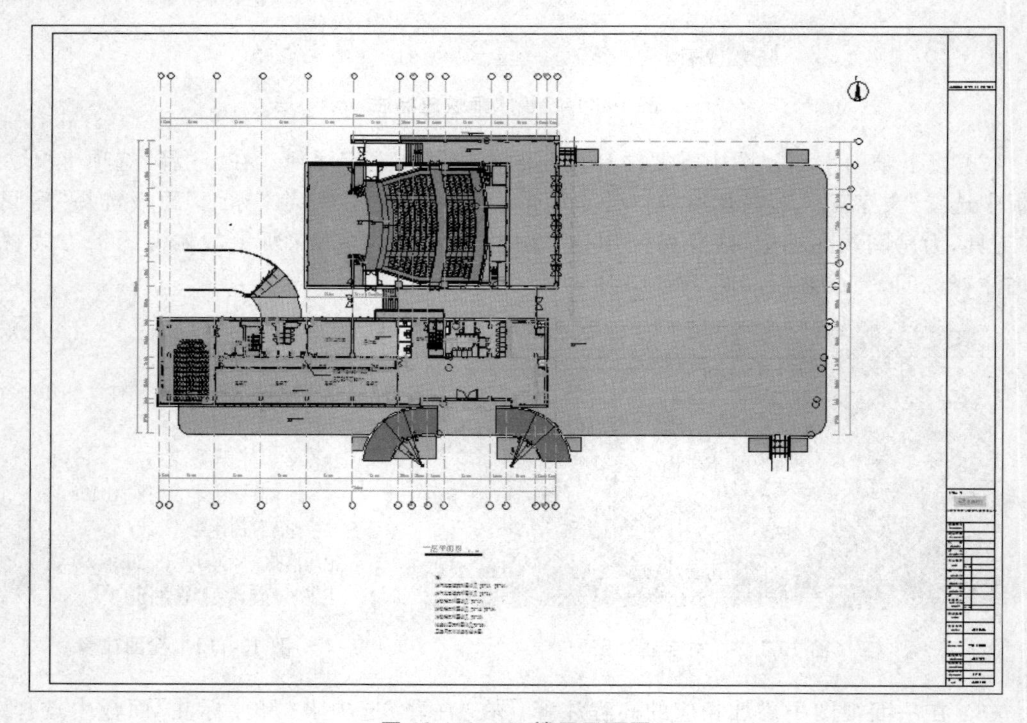

图 10-116 F1 楼层平面图

2. 其他楼层图纸创建

(1) 将 F8 楼层平面视图和 RF、CF 楼层平面视图放置在同一张图纸上，切换至 F8 楼层平面。

(2) 调整轴网范围。切换至"视图"选项卡，在"创建面板"中选择"范围框"工具，框选需要的轴网范围，如图 10-117 所示。完成后鼠标单击空白处，在"属性"对话框中选择创建的

"范围框 7",单击"应用"按钮,如图 10-118 所示。

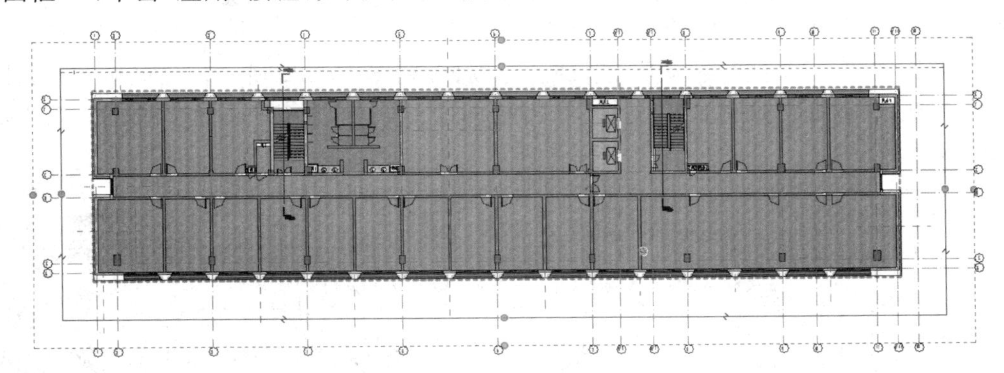

图 10-117 绘制范围框

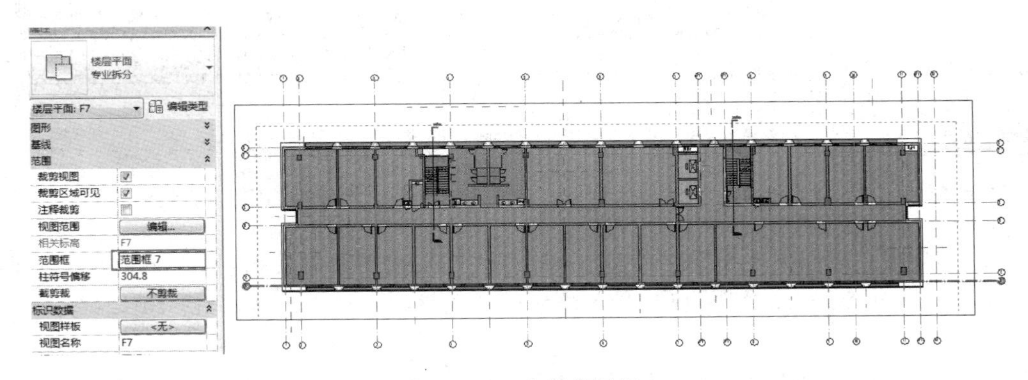

图 10-118 应用范围框

(3) 切换至 RF 楼层平面视图,添加排水坡度符号。切换至"注释"选项卡"符号"面板,选择"符号"工具,在"属性"对话框中选择"排水箭头",如图 10-119 所示。在视图中单击鼠标放置排水箭头,选中放置的排水箭头符号,在"属性"对话框中修改"排水坡度"为"2%",单击"应用"按钮,在"修改"面板中选择"旋转"工具,将箭头方向旋转至向下,完成后如图 10-120 所示。利用相同的方式创建其他排水坡度。

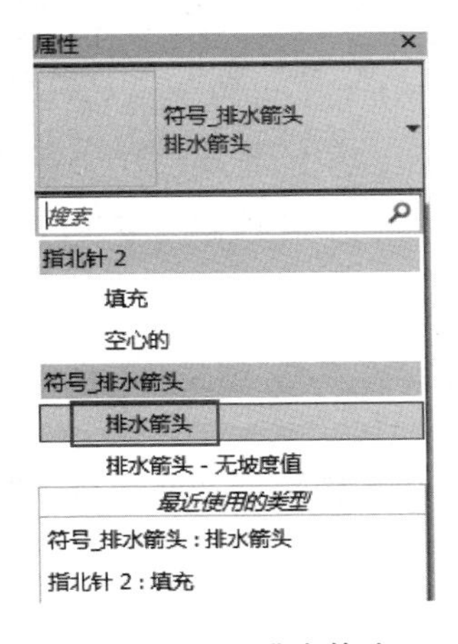

图 10-119 排水箭头

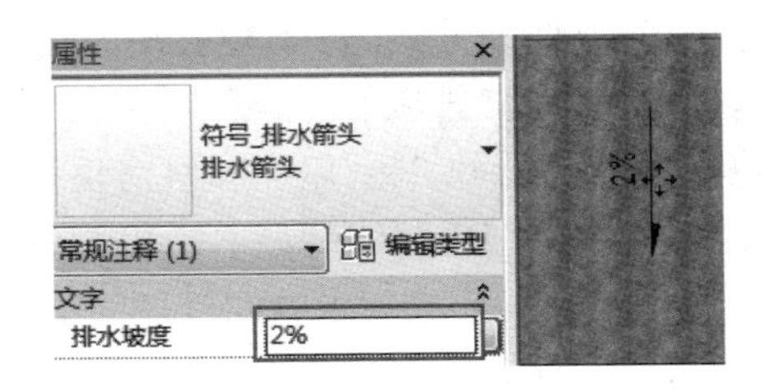

图 10-120 排水坡度

（4）切换至 CF 楼层平面视图，处理屋面部分图纸。在“项目浏览器”中浏览至“CF”，单击数遍右键，选择“复制视图-复制作为相关”，如图 10-121 所示，复制出“CF-从属 1”和“CF-从属 2”两个视图，切换至“CF-从属 1”，调整范围框，如图 10-122 所示。完成后在“属性”对话框中不勾选“剪裁区域范围可见”。利用相同的方式处理“CF-从属 2”视图，完成后如图 10-123 所示。

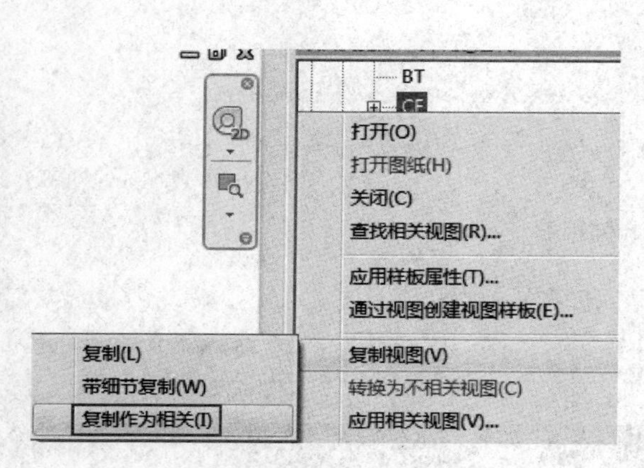

图 10-121 复制相关视图

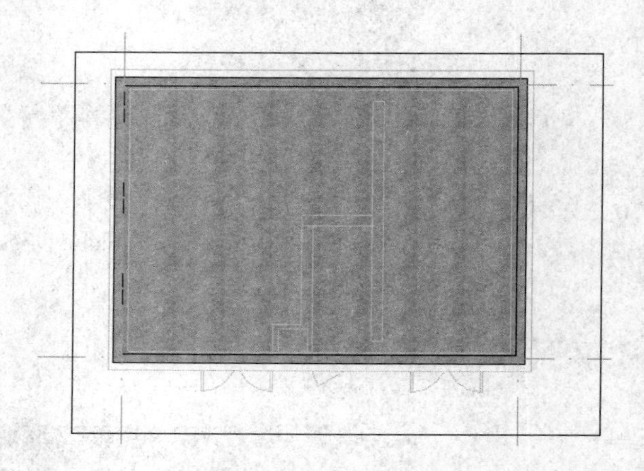

图 10-122 调整范围框

注：“复制作为相关视图”还可用于一张图纸无法放置整个视图时，在视图中需要断开的位置，使用“拼接线”工具，出图之后可以将图纸在拼接线位置拼接，如图 10-124 所示。

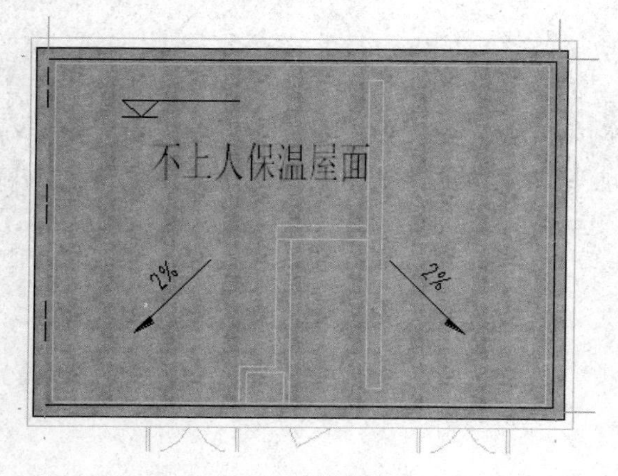

图 10-123 视图处理

图 10-124 拼接线

（5）其他部分处理方式与 F1 楼层平面视图类似。

（6）切换至“视图”选项卡“图纸组合”面板中选择“图纸”工具，创建 A0 图纸，修改图号和图纸名称分别为“JS-07”和“屋面和机房层平面视图”。

（7）依次将“F8”“RF”“CF-从属 1”和“CF-从属 2”拖拽到图框中适当位置，修改各图的视图标题，切换至“注释”选项卡，在“详图”面板中选择“详图线”，对屋面平面图和机房层平面相对位置进行注释，完成后如图 10-125 所示。

（8）其他楼层图纸采用类似的方法创建，完成后如图 10-126 所示。

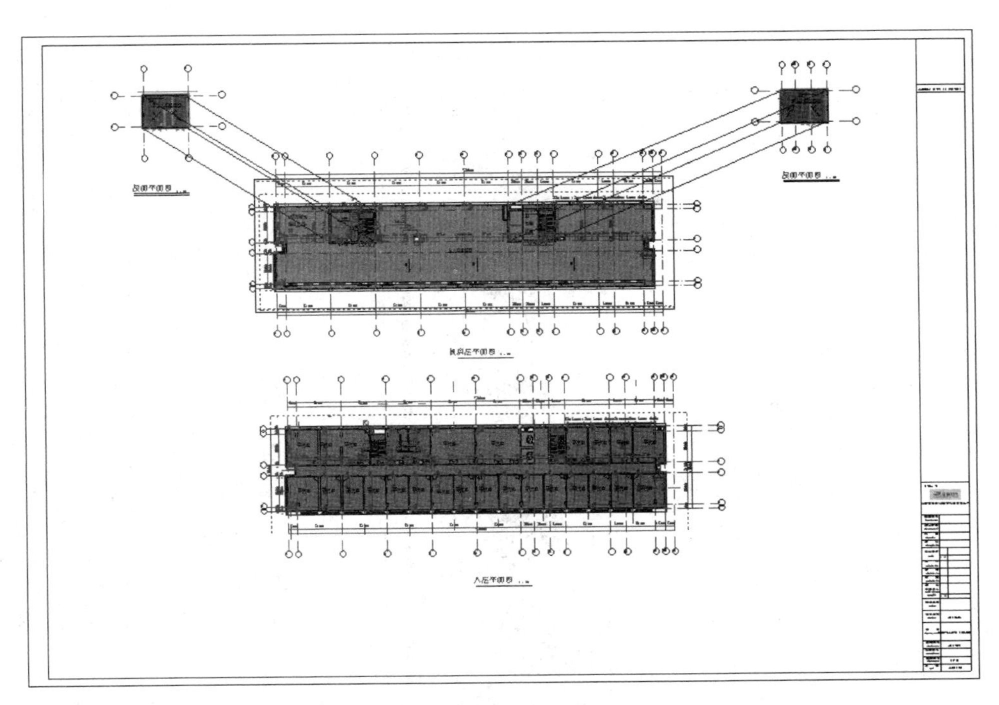

图 10-125　F8 楼层和屋面视图

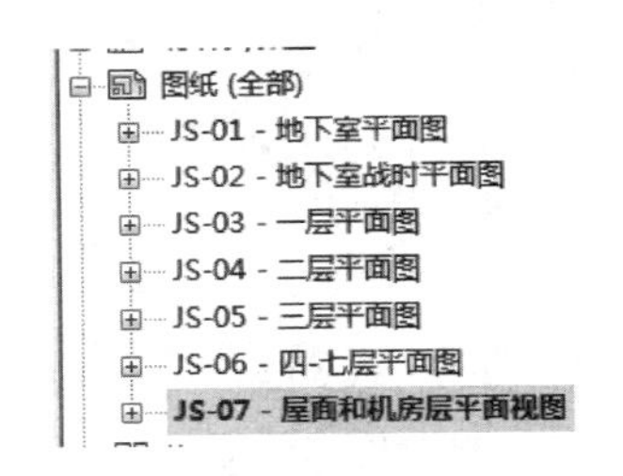

图 10-126　所有平面图纸

10.2.4　剖面图纸设计

在 10.2.1 节中已经讲解了剖面视图的创建方法，本节直接讲解剖面图纸设计。

剖面图纸设计

1. 楼梯剖面视图设计

(1) 处理 1＃楼梯剖面视图。在“项目浏览器”中浏览至“剖面(楼梯坡道)-1＃楼梯”视图，设置视图显示样式为“真实”，调整视图剪裁框至合适位置，完成后如图 10-127 所示。

(2) 切换至“isBIM 出图”选项卡“建筑施工图”面板，选择“剖面标注”工具，如图 10-128 所示，进行立面标注。或者选择“对齐”工具标注尺寸，切换至“注释”选项卡，选择“高程点”工具，标注楼梯踏板处高程，完成之后如图 10-129 所示。

(3) 修改视图比例为“1 ∶ 50”，如图 10-130 所示。利用类似的方式处理“2＃楼梯”和“3＃楼梯”视图。

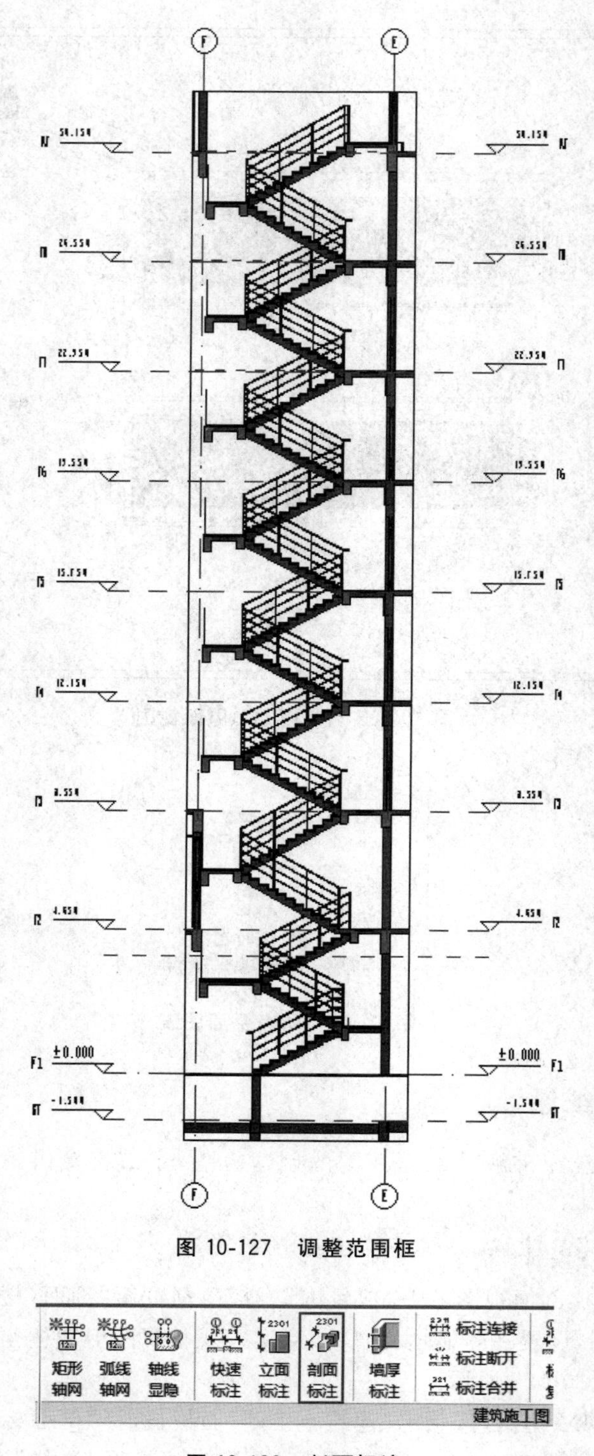

图 10-127　调整范围框

矩形轴网　弧线轴网　轴线显隐　快速标注　立面标注　剖面标注　墙厚标注　标注连接　标注断开　标注合并
建筑施工图

图 10-128　剖面标注

(4) 切换至“视图”面板选择“详图索引”工具，创建 1＃楼梯各层平面详图，完成后如图 10-131 所示。

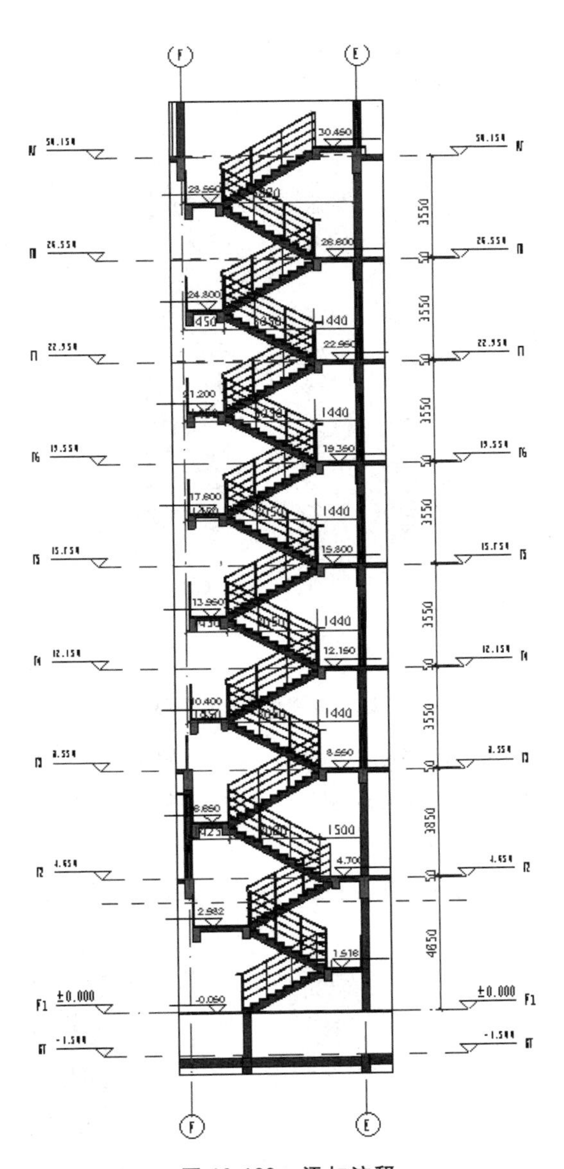

图 10-129　添加注释

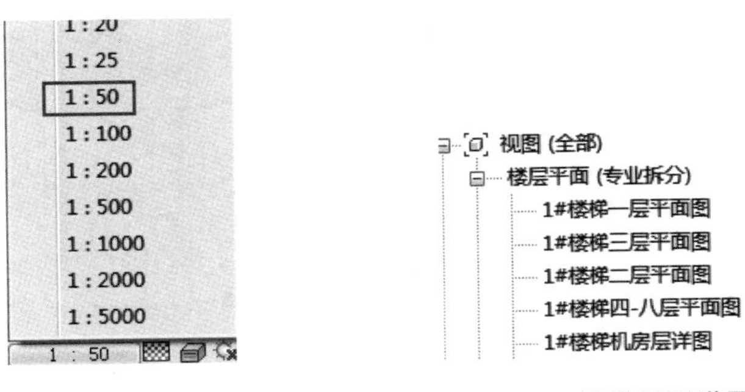

图 10-130　视图比例

图 10-131　楼梯平面详图

(5) 切换至 1# 楼梯 F1 层平面视图，为视图添加尺寸和高程点注释等，完成之后如图 10-132 所示。利用相同的方式处理其他详图。

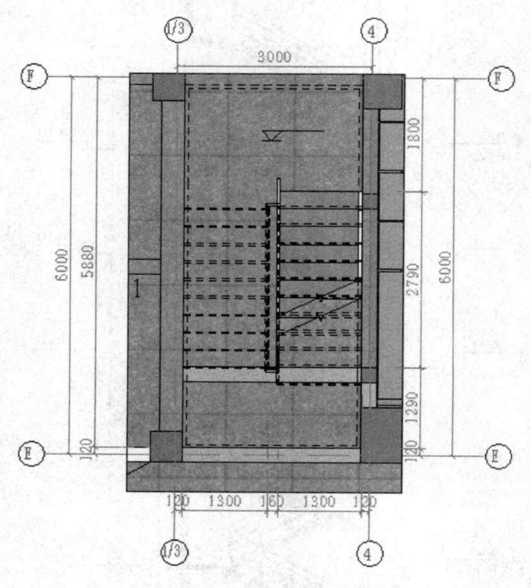

图 10-132　1# 楼梯 F1 层平面视图

(6) 切换至“视图”选项卡，在“图纸”面板中选择“图纸”工具，创建 A0 图纸，修改图号和图纸名称分别为“JS-17”和“1# 楼梯大样图”。依次将楼梯剖面图拖拽到图框中并调整至合适位置，完成后如图 10-133 所示。

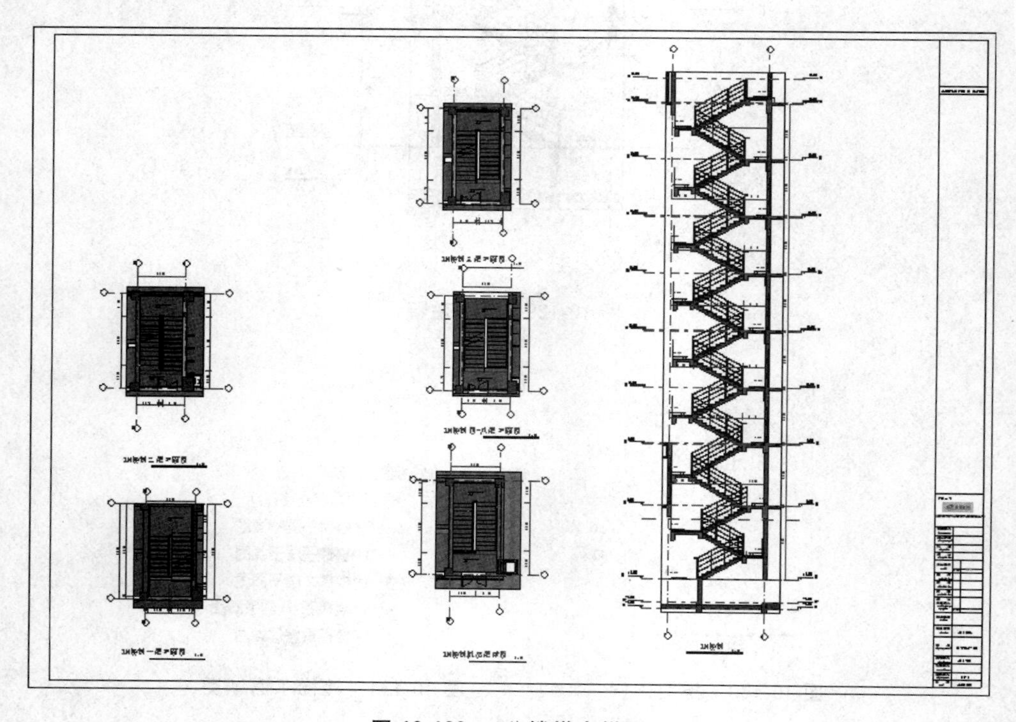

图 10-133　1# 楼梯大样图

(7) 利用类似的方式创建其他楼梯大样图,完成后如图 10-134 所示。

2. 坡道坡面图设计

(1) 在“项目浏览器”中浏览至“BT”层平面视图,分别创建“汽车坡道 a 剖面”和“汽车坡道 b 剖面”两个剖面视图,并创建汽车坡道详图,对详图添加尺寸注释和高程点注释,完成后如图 10-135 所示。

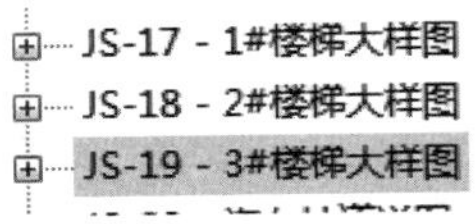

JS-17 - 1#楼梯大样图
JS-18 - 2#楼梯大样图
JS-19 - 3#楼梯大样图

图 10-134　楼梯剖面图

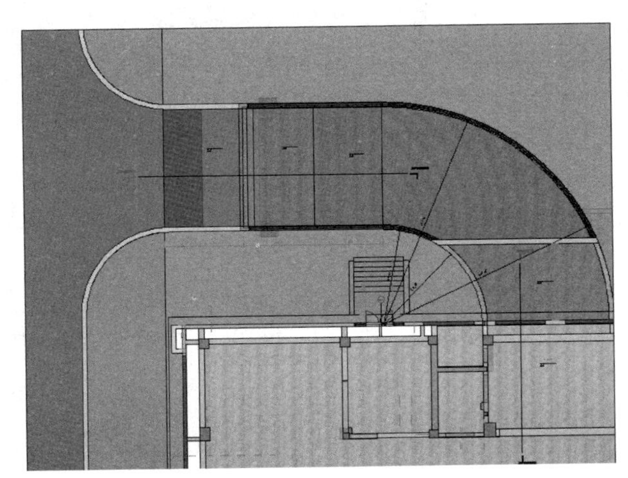

图 10-135　汽车坡道详图

(2) 切换至“汽车坡道 b 剖面”,对剖面视图进行处理,切换至“注释”选项卡,利用“高程点坡度”和“高程点”工具,为剖面视图添加高程及高程点坡度注释,利用“对齐”工具添加尺寸注释,完成之后如图 10-136 所示。利用相同的方式处理其他坡道剖面视图。

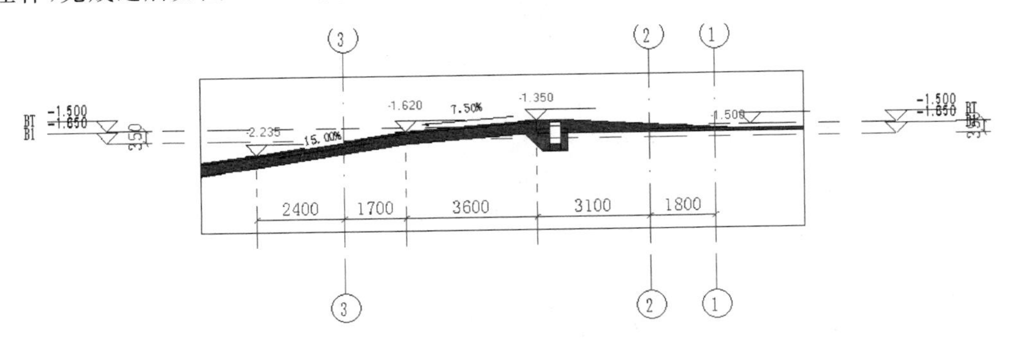

图 10-136　汽车坡道 b 剖面

(3) 切换至“视图”选项卡在“图纸”面板中选择“图纸”工具,创建 A0 图纸,修改图号和图纸名称分别为“JS-20”和“汽车坡道详图”。依次将坡道剖面图和详图拖拽到图框中并调整至合适位置,完成后如图 10-137 所示。

3. 墙身大样图设计

(1) 创建墙身剖面图。切换至“视图”选项卡,在“创建”面板中选择“剖面”工具,在“属性”对话框中选择“墙身大样”,如图 10-138 所示。

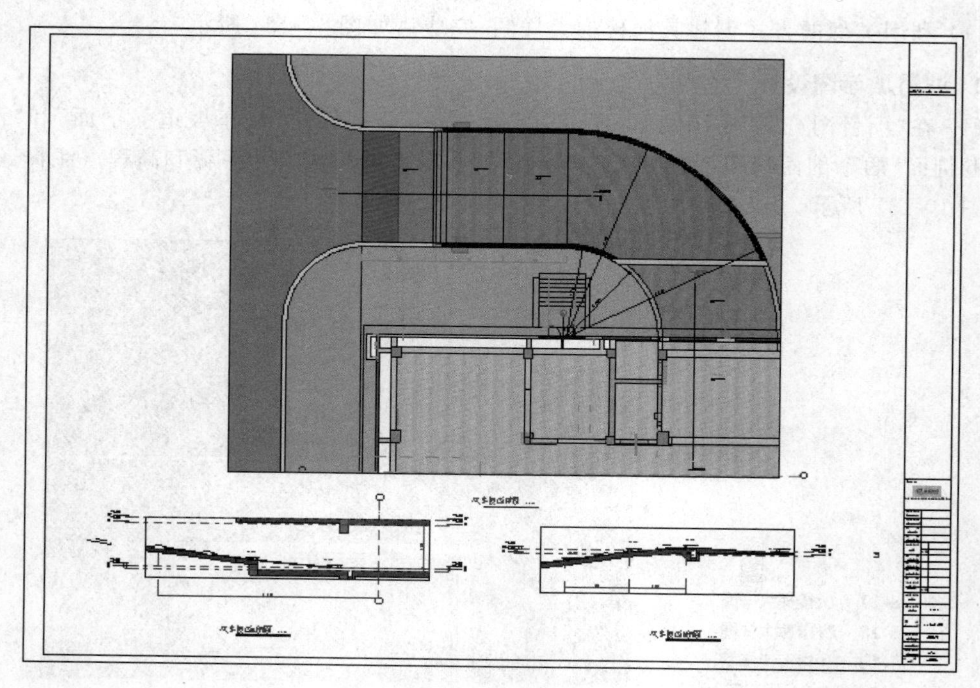

图 10-137 汽车坡道大样图

(2) 在需要创建墙身大样图的位置单击鼠标左键创建视图，创建之后对视图范围进行适当调整，并按顺序进行重命名，如图 10-139 所示。利用相同的方式创建其他墙身大样图，完成后如图 10-140 所示。

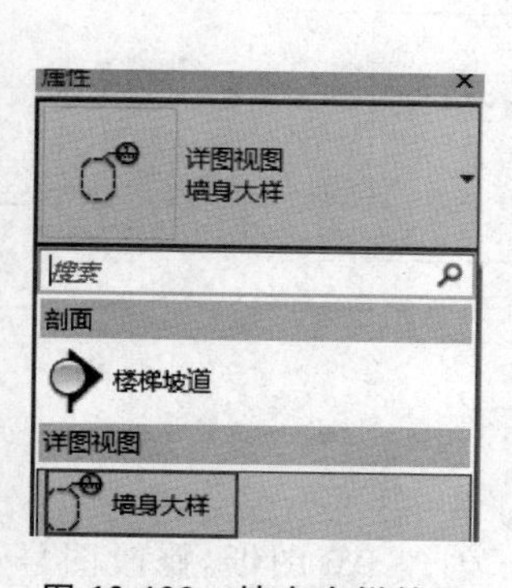

图 10-138 墙身大样符号

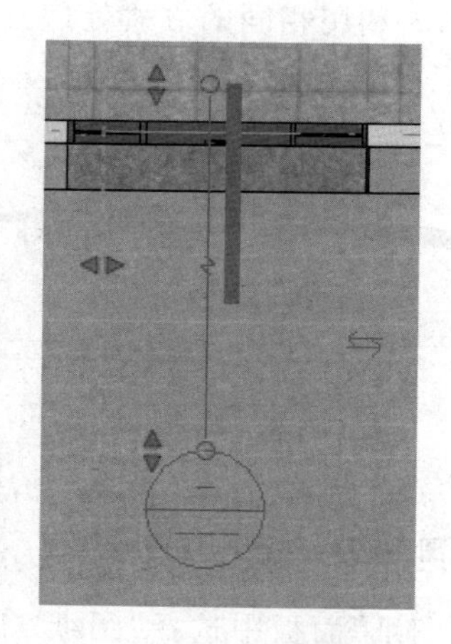

图 10-139 创建墙身剖面图图

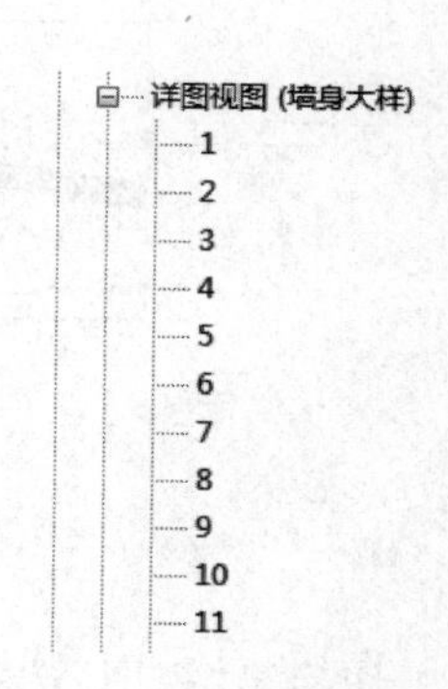

图 10-140 墙身大样详图

(3) 切换至墙身大样图“1”，利用“注释”选项卡“对齐”和“文字”工具，对大样图添加相对应的尺寸及文字说明，如图 10-141 所示。修改视图显示比例为“1∶20”，利用类似的方式处理其他视图。

(4) 切换至“视图”选项卡，在“图纸”面板中选择“图纸”工具，创建 A0 图纸，修改图号和图纸名称分别为“JS-21”和“墙身大样图”。依次将坡道剖面图拖拽到图框中并调整至合适位置，完成后如图 10-142 所示。

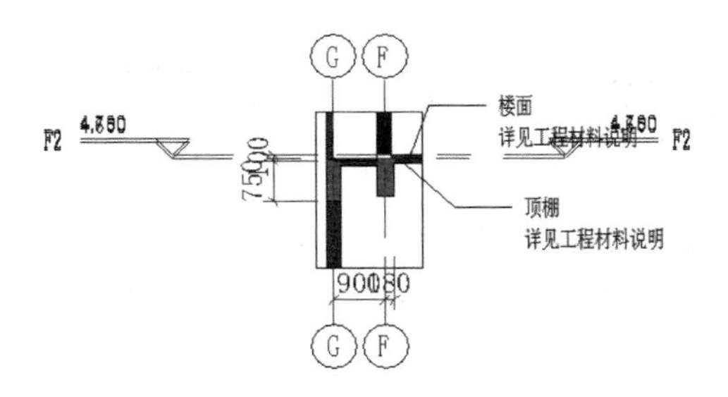

图 10-141　墙身大样图处理

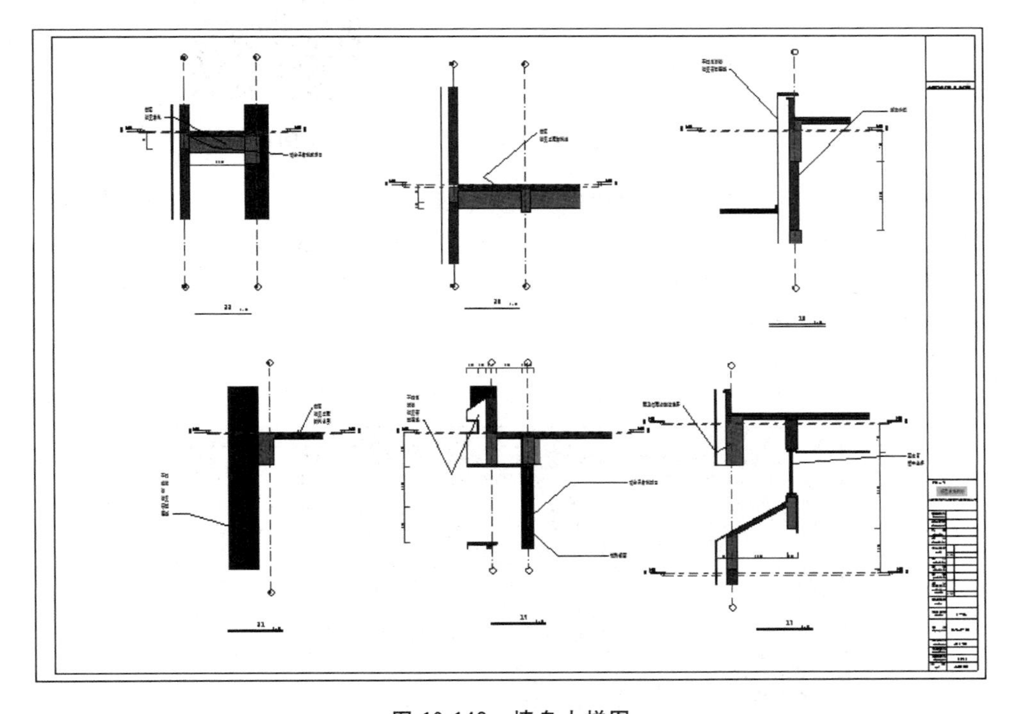

图 10-142　墙身大样图

(5) 将墙身大样图放入图纸后，在平面图中会自动显示所在图纸位置，如图 10-143 所示。

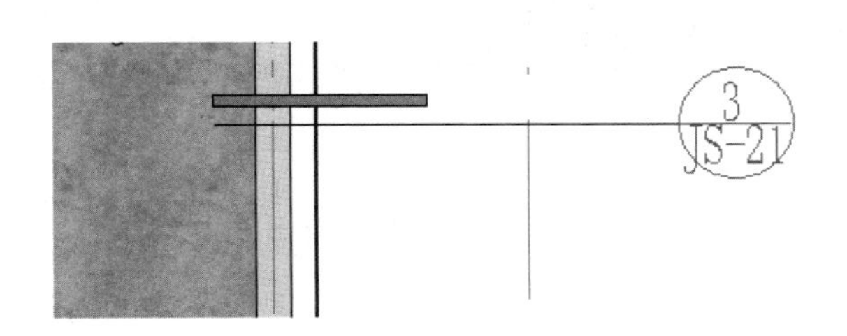

图 10-143　墙身大样图编号

10.2.5 详图设计

在 10.2.1 节中已经讲解了详图的创建方法，本节直接讲解详图图纸设计。

1. 卫生间详图设计

(1) 在 F1、F2 楼层平面中分别创建卫生间详图，重命名为"卫生间 1＃详图"和"卫生间 2＃详图"，如图 10-144 所示。切换至"卫生间 1＃详图"，对视图进行处理。

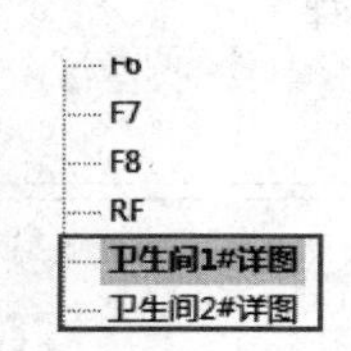

图 10-144 卫生间详图

详图设计

(2) 切换至"isBIM 出图"，选择"快速标注"工具，进行尺寸标注，利用"注释"选择项卡中"对齐"工具补充标注尺寸。选择"高程点"工具进行卫生间楼面高程注释，选择"文字"工具进行文字注释说明。修改视图显示比例为"1∶25"，完成后如图 10-145 所示。利用类似的方式处理"卫生间 2＃详图"。

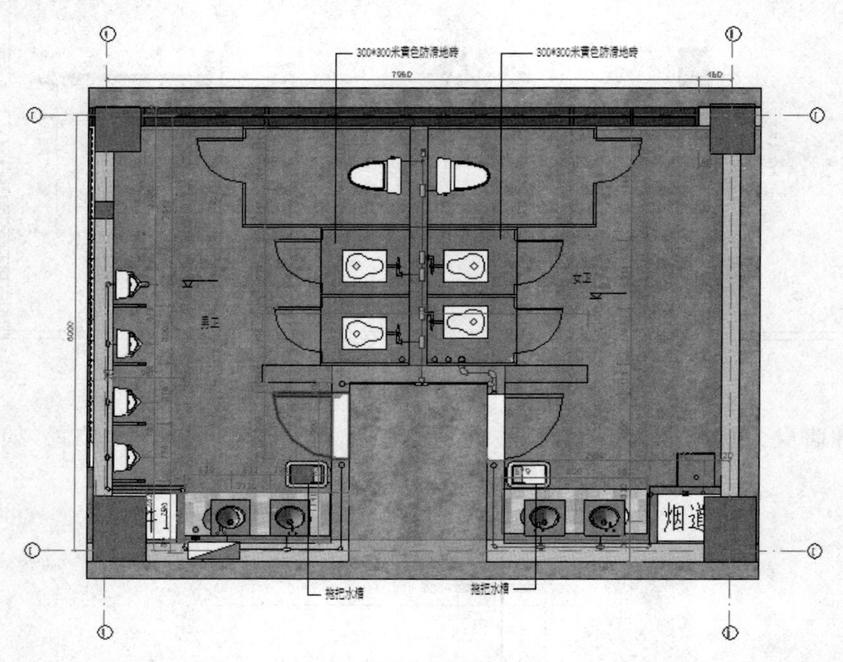

图 10-145 卫生间 1＃详图处理

(3) 切换至"视图"选项卡"图纸组合"面板，选择"图纸"工具，创建 A0 图纸，修改图纸图号和图纸名称分别为"JS-22"和"卫生间详图"，依次将卫生间详图拖拽到图框中，调整至合适位置，如图 10-146 所示。

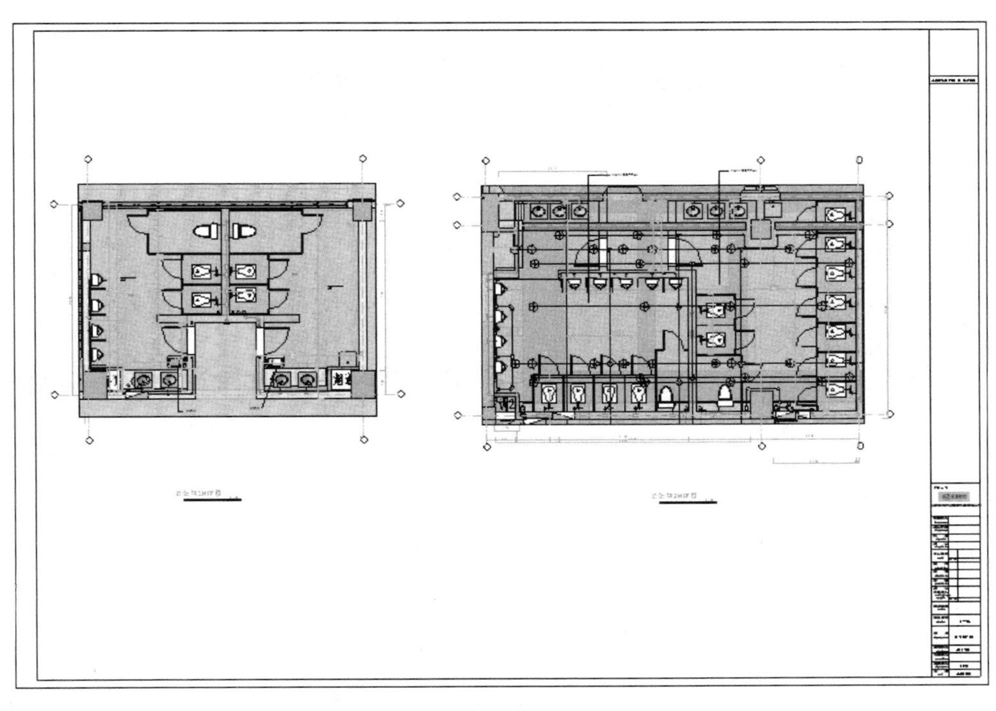

图 10-146　卫生间详图

2. 其他详图设计

楼梯和坡道详图设计已经在上一节大样图中做了详细介绍，在这里不作赘述。

10.2.6　图纸修订

在处理建筑项目时，不可避免要对图纸进行修订，Revit 可以记录、追踪这些修订。例如记录修订的位置、修订的时间、修订的原因和执行者，并把这些信息发布在图纸上。

图纸修订

(1) 切换至“视图”选项卡，在“图纸组合”面板中单击“修订”按钮，弹出“图纸发布/修订”对话框，单击“添加”按钮，可以添加一个新的修订信息，并修改相应信息，如图 10-147 所示。完成后单击“确定”按钮。

图纸发布/修订

序列	修订编号	编号	日期	说明	已发布	发布到	发布者	显示
1	1	数字	2016.8.25	修订 1	☐	结构专业	建筑师	云线和标记
2	2	数字	2016.8.26	修订 2	☐	结构专业	建筑师	云线和标记

添加(A)
删除(L)
编号
◉ 每个项目(R)
○ 每张图纸(H)
行

图 10-147　图纸发布/修订

(2) 打开 F1 楼层平面视图，切换至“注释”选项卡，在“详图”面板中选择“云线批注”工具，自动切换至“修改|创建云线批注草图”关联选项卡，在需要批注的位置绘制云线批注，完

成后单击“完成”按钮，如图 10-148 所示。

(3) 再次切换至“视图”选项卡，在“图纸组合”面板中单击“修订”按钮，弹出“图纸发布/修订”对话框，勾选“已发布”，如图 10-149 所示。

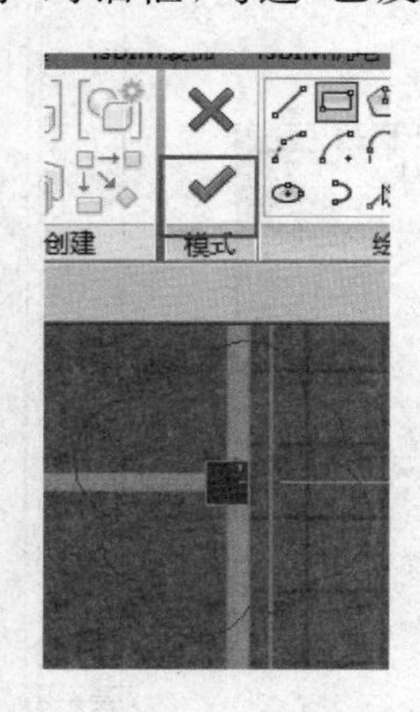

图 10-148　绘制云线批注

图纸发布/修订

序列	修订编号	编号	日期	说明	已发布	发布到
1	1	数字	2016.8.25	修订 1	☑	结构专业
2	2	数字	2016.8.26	修订 2	☐	结构专业

图 10-149　发布

(4) 切换至“JS-03-一层平面图”，在右侧标题栏中已经自动添加了图纸修订信息，如图 10-150 所示。

本图说明 NOTES ON DRAWING		
1	修订 1	2016.8.25

图 10-150　批准信息

10.2.7　明细表

在 Revit 中使用明细表可以统计项目中各类图元对象的数量、材质、视图列表等，以满足对需要信息的统计。

1. 表格处理

(1) 在“项目浏览器”面板选择“明细表/数量”中“A_使用面积明细表”，在“属性”面板“标识数据”分组中，修改视图名称为“使用面积明细表”，如图 10-151 所示。

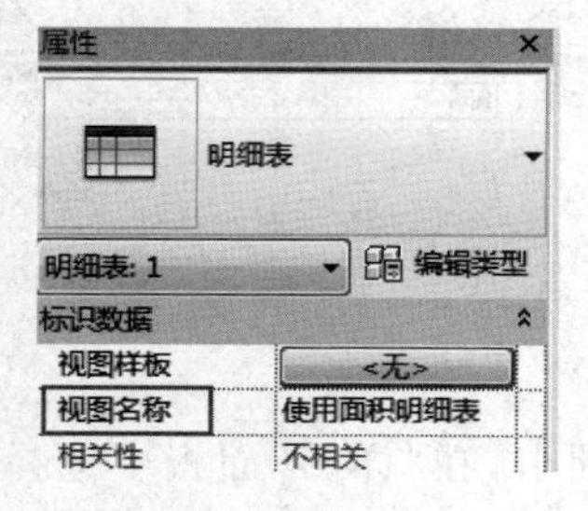

图 10-151　视图名称

明细表

(2) 在“属性”面板“其他”分组中，单击“字段”后“编辑”按钮，弹出“明细表属性”对话框，在“可用的字段”列表中选择需要的字段，双击鼠标左键，或单击“ ”按钮，添加字段。在“明细表字段(按顺序排列)”列表中选择不需要的字段，单击“ ”按钮，删除字段。在列表下方单击“ ”“ ”按钮，可以向上、向下移动，重新排序，如图 10-152 所示。

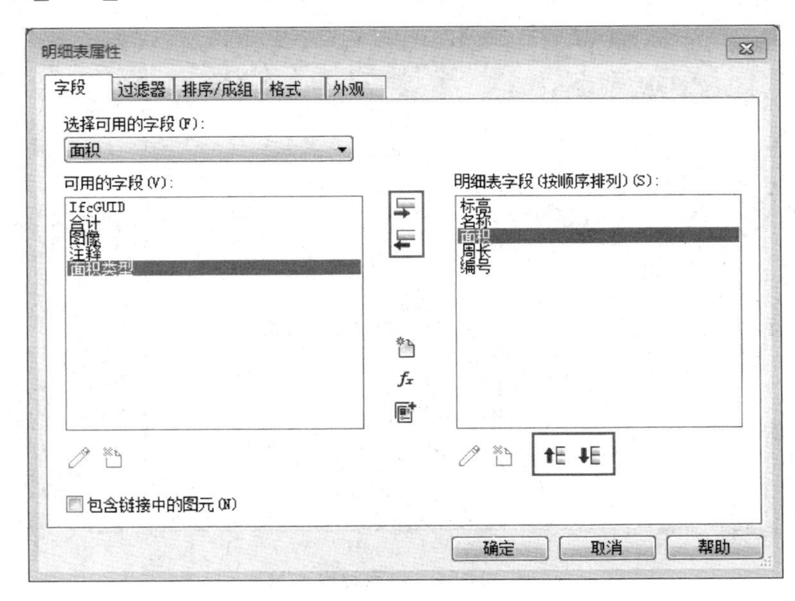

图 10-152　字段

(3) 在“明细表属性”对话框中切换至“外观”选项卡，在“图形”面板中设置“网格线”和“轮廓”为“细线”，在“文字”面板中勾选“显示标题”和“显示页眉”，其他参数默认，如图 10-153 所示。

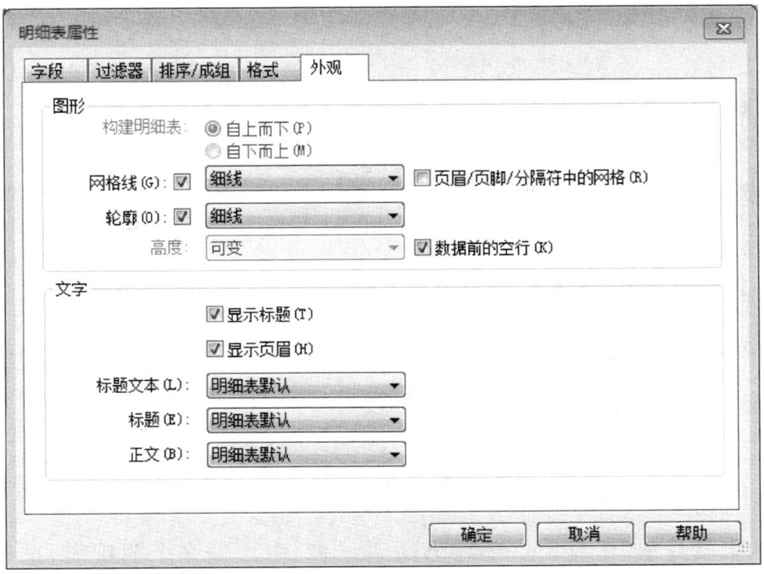

图 10-153　外观

2. 表格输出

(1) 切换至明细表视图,单击左上角"R"图标,从应用程序菜单中选择"导出"—"报告"—"明细表"命令,如图 10-154 所示。弹出"导出明细表"对话框,系统默认文件名为视图名称,文件类型为". txt"。

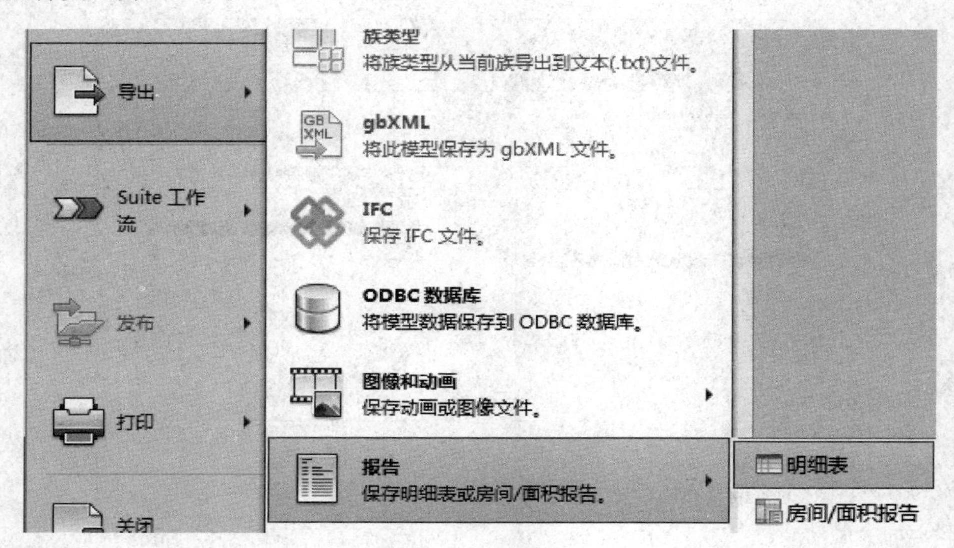

图 10-154 应用程序菜单

(2) 设置文件的保存路径,单击"保存"按钮,弹出"导出明细表"对话框,勾选"导出标题"和"导出组页眉、页脚和空行",其他参数默认,如图 10-155 所示,单击"确定"按钮。

(3) 模术师工具导出明细表。切换至"isBIM 通用"选项卡"效率工具"面板,在"明细表导出"下拉列表中选择"明细表导出",如图 10-156 所示。在"类别"中选择"窗",在"列表项"选择需要导出的字段,选择导出路径,单击"导出"按钮,可以导出单个明细表,如图 10-157 所示。

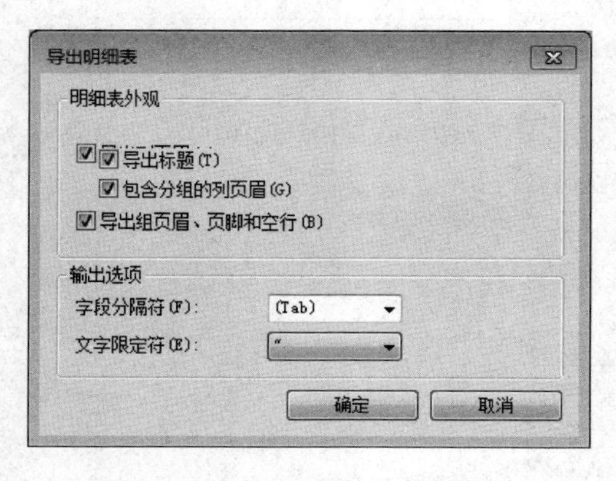

图 10-155 导出明细表设置

图 10-156 明细表导出工具

(4) 选择"批量导出"工具,在"要导出的明细表"中添加多个明细表,选择导出路径,单击"导出"即可,如图 10-158 所示。

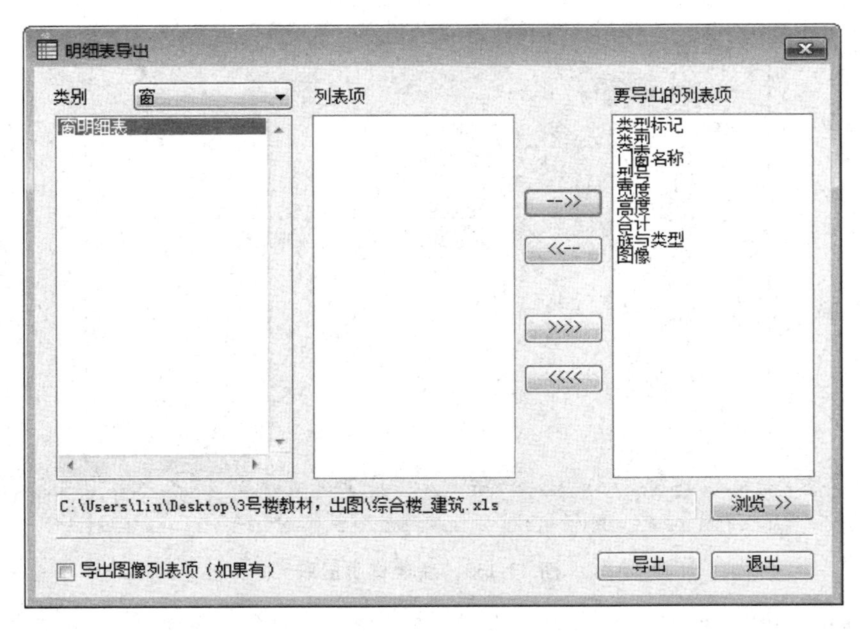

图 10-157　单个明细表导出

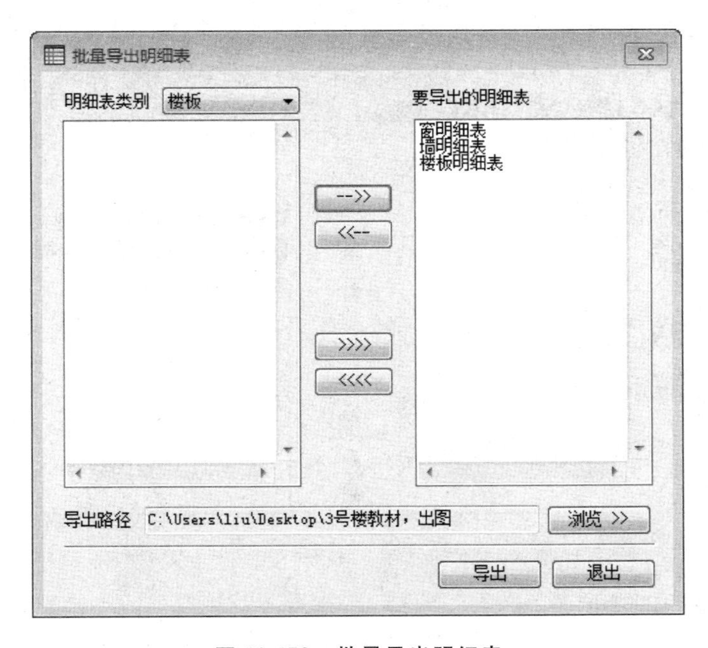

图 10-158　批量导出明细表

3. 材料统计表

（1）在“视图”选项卡“创建”面板“明细表”下拉列表中选择“材质提取”，弹出“新建材质提取”对话框，在“类别”列表中选择“墙”，修改名称为“墙材质统计表”，单击“确定”按钮，如图 10-159 所示。

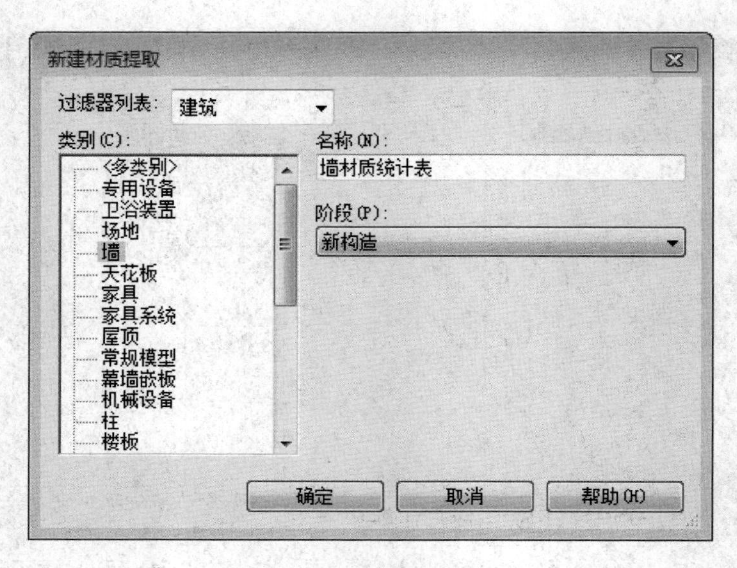

图 10-159　新建材质提取

（2）弹出“材质提取属性”对话框，在“可用的字段”列表中依次选择“类型”“材质：名称”“材质：体积”等字段，如图 10-160 所示。

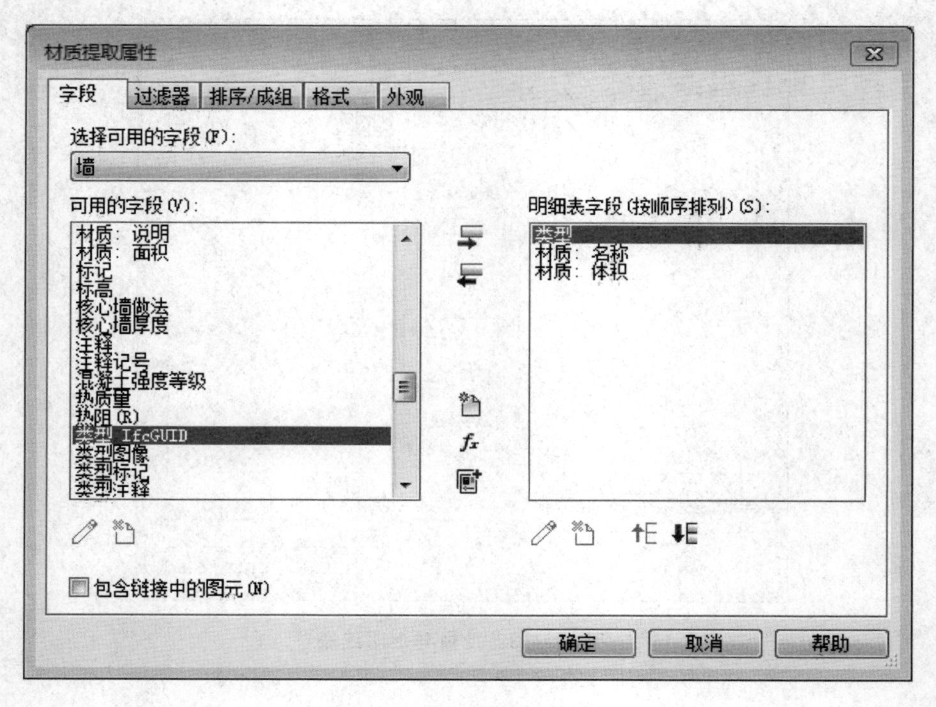

图 10-160　添加字段

（3）在“材质提取属性”面板中切换至“排序/成组”选型卡，“排序方式”选择“类型”“升序”，不勾选“逐项列举每个实例”，如图 10-161 所示。

（4）在“材质提取属性”面板中切换至“格式”选项卡，“字段”列表中选择“材质：体积”，并选择“计算总数”，如图 10-162 所示。单击“确定”按钮。完成“墙材质明细表”创建，如图 10-163 所示。

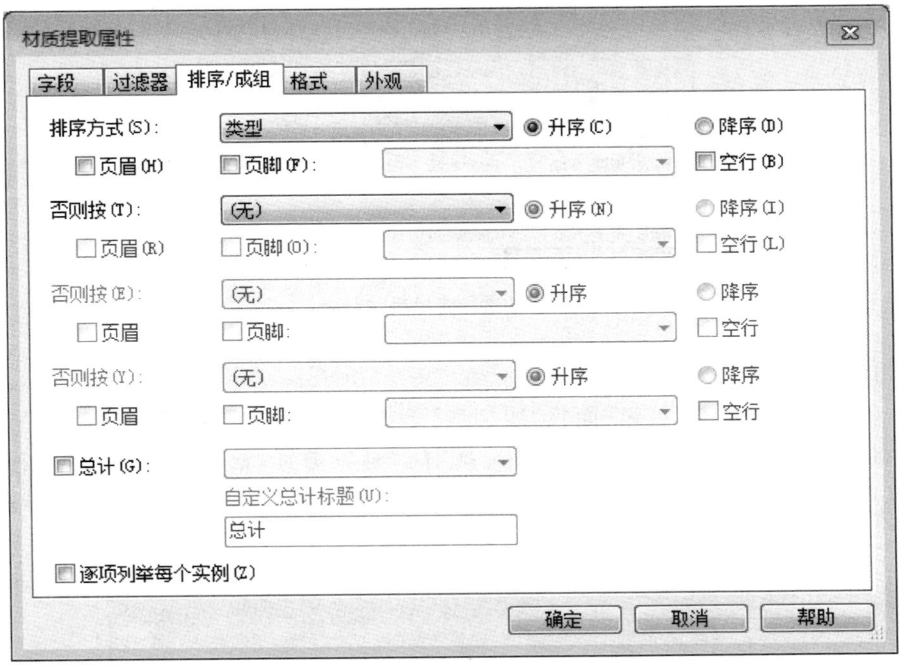

材质提取属性

字段 | 过滤器 | 排序/成组 | 格式 | 外观

排序方式(S)： 类型 ◉升序(C) ○降序(D)
☐页眉(H) ☐页脚(F)： ☐空行(B)
否则按(T)： (无) ◉升序(N) ○降序(I)
☐页眉(R) ☐页脚(O)： ☐空行(L)
否则按(E)： (无) ◉升序 ○降序
☐页眉 ☐页脚： ☐空行
否则按(Y)： (无) ◉升序 ○降序
☐页眉 ☐页脚： ☐空行
☐总计(G)：
自定义总计标题(U)：
总计
☐逐项列举每个实例(Z)

确定 取消 帮助

图 10-161 排序/分组

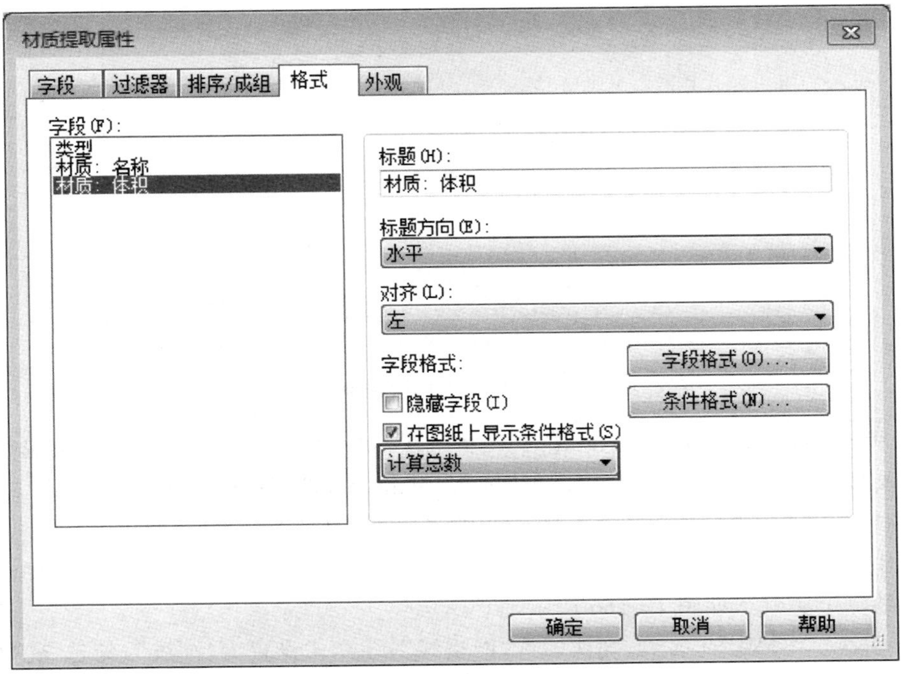

材质提取属性

字段 | 过滤器 | 排序/成组 | 格式 | 外观

字段(F)：
类型
材质：名称
材质：体积

标题(H)：
材质：体积
标题方向(E)：
水平
对齐(L)：
左
字段格式： 字段格式(O)...
☐隐藏字段(I) 条件格式(N)...
☑在图纸上显示条件格式(S)
计算总数

确定 取消 帮助

图 10-162 格式设置

<墙材质统计表>

A	B	C
类型	材质:名称	材质:体积
结构墙_现浇_120	hunningtu_guahen	33.58
结构墙_现浇_130	hunningtu_guahen	31.70
结构墙_现浇_150	hunningtu_guahen	15.98
结构墙_现浇_240	hunningtu_guahen	243.05
结构墙_现浇_300	hunningtu_guahen	567.43
结构墙_现浇_350	hunningtu_guahen	155.25
结构墙_现浇_400	hunningtu_guahen	0.26
结构墙_现浇_500	hunningtu_guahen	15.20
结构墙_现浇_600	hunningtu_guahen	18.67

图 10-163　墙材质统计表

4. 门窗统计表

(1) 在“视图”选项卡“创建”面板“明细表”下拉列表中选择“明细表/数量”工具，弹出“新建明细表”对话框，在“类别”列表中选择“门”对象类别，修改名称为“综合楼-门明细表”，确认明细表类型为“建筑构件明细表”，其他参数默认，如图 10-164 所示，单击“确定”按钮。

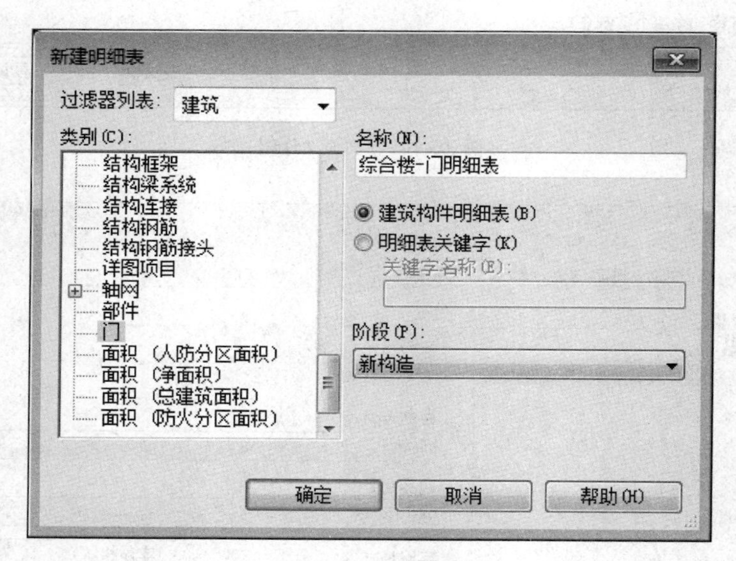

图 10-164　新建门明细表

(2) 弹出“明细表属性”对话框，在“字段”选项卡“可用的字段”列表中依次选择“类型”“宽度”“高度”“合计”等参数，单击“添加”按钮，单击“上移”“下移”按钮，按图 10-165 所示调节字段顺序，该列表从上至下顺序反映了明细表从左至右各列的显示顺序。

(3) 切换至“排序/成组”选项卡，设置“排序方式”为“类型”，排序顺序为“升序”，不勾选“逐项列举每个实例”，如图 10-166 所示。

(4) 切换至“外观”选项卡，确认勾选“网格线”，线样式设置为“细线”，勾选“轮廓”，线样式设置为“中粗线”，取消勾选“数据前的空行”，其他参数默认，如图 10-167 所示，单击“确定”按钮，完成门明细表属性设置。

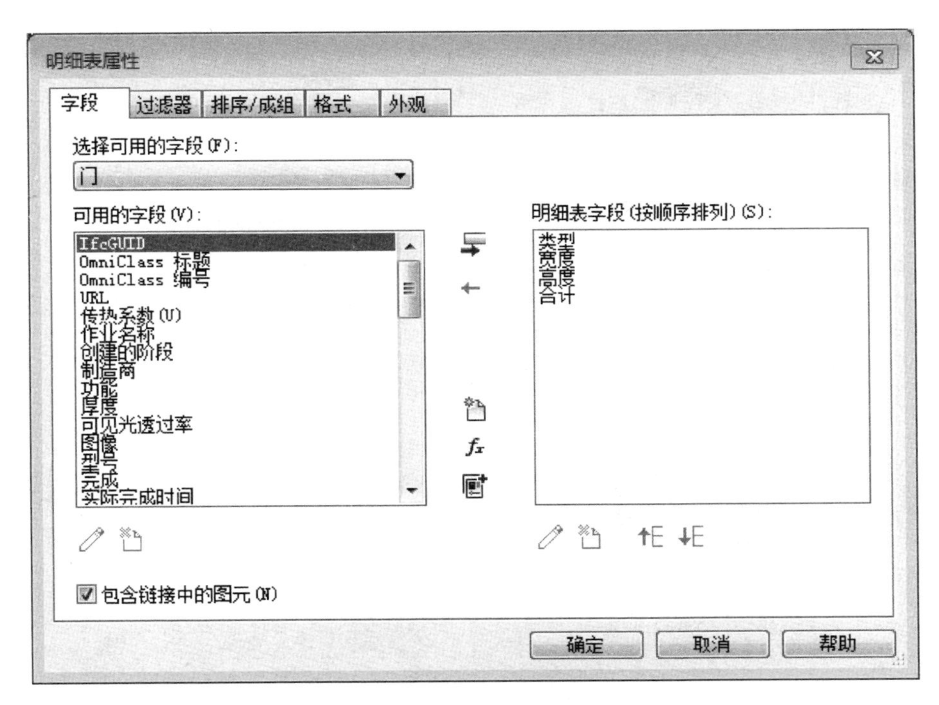

图 10-165　添加字段

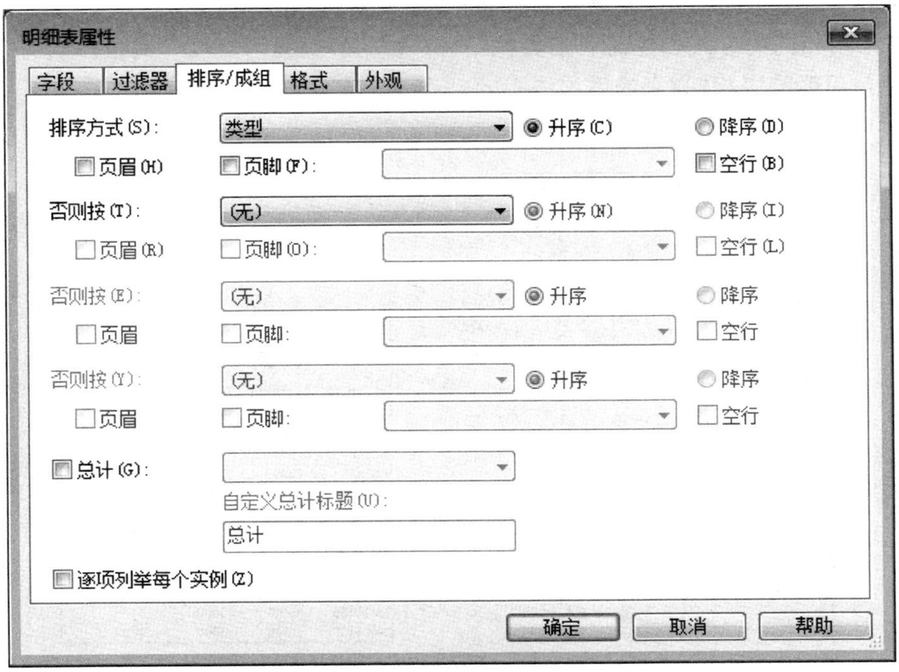

图 10-166　设置排序方式

(5) 自动切换至"修改明细表/数量"选项卡，进一步编辑明细表外观样式，按住并拖动鼠标左键选择"宽度"和"高度"列页眉，单击"明细表"面板中的"成组"工具，单击合并成新的

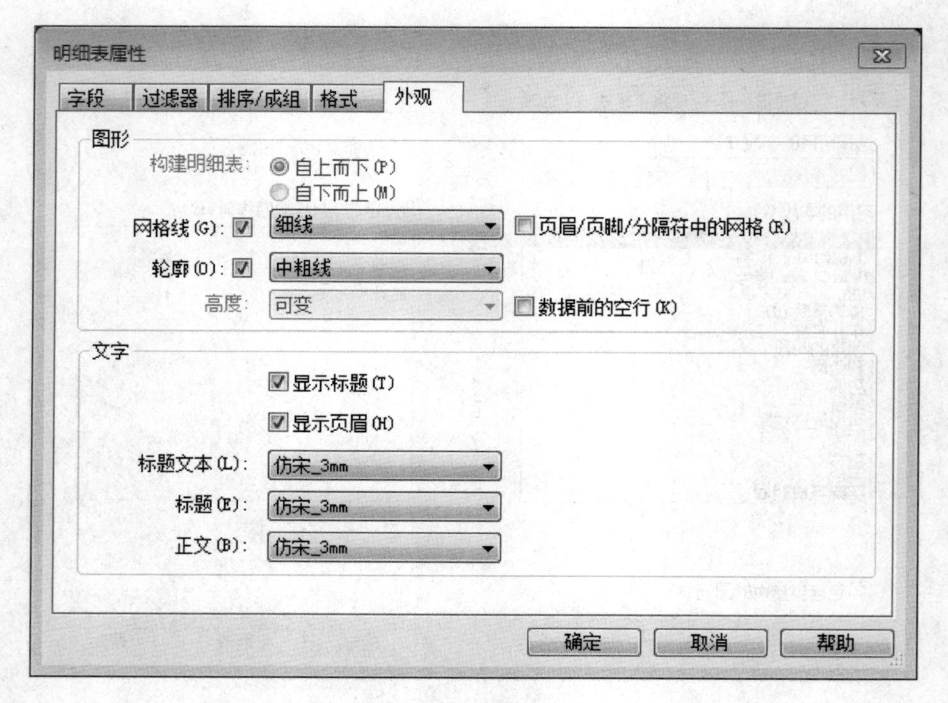

图 10-167　外观设置

表头单元格，输入“尺寸”作为新的页眉行名称，结果如图 10-168 所示。

（6）采用相同的方式创建窗明细表，窗明细表添加“类型”“宽度”“高度”“合计”等字段。其他设置与门明细表相同，完成后如图 10-169 所示。

<综合楼-门明细表>

A	B	C	D
	尺寸		
类型	宽度	高度	合计
70系列有横档			4
FJM5139a特	5160	3900	1
FM1024	1000	2400	6
FM1521(乙)	1500	2100	1
LM1521	1500	2100	4
LM3038	3000	3800	2
LM3042	3000	4200	1
LM6348	6300	4800	1
LM6748	6700	4800	1
LM7048	7000	4800	1
LMC12930	12840	3000	1
M0924	900	2400	4
M1021	1000	2100	6
M1024	1000	2400	137
M1524	1500	2400	20
MFM0621	600	2100	16
MFM1021	1000	2100	11
MFM1224(乙)	1200	2400	18
MFM1521(甲)	1500	2100	7
MFM1524	1500	2400	14
MFM1830	1800	3000	6

图 10-168　综合楼-门明细表

<综合楼-窗明细表>

A	B	C	D
	尺寸		
类型	宽度	高度	合计
BY0516	500	1600	2
LC3021	3000	2100	168
LC3021	3000	2100	24
LC3035	3000	3500	3
LC3038	3000	3800	12
LC3038	12300	3800	1
LC13012	13000	1200	1
LMC2730a	2729	3000	1
LMC3530	3500	3000	2
LMC4630	4600	3000	1
LMC6830	6800	3000	1
LMC7530	7500	3000	12

图 10-169　综合楼-窗明细表

5. 混凝土体积统计表

以结构柱混凝土体积统计为例进行讲解。

（1）在“视图”选项卡“创建”面板“明细表”下拉列表中选择“材质提取”工具，弹出“新建材质提取”对话框，在“过滤器列表”中勾选“结构”，在“类别”列表中选择“结构柱”，修改名称为“结构柱混凝土体积统计表”，如图 10-170 所示。单击“确定”按钮，完成操作。

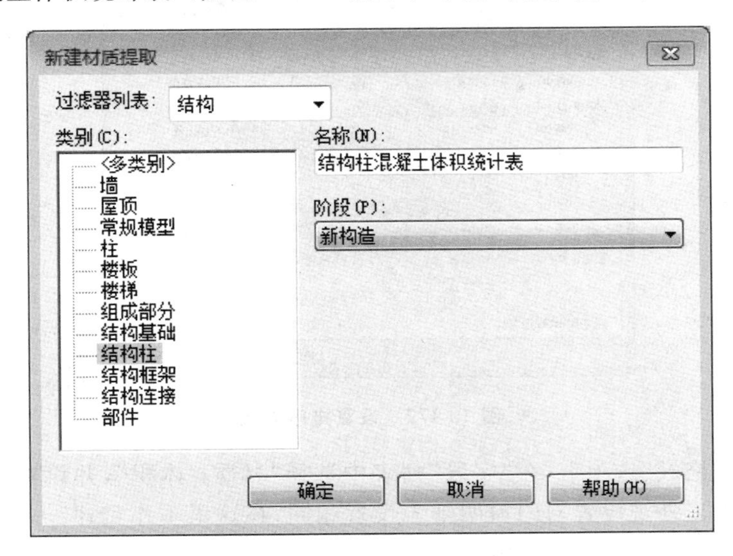

图 10-170　结构柱混凝土体积统计表

（2）自动切换至“材质提取属性”对话框，在“字段”选项卡中依次添加“族与类型”“结构材质”和“材质：体积”等字段，如图 10-171 所示。

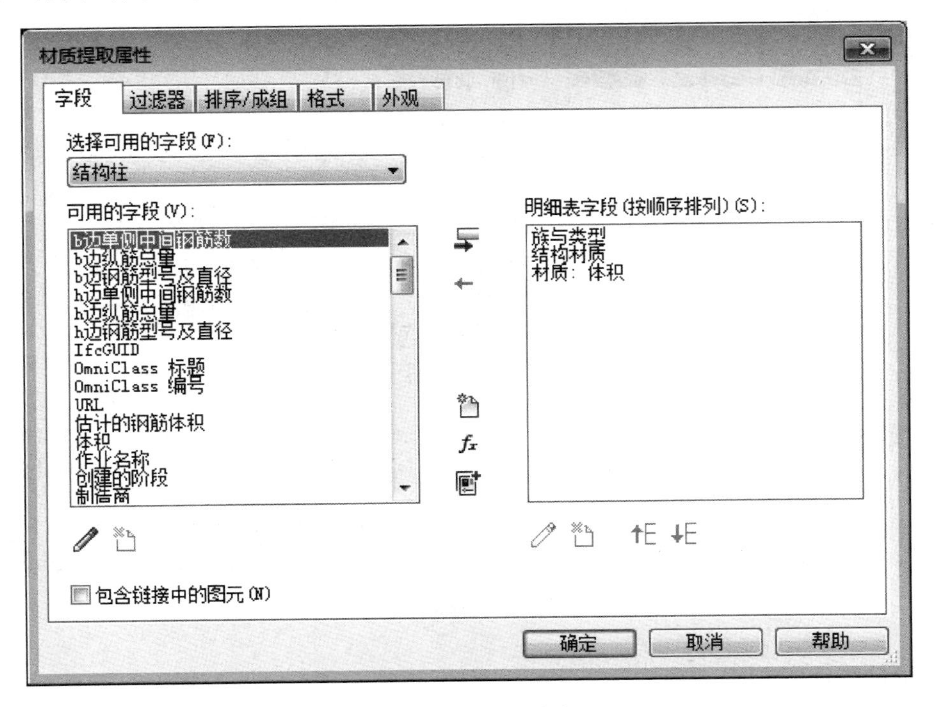

图 10-171　添加字段

(3) 切换至“排序/成组”选项卡,“排序方式”设置为“族与类型”,“排序顺序”为“升序”,不勾选“逐项列举每个实例”,如图 10-172 所示。

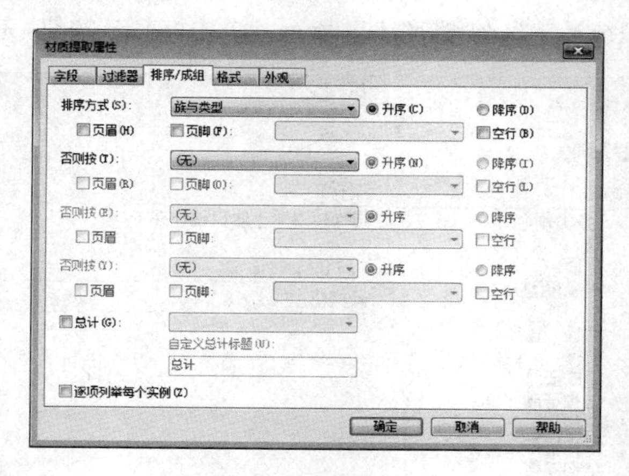

图 10-172 设置排序方式

(4) 切换至“格式”选项卡,在“字段”列表中选择“材质: 体积”,并设置为“计算总数”,如图 10-173 所示。外观设置与门窗明细表设置相同,在这里不作赘述。完成之后单击“确定”按钮,显示结果如图 10-174 所示。

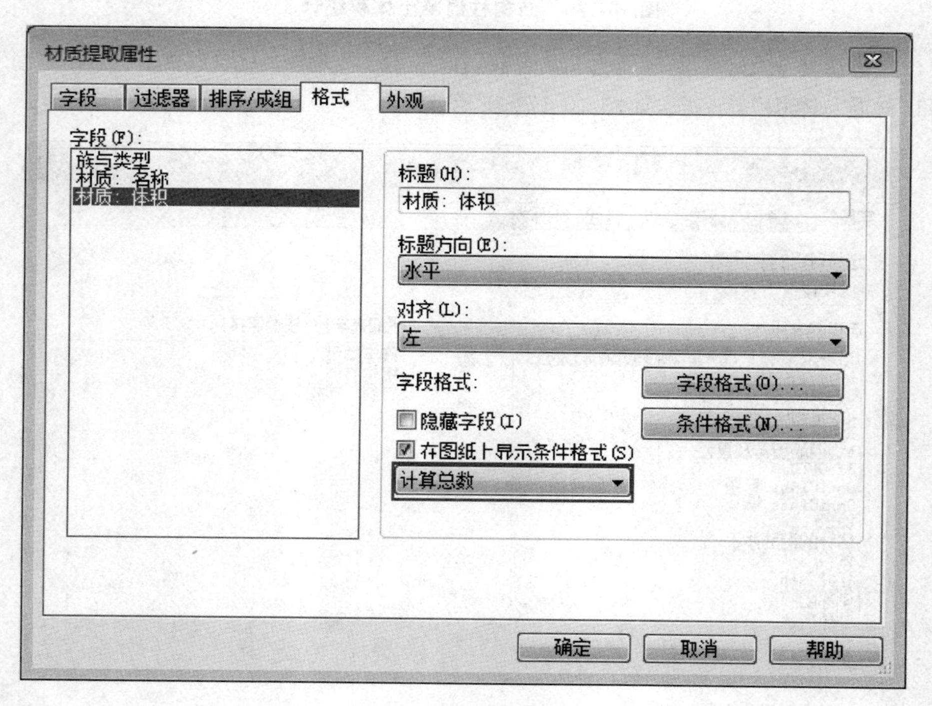

图 10-173 格式设置图

6. 钢筋统计表

以结构框架钢筋统计为例进行讲解。

(1) 在“视图”选项卡“创建”面板“明细表”下拉列表中选择“明细表/数量”工具,弹出

“新建明细表”对话框，在“过滤器列表”中勾选“结构”，在“类别”列表中选择“结构钢筋”，修改名称为“综合楼-钢筋明细表”，如图 10-175 所示。

<结构柱混凝土体积统计表>

A	B	C
族与类型	结构材质	材质:体积
L形截面平法柱: 300x300+300x3	hunningtu_guah	3.98
L形截面平法柱: 350x300+300x3	hunningtu_guah	0.62
L形截面平法柱: 350x300+350x3	hunningtu_guah	1.73
矩形截面平法柱: 240x240	hunningtu_guah	3.37
矩形截面平法柱: 300x300	hunningtu_guah	1.44
矩形截面平法柱: 300x400	hunningtu_guah	0.39
矩形截面平法柱: 300x600	hunningtu_guah	1.30
矩形截面平法柱: 350x400	hunningtu_guah	0.51
矩形截面平法柱: 400x400	hunningtu_guah	22.57
矩形截面平法柱: 500x500	hunningtu_guah	28.66
矩形截面平法柱: 500x600	hunningtu_guah	55.93
矩形截面平法柱: 500x700	hunningtu_guah	66.17
矩形截面平法柱: 500x1000	hunningtu_guah	4.98
矩形截面平法柱: 500x1200	hunningtu_guah	37.61
矩形截面平法柱: 500x1340	hunningtu_guah	6.80
矩形截面平法柱: 600x500	hunningtu_guah	21.03
矩形截面平法柱: 600x600	hunningtu_guah	117.28
矩形截面平法柱: 600x700	hunningtu_guah	11.89
矩形截面平法柱: 600x800	hunningtu_guah	99.38
矩形截面平法柱: 600x840	hunningtu_guah	7.29
矩形截面平法柱: 600x900	hunningtu_guah	40.53
矩形截面平法柱: 700x700	hunningtu_guah	5.93
矩形截面平法柱: 700x900	hunningtu_guah	49.23
矩形截面平法柱: 700x1000	hunningtu_guah	2.14
矩形截面平法柱: 1200x1200	hunningtu_guah	71.66

图 10-174　结构柱明细表

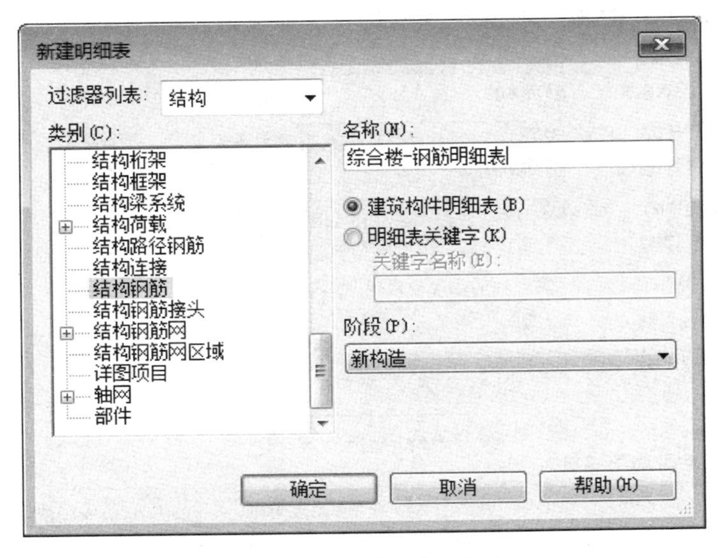

图 10-175　新建钢筋明细表

（2）自动弹出“明细表属性”对话框，在“字段”选项卡中，依次添加“型号”“类型”“数量”“钢筋直径”“钢筋长度”“钢筋体积”等字段，如图 10-176 所示。

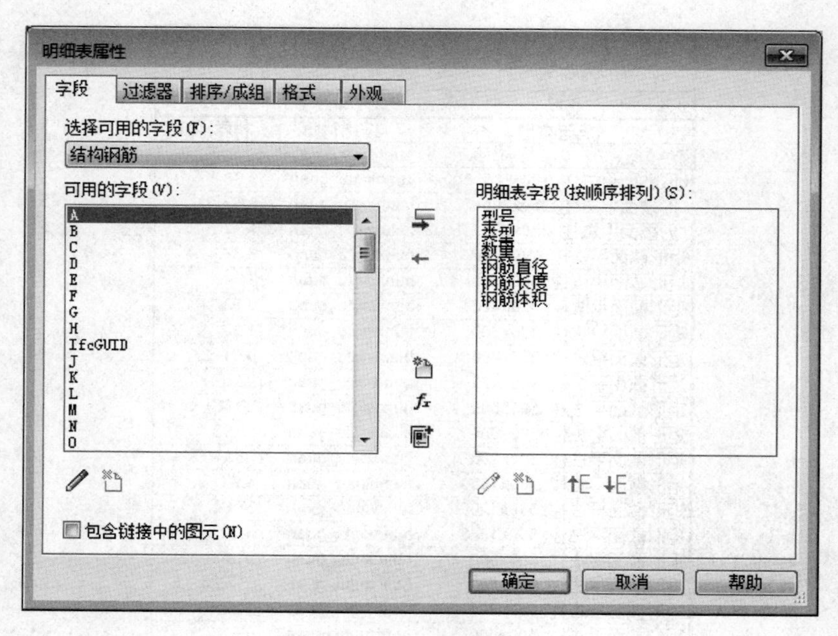

图 10-176　添加字段

（3）切换至“排序/成组”选项卡，设置“排序方式”为“型号”，否则按“类型”排序，设置顺序为“升序”，不勾选“逐项列举每个实例”，如图 10-177 所示。外观设置与门窗明细表相同，完成之后单击“确定”按钮，如图 10-178 所示。

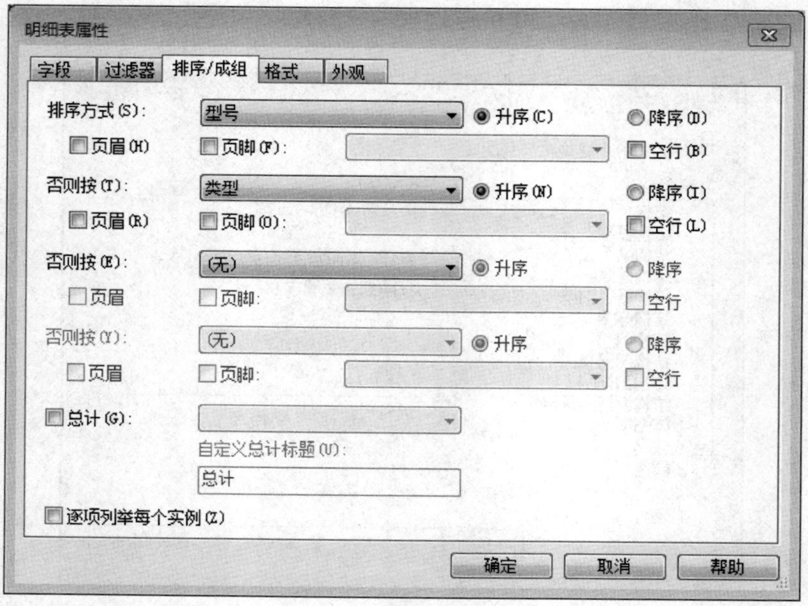

明细表属性
字段　过滤器　排序/成组　格式　外观
排序方式(S):　型号　升序(C)　降序(D)
页眉(H)　页脚(F):　空行(B)
否则按(T):　类型　升序(N)　降序(I)
页眉(R)　页脚(O):　空行(L)
否则按(E):　(无)　升序　降序
页眉　页脚:　空行
否则按(Y):　(无)　升序　降序
页眉　页脚:　空行
总计(G):
自定义总计标题(U):
总计
逐项列举每个实例(Z)
确定　取消　帮助

图 10-177　设置排序方式

<综合楼-钢筋明细表>

A	B	C	D	E	F
型号	类型	数量	钢筋直径	钢筋长度	钢筋体积
HPB300	箍筋	25	18 mm	2536 mm	16136.15 cm³
HRB335	上部纵筋	1	72 mm	8170 mm	3696.02 cm³
HRB335	底部纵筋	1	72 mm	8170 mm	3696.02 cm³
HRB335	拉筋	20	24 mm	593 mm	5362.86 cm³
HRB335	结构钢筋 1	1	24 mm	593 mm	268.14 cm³
HRB335	腰筋	1	48 mm	8170 mm	3696.02 cm³

图 10-178　钢筋明细表

7. 图形柱统计表

在“视图”选项卡“创建”面板“明细表”下拉列表中选择“图形柱明细表”工具，自动创建图形柱明细表，结果显示如图 10-179 所示。

图形柱明细表中反映每一个柱相对轴网、标高的位置、底高度和顶高度，最重要的是通过这些信息可以直观判断柱子是否绘制正确。如果有错误，只需单击错误柱子，配合平面视图和属性栏，直接进行修改。不必要再回到平面图，一个接一个柱子地查找了，如图 10-180 所示。

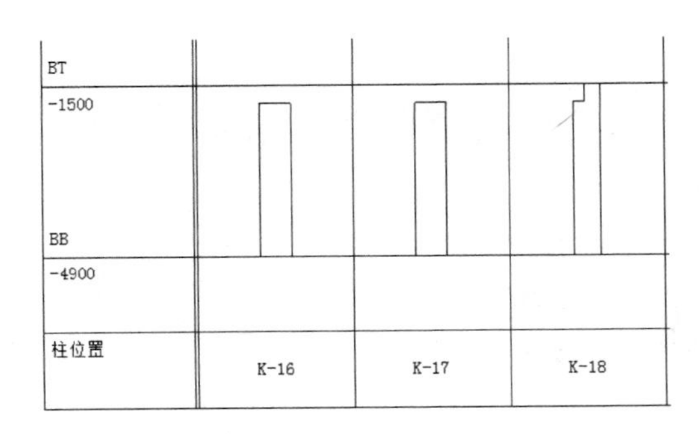

图 10-179　图形柱明细表局部

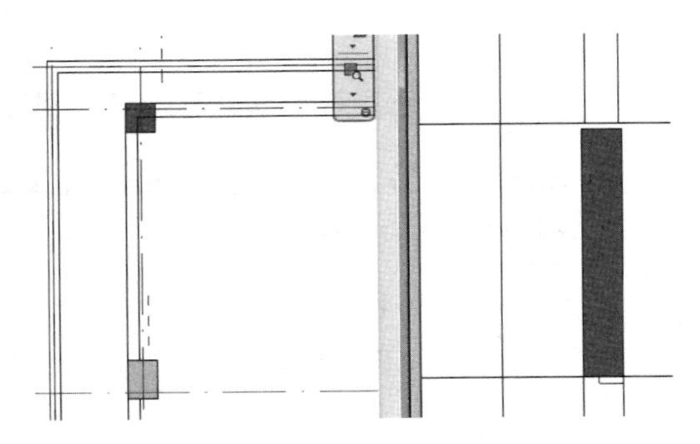

图 10-180　图形柱明细表使用

10.2.8　打印输出

1. 打印

图纸布置完成之后，可以通过打印机完成图纸的打印。

打印输出

(1) 单击左上角“应用程序菜单”按钮，选择“打印”—“打印设置”，如图 10-181 所示。

(2) 弹出“打印设置”对话框，根据实际需要选择纸张“尺寸”，所能选择的尺寸与主机连接的打印机有关，在这里选择“A4”，“方向”选择“横向”，“页面位置”选择“中心”，其他参数默认，单击“确定”按钮，如图 10-182 所示。

(3) 单击左上角“应用程序菜单”按钮，选择“打印”—“打印预览”，弹出“图纸预览”对话框，单击“打印”，如图 10-183 所示。弹出“打印”对话框，选择打印机“名称”，“打印范围”选择“当前窗口”，单击“确定”按钮，如图 10-184 所示，完成图纸打印。

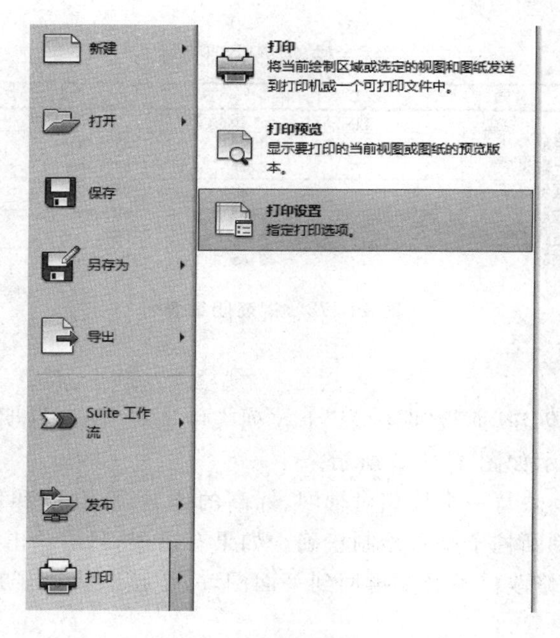

图 10-181 选择打印设置

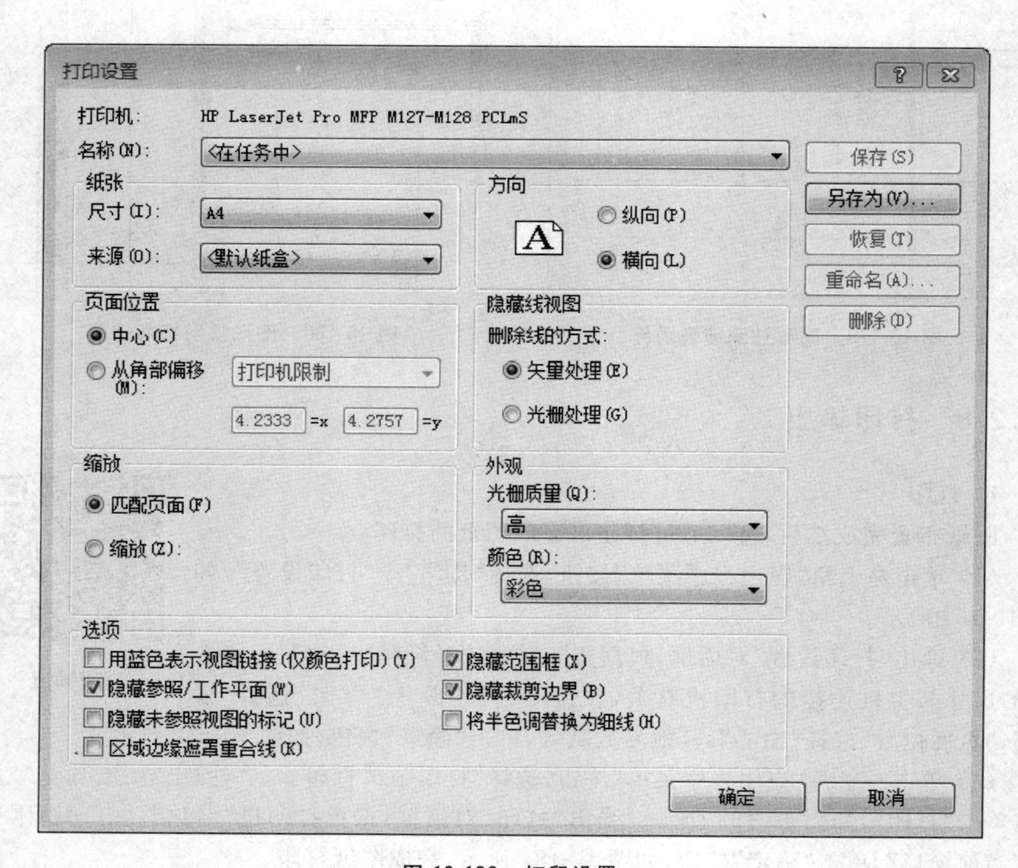

图 10-182 打印设置

图 10-183　打印预览

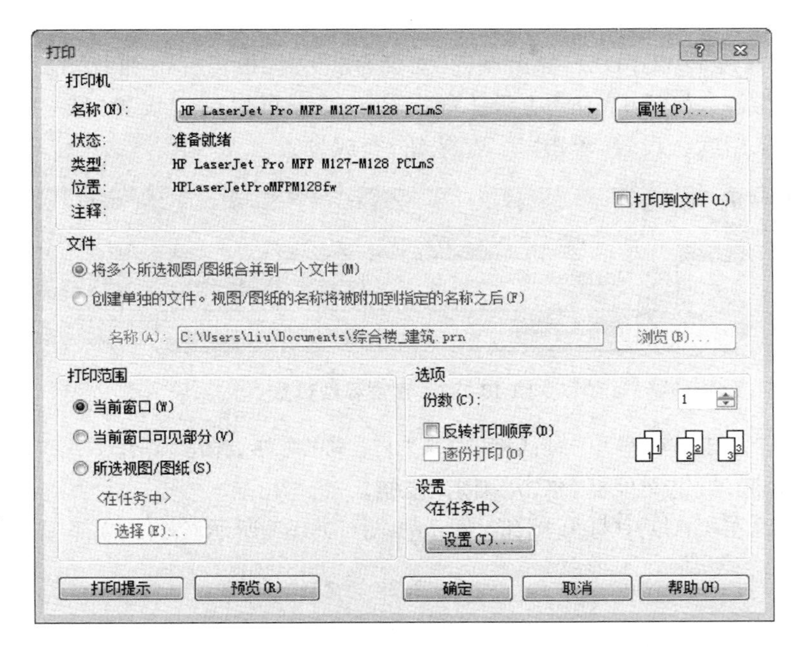

图 10-184　打印

2. 图纸输出

可以根据需要将图纸导出为多个不同格式，接下来以导出 DWG 格式文件为例进行讲解。

(1) 单击左上角"应用程序菜单"按钮，选择"导出"—"CAD 格式"—"DWG"，如图 10-185 所示，弹出"DWG 导出"对话框，单击"选择导出设置"下的"浏览"按钮，如图 10-186 所示。

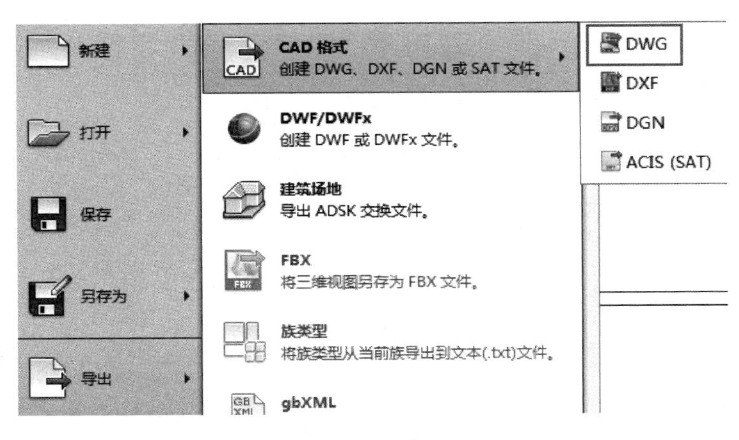

图 10-185　导出 DWG

图 10-186 导出设置

(2) 弹出“修改 DWG/DXF 导出设置”对话框，设置“根据标准加载图层”为“美国建筑师学会标注(AIA)”，如图 10-187 所示。如有特殊要求可以继续设置“线”“填充图案”“颜色”等，本项目采用默认设置，单击“确定”按钮，完成设置。

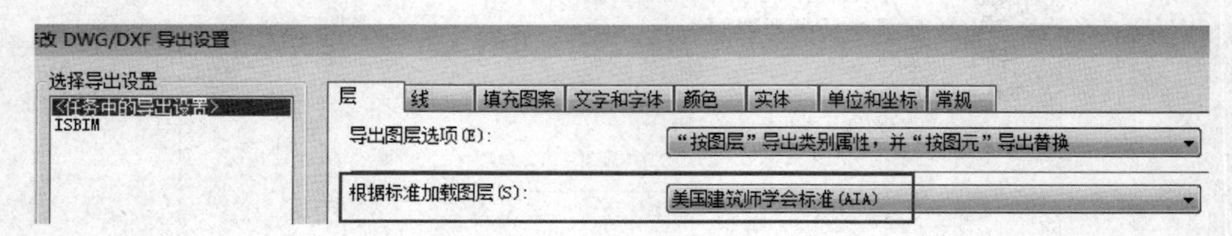

图 10-187 图层标准设置

(3) 自动回到“DWG 导出”对话框，单击“下一步”按钮，弹出“导出 CAD 格式-保存到目标文件夹”对话框，指定文件夹，单击“确定”按钮。

(4) 完成后在 CAD 中打开图纸，显示如图 10-188 所示，文件局部显示如图 10-189 所示。

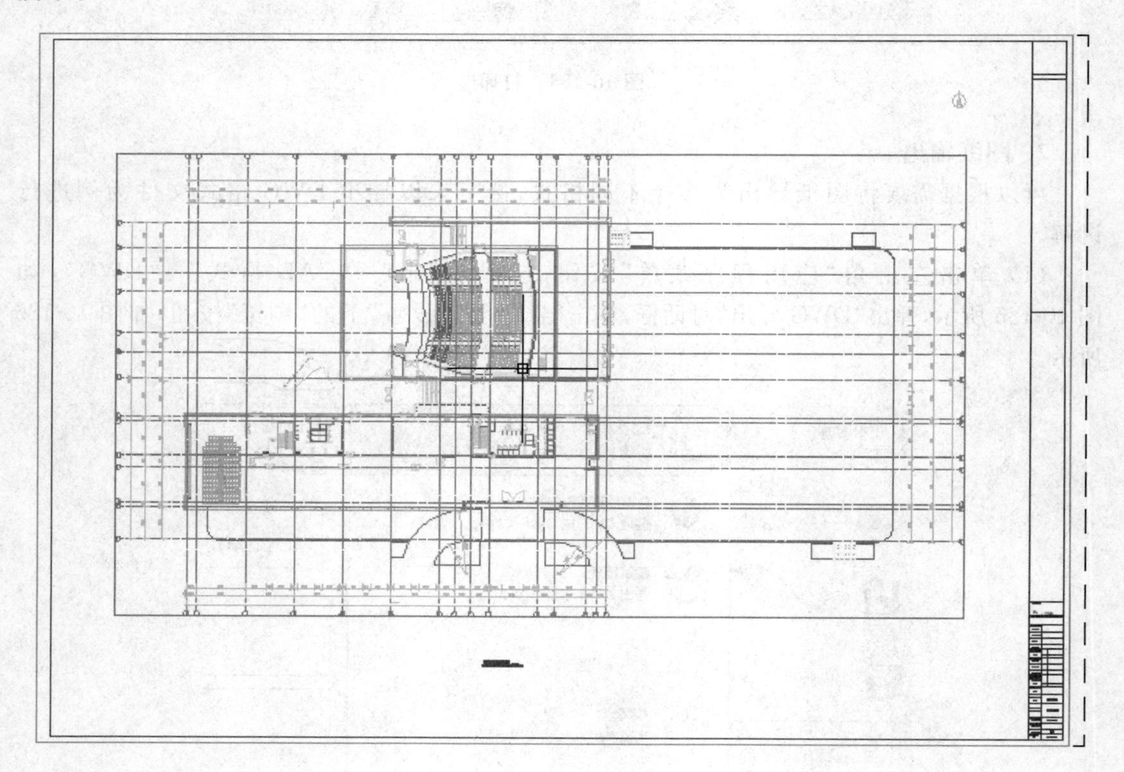

图 10-188 CAD 图纸

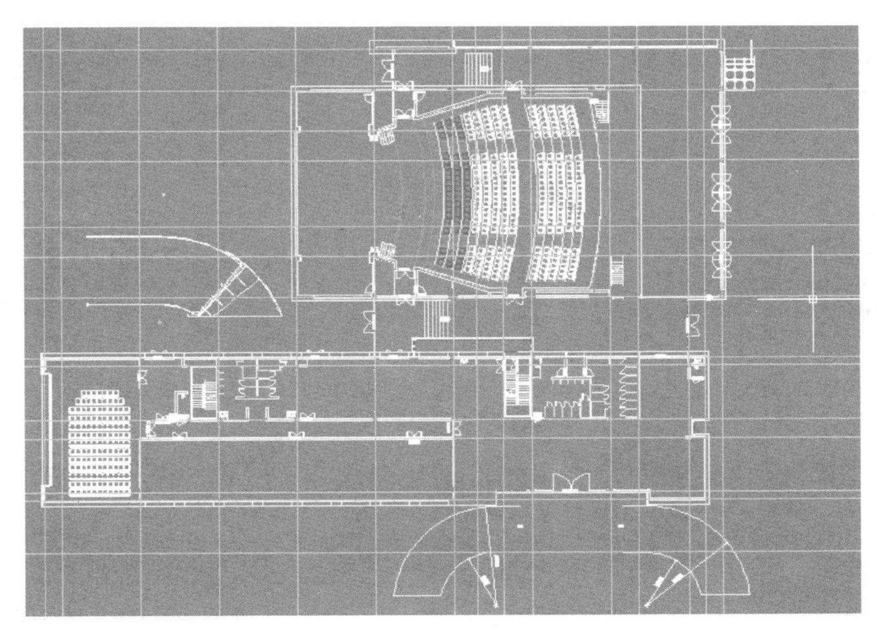

图 10-189　CAD 文件局部显示

10.2.9　isBIM 模术师介绍

isBIM 模术师介绍

模术师一共分为 5 大模块，分别为“isBIM 通用”“isBIM 土建”“isBIM 装饰”“isBIM 机电”和“isBIM 出图”，如图 10-190 所示。使用 isBIM 模术师可以提高工作效率，降低企业成本。

（1）通用模块。建模过程中的常用工具，通用工具有：快速切换背景、窗口、图元的快速过滤，如图 10-191 所示。效率工具有：净空分析，墙、梁、板开洞，一键扣减，为构件添加二维码，预览图，重命名，批量导入或者链接模型，批量导出明细表等，如图 10-192 所示。项目/族文件工具族有：参数的增、改、删，属性添加等，如图 10-193 所示。

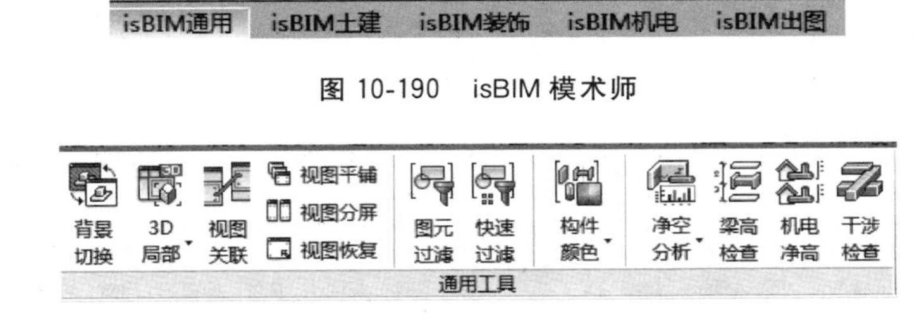

图 10-190　isBIM 模术师

图 10-191　通用工具

（2）土建模块。用于 DWG 二维图纸的高速、高效、准确翻模，快速建模工具有：链接图纸，图层预览，图纸生轴网、桩、柱、梁、墙，楼板创建，快速降板等，如图 10-194 所示。结构模块工具有：柱、墙、梁的拆分/合并，后浇带分割，墙、梁、板的位置关系一键调整等，如图 10-195 所示。构造柱及圈/过梁工具，如图 10-196 所示。

图 10-192　效率工具

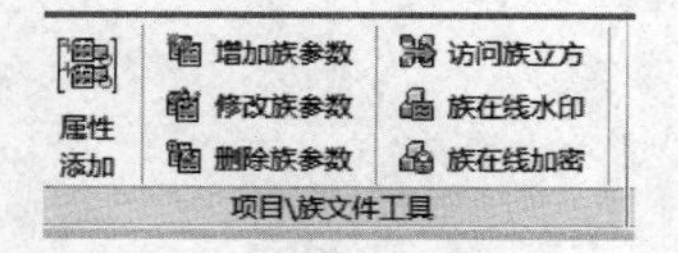

图 10-193　项目|族文件工具

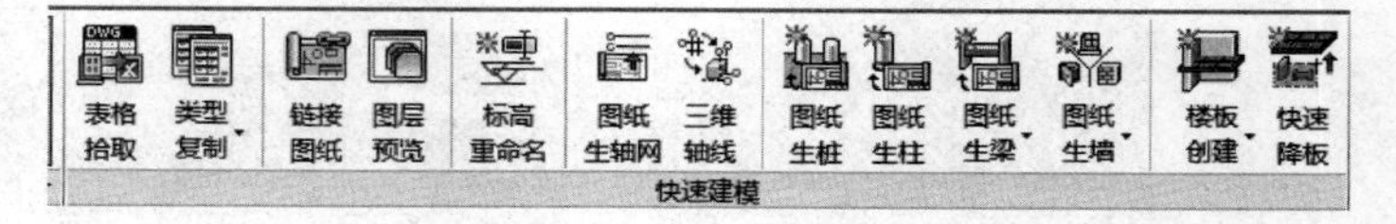

图 10-194　快速建模

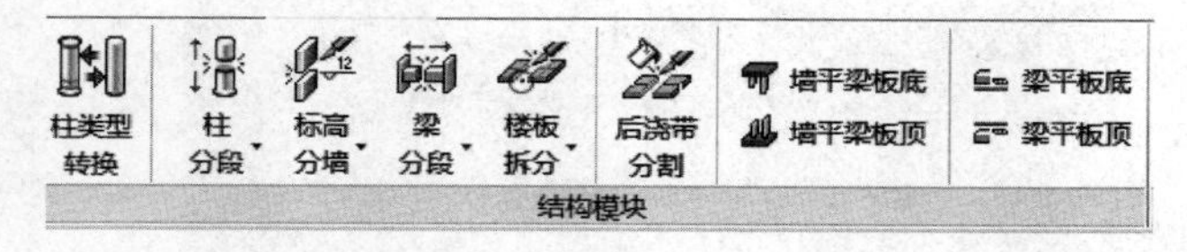

图 10-195　结构模块

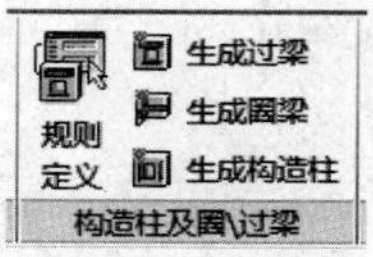

图 10-196　构造柱及圈|过梁

(3) 装饰模块。包括一键生房间,三维房名,墙面排砖、抹灰、隔墙、吊顶等功能,如图 10-197 所示。

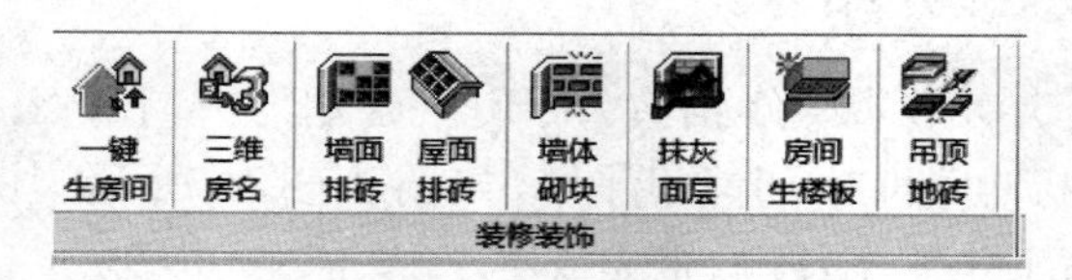

图 10-197　装饰装修

(4) 机电模块。高效的水电、暖通管线系统解决方案,包括创建管线、管线连接、管线对齐、管线综合、支吊架计算等,如图 10-198 所示。

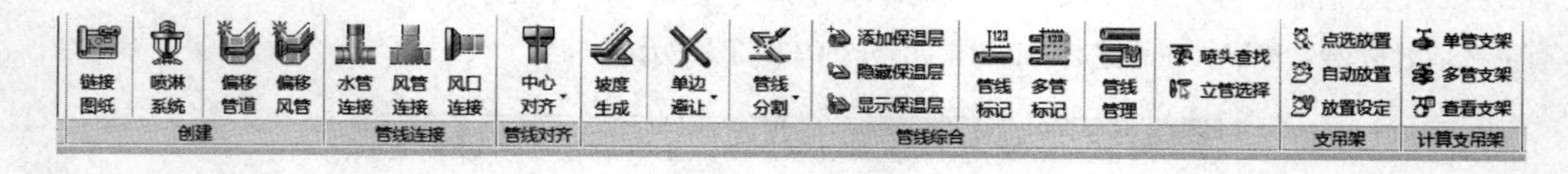

图 10-198　机电模块

(5) 出图模块。包括快速标注、门窗快速标记、图纸编号等工具,如图 10-199 所示。

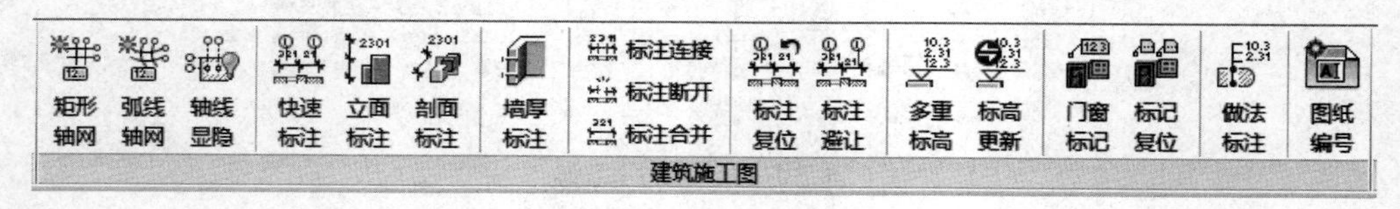

图 10-199　图纸模块

(6) 模术师插件的下载地址为:http://www.bimcheng.com。

参考文献

[1] MARCUS K, LANCE K, EDDY K. Mastering Autodesk Revit 2017 for Architecture[M]. Wiley, 2016.

[2] WING E. Autodesk Revit 2017 for Architecture(No Experience Required)[M]. Sybex, 2016.

[3] 姜曦,王君峰. BIM导论[M]. 北京:清华大学出版社,2017.